新农村建设丛书

新农村建筑施工技术

汪　硕　主编

中国铁道出版社

2012年·北　京

内 容 提 要

本书共分为七章，主要介绍了测量放线技术、砌筑技术、钢筋加工及焊接技术、混凝土浇筑技术、防水施工技术、木工技术、抹灰技术等内容。本书根据“测量放线工、砌筑工、混凝土工、钢筋工、防水工、木工、抹灰工”等工种职业技能，结合建设施工中实际的技术应用，针对施工中施工工艺、质量要求、安全操作技术等作了详细、系统的阐述。

本书内容系统全面，具有实践性和指导性。本书既可作为土木工程技术人员的培训教材，也可作为大专院校土木工程专业的学习教材。

图书在版编目(CIP)数据

新农村建筑施工技术/汪硕主编．—北京：中国铁道出版社，2012.12

(新农村建设丛书)

ISBN 978-7-113-15723-4

Ⅰ.①新…　Ⅱ.①汪…　Ⅲ.①农业建筑—工程施工　Ⅳ.①TU745.6

中国版本图书馆 CIP 数据核字(2012)第 286298 号

书　　名：新农村建设丛书 **新农村建筑施工技术**

作　　者：汪　硕

策划编辑：江新锡　曹艳芳

责任编辑：冯海燕　张荣君　　**电话**：010-51873193

封面设计：郑春鹏

责任校对：焦桂荣

责任印制：郭向伟

出版发行：中国铁道出版社(100054，北京市西城区右安门西街8号)

网　　址：http://www.tdpress.com

印　　刷：北京铭成印刷有限公司

版　　次：2012年12月第1版　2012年12月第1次印刷

开　　本：787mm×1092mm　1/16　印张：15.5　字数：389千

书　　号：ISBN 978-7-113-15723-4

定　　价：38.00元

前　言

当前，我国经济社会发展已进入城镇化发展和社会主义新农村建设齐头并进的新阶段，中国特色城镇化的有序推进离不开城市和农村经济社会的健康协调发展。大力推进社会主义新农村建设，实现农村经济、社会、环境的协调发展，不仅经济要发展，而且要求大力推进生态环境改善、基础设施建设、公共设施配置等社会事业的发展。

村镇建设是社会主义新农村的核心内容之一，是立足现实、缩小城乡差距、促进农村全面发展的必经之路。村镇建设不仅改善了农村人居生态环境，而且改变了农民的生产生活，为农村经济社会的全面发展提供了基础条件。

在新农村建设过程中，有一些建筑缺乏设计或选用的建筑材料质量低劣，甚至在原有建筑上盲目扩建，因而使得质量事故不断发生，不仅造成了经济上的损失，而且危及人们的生命安全。为了提高村镇住宅建筑的质量，我们编写了此套丛书，希望对村镇住宅建筑工程的选材、设计、施工有所帮助。

本套丛书共分为以下分册：

《新农村常用建筑材料》；

《新农村规划设计》；

《新农村住宅设计》；

《新农村建筑施工技术》。

本套丛书既可为广大的农民、农村科技人员和农村基层领导干部提供具有实践性、指导性的技术参考和解决问题的方法，也可作为社会主义新型农民、职工培训等的学习教材，还可供新型材料生产厂商、建筑设计单位、建筑施工单位和监理单位参考使用。

本套丛书在编写过程中，得到了很多专家和领导的大力支持，同时编写过程中参考了一些公开发表的文献资料，在此一并表示深深的谢意。

参加本书编写的人员有汪硕、赵洁、叶梁梁、孙培祥、孙占红、张正南、张学宏、彭美丽、李仲杰、李芳芳、张凌、向倩、乔芳芳、王文慧、张婧芳、栾海明、白二堂、贾玉梅、李志刚、朱天立、邵艺菲等。

由于编者水平有限以及时间仓促，书中难免存在一些不足和谬误之处，恳请广大读者批评指正，提出建议，以便再版时修订，以促使本书能更好地为社会主义新农村建设服务。

编　者

2012 年 10 月

目　录

第一章　测量放线技术

第一节　水准测量

一、水准测量的原理

水准测量，又称“几何水准测量”，是用水准仪和水准尺测定地面上两点间高差的方法。在地面两点间安置水准仪，观测竖立在两点上的水准标尺，按尺上读数推算两点间的高差。通常由水准原点或任一已知高程点出发，沿选定的水准路线逐站测定各点的高程。由于不同高程的水准面不平行，沿不同路线测得的两点间高差将有差异，所以在整理国家水准测量成果时，须按所采用的正常高系统加以必要的改正，以求得正确的高程。

1. 高差法

如图 1-1 所示，要测出 B 点的高程 H_B，则在已知高程点 A 和待求高程点 B 上分别竖立水准尺，利用水准仪提供的水平视线在两尺上分别读数 a、b。a、b 的差值就是 A、B 两点间的高差，如式(1-1)：

$$h_{AB}=a-b \tag{1-1}$$

根据 A 点的高程 H_A 和高差 h_{AB}，可计算出 B 点的高程，如式(1-2)：

$$H_B=H_A+h_{AB} \tag{1-2}$$

上式这种直接利用高差 h_{AB} 计算 B 点高程的方法称高差法。

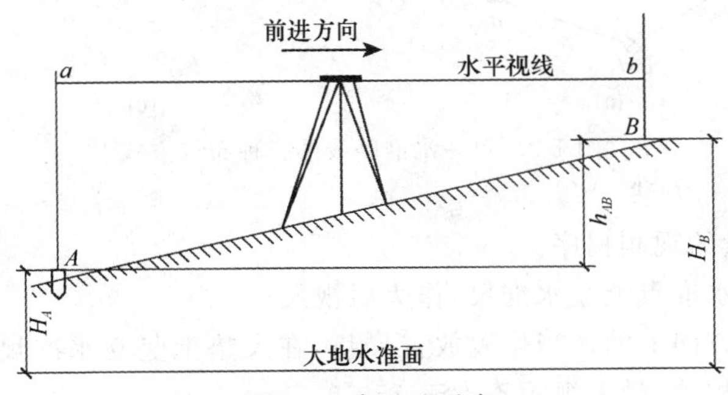

图 1-1　高差法示意

2. 仪高法

经常采用仪器视线高 H_i 计算 B 点高程，称仪高法。如式(1-3)、式(1-4)。

视线高程：
$$H_i=H_A+a \tag{1-3}$$

B 点高程：
$$H_B=H_i-b \tag{1-4}$$

当安置一次仪器要求测出若干个前视点的高程时，应采用仪高法，此法在建筑工程测量中被广泛应用。

3. 水准测量的规律

(1)每站高差等于水平视线的后视读数减去前视读数。

(2)起点至闭点得高差等于各站高差的总和,也等于各站后视读数的总和减去前视读数的总和。

二、水准线路测量

1. 水准点的标记

用水准测量的方法测定的高程控制点称为水准点,简记 BM。水准点可作为引测高程的依据。水准点有永久性和临时性两种。永久性水准点是国家有关专业测量单位按统一的精度要求在全国各地建立的国家等级的水准点。建筑工程中,通常需要设置一些临时性的水准点,这些可用木桩打入地下,桩顶钉一个顶部为半球状的圆帽铁钉,也可以利用稳固的地物,如坚硬的岩石、房角等,作为高程起算的基准。

2. 水准路线的布设形式

(1)闭合水准路线。形成环形的水准路线,如图 1-2(a)所示。

(2)附合水准路线。在两个已知点之间布设的水准路线,如图 1-2(b)所示。

(3)支水准路线。由一个已知水准点出发,而另一端为未知点的水准路线。该路线既不自行闭合,也不附合到其他水准点上,如图 1-2(c)所示。为了成果检核,支水准路线必须进行往、返测量。

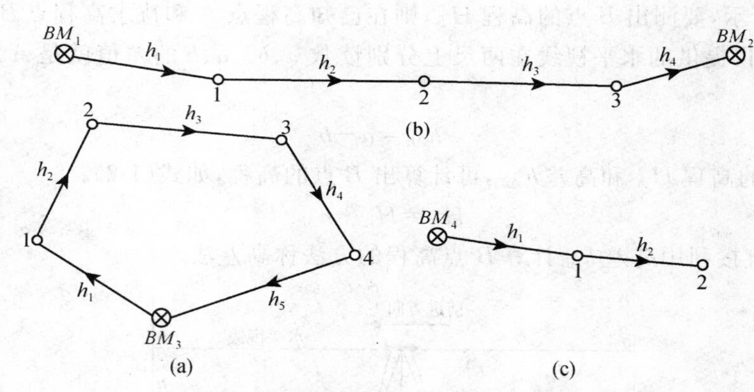

图 1-2 单一水准路线的三种布设方式

3. 水准测量的施测方法

(1)简单水准测量的观测程序。

1)在已知高程的水准点上立水准尺,作为后视尺。

2)在路线的前进方向上的适当位置放置尺垫,在尺垫上竖立水准尺作为视尺。仪器距两水准尺间的距离基本相等,最大视距不大于 150 m。

3)安置仪器,使圆水准器气泡居中。照准后视标尺,消除视差,用微倾螺旋调节水准管气泡并使其精确居中,用中丝读取后视读数,记入手簿。

4)照准前视标尺,使水准管气泡居中,用中丝读取前视读数,并记入手簿。

5)将仪器迁至第二站,同时,第一站的前视尺不动,变成第二站的后视尺,第一站的后视尺移至前面适当位置成为第二站的前视尺,按第一站相同的观测程序进行第二站测量。

6)如此连续观测、记录,直至终点。

(2)复合水准测量的施测方法。在实际测量中,由于起点与终点间距离较远或高差较大,一个测站不能全部通视,需要把两点间距分成若干段,然后连续多次安置仪器,重复一个测站的简单水准测量过程，这样的水准测量称为复合水准测量，它的特点就是工作的连续性。

4. 水准测量计算

(1)高差法计算。由图 1-3 可知，每安置一次仪器，便可测得一个高差，如式(1-5)～式(1-8)：

$$h_1 = a_1 - b_1 \tag{1-5}$$

$$h_2 = a_2 - b_2 \tag{1-6}$$

$$h_3 = a_3 - b_3 \tag{1-7}$$

$$h_4 = a_4 - b_4 \tag{1-8}$$

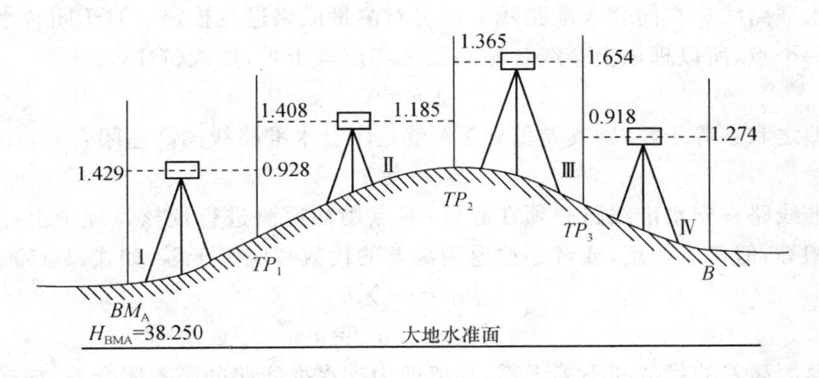

图 1-3　高差法计算

将以上各式相加，得：

$$\sum h = \sum a - \sum b \tag{1-9}$$

即 A、B 两点的高差等于各段高差的代数和，也等于后视读数的总和减去前视读数的总和。根据 BM_A 点高程和各站高差，可推算出各转点高程和 B 点高程。

最后由 B 点高程 H_B 减去 A 点高程 H_A，应等于$\sum h$，如式(1-10)和式(1-11)：

$$H_B - H_A = \sum h \tag{1-10}$$

因而有

$$\sum a - \sum b = \sum h = H_{终} - H_{始} \tag{1-11}$$

(2)仪高法计算。仪高法的施测步骤与高差法基本相同。

仪高法的计算方法与高差法不同，须先计算仪高 H_i，再推算前视点和中间点的高程。为了防止计算上的错误，还应用式(1-12)进行检核：

$$\sum a - \sum b(\text{不包括中间点}) = H_{终} - H_{始} \tag{1-12}$$

5. 水准测量的检核

(1)计算检核。

式(1-11)和式(1-12)分别为记录中的计算数据的检核式，若等式成立，说明计算正确，否则说明计算有错误。

(2)测站检核。

1)双仪高法。在同一个测站上，第一次测定高差后，变动仪器高度(大于 0.1 m 以上)，再重新安置仪器观测一次高差。两次所测高差的绝对值不超过 5 mm，取两次高差的平均值作为该站的高差，如果超过 5 mm，则需要重测。

2)双面尺法。在同一个测站上，仪器高度不变，分别利用黑、红两面水准尺测高差，若两次高差之差的绝对值不超过 5 mm，则取平均值作为该站的高差，否则重测。

(3)路线成果检核。

1)附合水准路线。为使测量成果得到可靠的校核,最好把水准路线布设成附合水准路线。对于附合水准路线,理论上在两已知高程水准点间所测得各站高差之和应等于起止两水准点间的高程之差,如式(1-11)。

如果它们能相等,其差值称为高差闭合差。用 f_h 表示。所以附合水准路线的高差闭合差为式(1-12)。

高差闭合差的大小在一定程度上反映了测量成果的质量。

2)闭合水准路线。在闭合水准路线上也可对测量成果进行校核。对于闭合水准路线因为它起始于同一个点,所以理论上全线各站高差之和应等于零,如式(1-13)。

$$\sum h=0 \quad (1\text{-}13)$$

如果高差之和不等于零,则其差值即$\sum h$ 就是闭合水准路线的高差闭合差,如式(1-14)。

$$f_h=\sum h \quad (1\text{-}14)$$

3)支水准线路。支水准线路必须在起点,终点用往返测进行校核。理论上往返测所得高差绝对值应相等,但符号相反,或者是往返测高差的代数和应等于零,如式(1-15)、式(1-16)。

$$\sum h_{往}=-\sum h_{返} \quad (1\text{-}15)$$

或

$$\sum h_{往}+\sum h_{返}=0 \quad (1\text{-}16)$$

如果往返测高差的代数和不等于零,其值即为支水准线路的高差闭合差,如式(1-17)。

$$f_h=\sum h_{往}+\sum h_{返} \quad (1\text{-}17)$$

有时也可以用两组并测来代替一组的往返测以加快工作进度。两组所得高差应相等,若不等,其差值即为支水准线路的高差闭合差,如式(1-18)。

$$f_h=\sum h_1+\sum h_2 \quad (1\text{-}18)$$

闭合差的大小反映了测量成果的精度。在各种不同性质的水准测量中,都规定了高差闭合的限值即容许高差闭合差,用 $f_{h容}$ 表示。一般图根水准测量的容许高差闭合差如式(1-19)、式(1-20)。

平地:

$$f_{h容}=\pm 40\sqrt{L}\ \text{mm} \quad (1\text{-}19)$$

山地:

$$f_{h容}=\pm 12\sqrt{n}\ \text{mm} \quad (1\text{-}20)$$

式中,L 为附合水准路线或闭合水准路线的总长,对支水准线路,L 为测段的长,均以千米为单位,n 为整个线路的总测站数。

6. 施工场地水准点设立及高程测量

(1)对施工场地高程控制的要求:水准点的密度应尽可能使得在施工放样时,安置一次仪器即可测设出建筑物的各标高点;在施工期间,水准高程点的位置应保持稳定。由此可见,在测绘地形图时测设的水准点并不一定适用,并且密度也不够,必须重新建立高程控制点。当场地面积较大时,高程控制点可分为两级布设,一级为首级网,另一级为在首级网上加密的加密网。相应的水准点称为基本水准点和施工水准点。

(2)基本水准点是施工场地上高程的首级控制点,可用来校核其他水准点高程是否有变标志。在一般建筑场地上,通常埋设三个基本水准点,将其布设成闭合水准路线,并按城市三、四等水准测量要求进行施测。对于为满足连续性生产车间、地下管道测设的需要所设立的基本水准点,则应采用三等水准测量要求进行施测。

(3)施工水准点用来直接测设建(构)筑物的标高。为了测设方便和减少误差,水准点应靠近建(构)筑物,通常在建筑方格网的标志上加设圆头钉作为施工水准点。对于中型、小型建筑场地，施工水准点应布设成闭合路线或附合路线，并根据基本水准点按城市四等水准或图根水准要求进行测量。

为了测设的方便，在每栋较大建(构)筑物附近还要测设±0.000的水准点。其位置多选在较稳定的建筑物墙、柱的侧面。用红油漆绘成上顶线为水平线的三角形。

由于施工场地情况变化大，有可能使施工水准点的位置发生变化。因此，必须经常进行检查。即将施工水准点与基本水准点进行联测，以校核其高程值有无变动。

(4)水准点的高程测量采用附合水准线路的测量方法进行。其精度要求应满足测量规范的有关规定。

一般工业与民用建筑在高程测设精度方面要求并不高，通常采用四等水准测量方法，测定基本水准点及施工水准点所组成的环形水准路线即可，甚至有时用图根水准测量(即等外水准)也可以满足要求。但是，对于连续性生产车间，各构筑物之间有专门设备要求互相紧密联系，对高程测设精度要求高，应根据具体需要敷设较高精度的高程控制点，以满足测设的精度要求。

7. 建筑方格网的测设方法

(1)建筑方格网点的定位。建筑方格网测量之前，应以主轴线为基础，将方格点的设计位置进行初步放样。要求初放的点位误差不大于5 cm。初步放样的点位用木桩临时标定，然后埋设永久标桩。如设计点所在的位置地面标高与设计标高相差很大，这时应在方格点设计位置附近的方向线上埋设临时木桩。

(2)导线测量法。

1)中心轴线法。在建筑场地不大，布设一个独立的方格网就能满足施工定线要求时，则一般先行建立方格网中心轴线，如图1-4所示，AB为纵轴，CD为横轴，中心交点为O，轴线测设调整后，再测设方格网，从轴线端点定出N_1、N_2、N_3和N_4点，组成大方格，通过测角、量边、平差调整后构成一个四个环形的Ⅰ级方格网，然后根据大方格边上定位，定出边上的内分点和交会出方格中的中间点，作为网中的Ⅱ级点。

2)附合于主轴线法。如果建筑场地面积较大，各生产连续的车间可以按其不同精度要求建立方格网，则可以在整个建筑场地测设主轴线，在主轴线下部分建立方格网，如图1-5所示，为在一条三点直角形产轴线下建立由许多分部构成的一个整体建筑方格网。

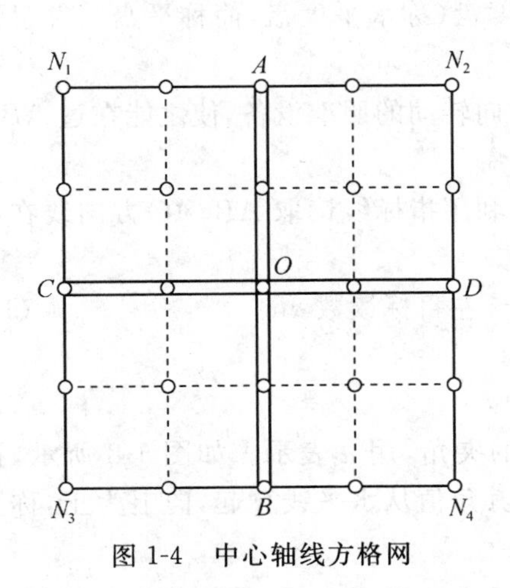

图1-4　中心轴线方格网

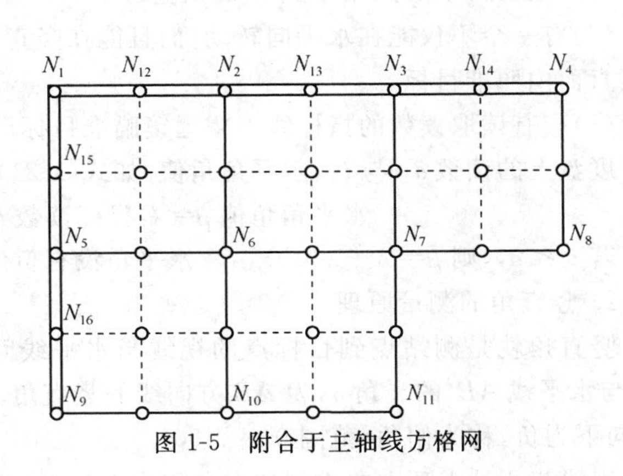

图1-5　附合于主轴线方格网

3)一次布网法。一般小型建筑场地和在开阔地区中建立方格网,可以采用一次布网。测设方法有两种情况,一种方法不测设纵横主轴线,尽量布成Ⅱ级全面方格网,如图 1-6 所示,可以将长边 N_1-N_5 先行定出,再从长边做垂直方向线定出其他方格点 N_6-N_{15},构成八个方格环形,通过测角、量距、平差、调整后的工作,构成一个Ⅱ级全面方格网。另一种方法,只布设纵横轴线作为控制,不构成方格网形。

(3)采用小三角测量建立方格网有两种形式:一处是附合在主轴线上的小三角网,如图 1-7所示,为中心六边形的三角网附合在主轴线 AOB 上。另一种形式是将三角网或三角锁附合在起算边上。

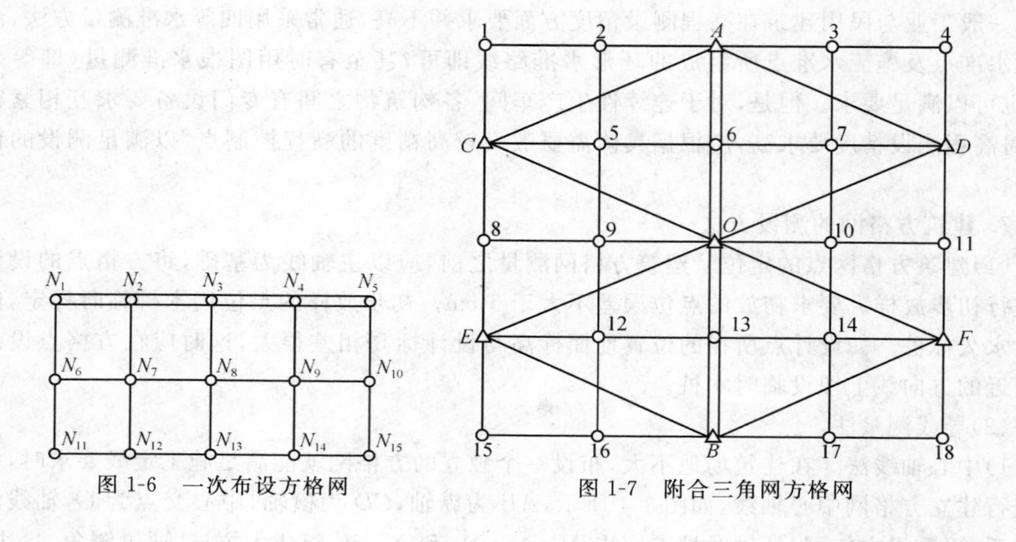

图 1-6　一次布设方格网

图 1-7　附合三角网方格网

第二节　角度测量

一、角度测量的原理

1. 水平角的测量原理

(1)能定置成水平位置的且全圆顺时针注记的刻度盘(称水平度盘,简称平盘),并且圆盘的中心一定要位于所测角顶点 A 的铅垂线上。

(2)有一个不仅能在水平向转动,而且能在竖直方向转动的照准设备,使之能在过 AB、AC 的竖直面内照准目标。

(3)应有读取读数的指标线。望远镜瞄准目标后,利用指标线读取 AB、AC 方向线在相应水平度盘上的读数 a_1 与 b_1,水平角角值,如式(1-21)。

$$\text{水平角角值 } \beta = \text{右目标读数 } b_1 - \text{左目标读数 } a_1 \tag{1-21}$$

若 $b_1 < a_1$,则 $\beta = b_1 + 360° - a_1$。水平角没有负值。

2. 竖直角的测量原理

竖直角就是测站点到目标点的视线与水平线间的夹角,用 α 表示。如图 1-8 所示,视线 AB 与水平线 AB'的夹角 α,为 AB 方向线的竖直角。其角值从水平线算起,向上为正,称为仰角;向下为负,称为俯角,范围 $0°\sim\pm90°$。

视线与测站点顶方向之间的夹角称为天顶距。图 1-8 中以 Z 表示,其数值为 $0°\sim180°$,均为正值，它与竖直角的关系如式(1-22)。

$$\alpha=90^\circ-Z \tag{1-22}$$

为了观测天顶距或竖直角，经纬仪上必须装置一个带有刻划注记的竖直圆盘，即竖直度盘，刻度盘中心在望远镜旋转轴上，并随望远镜一起上下转动；竖直度盘的读数指标线与竖盘指标水准管相连，当该水准管气泡居中时，指标线处于某一固定位置。显然，照准轴水平时的度盘读数与照准目标时度盘读数之差即为所求的竖直角 α。

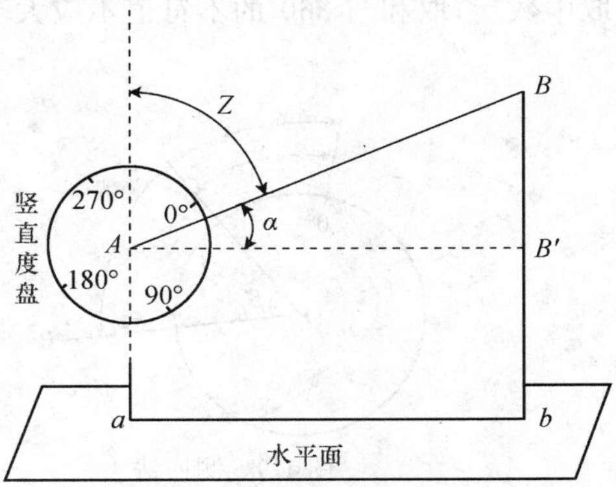

图 1-8　竖直角的测量原理

二、水平角观测

1. 测回法

(1)盘左位置。松开照准部制动螺旋，瞄准左边的目标 A，对望远镜应进行调焦并消除视差，使测钎和标杆准确地夹在双竖丝中间，为了降低标杆或测钎竖立不直的影响，应尽量瞄准测钎和标杆的根部。读取水平度盘读数 $a_{左}$，并记录。

(2)顺时针方向转动照准部，用同样的方法瞄准目标 B，读取水平度盘读数 $b_{左}$。

(3)盘右位置。倒转望远镜，使盘左变成盘右。按上述方法先瞄准右边的目标 B，读记水平度盘读数 $b_{右}$。

(4)逆时针方向转动照准部，瞄准左边的目标 A，读记水平度盘读数 $a_{右}$。

以上操作为盘右半测回或下半测回，测得的角值，如式(1-23)。

$$\beta=b_{右}-a_{右} \tag{1-23}$$

盘左和盘右两个半测回合在一起叫做一测回。两个半测回测得的角值的平均值就是一测回的观测结果，如式(1-24)。

$$\beta=(\beta_{左}-\beta_{右})/2 \tag{1-24}$$

当水平角需要观测几个测回时，为了减低度盘分划误差的影响，在每一测回观测完毕之后，应根据测回数 n，将度盘起始位置读数变换 $180^\circ/n$，再开始下一测回的观测。如果要测三个测回，第一测回开始时度盘读数可配置在0°稍大一些，在第二测回开始时度盘读数可配置在60°左右，在第三测回开始时度盘读数应配置在120°左右，如图1-9所示。

2. 方向观测法

(1)盘左位置。先观测所选定的起始方向(又称零方向)A，再按顺时针方向依次观测 B、C、D 各方向，每观测一个方向均读取水平度盘读数并记入观测手簿。如果方向数超过三个，最后还要回到起始方向 A，并记录读数。最后一步称为归零，A 方向两次读数之差称为归零差。目的是为了检查水平度盘的位置在观测过程中是否发生变动，为盘左半测回或上半测回。

(2)盘右位置。倒转望远镜，按逆时针方向依次照准 A、D、B、C、A 各方向，并读取水平度盘读数，并记录。此为盘右半测回或下半测回。上、下半测回合起来为一测回，如果要观测 n 个测回，每测回仍应按 $180^\circ/n$ 的差值变换水平度盘的起始位置，如图1-10所示。

3. 左、右角观测法

在导线测量中，如果只有两个方向时，可采用左、右角法，这样有利于消除测角中的系统误差。此方法是在总测回数中以奇数测回和偶数测回分别观测导线前进方向的左角和右角。左角、右角的观测回数各为总测回数的一半，度盘配置仍按原来的测回法的顺序，左角、右角分别取中数后，取和与 360°的不符值不应大于限差要求。最后统一换算成左角或右角。

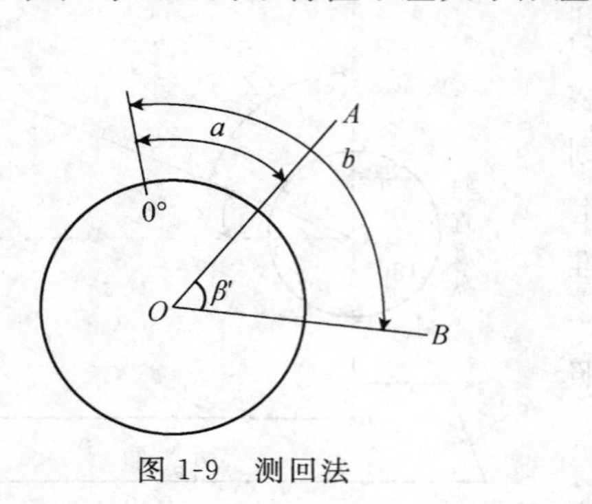

图 1-9　测回法

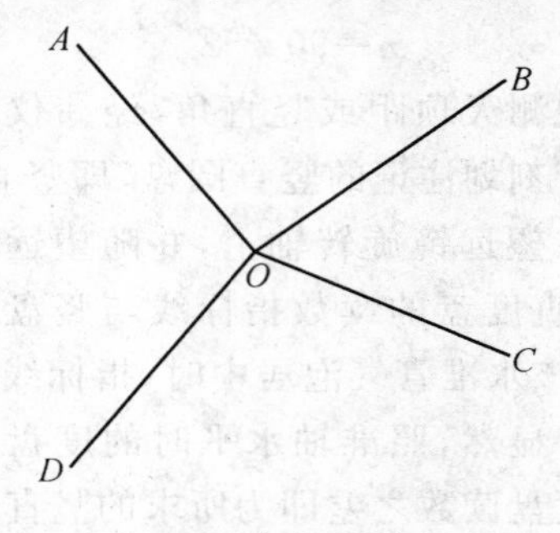

图 1-10　方向观测法

三、竖直角观测

1. 观测

(1)将经纬仪安置在测站点上，经对中整平后，量取仪器高。

(2)用盘左位置瞄准目标点，使十字丝中横丝确切瞄准目标的顶端或指定位置，调节竖盘指标水准管微动螺旋，使竖盘指标水准管气泡严格居中，并读取盘左读数 L 并记入手簿，为上半测回。

(3)纵转望远镜，用盘右位置再瞄准目标点相同位置，调节竖盘指标水准管微动螺旋，使竖盘指标水准管气泡居中，读取盘右读数 R。

2. 计算

(1)计算平均竖直角。盘左、盘右对同一目标各观测一次，组成一个测回。一测回竖直角值(盘左、盘右竖直角值的平均值即为所测方向的竖直角值)，如式(1-25)。

$$\alpha=\frac{\alpha_{左}+\alpha_{右}}{2} \tag{1-25}$$

(2)竖直角 $\alpha_{左}$ 与 $\alpha_{右}$ 的计算。竖盘注记方向有全圆顺时针和全圆逆时针两种形式，如图1-11所示。竖直角是倾斜视线方向读数与水平线方向值之差，根据所用仪器竖盘注记方向形式来确定竖直角计算公式。

确定方法：盘左位置，将望远镜大致放平，看一下竖盘读数接近 0°、90°、180°、270°中的哪一个，盘右水平线方向值为 270°，然后将望远镜慢慢上仰(物镜端抬高)，看竖盘读数是增加还是减少，如果是增加，则为逆时针方向注记 0°～360°。竖直角计算公式见式(1-26)、式(1-27)。

$$\alpha_{左}=L-90° \tag{1-26}$$

$$\alpha_{右}=270°-R \tag{1-27}$$

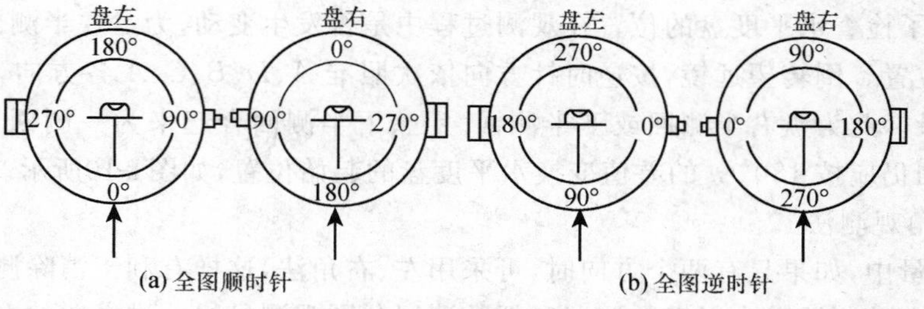

(a) 全图顺时针　(b) 全图逆时针

图 1-11　竖盘注记示意

四、倾斜观测

1. 建筑物的倾斜观测

进行倾斜观测之前，首先应在待观测建筑物的两个相互垂直的墙面上各设置上、下两个观测标志，两点应在同一竖直面内。如图 1-12 所示，在距离建筑物高度 1.5 倍的地方确定一固定的观测站，在建筑物顶部确定一点 M，称为上观测点，在测站上对中、整平安置经纬仪，通过盘左、盘右分中投点法定出 M 点在建筑物室内地坪高度处的投测点 N，称为下观测点。

用同样的方法在同一观测时间内，在与原观测方向垂直的另一方向上，定出另一固定测站，同法确定该墙面上的观测点 P 和下观测点 Q。间隔一段时间后，分别在两固定观测站上安置经纬仪，照准各面的上部观测点，投测出 M、P 点的下测点 N' 和 Q'，若点 N' 与 N、点 Q' 与 Q 不重合，则说明该建筑物已发生了倾斜。N' 与 N、Q' 与 Q 之间的水平距离即为该建筑物两面的倾斜值，用钢尺量出 $N'N$ 和 $Q'Q$ 的水平距离分别为 $b=\Delta B$，$a=\Delta A$，根据图 1-12 中矢量图，计算出建筑物的总倾斜量 Δ，如式(1-28)。

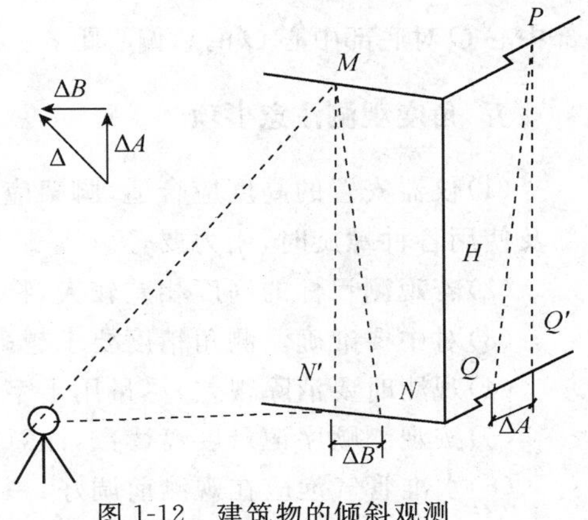

图 1-12　建筑物的倾斜观测

$$c=\Delta=\sqrt{a^2+b^2} \tag{1-28}$$

若建筑物的高度为 H，则建筑物的总倾斜度，如式(1-29)。

$$a=c/H \tag{1-29}$$

2. 塔式构筑物的倾斜观测

对水塔、电塔等塔式高耸构筑物的倾斜观测，是在相互垂直的两个方向上测定其顶部中心对底部中心的偏心距，该偏心距即为构筑物的倾斜值。图 1-13 为一烟囱倾斜观测的示意图。

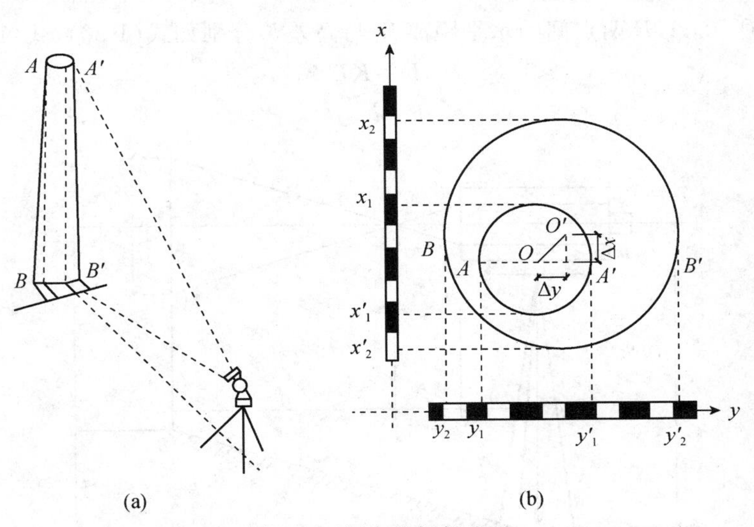

图 1-13　烟囱的倾斜观测

在靠近烟囱底部所选定的方向横放一根标尺，如图 1-13(a)所示，并在标尺的中垂线方向上，且距离烟囱的距离大于烟囱高度的地方，安置经纬仪进行对中、整平，用望远镜分别照准烟

囱顶部边缘两点 A、A'，锁住水平制动，松开竖直制动，将它们分别投测到标尺上，得读数分别为 y_1 和 y'_1；用同样方法，照准其底部边缘两点 B、B'，并投测到标尺上，得读数分别为 y_2 和 y'_2，如图 1-13(b)所示。则烟囱顶部中心 O 对底部中心 O' 在 y 方向的偏心距为 $\delta_y=\frac{y_1+y'_1}{2}-\frac{y_2+y'_2}{2}$；同法，再将经纬仪与标尺安置于烟囱的另一垂直方向上，测得烟囱顶部和底部边缘在标尺投点的读数分别为 x_1、x'_1、x_2、x'_2。则在 x 方向上的偏心距为 $\delta_x=\frac{x_1+x'_1}{2}-\frac{x_2+x'_2}{2}$。烟囱顶部中心 O 对底部中心 O' 的总偏心距 $\delta=\sqrt{\delta_x^2+\delta_y^2}$，烟囱的倾斜度为 $\alpha=c/H$（H 为烟囱的高度）。

五、角度观测注意事项

(1)仪器安置的高度应合适，脚架应踩实，中心螺旋应拧紧，观测时手不扶脚架，转动照准部及使用各种螺旋时，用力要轻。

(2)若观测目标的高度相差较大，特别要注意仪器整平。

(3)对中要准确。测角精度要求越高，或边长越短，则对中要求就越严格。

(4)观测时要消除视差，尽量用十字丝中点照准目标底部或桩上小钉。

(5)按观测顺序记录度盘读数，注意检查限差。发现错误，立即重测。

(6)水准管气泡应在观测前调好，一测回过程中不允许再调，如气泡偏离中心超过两格时，应再次整平重测该测回。

第三节 距离测量

一、视距测量原理

1. 视线水平时的距离与高差的公式

如图 1-14 所示，A、B 两点间的水平距离 D 与高差 h 分别如式(1-30)、式(1-31)。

$$D=KL \tag{1-30}$$

$$h=i-v \tag{1-31}$$

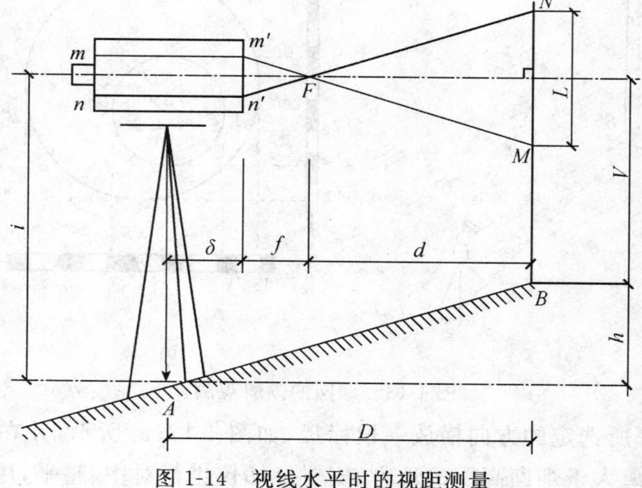

图 1-14 视线水平时的视距测量

式中　D——仪器到立尺点间的水平距离；

K——常数，通常为 100；

L——望远镜上下丝在标尺上读数的差值，称视距间隔或尺间隔；

h——A、B 点间高差(测站点与立尺点之间的高差)；

i——仪器高(地面点至经纬仪横轴或水准仪视准轴的高度)；

v——十字丝中丝在尺上读数。

水准仪视线水平是根据水准管气泡居中来确定的。经纬仪视线水平，是根据在竖盘水准管气泡居中时，用竖盘读数为 90°或 270°来确定的。

2. 视线倾斜时计算水平距离和高差的公式

如图 1-15 所示，A、B 两点间的水平距离 D 与高差 h 分别如式(1-32)、式(1-33)。

$$D=KL\cos^2\alpha \tag{1-32}$$

$$h=\frac{1}{2}KL\sin2\alpha+i-V \tag{1-33}$$

式中　α——视线倾斜角(竖直角)。

其他符号与前面所讲意义相同。

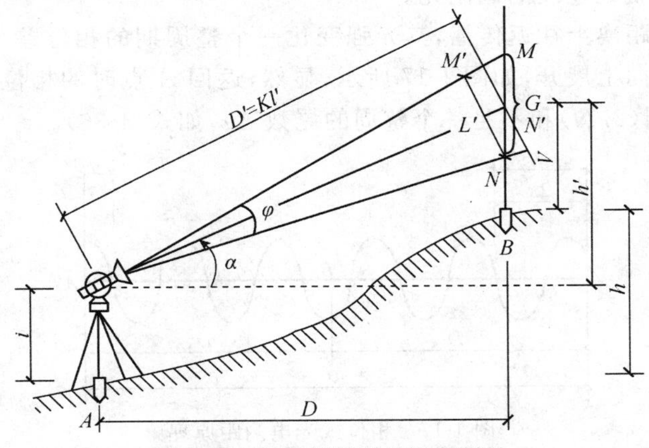

图 1-15　视线倾斜时的视距测量

二、电磁波测距原理

1. 脉冲式光电测距仪测距原理

脉冲式光电测距仪是通过直接测定光脉冲在待测距离两点间往返传播的时间 t 来测定测站至目标的距离 D。如图 1-16 所示，用测距仪测定两点间的距离 D，在 A 点安置测距仪，在 B 点安置反射棱镜。由测距仪发射的光脉冲，经过距离 D 到达反射棱镜，再反射回仪器接收系统，所需时间为 t，则距离 D 即可按式(1-34)求得：

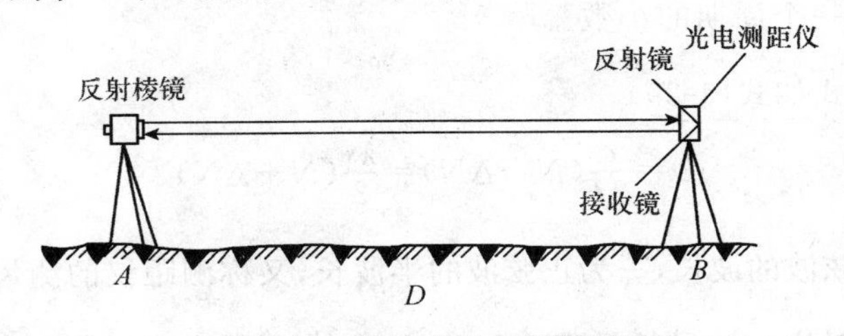

图 1-16　脉冲式光电测距原理

$$D=\frac{1}{2}ct_{2D} \tag{1-34}$$

其中，光在大气中的传播速度 c 的计算如式(1-35)。

$$c=\frac{c_0}{n} \tag{1-35}$$

式中　c——光在大气中的传播速度；

c_0——光在真空中的传播速度，迄今为止人类所测得的精确值为 $c_0=299\ 792\ 458\pm1.2$(m/s)；

n——大气折射率($n\geqslant1$)，它是光的波长 λ、大气温度 t、气压 p 的函数，即 $n=f(\lambda,t,p)$。

2. 相位式光电测距仪测距原理

相位式光电测距仪是通过光源发出连续的调制光，通过往返传播产生相位差，间接计算出传播时间，从而计算距离。红外测距仪是以砷化镓发光二极管作为光源。若给砷化镓发光二极管注入一定的恒定电流，它发出的红外光光强恒定不变；若改变注入电流的大小，砷化镓发光二极管发射的光强也随之变化，注入电流大，光强就强；注入电流小，光强就弱。若在发光二极管上注入的是频率为 f 的交变电流，则其光强也按频率 f 发生变化，这种光称为调制光。相位法测距发出的光就是连续的调制光。

调制光波在待测距离上往返传播，其光强变化一个整周期的相位差为 2π，将仪器从 A 点发出的光波在测距方向上展开，如图 1-17 所示，显然，返回 A 点时的相位比发射时延了 φ 角，其中包含了 N 个整周($2\pi N$)和不足一个整周的尾数 $\Delta\varphi$，如式(1-36)。

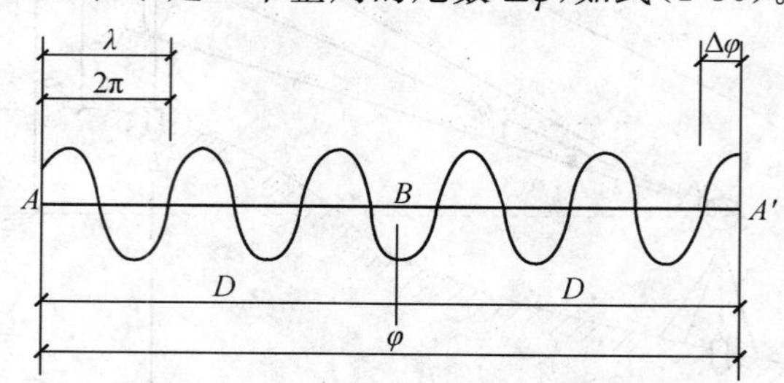

图 1-17　相位式光电测距原理

$$\varphi=2\pi N+\Delta\varphi \tag{1-36}$$

另一方面，设正弦光波的振荡频率为 f，由于频率的定义是一种振荡的次数，振荡一次的相位差为 2π，则正弦光波经过 t_{2D} 后振荡的相位移的计算，如式(1-37)。

$$\varphi=2\pi f t_{2D} \tag{1-37}$$

可以解出 t_{2D}，如式(1-38)。

$$t_{2D}=\frac{2\pi N+\Delta\varphi}{2\pi f}=\frac{1}{f}\left(N+\frac{\Delta\varphi}{2\pi}\right)=\frac{1}{f}(N+\Delta N) \tag{1-38}$$

其中，$\Delta N=\frac{\Delta\varphi}{2\pi}$为不足一个周期的小数。

距离 D 的计算公式如式(1-39)。

$$D=\frac{c}{2f}(N+\Delta N)=\frac{\lambda s}{2}(N+\Delta N) \tag{1-39}$$

式中，$\lambda s=\frac{c}{f}$为正弦波的波长，$\frac{\lambda s}{2}$为正弦波的半波长，又称测距仪的测尺；取 $c\approx3\times10^8$ m/s，则不同的调制频率 f 对应的测尺长见表 1-1。

表 1-1 调制频率与测尺长度的关系

调制频率 f	15 MHz	7.5 MHz	1.5 kHz	150 kHz	75 kHz
测尺长 $\frac{\lambda s}{2}$	10 m	20 m	100 m	1 km	2 km

由表 1-1 可知其规律:调制频率越大,测尺长度越短。

三、距离测量

1. 直线定线

(1)目测定线。目测定线就是用目测的方法,用标杆将直线上的分段点标定出来。如图 1-18 所示,MN 是地面上互相通视的两个固定点,C、D、… 为待定段点。定线时,先在 M、N 点上竖立标杆,测量员甲位于 M 点后 1~2 m 处,视线将 M、N 两标杆同一侧相连成线,然后指挥测量员乙持标杆在 C 点附近左右移动标杆,直至三根标杆的同侧重合到一起时为止。同法可定出 MN 方向上的其他分段点。定线时要将标杆竖直。在平坦地区,定线工作常与丈量距离同时进行,即边定线边丈量。

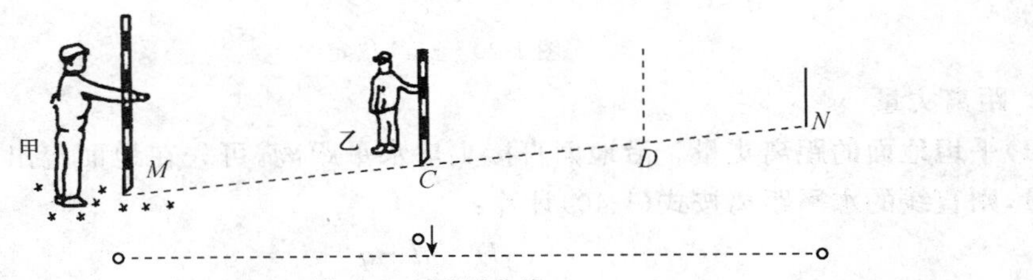

图 1-18 目测定线

(2)过高地定线。如图 1-19 所示,M、N 两点在高地两侧,互不通视,欲在 MN 两点间标定直线,可采用逐渐趋近法。先在 M、N 两点上竖立标杆,甲、乙两人各持标杆分别选择 O_1 和 P_1 处站立,要求 N、P_1、O_1 位于同一直线上,且甲能看到 N 点,乙能看到 M 点。可先由甲站在 O_1 处指挥乙移动至 NO_1 直线上的 P_1 处。然后,由站在 P_1 处的乙指挥甲移至 MP_1 直线上的

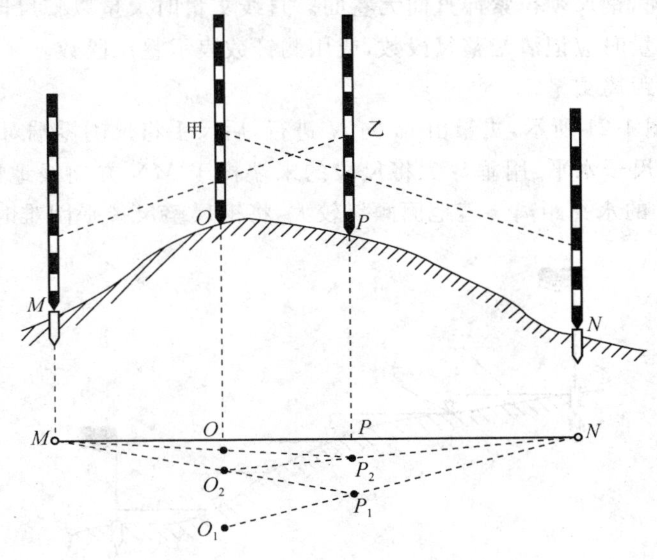

图 1-19 过高地定线

O_2 点，要求 O_2 能看到 N 点，接着再由站在 O_2 处的甲指挥乙移至能看到 M 点的 P_2 处，这样逐渐趋近，直至 O、P、N 在一直线上，同时 M、O、P 也在一直线上，这时说明 M、O、P、N 均在同一直线上。

(3)经纬仪定线。若量距的精度要求较高或两端点距离较长时，宜采用经纬仪定线，如图 1-20 所示，欲在 MN 直线上定出点 1、2、3、…。在 M 点安置经纬仪，对中、整平后，用十字丝交点瞄准 N 点标杆根部尖端，然后制动照准部，望远镜可以上、下移动，并根据定点的远近进行望远镜对光，指挥标杆左右移动，直至 1 点标杆下部尖端与竖丝重合为止。其他点 2、3、…的标定只需将望远镜的俯角变化，即可定出。

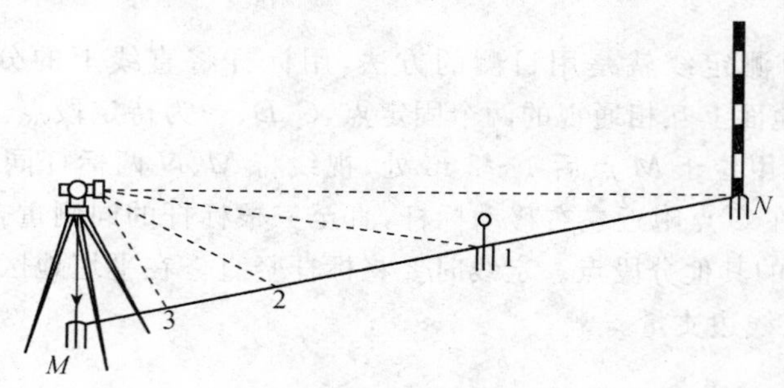

图 1-20　经纬仪定线

2. 距离丈量

(1)平坦地面的距离丈量。沿地面直接丈量水平距离，可先在地面定出直线方向，然后逐段丈量，则直线的水平距离按式(1-40)计算：

$$D=nl+q \tag{1-40}$$

式中　l——钢尺的一整尺段长(m)；

n——整尺段数；

q——不足一整尺的零尺段的长(m)。

丈量时后尺手持钢尺零点一端，前尺手持钢尺末端，常用测钎标定尺段端点位置。丈量时应注意沿着直线方向，钢尺须拉紧伸直而无卷曲。直线丈量时尺量以整尺段丈量，最后丈量余长，以方便计算。丈量时应记清楚整尺段数，或用测钎数表示整尺段数。

(2)倾斜地面的距离丈量。

1)平量法。如图 1-21 所示，丈量由 M 向 N 进行，后尺手将尺的零端对准 M 点，前尺手将尺抬高，并且目估使尺子水平，用垂球尖将尺段的末端投于 MN 方向线地面上，在插以测钎。依次进行，丈量 MN 的水平距离。若地面倾斜较大，将钢尺整尺拉平困难时，可将一尺段分成几段来平量。

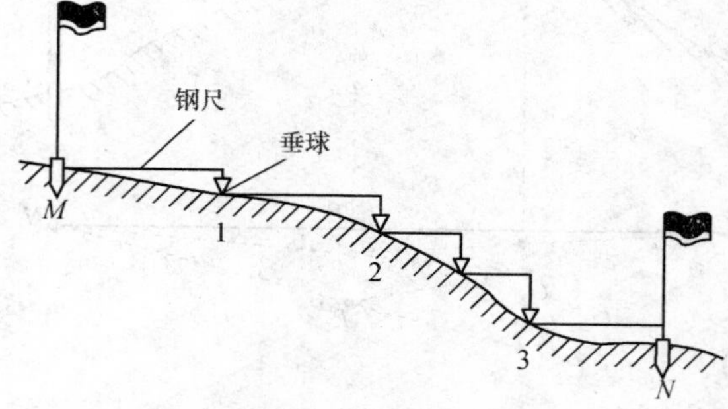

图 1-21　平量法

2)斜量法。当倾斜地面的坡度比较均匀时，如图 1-22 所示，可沿斜面直接丈量出 MN 的倾斜距离 D，测出地面倾斜角 α 或 MN 两点间的高差 h，按式(1-41)、式(1-42)计算 MN 的水平距离 D：

$$D=D'\cos\alpha \tag{1-41}$$

$$D=\sqrt{D'^2-h^2} \tag{1-42}$$

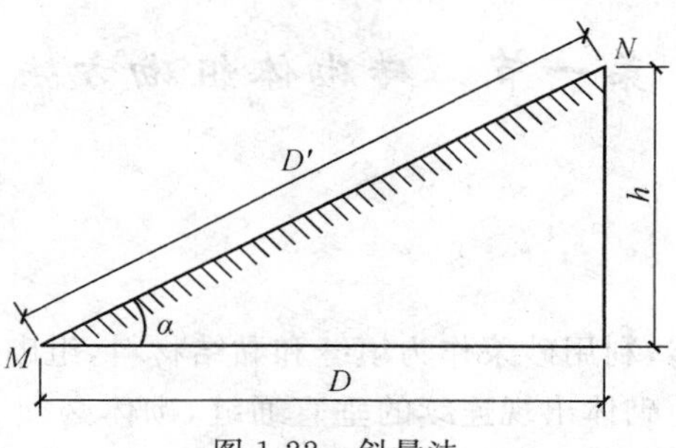

图 1-22　斜量法

3. 钢尺精密量距

(1)尺长改正。由于钢尺的名义长度和实际长度不一致，丈量时就会产生误差。设钢尺在标准温度、标准拉力下的实际长度为 l，名义长度为 l_0，则一整尺的尺长改正数，见式(1-43)。

$$\Delta l=l-l_0 \tag{1-43}$$

每量 1 m 的尺长改正数，见式(1-44)。

$$\Delta l_{米}=\frac{l-l_0}{l_0} \tag{1-44}$$

丈量 D' 距离的尺长改正数，见式(1-45)。

$$\Delta l_l=\frac{l-l_0}{l_0}D' \tag{1-45}$$

钢尺的实长大于名义长度时，尺长改正数为正，反之为负。

(2)温度改正。钢尺量距时的温度和标准温度不同而引起的尺长变化进行的距离改正称温度改正。

一般钢尺的线膨胀系数采用 $\alpha=1.2\times10^{-5}$ 或者写成 $\alpha=0.000\ 012/(\text{m}\cdot℃)$，表示钢尺温度变化为 1℃时，每 1 m 钢尺将伸长 0.000 012 m，所以尺段长 L_i 的温度改正数，见式(1-46)。

$$\Delta L_i=\alpha(t-t_0)L_i \tag{1-46}$$

(3)倾斜改正。设量得的倾斜距离为 D'，两点间测得高差为 h，将 D' 改算成水平距离 D 需要倾斜改正 Δl_h，一般用式(1-47)计算：

$$\Delta l_h=-\frac{h^2}{2D'} \tag{1-47}$$

倾斜改正数 Δl_h 永远为负值。

(4)计算全长。将改正后的各段长度加起来即得 MN 段的往测长度，同样还需返测 MN 段长并计算相对误差，以衡量丈量精度。

第二章 砌筑技术

第一节 砖砌体组砌方法

一、组砌的原则

1. 砌体必须错缝

砖砌体是由一块块的砖，利用砂浆作为填缝和黏结材料，组砌成墙体和柱子。为了使砌体搭接牢固、受力性能好，避免砌体出现连续的垂直通缝，砌体必须上下错缝，内外搭砌，并要求砖块最少应错缝1/4砖长，且不小于60 mm。方法是在墙体两端采用“七分头”、“二寸条”来调整错缝，且丁、顺砖排列有序。“七分头”、“二寸条”如图2-1所示，砖砌体的错缝如图2-2所示。

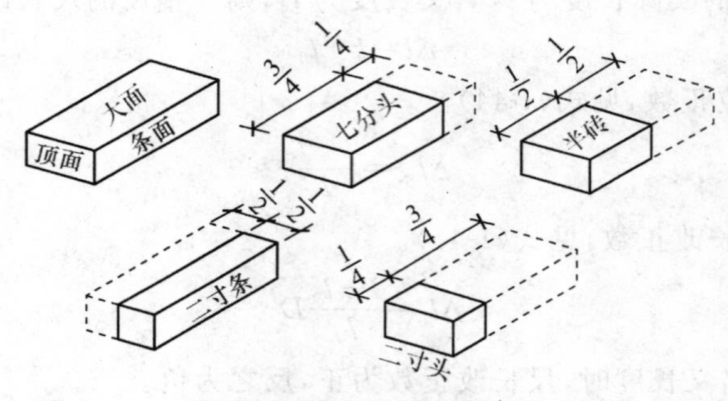

图2-1 破成不同尺寸的砖

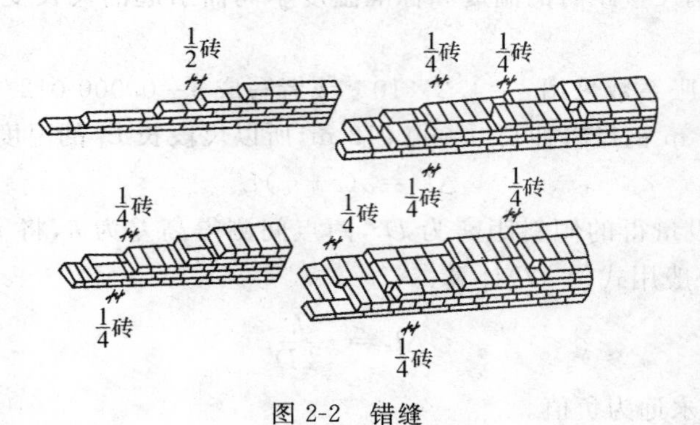

图2-2 错缝

2. 墙体连接要成整体

(1)斜槎的留设方法。方法是在墙体连接处将待接砌墙的槎口砌成台阶形式，其高度一般不大于1.2 m(一步架)，其水平投影长度不少于高度的2/3，如图2-3所示。

(2)直槎的留设方法。直槎的留设方法是每隔一皮砌出墙外1/4砖，作为接槎之用，并且沿高度每隔500 mm加2根ϕ6拉结钢筋。拉结钢筋伸入墙内均不宜小于500 mm，对抗震设防烈度6度、7度的地区，不应小于100 cm；末端应有90°弯钩，如图2-4所示。

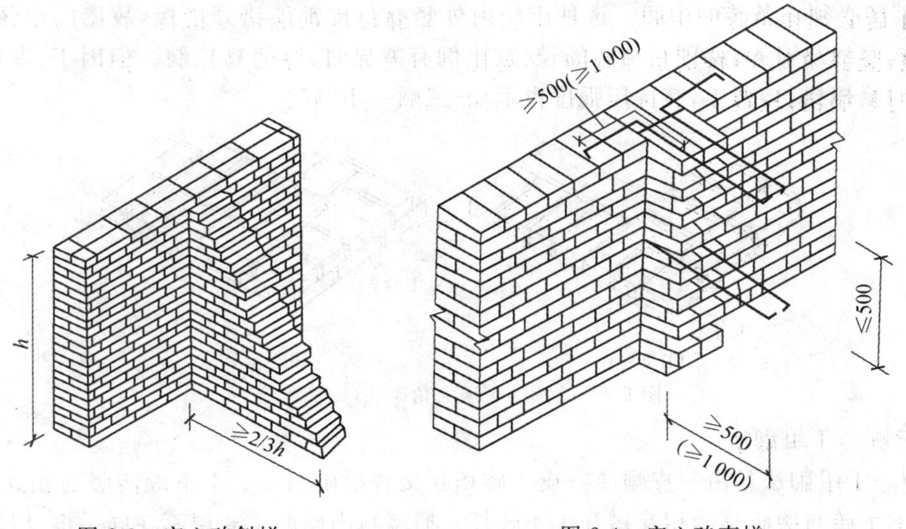

图 2-3　实心砖斜槎　　　　图 2-4　实心砖直槎

3. 控制水平灰缝的厚度

砌体水平方向的缝叫卧缝或水平缝。砌体水平灰缝厚度规定最大为 8～12 mm，一般为 10 mm。灰缝太厚，会使砌体的压缩变形过大，砌上去的砖会发生滑移，对墙体的稳定性不利；太薄则不能保证砂浆的饱满度和均匀性，对墙体的黏结、整体性产生不利影响。砌筑时，在墙体两端和中部架设皮数杆，拉通线来控制水平灰缝厚度。同时要求砂浆的饱满程度应不低于 80%。

二、普通砖砌体的组砌方法

1. 一顺一丁组砌法

分为十字缝组砌法、骑马缝组砌法两种。十字缝组砌法是由一皮顺砖与一皮丁砖相互交替组砌而成，上下皮的竖缝相互错开 1/4 砖，如图 2-5 所示。骑马缝组砌法是先将角部两块七分头砖准确定位，其后隔层摆一丁砖，再按"山丁檐跑"的原则依次摆好砖。一顺一丁墙的大角砌法如图 2-6 和图 2-7 所示。

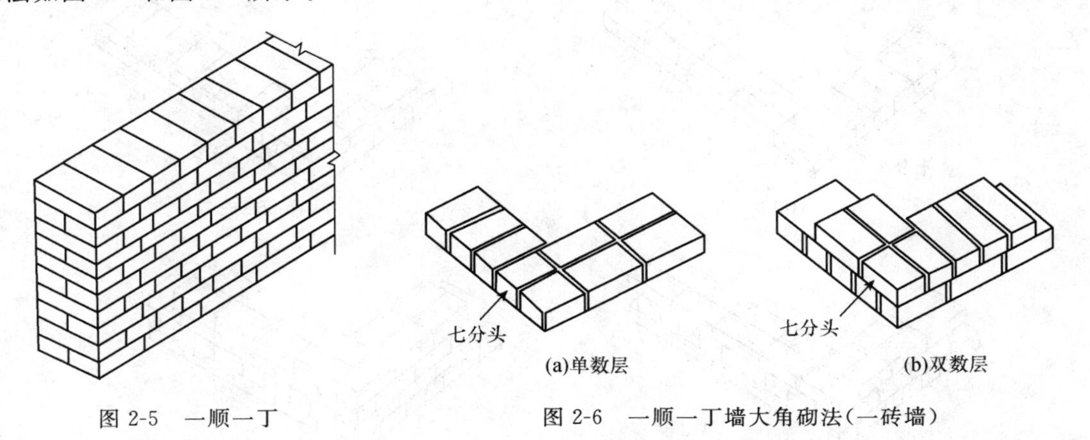

图 2-5　一顺一丁　　　　图 2-6　一顺一丁墙大角砌法(一砖墙)

2. 梅花丁组砌法

梅花丁组砌法(图 2-8)是在同一皮砖内一块顺砖一块丁砖间隔砌筑，上下皮间竖缝错开

1/4 砖，丁砖必须在条砖的中间。该种砌法内外竖缝每皮都能错开搭接，故墙的整体性好，墙面较平整，竖缝易对齐，特别是当砖的长、宽比例有差异时，竖缝易控制。但因丁、顺砖交替砌筑，操作时易搞错，较费工，其抗压强度也不如“三顺一丁”好。

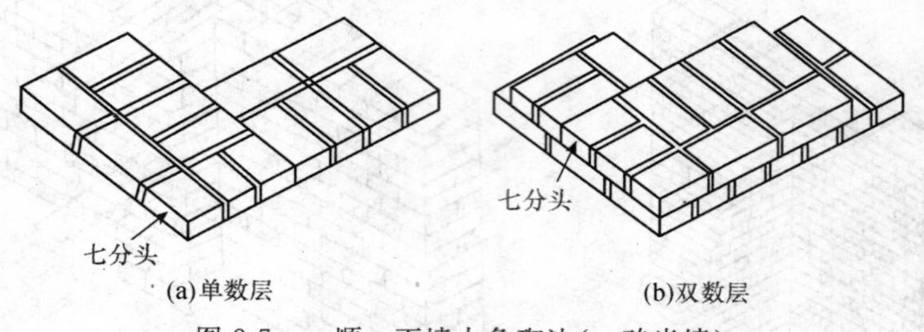

图 2-7　一顺一丁墙大角砌法(一砖半墙)

3. 三顺一丁组砌法

三顺一丁组砌法是由三皮顺砖一皮丁砖相互交替组砌而成。上下顺砖竖缝相互错开 1/2 砖长，上下丁砖与顺砖竖缝相互错开 1/4 砖长。檐墙与山墙的丁砖层不在同一皮，以利于错缝搭接。在头角处的丁砖层常采用“内七分头”调整错缝搭接，如图 2-9 所示。三顺一丁大角砌法如图 2-10 所示。

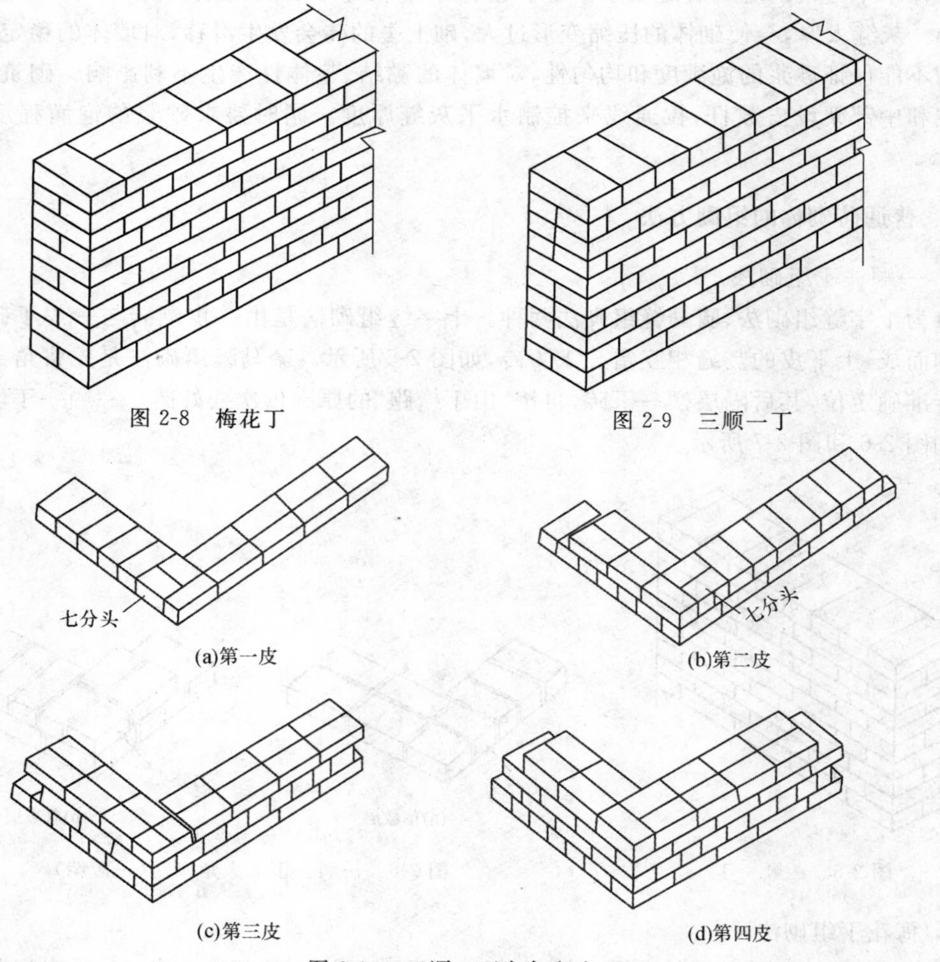

图 2-8　梅花丁

图 2-9　三顺一丁

图 2-10　三顺一丁大角砌法

三、矩形砖柱的组砌方法

一般常见的砖柱尺寸有 240 mm×240 mm、370 mm×370 mm、490 mm×490 mm、370 mm×490 mm 和 490 mm×620 mm。其组砌时柱面上下各皮砖的竖缝至少错开 1/4 砖，柱心不得有通缝，不允许采用“包心组砌法”。对于砖柱，除了与砖墙相同的要求以外，应尽量选用整砖砌筑。每工作班的砌筑高度不宜超过 1.8 m，柱面上不得留设脚手眼，如果是成排的砖柱，必须拉通线砌筑，以防发生扭转和错位。矩形砖柱的正确砌法如图 2-11 所示，矩形砖柱的错误砌法如图 2-12 所示。

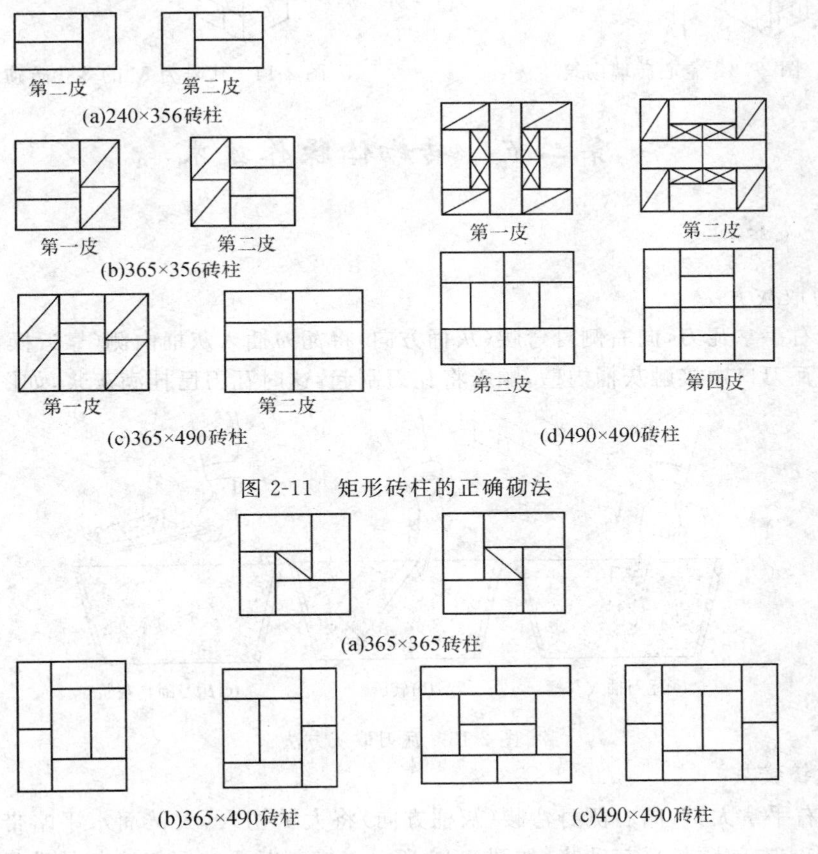

图 2-11　矩形砖柱的正确砌法

图 2-12　矩形砖柱的错误砌法

四、空心砖墙和多孔砖墙的组砌方法

1. 空心砖墙组砌的方法

空心砖墙是用烧结空心砖与砂浆砌筑而成的非承重的填充墙。一般采用侧立砌筑，孔洞水平方向平行于墙面，空心砖墙的厚度等于实心砖的厚度，采用全顺砌法，上下皮竖缝相互错开 1/2 砖长，如图 2-13 所示。

2. 多孔砖墙组砌的方法

多孔砖墙是用烧结多孔砖与砂浆砌筑而成的承重墙。代号为 M 的多孔砖(规格为 190 mm×190 mm×90 mm)一般采用全顺砌法，上下皮竖缝错开 1/2 砖长，如图 2-14 所示。代号为 P 的多孔砖(规格为 240 mm×115 mm×90 mm)，其砌法同普通砖砌体的组砌方法。

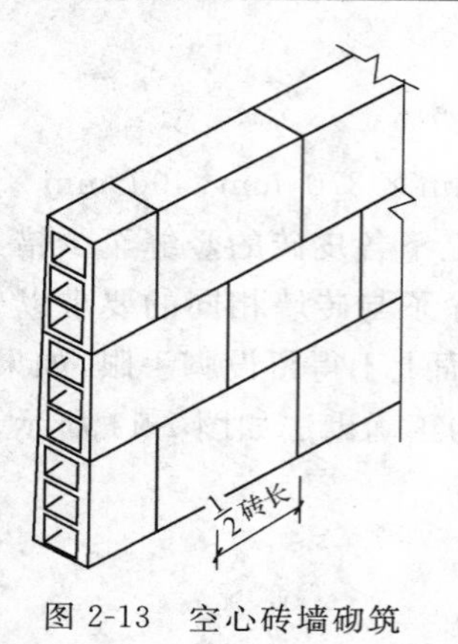

图 2-13 空心砖墙砌筑

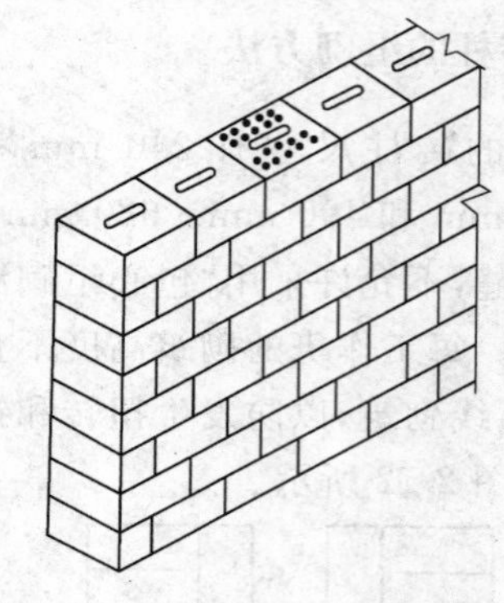
图 2-14 代号为 M 的多孔砖砌筑

第二节 砖砌体操作技术

一、铲 灰

1. 瓦刀取灰方法

操作者右手拿瓦刀，向右侧身弯腰（灰桶方向）将瓦刀插入灰桶内侧（靠近操作者的一边），然后转腕将瓦刀口边接触灰桶内壁，顺着将瓦刀刮起，这时瓦刀已挂满灰浆，如图 2-15 所示。

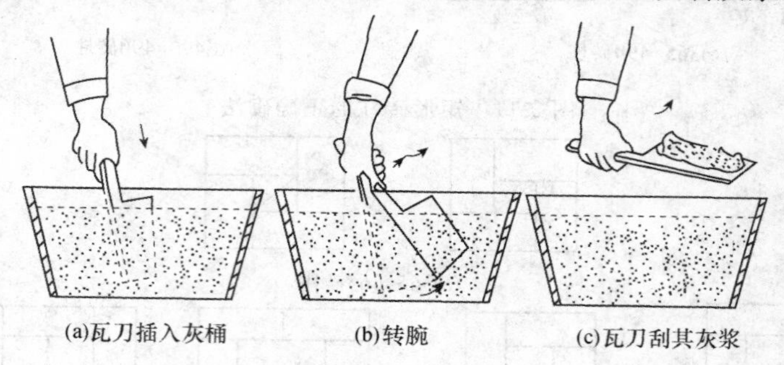

图 2-15 瓦刀取灰方法

2. 用大铲铲灰

操作者右手拿大铲，向右侧身弯腰（灰桶方向）将大铲切入（大铲面水平略带倾斜）灰桶砂浆中，向左前或右前顺势舀起砂浆，如图 2-16 所示。铲灰时要掌握好取灰的数量，尽量做到一刀灰一块砖。

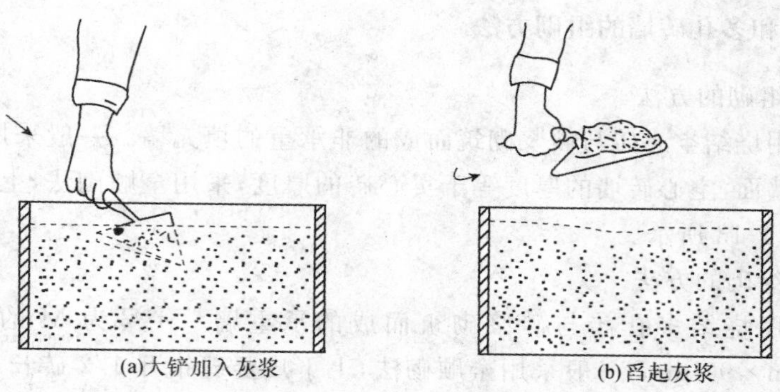

图 2-16 大铲铲灰

二、铺　　灰

1. 砌条砖的手法

(1)甩。铲取砂浆呈均匀条状提至砌筑位置后,铲面转至垂直方向(手心朝上),用手腕向上扭动,配合手臂的上挑力顺砖面中心将灰甩出呈均匀条状落下,如图 2-17 所示。

(2)扣。铲取砂浆呈均匀条状提至砌筑位置后,铲面转至垂直方向(手心朝下),用手腕前推力顺砖面中心将灰扣出呈均匀条状落下,如图 2-18 所示。

(3)泼。铲取砂浆呈扁平状提至砌筑位置后,铲面转成斜状(手柄在前),用手腕转动成半泼半甩、平行向前推进泼出,如图 2-19 所示。

(4)溜。铲取砂浆呈扁平状提至砌筑位置后,铲尖紧贴灰面,铲柄略抬高向身后抽铲落灰,如图 2-20 所示。

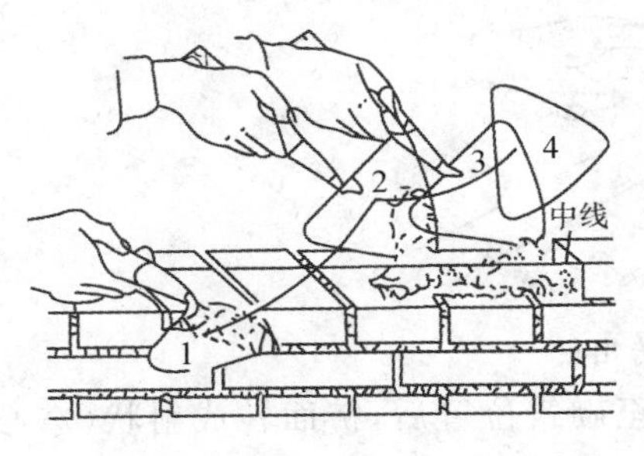

图 2-17　砌条砖甩灰

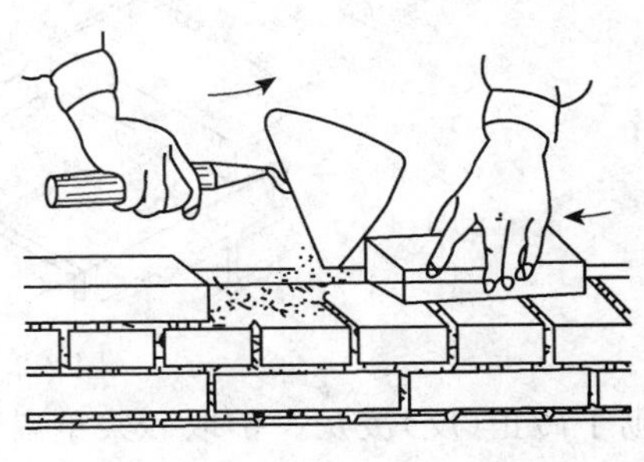
图 2-18　砌条砖扣灰

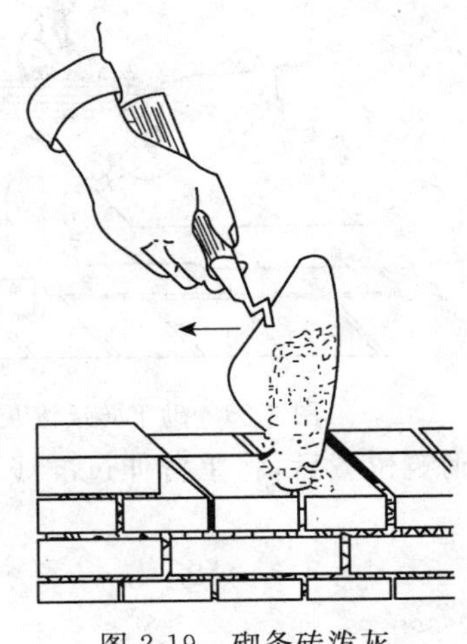
图 2-19　砌条砖泼灰

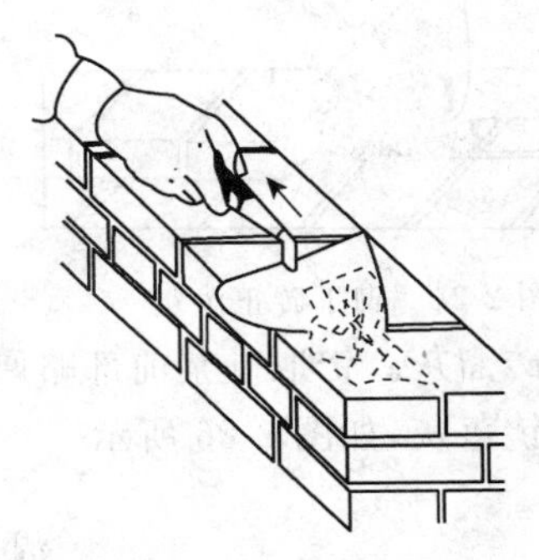
图 2-20　砌条砖溜灰

2. 砌丁砖铺灰法

(1)正手甩灰。铲取砂浆呈扁平状提至砌筑位置后,铲面转成斜状(朝手心方向),利用手臂的左推力将灰甩出,如图 2-21 所示。

(2)反手甩灰。铲取砂浆呈扁平状提至砌筑位置后,铲面转成斜状(朝手背方向),利用手臂的右推力将灰甩出,如图 2-22 所示。

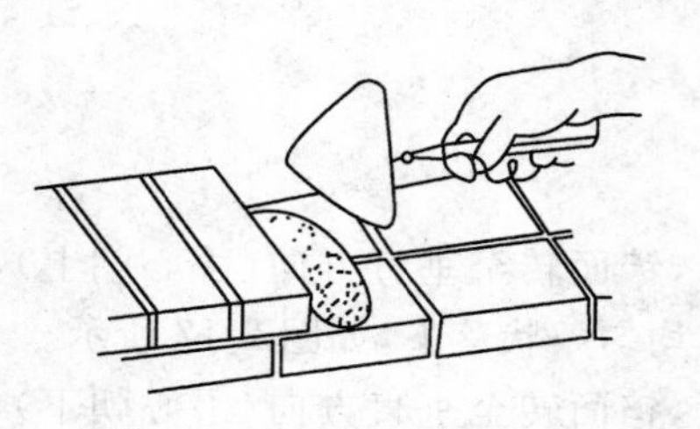

图 2-21　砌丁砖正手甩灰

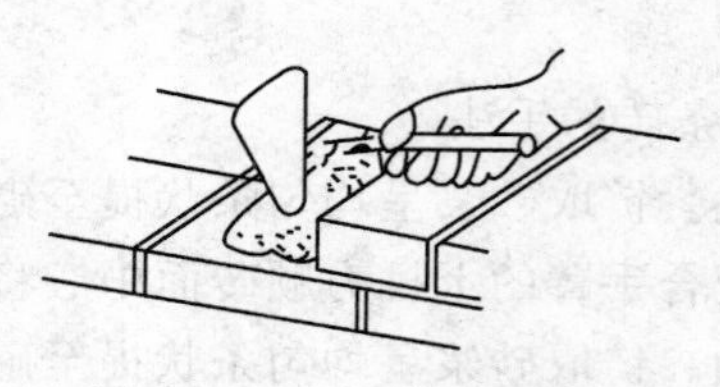

图 2-22　砌丁砖反手甩灰

(3)砌丁砖扣灰。铲取砂浆时前部略低，将铲提至砌筑位置后，铲面转成斜状(朝丁砖方向)，利用手臂的推力将灰甩出，如图 2-23 所示。

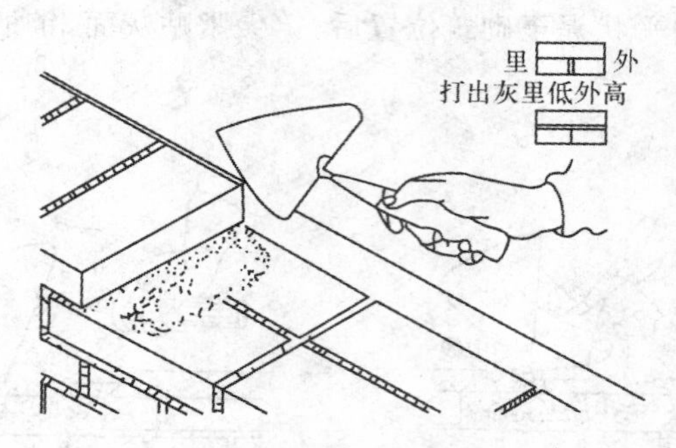

图 2-23　砌丁砖扣灰

(4)砌丁砖正(反)泼灰。铲取砂浆呈扁平状提至砌筑位置后，铲面转成斜状(掌心朝左或朝右)，利用腕力平行向左正泼或利用腕力平拉反泼砂浆，如图 2-24、图 2-25 所示。

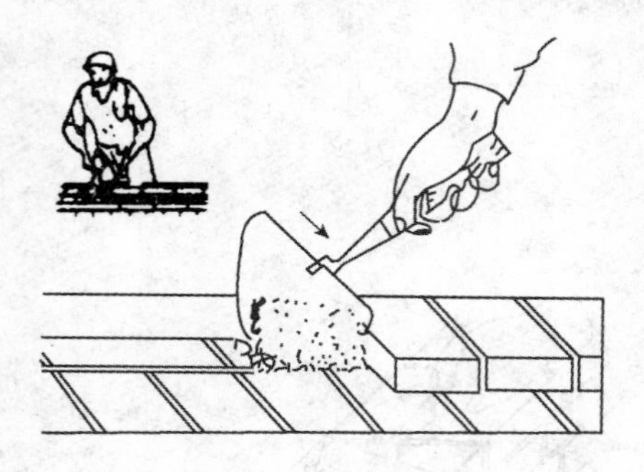

图 2-24　砌丁砖正泼灰

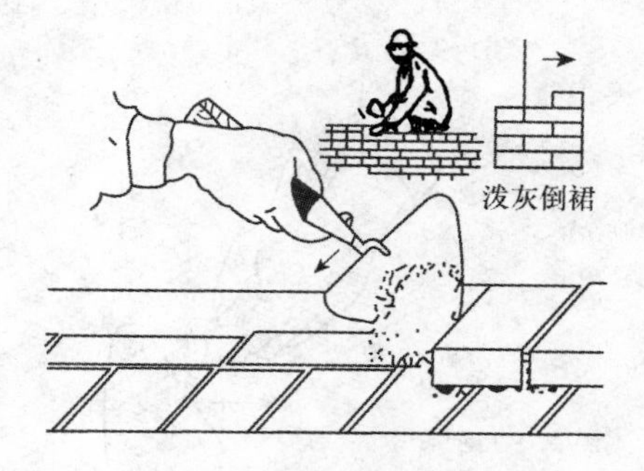

图 2-25　砌丁砖反泼灰

(5)砌丁砖溜灰。铲取砂浆前部略厚，将铲提至砌筑位置后，将手臂伸过准线，使大铲边与墙边取平，抽铲落灰，如图 2-26 所示。

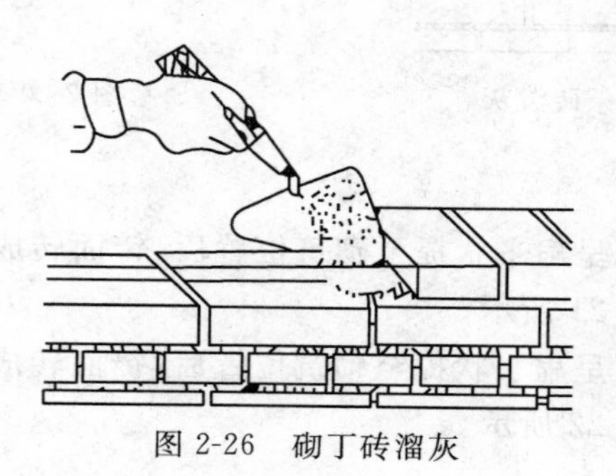

图 2-26　砌丁砖溜灰

三、取砖挂灰

1. 取砖

砌墙时，操作者应顺墙斜站，砌筑方向是由前向后退着砌。这样易于随时检查已砌好的墙是否平直。用单手挤浆法操作时，铲灰和取砖的动作应一次完成，以减少弯腰次数，争取缩短砌筑时间。左手取砖与右手铲灰的动作应该一次完成，一般采用“旋转法”取砖。

所谓“旋转法”，是将砖平托在左手掌上，使掌心向上，砖的大面贴在手心，这时用该手的食指或中指稍勾砖的边棱，依靠四指向大拇指方向运动，配合抖腕动作，砖就在左掌心旋转起来了。操作者可观察砖的四个面(两个条面、两个丁面)，然后选定最合适的面朝向墙的外侧，如图 2-27 所示。

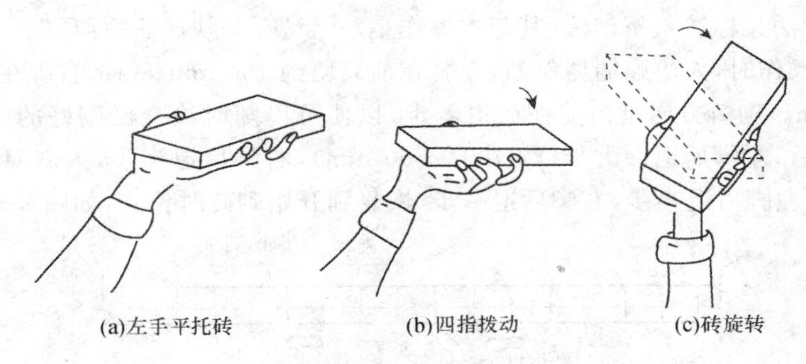
(a)左手平托砖　(b)四指拨动　(c)砖旋转

图 2-27　取砖

2. 挂灰

挂灰一般用瓦刀，动作可分解为准备动作、第一～四次挂灰等五个动作，如图 2-28 所示。

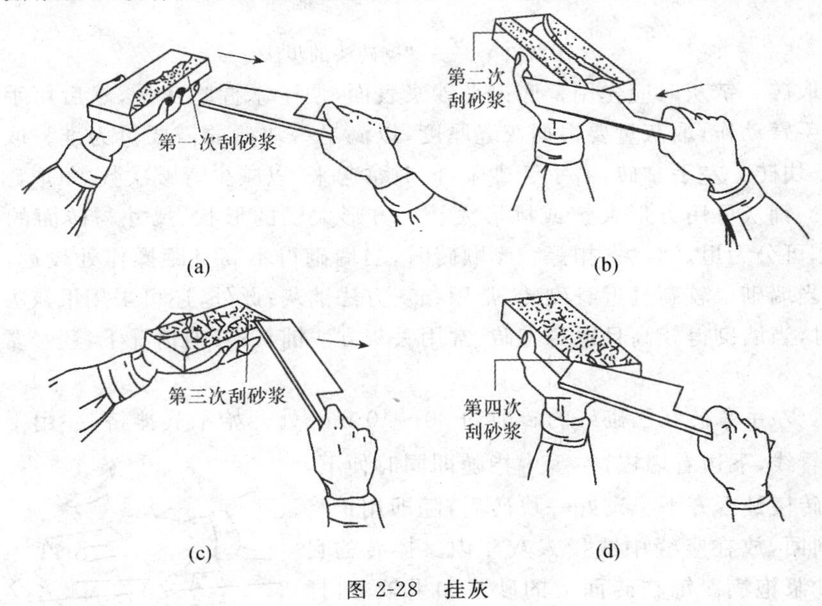

(a)　(b)　(c)　(d)

图 2-28　挂灰

四、摆　　砖

砌砖墙之前，先行用干砖排砖，称为摆砖、撂底。所谓试摆砖就是按照规定的组砌形式将砖通过几次调整后摆好；撂底就是将通过试摆所确定的底层砖(两皮砖)组砌形式固定。摆砖一般都用“山丁檐跑”的方法，即山墙摆丁砖，檐墙摆顺砖。摆砖正确合理，可以保证砌砖质量，达到墙面整齐、操作方便和提高工效的目的。

五、砍　　砖

砍砖的动作虽然不在砌筑的四个动作之内，但为了满足砌体的错缝要求，砖的砍凿是必要的。砍凿一般用瓦刀或刨锛作为砍凿工具，当所需形状比较特殊且用量较多时，也可利用扁头钢凿、尖头钢凿配合手锤开凿。开凿尺寸的控制一股是利用砖作为模数来进行划线的，其中七分头用得最多，可以在瓦刀柄和刨锛把上先量好位置，刻好标记槽，以利提高工效。

六、“三一”砌砖法

“三一”砌砖法又称铲灰挤砌法，其基本操作是“一铲灰、一块砖、一揉压”。

(1)步法。操作时，人应顺墙体斜站，左脚在前离墙约 150 mm 左右，右脚在后距墙及左脚跟 300～400 mm。砌筑方向是由前往后退着走，以便可以随时检查已砌好的砖墙是否平直。砌完 3～4 块砖后，左脚后退一大步(约 700～800 mm)，右脚后退半步，人斜对墙面可砌筑约 500 mm，砌完后左脚后退半步，右脚后退一步，恢复到开始砌砖时位置，如图 2-29 所示。

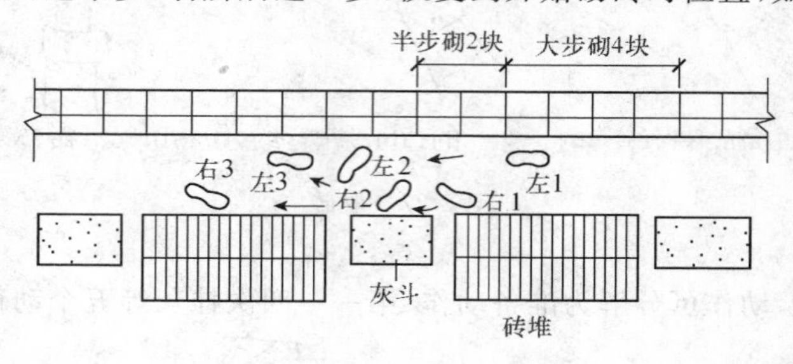

图 2-29 “三一”砌砖法的步法

(2)铲灰取砖。铲灰时应先用铲底摊平砂浆表面，便于掌握吃灰量，然后用手腕横向转动来铲灰，减少手臂动作，取灰量要根据灰缝厚度，以满足一块砖的需要量为准。取砖时应随拿砖随挑选好下块砖。左手拿砖，右手铲砂浆，同时拿起来，以减少弯腰次数，争取砌筑时间。

(3)铺灰。铺灰可用方形大铲或桃形大铲。方形大铲的形状、尺寸与砖面的铺灰面积相似。铺灰动作可分为甩、溜、丢、扣等。砌顺砖时，当墙砌得不高且距操作处较远，一般采用溜灰方法铺灰；当墙砌得较高且近身砌砖，常用扣灰方法铺灰；此外，还可采用甩灰方法铺灰。

砌丁砖时，当墙砌得较高且近身砌砖，常用丢灰方法铺灰；其他情况下，还经常采用扣灰方法铺灰。

(4)揉挤。左手拿砖在已砌好的砖前约 30～40 mm 处开始平放摊挤，并用手轻揉。揉砖时，眼要上边看线，下边看墙皮，左手中指随即同时伸下，摸一下上、下砖棱是否齐平。砌好一块砖后，随即用铲将挤出的砂浆刮回，放在竖缝中或投入灰斗内。揉砖的目的主要是使砂浆饱满。铺在砖面上的砂浆如果较薄，揉的劲要小些；砂浆较厚时，揉的劲要大一些，并且根据已铺砂浆的位置要前后揉或左右揉。总之，以揉到“下齐砖棱，上齐线”为适宜，要做到平齐、轻放、轻揉，如图 2-30 所示。

图 2-30 揉砖

(5)“三一”砌砖法适合砌筑部位。“三一”砌砖法适合于砌窗间墙、砖柱、砖垛、烟囱等较短的部位。

七、铺灰挤砌法

1. 双手挤浆法

(1)步法。操作时，人将靠墙的一只脚站定，脚尖稍偏向墙边，另一只脚向斜前方踏出400 mm左右(随着砌砖动作灵活移动)，使两脚很自然地站成“T”字形。身体离墙约 70 mm，胸部略向外倾斜。这样，转身拿砖、挤砌和看棱角都灵活方便。操作者总是沿着砌筑方向前进，每前进一步能砌 2 块顺砖长。

(2)铺灰。用灰勺时，每铺一次砂浆用瓦刀摊平。用灰勺、大铲或瓦刀铺砂浆时，应力求砂浆平整，防止出现沟槽空隙，砂浆铺得应比墙厚稍窄，形成缩口灰。

(3)拿砖。拿砖时，要先看好砖的方位及大小面，转身踏出半步拿砖，先动靠墙这只手，另一只手跟着上去(有时两手同时取砖)。拿砖后退回成“T”字形，身体转向墙身；选好砖的棱角和掌握好砖的正面，即进行挤浆。

(4)挤砌。由靠墙的一只手先挤砌，另一只手迅速跟着挤砌。如砌丁砖，当手上拿的砖与墙上原砌的砖相距 50～60 mm 时，把砖的一侧抬起约 40 mm，将砖插入砂浆中，随即将砖放平，手掌不要用力挤压，只需依靠砖的倾斜自坠力压住砂浆，平推前进。如砌顺砖，当手上拿的砖与墙上原砌的砖相距约 130 mm 时，把砖的一头抬起约 40 mm，将砖插入砂浆中，随即将砖放平，手掌不要用力挤压，只需依靠砖的倾斜自坠力压住砂浆，平推前进。若竖缝过大，可用手掌稍加压力，将灰缝压实至 10 mm 为止。然后看准砖面，如有不平，用手掌加压，使砖块平整；由于顺砖长，因而要特别注意砖块下齐边、上平线，以防墙面产生凹进凸出和高低不平现象，如图 2-31 所示。

2. 单手挤浆法。

(1)步法。操作时，人要沿着砌筑方向退着走，左手拿砖，右手拿瓦刀(或大铲)，操作前按双手挤浆的站立姿势站好，但要离墙面稍远一点。

(2)铺灰、拿砖。动作要点与双手挤浆相同。

(3)挤砌。动作要点与双手挤浆相同，如图 2-32 所示。

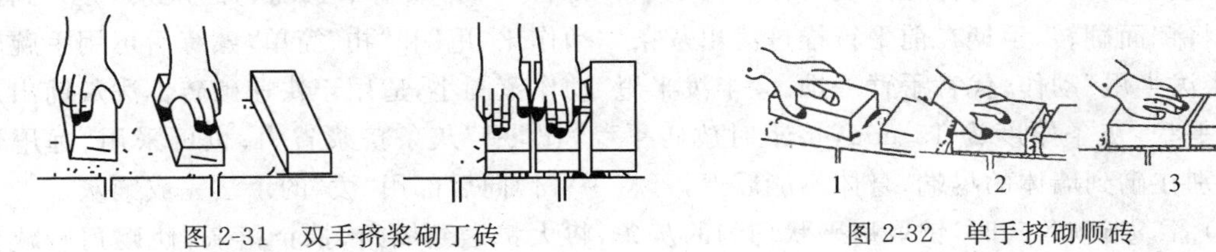

图 2-31 双手挤浆砌丁砖

图 2-32 单手挤砌顺砖

八、满刀灰刮浆法

满刀灰刮浆法是用瓦刀铲起砂浆刮在砖面上，再进行砌筑。刮浆一般分四步，如图 2-33 所示。满刀灰刮浆法砌筑质量较好，但生产效率较低，仅用于砌砖拱、窗台、炉灶等特殊部位。

九、“二三八一”砌筑法

1. 步法

(1)丁字步。砌筑时，操作者背向砌筑的前进方向，站成丁字步，边砌边后退靠近灰槽。这种方法也称“拉槽”砌法。

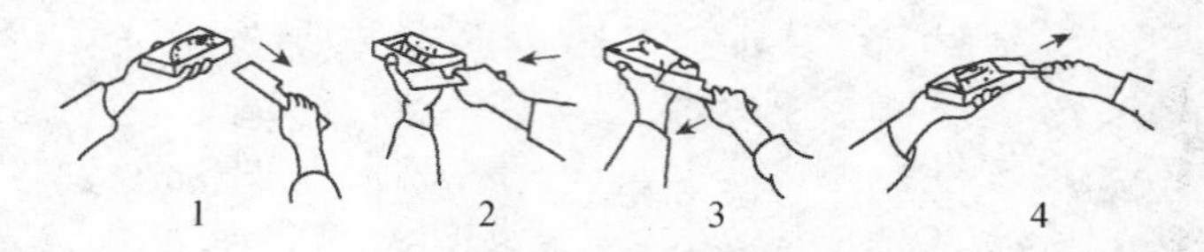

图 2-33 满刀灰刮浆法

(2)并列法。操作者砌到近身墙体时,将前腿后移半步成并列步面向墙体,又可以完成500 mm墙体的砌筑。砌完后将后腿移至另一灰槽近处,进而又站成丁字步,恢复前一砌筑过程的步法。

丁字步和并列步循环往复,使砌砖动作有节奏地进行。

2. 身法

(1)侧身弯腰。铲灰、拿砖时用侧身弯腰动作,身体重心在后腿,利用后腿微弯、肩斜、手臂下垂使铲灰的手很快伸入灰槽内铲取砂浆,同时另一手完成拿砖动作。

(2)正弯腰。当砌筑部位离身体较近时,操作者前腿后撤半步由侧身弯腰转身成并列步正弯腰动作,完成铺灰和挤浆动作,身体重心还原。

(3)丁字步弯腰。当砌筑部位离身体较远时,操作者由侧身弯腰转身成丁字步弯腰,将后腿伸直,身体重心移至前腿,完成铺灰和挤浆动作。

砌筑身法应随砌筑部位的变化配合步法进行有节奏地交替的变换,使动作不仅连贯,而且可以减轻腰部的劳动强度。

3. 铺灰手法

砌顺砖的四种铺灰手法是“甩、扣、泼、溜”。

(1)甩。当砌筑离身体较远且砌筑面较低的墙体部位时,铲取均匀条状砂浆,大铲提升到砌筑位置,铲面转成90°,顺砖面中心甩出,使砂浆呈条状均匀落下,用手腕向上扭动配合手臂的上挑力来完成。

(2)扣。当砌筑离身体较近且砌筑面较高的墙体部位时,铲取均匀条状砂浆,反铲扣出灰条,铲面运动轨迹正好与“甩”相反,是手心向下折回动作,用手臂前推力扣落砂浆。

(3)泼。当砌筑离身体较近及身体后部的墙体部位时,铲取扁平状均匀的灰条,提升到砌筑面时将铲面翻转,手柄在前平行推进泼出灰条。动作比“甩”和“扣”简单,熟练后可用手腕转动成“半泼半甩”动作,代替手臂平推。“半泼半甩”动作范围小,适用于快速砌砖。泼灰铺出灰条成扁平状,灰条厚度为15 mm,挤浆时放砖平稳,比“甩”灰条挤浆省力;也可采用“远甩近泼”,特别在砌到墙体的尽端,身体不能后退,可将手臂伸向后部用“泼”的手法完成铺灰。

(4)溜。当砌角砖时,铲取扁平状均匀的灰条,将大铲送到墙角,抽铲落灰,使砌角砖减少落地灰。

砌丁砖的四种铺灰手法是“扣、溜、泼和一带二”。

1)扣。当砌一砖半的里丁砖时,铲取灰条前部略低,扣出灰条外口略高,这样挤浆后灰口外侧容易挤严,扣灰后伴以刮虚尖动作,使外口竖缝挤满灰浆。

2)溜。当砌丁砖时,铲取扁平状灰条,灰铲前部略高,铺灰时手臂伸过准线,铲边比齐墙边,抽铲落灰,使外口竖缝挤满灰浆。

3)泼。当用里脚手砌外清水墙的丁砖时,铲取扁平状灰条,泼灰时落灰点向里移动20 mm,挤浆后形成内凹10 mm左右的缩口缝,可省去刮舌头灰和减少划缝工作量。

4)一带二。当砌丁砖时,由于碰头缝的面积比顺砖的大一倍,这样容易使外口竖缝不密实。以前操作者先在灰槽处抹上碰头灰,然后再铲取砂浆转身铺灰,每砌一块砖,就要做两次铲灰动作,而且增加了弯腰的时间。如果把抹碰头灰和铺灰两个动作合二为一,在铺灰时,将砖的丁头伸入落灰处,接打碰头灰,使铺灰和打碰头灰同时完成。用一个动作代替两个动作,故称为"一带二"。

以上八种铺灰手法,要求落灰点准,铺出灰条均匀一次成形,从而减少铺灰后再做摊平砂浆等多余动作。

4. 挤浆

挤浆时,应将砖面满在灰条 2/3 处,挤浆平推,将高出灰缝厚度的砂浆推挤入竖缝内。挤浆时应有个"揉砖"的动作。这样,砌顺砖时,竖缝灰浆基本上可以挤满;砌丁砖时,能挤满 2/3 的高度,剩余部分由砌上皮砖时通过挤揉可使砂浆挤入竖缝内。挤揉动作,可使平缝、竖缝都能充满砂浆,不仅提高砖块之间的黏结力,而且极大地提高墙体的抗剪强度。

第三节 普通砖砌体砌筑

一、砖基础砌筑

1. 砖基础构造

普通砖基础由墙基和大放脚两部分组成。墙基与墙身同厚。大放脚即墙基下面的扩大部分,有等高式和不等高式两种。等高式大放脚是两皮一收,每收一次两边各收进 1/4 砖长;不等高式大放脚是两皮一收与一皮一收相间隔,每收一次两边各收进 1/4 砖长,如图 2-34 所示。

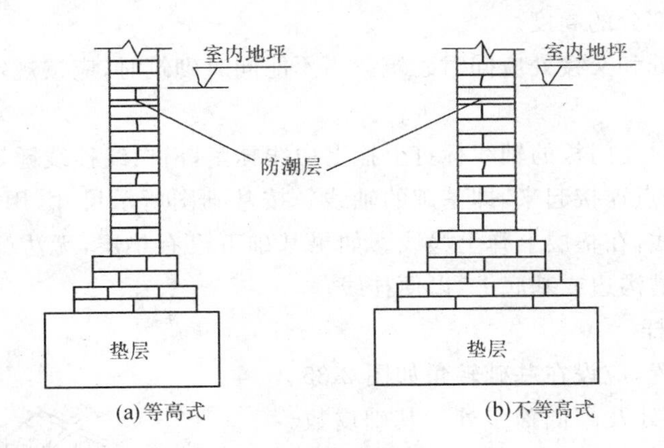

图 2-34 砖基础剖面

大放脚的底宽应根据设计而定。大放脚各皮的宽度应为半砖长的整数倍(包括灰缝)。在大放脚下面为基础垫层,垫层一般用灰土、碎砖三合土或混凝土等。

在墙基顶面应设防潮层,防潮层宜用 1∶2.5(质量比)水泥砂浆加适量的防水剂铺设,其厚度一般为 20 mm,位置在底层室内地面以下一皮砖处,即离底层室内地面下 60 mm 处。

2. 施工准备

(1)砖基础工程所用的材料应有产品的合格证书、产品性能检测报告。砖、水泥、外加剂等尚应有材料主要性能的进场复验报告。严禁使用国家或本地区明令淘汰的材料。

(2)基槽或基础垫层已完成并验收,办完隐检手续。

(3)置龙门板或龙门桩，标出建筑物的主要轴线，标出基础及墙身轴线及标高，并弹出基础轴线和边线；立好皮数杆(间距为 15～20 m，转角处均应设立)，办完预检手续。

(4)根据皮数杆最下面一层砖的标高，拉线检查基础垫层、表面标高是否合适，如第一层砖的水平灰缝大于 20 mm 时，应用细石混凝土找平，不得用砂浆或在砂浆中掺细砖或碎石处理。

(5)常温施工时，砌砖前 1 d 应将砖浇水湿润，砖以水浸入表面下 10～20 mm 深为宜；雨天作业不得使用含水率饱和状态的砖。

(6)砌筑部位的灰渣、杂物应清除干净，基层浇水湿润。

(7)砂浆配合比已经由实验室根据实际材料确定。准备好砂浆试模。应按试验确定的砂浆配合比拌制砂浆，并搅拌均匀。常温下拌好的砂浆应在拌和后 3～4 h 内用完；当气温超过 30℃时，应在 2～3 h 内用完。严禁使用过夜砂浆。

(8)基槽安全防护已完成，无积水，并通过了质检员的验收。

(9)脚手架应随砌随搭设，运输通道通畅，各类机具应准备就绪。

(10)砌筑基础前，应校核放线尺寸，允许偏差应符合表 2-1 的规定。

表 2-1　放线尺寸的允许偏差

长度 L、宽 B(m)	允许偏差(mm)	长度 L、宽 B(m)	允许偏差(mm)
L(或 B)≤30	±5	60<L(或 B)≤90	±15
30<L(或 B)≤30	±10	L(或 B)>90	±20

(11)基底标高不同时，应从低处砌起，并应由高处向低处搭砌。当设计无要求时，搭接长度不应小于基础扩大部分的高度。

(12)基础的转角处和交接处应同时砌筑。当不能同时砌筑时，应按规定留槎、接槎。

3. 基础弹线

在基槽四角各相对龙门板的轴线标钉上拴上白线挂紧，沿白线挂线锤，找出白线在垫层面上的投影点，把各投影点连接起来，即基础的轴线。按基础图所示尺寸，用钢尺向两侧量出各道基础底部大脚的边线，在垫层上弹上墨线。如果基础下没有垫层，无法弹线，可将中线或基础边线用大钉子钉在槽沟边或基底上，以便挂线。

4. 设置基础皮数杆

基础皮数杆的位置，应设在基础转角如图 2-35 所示、内外墙基础交接处及高低踏步处。基础皮数杆上应标明大放脚的皮数、退台、基础的底标高、顶标高以及防潮层的位置等。如果相差不大，可在大放脚砌筑过程中逐皮调整，灰缝可适当加厚或减薄(俗称提灰或刹灰)，但要注意在调整中防止砖错层。

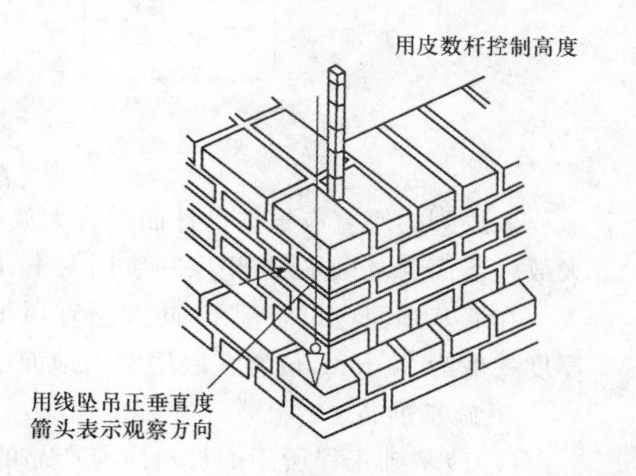

图 2-35　基础皮数杆设置示意

5. 排砖撂底

砌筑基础大放脚时，可根据垫层上弹好的基础线按“退台压丁”的方法先进行摆砖撂底。具体方法是，根据基底尺寸边线和已确定的组砌方式及不同的砂浆，用砖在基底的一段长度上干摆一层，摆砖时应考虑竖缝的宽度，并按“退台压丁”的原则进行，上、下皮砖错缝达 1/4 砖长，在转角处用“七分头”来调整搭接，避免立缝、重缝。摆完后应经复核无误才能正式砌筑。为了砌筑时有规律可循，必须先在转角处将角盘起，再以两端转角为标准拉准线，并按准线逐皮砌筑。当大放脚返台到实墙后，再按墙的组砌方法砌筑。排砖撂底工作的好坏，影响到整个基础的砌筑质量，必须严肃认真地做好。

6. 盘角

即在房屋的转角、大角处立皮数杆砌好墙角。每次盘角高度不得超过五皮砖，并需用线锤检查垂直度和用皮数杆检查其标高有无偏差。如有偏差时，应在砌筑大放脚的操作过程中逐皮进行调整（俗称提灰缝或刹灰缝）。在调整中，应防止砖错层，即要避免“螺丝墙”情况。

7. 收台阶

基础大放脚每次收台阶必须用尺量准尺寸，其中部的砌筑应以大角处准线为依据，不能用目测或砖块比量，以免出现误差。在收台阶完成后和砌基础墙之前，应利用龙门板的“中心钉”拉线检查墙身中心线，并用红铅笔将“中”字画在基础墙侧面，以便随时检查复核。

8. 砌筑要点

(1)内外墙的砖基础均应同时砌筑。如因特殊原因不能同时砌筑时，应留设斜槎（踏步槎），斜槎长度不应小于斜槎的高度。基础底标高不同时，应由低处砌起，并由高处向低处搭接；如设计无具体要求时，其搭接长度不应小于大放脚的高度如图 2-36 所示。

(2)在基础墙的顶部、首层室内地面（±0.000）以下一皮砖处（－0.060 m），应设置防潮层。如设计无具体要求，防潮层宜采用 1：2.5 的水泥砂浆加适量的防水剂经机械搅拌均匀后铺设，其厚度为 20 mm。抗震设防地区的建筑物严禁使用防水卷材作基础墙顶部的水平防潮层。

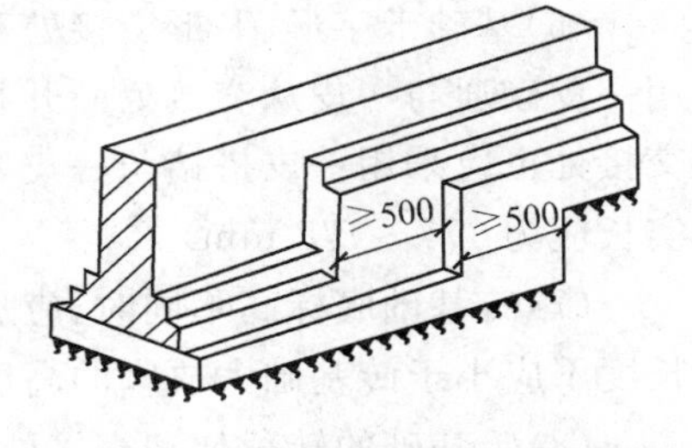

图 2-36　砖基础高低接头处砌法

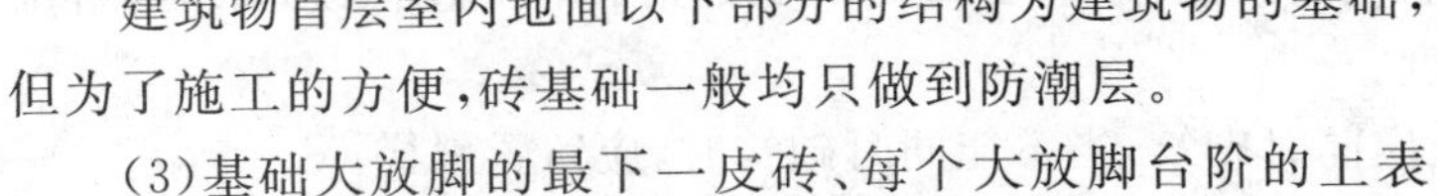

建筑物首层室内地面以下部分的结构为建筑物的基础，但为了施工的方便，砖基础一般均只做到防潮层。

(3)基础大放脚的最下一皮砖、每个大放脚台阶的上表层砖，均应采用横放丁砌砖所占比例最多的排砖法砌筑，此时不必考虑外立面上下一顺一丁相间隔的要求，以便增强基础大放脚的抗剪强度。基础防潮层下的顶皮砖也应采用丁砌为主的排砖法。

(4)砖基础水平灰缝和竖缝宽度应控制在 8～12 mm 之间，水平灰缝的砂浆饱满度用百格网检查不得小于 80%。砖基础中的洞口、管道、沟槽和预埋件等，砌筑时应留出或预埋，宽度超过 300 mm 的洞口应设置过梁。

(5)基底宽度为二砖半的大放脚转角处、十字交接处的组砌方法如图 2-37、图 2-38 所示。T 形交接处的组砌方法可参照十字接头处的组砌方法，即将图中竖向直通墙基础的一端（如下端）截断，改用七分头砖作端头砖即可。有时为了正好放下七分头砖，需将原直通墙的排砖图上错半砖长。

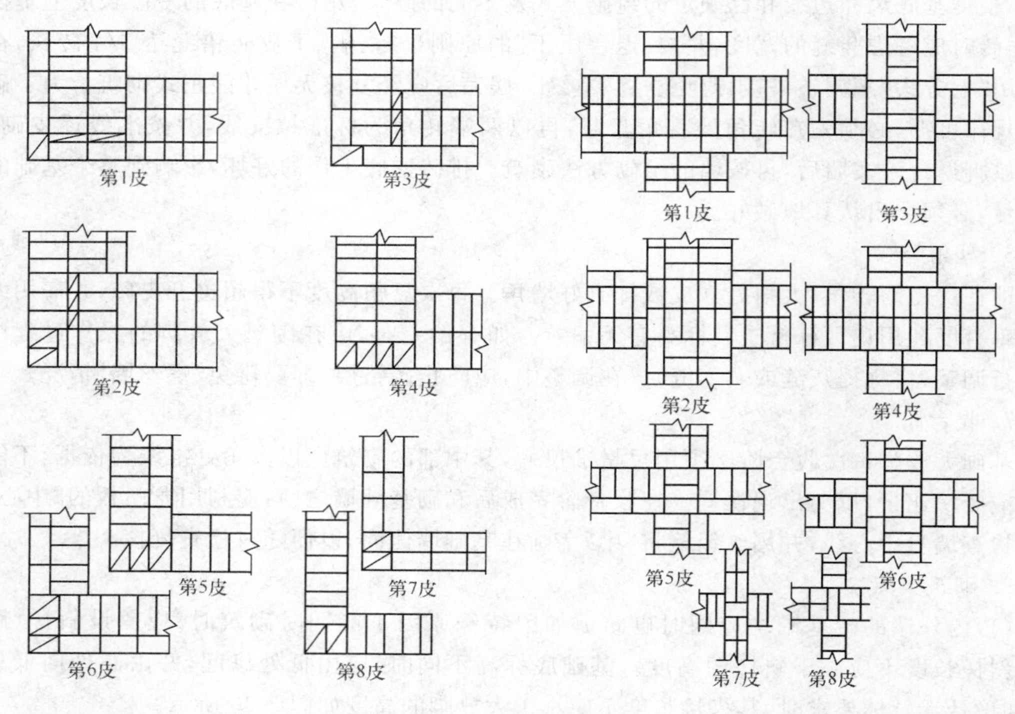

图 2-37　二砖半大放脚转角处砌法　　　图 2-38　二砖半大放脚十字交接处砌法

(6)基础十字形、T形交接处和转角处组砌的共同特点：穿过交接处的直通墙基础的应采用一皮砌通与一皮从交接处断开相间隔的组砌形式；T形交接处、转角处的非直通墙的基础与交接处也应采用一皮搭接与一皮断开相间隔的组砌形式，并在其端头加七分头砖(3/4砖长，实长应为177～178 mm)。

(7)砖基础底标高不同时，应从低处砌起，并应由高处向低处搭砌，当设计无要求时，搭砌长度不应小于砖基础大放脚的高度。

(8)砖基础的转角处和交接处应同时砌筑，当不能同时砌筑时，应留置斜槎。

9. 防潮层施工

抹基础防潮层应在基础墙全部砌到设计标高，并在室内回填土已完成时进行。防潮层的设置是为了防止土壤中水分沿基础墙中砖的毛细管上升而侵蚀墙体，造成墙身的表面抹灰层脱落，甚至墙身受潮、冻结膨胀而破坏。如果基础墙顶部有钢筋混凝土地圈梁，则可以代替防潮层；如没有地圈梁，则必须做防潮层，即在砖基础上，室内地坪±0.000以下60 mm处设置防潮层，以防止地下水上升。防潮层的做法，一般是铺抹20 mm厚的防水砂浆。防水砂浆可采用1∶2水泥砂浆，加入水泥质量3%～5%的防水剂搅拌而成。如使用防水粉，应先把粉剂和水搅拌成均匀的稠浆再添加到砂浆中去，不允许用砌墙砂浆加防水剂来抹防潮层；也可浇筑60 mm厚的细石混凝土防潮层。对防水要求高的，可再在砂浆层上铺油毡，但在抗震设防地区不能用。抹防潮层时，应先在基础墙顶的侧面抄出水平标高线，然后用直尺夹在基础墙两侧，尺面按水平标高线找准，然后摊铺防水砂浆，待初凝后再用木抹子收压一遍，做到平实且表面拉毛。

二、砖墙砌筑

1. 实心砖墙组砌方式

实心墙体一般采用一顺一丁(满丁满条)、梅花丁或三顺一丁砌法,其中代号 M 的多孔砖的砌筑形式只有全顺,每皮均为顺砖,其抓孔平行于墙面,上下皮竖缝相互错开 1/2 砖长。

代号 P 的多孔砖有一顺一丁及梅花丁两种砌筑形式,一顺一丁是一皮顺砖与一皮顶砖相隔砌成,上下皮竖缝相互错开 1/4 砖长;梅花丁是每皮中顺砖与顶砖相隔,顶砖坐中于顺砖,上下皮竖缝相互错开 1/4 砖长。

2. 实心砖墙组砌方法

组砌形式确定后,组砌方法也随之而定。采用一顺一丁形式砌筑砖墙的组砌方法,其余组砌方法依此类推。

3. 找平并弹墙身线

砌墙之前,应将基础防潮层或楼面上的灰砂泥土、杂物等清除干净,并用水泥砂浆或豆石混凝土找平,使各段砖墙底部有明显的接缝,随后开始弹墙身线。

弹线的方法:根据基础四角各相对龙门板,在轴线标钉上拴上白线挂紧,拉出纵横墙的中心线或边线,投到基础顶面上,用墨斗将墙身线弹到墙基上,内间隔墙如没有龙门板时,可自外墙轴线相交处作为起点,用钢尺量出各内墙的轴线位置和墙身宽度;根据图样画出门窗口位置线。墙基线弹好后,按图样要求复核建筑物长度、宽度、各轴线间尺寸。经复核无误后,即可作为底层墙砌筑的标准。

如在楼房中,楼板铺设后要在楼板上弹线定位。弹墙身线的方法如图 2-39 所示。

4. 立皮数杆并检查核对

砌墙前应先立好皮数杆,皮数杆一般应立在墙的转角、内外墙交接处以及楼梯间等凸出部位,其间距不应太长,以 15 m 以内为宜。

皮数杆钉于木桩上,皮数杆下面的±0.000 线与木桩上所抄测的±0.000 线要对齐,都在同一水平线上。所有皮数杆应逐个检查是否垂直,标高是否准确,在同一道墙上的皮数杆是否在同一平面内。核对所有皮数杆上砖的层数是否一致,每皮厚度是否一致,对照图样核对窗台、门窗过梁、雨篷、楼板等标高位置,核对无误后方可砌砖。

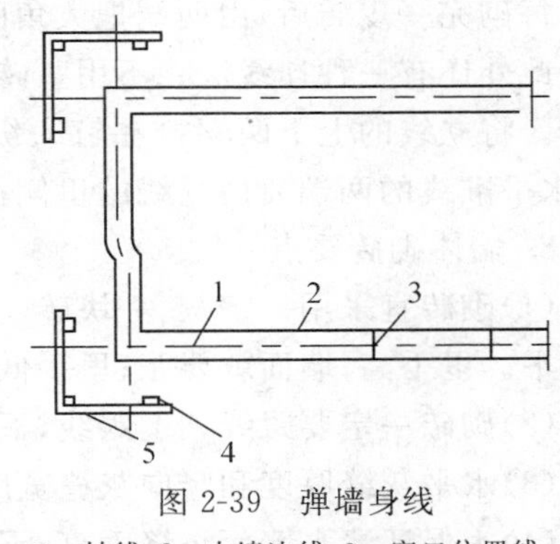

图 2-39　弹墙身线

1—轴线;2—内墙边线;3—窗口位置线;4—龙门桩;5—龙门板

5. 排砖撂底

在砌砖前,要根据已确定的砖墙组砌方式进行排砖撂底,使砖的垒砌台平错缝搭接要求,确定砌筑所需要块数,以保证墙身砌筑竖缝均匀适度,尽可能做到少砍砖。排砖时应根据进场砖的实际长度尺寸的平均值来确定竖缝的大小。

一般外墙第一层砖撂底时,两山墙排丁砖,前后檐纵墙排条砖。根据弹好的门窗洞口位置线,认真核对窗间墙、垛尺寸,其长度是否符合排砖模数;如不符合模数时,可将门窗口的位置左右移动。若有破活,七分头或丁砖应排在窗口中间、附墙垛或其他不明显的部位。移动门窗口位置时,应注意暖卫立管安装及门窗开启时不受影响。另外,在排砖时还要考虑在门窗口上边的砖墙合拢时也不出现破活。所以排砖时必须做全盘考虑,前后檐墙排第一皮砖时,要考虑甩窗口后砌条砖，窗角上必须是七分头才是好活。

6. 立门窗框

一般门、窗有木门窗、铝合金门窗和钢门窗、彩板门窗、塑钢门窗等。门窗安装方法有“先立口”和“后塞口”两种方法。对于木门窗一般采用“先立口”方法，即先立门框或窗框，再砌墙。亦可采用“后塞口”方法，即先砌墙，后安门窗；对于金属门窗一般采用“后塞口”方法。对于先立框的门窗洞口砌筑，必须与框相距 10 mm 左右砌筑，不要与木框挤紧，造成门框或窗框变形。后立木框的洞口，应按尺寸线砌筑。根据洞口高度在洞口两侧墙中设置防腐木拉砖(一般用冷底子油浸一下或涂刷即可)。洞口高度 2 m 以内，两侧各放置三块木拉砖，放置部位距洞口上、下边 4 皮砖，中间木砖均匀分布，即原则上木砖间距为 1 m 左右。木拉砖宜做成燕尾状，并且小头在外，这样不易拉脱。不过，还应注意木拉砖在洞口侧面位置是居中、偏内还是偏外；对于金属等门窗则按图埋入铁件或采用紧固件等，其间距一般不宜超过 600 mm，离上、下洞口边各三皮砖左右。洞口上、下边同样设置铁件或紧固件。

7. 盘角挂线

砌砖前应先盘角，每次盘角不要超过 5 层，新盘的大角，及时进行吊、靠。如有偏差，要及时修整。盘角时要仔细对照皮数杆的砖层和标高，控制好灰缝大小，使水平灰缝均匀一致。大角盘好后再复查一次，平整和垂直完全符合要求后，再挂线砌墙。

砌筑一砖半墙必须双面挂线，如果长墙几个人均使用一根通线，中间应设几个支线点，小线要拉紧，每层砖都要穿线看平，使水平缝均匀一致，平直通顺，挂线时要把高出的障碍物去掉，中间塌腰的地方要垫一块砖，俗称腰线砖。垫腰线砖应注意准线不能向上拱起，经检查平直无误后即可砌砖。

每砌完一皮砖后，由两端把大角的人逐皮往上起线。

此外还有一种挂线法。不用坠砖而将准线挂在两侧墙的立线上，俗称挂立线，一般用于砌间墙。将立线的上下两端拴在钉入纵墙水平缝的钉子上并拉紧。根据挂好的立线拉水平准线，水平准线的两端要由立线的里侧往外拴，两端拴的水平缝线要同纵墙缝一致，不得错层。

8. 墙体砌砖要点

(1)砌砖宜采用一铲灰、一块砖、一挤揉的“三一”砌砖法，即满铺、满挤操作法。砌砖时砖要放平。里手高，墙面就要张；里手低，墙面就要背。

(2)砌砖一定要跟线，“上跟线，下跟棱，左右相邻要对平”。

(3)水平灰缝厚度和竖向灰缝宽度一般为 10 mm，不应小于 8 mm，也不应大于 12 mm。

(4)为保证清水墙面主缝垂直，不游丁走缝，当砌完一步架高时，宜每隔 2 m 水平间距，在丁砖立楞位置弹两道垂直立线，可以分段控制游丁走缝。

(5)在操作过程中，要认真进行自检，如出现偏差，应随时纠正，严禁事后砸墙。

(6)清水墙不允许有三分头，不得在上部任意变活、乱缝。

(7)砌筑砂浆应随搅拌随使用，一般水泥砂浆必须在 3 h 内用完，水泥混合砂浆必须在 4 h 内用完，不得使用过夜砂浆。

(8)砌清水墙应随砌随划缝，划缝深度为 8～10 mm，深浅一致，墙面清扫干净。混水墙应随砌随将舌头灰刮尽。

9. 变形缝的砌筑与处理

当砌筑变形缝两侧的砖墙时，要找好垂直，缝的大小上下一致，更不能中间接触或有支撑物。砌筑时要特别注意，不要把砂浆、碎砖、钢筋头等掉入变形缝内，以免影响建筑物的自由伸缩、沉降和晃动。

变形缝口部的处理必须按设计要求，不能随便更改，缝口的处理要满足此缝功能上的要求。如伸缩缝一般用沥青麻丝填缝，而沉降缝则不允许填缝。墙面变形缝的处理形式如图 2-40所示。

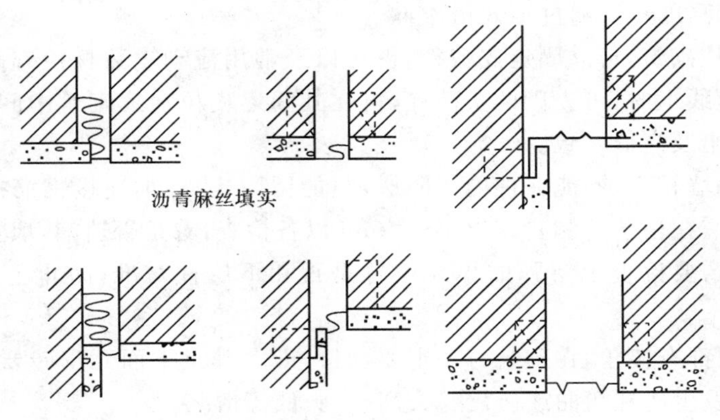

图 2-40　墙面变形缝的处理形式

10. 砖墙面勾缝

砖墙面勾缝前，应做好下列准备工作。

(1)清除墙面黏结的砂浆、泥浆和杂物等，并洒水润湿。

(2)开凿瞎缝，并对缺棱掉角的部位用与墙面相同颜色的砂浆修补齐整。

(3)将脚手眼内清理干净，洒水润湿，并用与原墙相同的砖补砌严密。

三、砖柱砌筑

1. 砖柱的砌筑方法

(1)组砌方法应正确，一般采用满丁满条。

(2)里外咬槎，上下层错缝，采用"三一"砌砖法(即一铲灰，一块砖，一挤揉)，严禁用水冲砂浆灌缝的方法。

2. 砖柱砌筑要点

(1)砖柱砌筑前，基层表面应清扫干净，洒水润湿。基础面高低不平时，要进行找平，小于 3 cm 的要用 1∶3 水泥砂浆，大于 3 cm 的要用细石混凝土找平，使各柱第一皮砖在同一标高上。

(2)砌砖柱应四面挂线，当多根柱子在同一轴线上时，要拉通线检查纵横柱网中心线，同时应在柱的近旁竖立皮数杆。

(3)柱砖应选择棱角整齐，无弯曲、裂纹，颜色均匀，规格基本一致的砖。对于圆柱或多角柱，要按照排砌方案加工弧形砖或切角砖，加工砖面须磨平，加工后的砖应编号堆放，砌筑时对号入座。

(4)排砖摞底。根据排砌方案进行干摆砖试排。

(5)砌砖宜采用"三一"砌法。柱面上下皮竖缝应相互错开 1/2 砖长以上。柱心无通天缝。严禁采用先砌四周后填心的砌法。

(6)砖柱的水平灰缝和竖向灰缝宽度宜为 10 mm，不应小于 8 mm，也不大于 12 mm。水平灰缝的砂浆饱满度不得小于 80%，竖缝也要求饱满，不得出现透明缝。

(7)柱砌至上部时，要拉线检查轴线、边线、垂直度，保证柱位置正确。同时还要对照皮数杆的砖层及标高，如有偏差时，应在水平灰缝中逐渐调整，使砖的层数与皮数杆一致。砌楼层砖柱时，要检查上层弹的墨线位置是否与下层柱子有偏差，以防止上层柱落空砌筑。

(8)2 m高范围内清水柱的垂直偏差不大于5 mm，混水柱不大于8 mm，轴线位移不大于10 mm。每天砌筑高度不宜超过1.8 m。

(9)单独的砖柱砌筑，可立固定皮数杆，也可以经常用流动皮数杆检查高低情况。当几个砖柱同列在一条直线上时，可先砌两头砖柱，再在其间逐皮拉通线砌筑中间部分砖柱，这样易控制皮数正确，进出及高低一致。

(10)砖柱与隔墙相交，不能在柱内留阴槎，只能留阳槎，并加连接钢筋拉结。如在砖柱水平缝内加钢筋网片，在柱子一侧要露出1～2 mm以备检查，看是否遗漏，填置是否正确。

砌楼层砖柱时，要检查上层弹的墨线位置是否和下层柱对准，防止上下层柱错位，落空砌筑。

(11)砖柱四面都有棱角，在砌筑时一定要勤检查，尤其是下面几皮砖要吊直，并要随时注意灰缝平整，防止发生砖柱扭曲或砖皮一头高、一头低等情况。

(12)砖柱表面的砖应边角整齐、色泽均匀。

(13)砖柱的水平灰缝厚度和竖向灰缝宽度宜为10 mm左右。

(14)砖柱上不得留设脚手眼。

四、砖拱砌筑

(1)砖平拱多用烧结普通砖与水泥混合砂浆砌成。砖的强度等级应不低于MU10，砂浆的强度等级应不低于M5。它的厚度一般等于墙厚，高度为一砖或一砖半，外形呈楔形，上大下小。

砌筑时，先砌好两边拱脚，当墙砌到门窗上口时，开始在洞口两边墙上留出20～30 mm错台，作为拱脚支点(俗称拱肩)，而砌拱的两膀墙为拱座(俗称碹膀子)。除立拱外，其他拱座要砍成坡面，一砖碹错台上口宽40～50 mm，一砖半上口宽60～70 mm，如图2-41所示。然后再在门窗洞口上部支设模板，模板中间应有1%的起拱。在模板上画出砖及灰缝位置，务必使砖数为单数。然后从拱脚处开始同时向中间砌砖，正中一块砖要紧紧砌入。灰缝宽度，在过梁顶部不超过15 mm，在过梁底部不小于5 mm。待砂浆强度达到设计强度的50%以上时方可拆除模板，如图2-42所示。

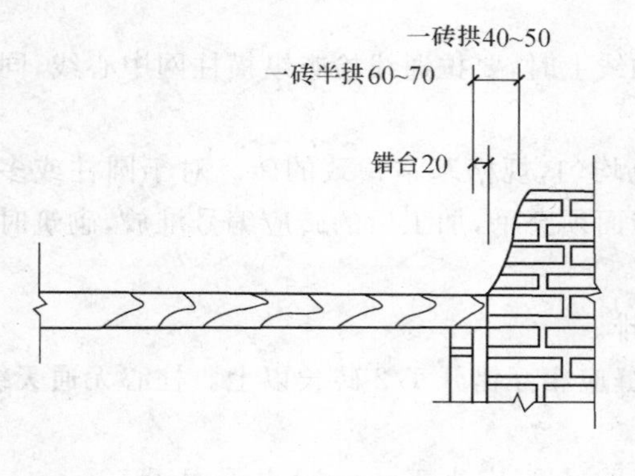

图2-41　拱座砌筑

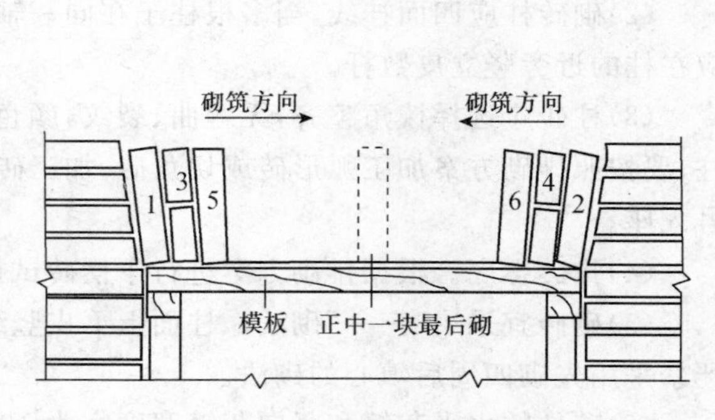

图2-42　平拱式过梁砌筑

(2)弧拱,多采用烧结普通砖与水泥混合砂浆砌成。砖的强度等级应不低于MU10,砂浆的强度等级应不低于M5。它的厚度与墙厚相等,高度有一砖、一砖半等,外形呈圆弧形。

砌筑时,先砌好两边拱脚,拱脚斜度依圆弧曲率而定。再在洞口上部支设模板,模板中间有1%的起拱。在模板上画出砖及灰缝位置,务必使砖数为单数,然后从拱脚处开始同时向中间砌砖,正中一块砖应紧紧砌入。

灰缝宽度:在过梁顶部不超过15 mm,在过梁底部不小于5 mm。待砂浆强度达到设计强度的50%以上时方可拆除模板。

五、过梁砌筑

1. 过梁的形式

(1)砖砌平拱过梁。这种过梁是指将砖竖立或侧立构成跨越洞口的过梁,其跨度不宜超过1 200 mm,用竖砖砌筑部分高度不应小于240 mm。

(2)砖砌弧拱过梁。这种过梁是指将砖竖立或侧立成弧形跨越洞口的过梁,此种形式过梁由于施工复杂,目前很少采用。

砖砌过梁整体性差,抗变形能力差,因此,在受有较大振动荷载或可能产生不均匀沉降的房屋,砖砌过梁跨度不宜过大。当门窗洞口宽度较大时,应采用钢筋混凝土过梁。

(3)钢筋砖过梁。这种过梁是指在洞口顶面砖砌体下的水平灰缝内配置纵向受力钢筋而形成的过梁,其净跨不宜超过2.0 m,底面砂浆层处的钢筋直径不应小于5 mm,间距不宜大于120 mm,根数不应少于2根,末端带弯钩的钢筋伸入支座砌体内的长度不宜小于240 mm,砂浆层厚度不宜小于30 mm。

(4)钢筋混凝土过梁。钢筋混凝土过梁在端部保证支承长度不小于240 mm的前提条件下,一般应按钢筋混凝土受弯构件计算。

2. 过梁的构造

(1)砖砌过梁截面计算高度内的砂浆不宜低于M5。

(2)砖砌平拱用竖砖砌筑部分的高度不应小于240 mm。

(3)钢筋砖过梁底面砂浆层处的钢筋,其直径不应小于5 mm,间距不宜大于120 mm,钢筋伸入支座砌体内的长度不宜小于240 mm,砂浆层的厚度不宜小于30 mm。

3. 过梁施工

砌筑时,先在门窗洞口上部支设模板,模板中间应有1%起拱。接着在模板面上铺设厚30 mm的水泥砂浆,在砂浆层上放置钢筋,钢筋两端伸入墙内不少于240 mm,其弯钩向上,再按砖墙组砌形式继续砌砖,要求钢筋上面的一皮砖应丁砌,钢筋弯钩应置入竖缝内。钢筋以上七皮砖作为过梁作用范围,此范围内的砖和砂浆强度等级应达到上述要求。待过梁作用范围内的砂浆强度达到设计强度50%以上方可拆除模板。

砖墙砌到楼板底时应砌成丁砖层,如果楼板是现浇的,并直接支承在砖墙上,则应砌低一皮砖,使楼板的支承处混凝土加厚,支承点得到加强。填充墙砌到框架梁底时,墙与梁底的缝隙要用铁楔子或木楔子打紧,然后用1∶2水泥砂浆嵌填密实。如果是混水墙,可以用与平面交角在45°～60°的斜砌砖顶紧。假如填充墙是外墙,应等砌体沉降结束,砂浆达到强度后再用楔子楔紧,然后用1∶2水泥砂浆嵌填密实,因为这一部分是薄弱点,最容易造成外墙渗漏,施工时要特别注意。

六、砖筒拱砌筑

1. 砌筑方法

半砖厚的筒拱有顺砖、丁砖和八字槎砌法。

(1)顺砖砌法。砖块沿筒拱的纵向排列，纵向灰缝通长成直线，横向灰缝相互错开 1/2 砖长，如图 2-43 所示。这种砌法施工方便，砌筑简单。

(2)丁砖砌法。砖块沿筒拱跨度方向排列，纵向灰缝相互错开 1/2 砖长，横向灰缝通长成弧形，如图 2-44 所示。这种砌法在临时间断处不必留槎，只要砌完一圈即可，以后接砌。

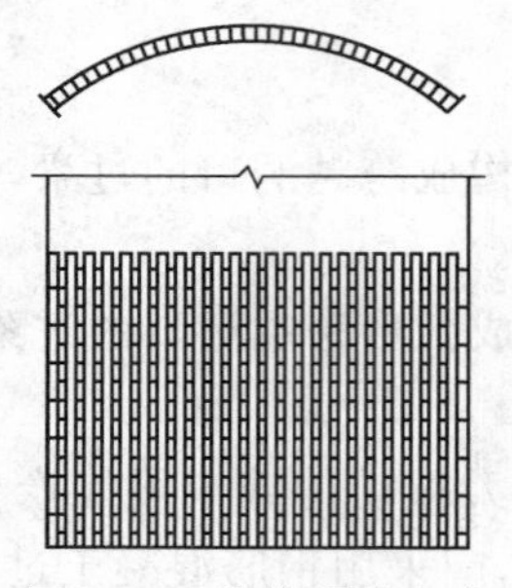

图 2-43 筒拱顺砖砌法

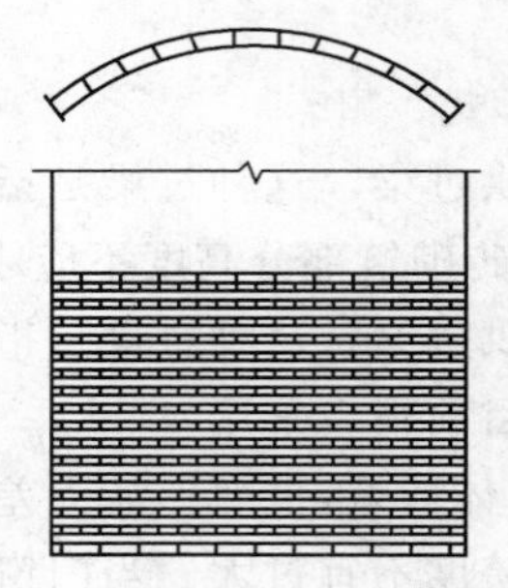

图 2-44 筒拱丁砖砌法

(3)八字槎砌法。由一端向另一端退着砌，砌时使两边长些，中间短些，形成八字槎，砌到另一端时填满八字槎缺口，在中间合拢，如图 2-45 所示。这种砌法咬槎严密，接头平整，整体性好，但需要较多的拱模。

2. 砌筑要点

(1)拱脚上面 4 皮砖和拱脚下面 6～7 皮砖的墙体部分，砂浆强度达到设计强度的 50%以上时，方可砌筑筒拱。

(2)砌筑筒拱应自两侧拱脚同时向拱冠砌筑，且中间 1 块砖必须塞紧。

(3)多跨连续筒拱的相邻各跨，如不能同时施工，应采取抵消横向推力的措施。

(4)拱体灰缝应全部用砂浆填满，拱底灰缝宽度宜为 5～8 mm。

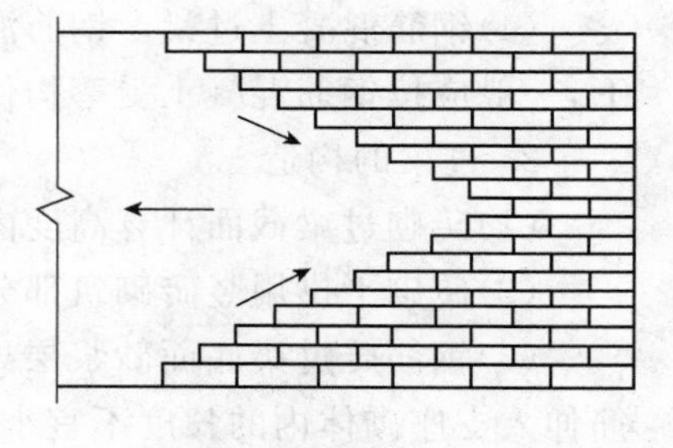

图 2-45 八字槎砌法

(5)拱座斜面应与筒拱轴线垂直，筒拱的纵向缝应与拱的横断面垂直。

(6)筒拱的纵向两端，一般不应砌入墙内，其两端与墙面接触的缝隙应用砂浆填塞。

(7)穿过筒拱的洞口应在砌筑时留出，洞口的加固环应与周围砌体紧密结合，已砌完的拱体不得任意凿洞。

(8)筒拱砌完后应进行养护，养护期内应防止冲刷、冲击和振动。

(9)筒拱的模板，在保证横向推力不产生有害影响的条件下方可拆除。拆移时，应先使模板均匀下降 5～20 cm，并对拱体进行检查。有拉杆的筒拱，应在拆移模板前，将拉杆按设计要求拉紧。同跨内各根拉杆的拉力应均匀。

(10)在整个施工过程中，拱体应均匀受荷。当筒拱的砂浆强度达到设计强度的 70%以上时，方可在已拆模的筒拱上铺设楼面或屋面材料。

七、空斗墙砌筑

1. 弹线

(1)砌筑前,应在砌筑位置弹出墙边线及门窗洞口边线。

(2)防止基础墙与上部墙错台。基础砖撂底要正确,收退大放角两边要相等,退到墙身之前要检查轴线和边线是否正确,如偏差较小可在基础部位纠正,不得在防潮层以上退台或出沿。

2. 排砖

按照图样确定的几眠几斗先进行排砖,先从转角或交接处开始向一侧排砖,内外墙应同时排砖,纵横方向交错搭砌。空斗墙砌筑前必须进行试摆,不够整砖处,可加砌斗砖,不得砍凿斗砖。

排砖时必须把立缝排匀,砌完一步架高度,每隔 2 m 间距在丁砖立楞处用托线板吊直弹线,二步架往上继续吊直弹粉线,由底往上所有七分头的长度应保持一致,上层分窗口位置时必须同下窗口保持垂直。

3. 大角砌筑

空斗墙的外墙大角,须用普通砖砌成锯齿状与斗砖咬接。盘砌大角不宜过高,以不超过 3 个斗砖为宜,新盘的大角,及时进行吊、靠。如有偏差,要及时修整。盘角时要仔细对照皮数杆的砖层和标高,控制好灰缝大小,使水平灰缝均匀一致。大角盘好后再复查一次,平整和垂直完全符合要求后,再挂线砌墙。

4. 挂线

砌筑必须双面挂线,如果长墙几个人均使用一根通线,中间应设几个支线点,小线要拉紧,每层砖都要穿线看平,使水平缝均匀一致,平直通顺;可照顾砖墙两面平整,为下道工序控制抹灰厚度奠定基础。

5. 砌砖

(1)砌空斗墙宜采用满刀披灰法。

(2)在有眠空斗墙中,眠砖层与丁砖接触处,除两端外,其余部分不应填塞砂浆,如图 2-46 所示。空斗墙的空斗内不填砂浆,墙面不应有竖向通缝。

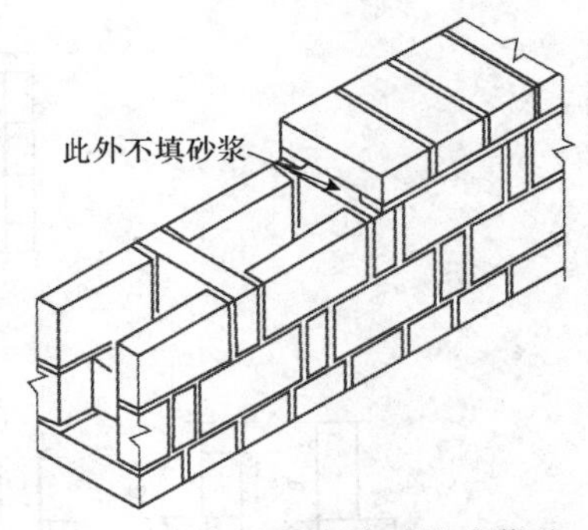

图 2-46 有眠空斗墙不填砂浆处

(3)砌砖时砖要放平,里手高,墙面就要张;里手低,墙面就要背。

(4)砌砖一定要跟线,“上跟线,下跟棱,左右相邻要对平”。

(5)水平灰缝厚度和竖向灰缝宽度一般为 10 mm,但不应小于 7 mm,也不应大于 13 mm。在操作过程中,要认真进行自检,如出现有偏差,应随时纠正,严禁事后砸墙。

(6)砌筑砂浆应随搅拌随使用,一般水泥砂浆必须在3 h内用完,水泥混合砂浆必须在 4 h 内用完,不得使用过夜砂浆。

(7)砌清水墙应随砌随划缝,划缝深度为 8～10 mm,深浅一致,墙面清扫干净。混水墙应随砌随将舌头灰刮尽。

(8)空斗墙应同时砌起,不得留槎。每天砌筑高度不应超过 1.8 m。

6. 预留孔洞

(1)空斗墙中留置的洞口,必须在砌筑时留出,严禁砌完后再行砍凿。空斗墙上不得留脚手眼。

(2)木砖预埋时应小头在外，大头在内，数量按洞口高度决定。洞口高在 1.2 m 以内，每边放 2 块；高 1.2～2 m，每边放 3 块；高 2～3 m，每边放 4 块，预埋木砖的部位一般在洞口上边或下边四皮砖，中间均匀分布。木砖要提前做好防腐处理。

(3)钢门窗安装的预留孔、硬架支模、暖卫管道，均应按设计要求预留，不得事后剔凿。

7. 安装过梁、梁垫

门窗过梁支承处应用实心砖砌筑；安装过梁、梁垫时，其标高、位置及型号必须准确，坐浆饱满。如坐浆厚度超过 2 cm 时，要用细石混凝土铺垫，过梁安装时两端支承点的长度应一致。

8. 构造柱做法

凡设有构造柱的工程，在砌砖前，先根据设计图样在构造柱位置进行弹线，并把构造柱插筋处理顺直。砌砖墙时，与构造柱连接处砌成马牙槎，马牙槎处砌实心砖。每一个马牙槎沿高度方向的尺寸不宜超过 30 cm。马牙槎应先退后进。拉结筋按设计要求放置，设计无要求时，一般沿墙高 50 cm 设置 2 根 $\phi 6$ 水平拉结筋，每边深入墙内不应小于 1 m。

八、空心填充墙砌筑

有特殊防寒要求的建筑物，为了节省砖，减少墙体的实际厚度，并能达到砖墙的隔热要求，往往在墙内填充保温性能好的材料，这就是填充墙。

空心填充墙，是用普通砖砌成内外两条平行壁体，在中间留有空隙，并填入保温性能好的材料。为了保证两平行壁体互相连接，增强墙体的刚度和稳定性，以及在填入保温材料后避免墙体向外胀出，在墙的转角处要加砌斜撑或砌附外墙柱，如图 2-47 和图 2-48 所示，并在墙内增设水平隔层与垂直隔层。

水平隔层，除起连接墙体的作用外，还起到填充墙的减荷作用，防止填充墙下沉，以免墙体底部侧压力增加而倾斜，并使上下填充墙能疏密一致。

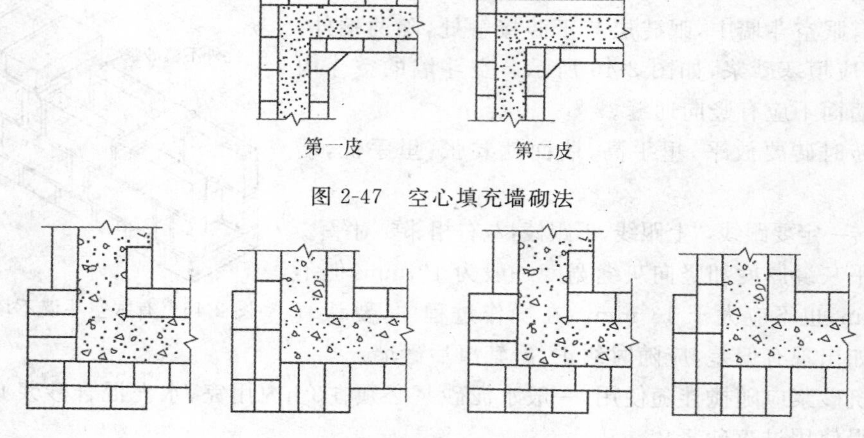

图 2-47　空心填充墙砌法

图 2-48　空心填充墙外墙附柱

水平隔层形式有以下两种。

(1)每隔 4～6 皮砖在保温填充墙上抹一层 8～10 mm 的水泥砂浆，在其上面放置 4～16 mm的钢筋，其间距为 40～60 mm，然后再抹一层水泥砂浆，把钢筋埋入砂浆内，如图 2-49 所示。

(2)每隔 5 皮砖砌 1 皮顶砖层，垂直隔层是用顶砖把两平行壁体联结起来，在墙长度范围内，每隔适当距离砌筑一道垂直隔层。

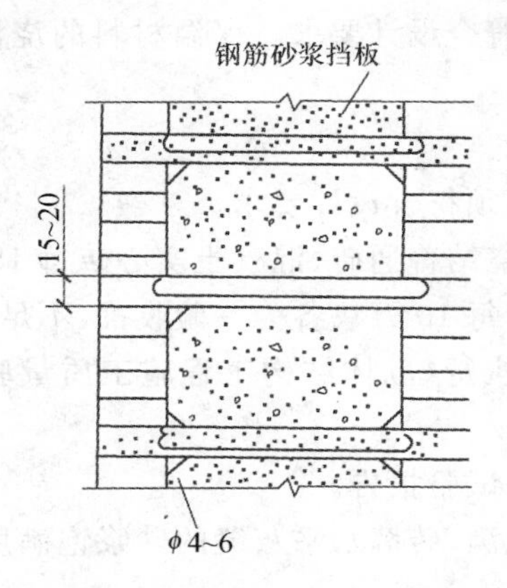

图 2-49　空心填充墙水平隔层(钢筋埋入砂浆)

九、砖砌体质量标准

1. 一般规定

(1)用于清水墙、柱表面的砖,应边角整齐,色泽均匀。

(2)砌体砌筑时,混凝土多孔砖、混凝土实心砖、蒸压灰砂砖、蒸压粉煤灰砖等块体的产品龄期不应小于 28 d。

(3)有冻胀环境和条件的地区,地面以下或防潮层以下的砌体,不应采用多孔砖。

(4)不同品种的砖不得在同一楼层混砌。

(5)砌筑烧结普通砖、烧结多孔砖、蒸压灰砂砖、蒸压粉煤灰砖砌体时,砖应提前 1～2 d 适度湿润,严禁采用干砖或处于吸水饱和状态的砖砌筑,块体湿润程度宜符合下列规定:

1)烧结类块体的相对含水率 60%～70%;

2)混凝土多孔砖及混凝土实心砖不需浇水湿润,但在气候干燥炎热的情况下,宜在砌筑前对其喷水湿润。其他非烧结类块体的相对含水率 40%～50%。

(6)采用铺浆法砌筑砌体,铺浆长度不得超过 750 mm;当施工期间气温超过 30℃时,铺浆长度不得超过 500 mm。

(7)240 mm 厚承重墙的每层墙的最上一皮砖,砖砌体的阶台水平面上及挑出层的外皮砖,应整砖丁砌。

(8)弧拱式及平拱式过梁的灰缝应砌成楔形缝,拱底灰缝宽度不宜小于 5 mm,拱顶灰缝宽度不应大于 15 mm,拱体的纵向及横向灰缝应填实砂浆;平拱式过梁拱脚下面应伸入墙内不小于 20 mm;砖砌平拱过梁底应有 1%的起拱。

(9)砖过梁底部的模板及其支架拆除时,灰缝砂浆强度不应低于设计强度的 75%。

(10)多孔砖的孔洞应垂直于受压面砌筑。半盲孔多孔砖的封底面应朝上砌筑。

(11)竖向灰缝不应出现瞎缝、透明缝和假缝。

(12)砖砌体施工临时间断处补砌时,必须将接槎处表面清理干净,洒水湿润,并填实砂浆,保持灰缝平直。

(13)夹心复合墙的砌筑应符合下列规定:

1)墙体砌筑时,应采取措施防止空腔内掉落砂浆和杂物;

2)拉结件设置应符合设计要求,拉结件在叶墙上的搁置长度不应小于叶墙厚度的 2/3,并不应小于 60 mm;

3)保温材料品种及性能应符合设计要求。保温材料的浇注压力不应对砌体强度、变形及外观质量产生不良影响。

2. 主控项目

(1)砖和砂浆的强度等级必须符合设计要求。

抽检数量:每一生产厂家,烧结普通砖、混凝土实心砖每15万块,烧结多孔砖、混凝土多孔砖、蒸压灰砂砖及蒸压粉煤灰砖每10万块各为一验收批,不足上述数量时按1批计,抽检数量为1组。砂浆试块的抽检数量执行《砌体结构工程施工质量验收规范》(GB 50203—2011)的相关规定。

检验方法:查砖和砂浆试块试验报告。

(2)砌体灰缝砂浆应密实饱满,砖墙水平灰缝的砂浆饱满度不得低于80%;砖柱水平灰缝和竖向灰缝饱满度不得低于90%。

抽检数量:每检验批抽查不应少于5处。

检验方法:用百格网检查砖底面与砂浆的黏结痕迹面积,每处检测3块砖,取其平均值。

(3)砖砌体的转角处和交接处应同时砌筑,严禁无可靠措施的内外墙分砌施工。在抗震设防烈度为8度及8度以上地区,对不能同时砌筑而又必须留置的临时间断处应砌成斜槎,普通砖砌体斜槎水平投影长度不应小于高度的2/3,多孔砖砌体的斜槎长高比不应小于1/2。斜槎高度不得超过一步脚手架的高度。

抽检数量:每检验批抽查不应少于5处。

检验方法:观察检查。

(4)非抗震设防及抗震设防烈度为6度、7度地区的临时间断处,当不能留斜槎时,除转角处外,可留直槎,但直槎必须做成凸槎,且应加设拉结钢筋,拉结钢筋应符合下列规定:

1)每120 mm墙厚放置1ϕ6拉结钢筋(120 mm厚墙应放置2ϕ6拉结钢筋);

2)间距沿墙高不应超过500 mm,且竖向间距偏差不应超过100 mm;

3)埋入长度从留槎处算起每边均不应小于500 mm,对抗震设防烈度6度、7度的地区,不应小于1 000 mm;

4)末端应有90°弯钩,如图2-4所示。

抽检数量:每检验批抽查不应少于5处。

检验方法:观察和尺量检查。

3. 一般项目

(1)砖砌体组砌方法应正确,内外搭砌,上、下错缝。清水墙、窗间墙无通缝;混水墙中不得有长度大于300 mm的通缝,长度200～300 mm的通缝每间不超过3处,且不得位于同一面墙体上。砖柱不得采用包心砌法。

抽检数量:每检验批抽查不应少于5处。

检验方法:观察检查。砌体组砌方法抽检每处应为3～5 m。

(2)砖砌体的灰缝应横平竖直,厚薄均匀,水平灰缝厚度及竖向灰缝宽度宜为10 mm,但不应小于8 mm,也不应大于12 mm。

抽检数量:每检验批抽查不应少于5处。

检验方法:水平灰缝厚度用尺量10皮砖砌体高度折算;竖向灰缝宽度用尺量2 m砌体长度折算。

(3)砖砌体尺寸、位置的允许偏差及检验应符合表2-2的规定。

表 2-2　砖砌体尺寸、位置的允许偏差及检验

项次	项　目			允许偏差(mm)	检验方法	抽检数量
1	轴线位移			10	用经纬仪和尺或用其他测量仪器检查	承重墙、柱全数检查
2	基础、墙、柱顶面标高			±15	用水准仪和尺检查	不应少于5处
3	墙面垂直度	每层		5	用2 m托线板检查	不应少于5处
		全高	≤10 m	10	用经纬仪、吊线和尺或用其他测量仪器检查	外墙全部阳角
			>10 m	20		
4	表面平整度		清水墙、柱	5	用2 m靠尺和楔形塞尺检查	不应少于5处
			混水墙、柱	8		
5	水平灰缝平直度		清水墙	7	拉5 m线和尺检查	不应少于5处
			混水墙	10		
6	门穿洞口高、宽(后塞口)			±10	用尺检查	不应少于5处
7	外墙上下窗口偏移			20	以底层窗口为准,用经纬仪或吊线检查	不应少于5处
8	清水墙游丁走缝			20	以每层第一皮砖为准,用吊线和尺检查	不应少于5处

十、填充墙砌体质量标准

1. 一般规定

(1)填充墙砌体适用于烧结空心砖、蒸压加气混凝土砌块、轻集料混凝土小型空心砌块等填充墙砌体工程。

(2)砌筑填充墙时,轻集料混凝土小型空心砌块和蒸压加气混凝土砌块的产品龄期不应小于28 d,蒸压加气混凝土砌块的含水率宜小于30%。

(3)烧结空心砖、蒸压加气混凝土砌块、轻集料混凝土小型空心砌块等的运输、装卸过程中,严禁抛掷和倾倒;进场后应按品种、规格堆放整齐,堆置高度不宜超过2 m。蒸压加气混凝土砌块在运输与堆放中应防止雨淋。

(4)吸水率较小的轻集料混凝土小型空心砌块及采用薄灰砌筑法施工的蒸压加气混凝土砌块,砌筑前不应对其浇(喷)水浸润;在气候干燥炎热的情况下,对吸水率较小的轻集料混凝土小型空心砌块宜在砌筑前喷水湿润。

(5)采用普通砌筑砂浆砌筑填充墙时,烧结空心砖、吸水率较大的轻集料混凝土小型空心砌块应提前1～2 d浇(喷)水湿润。蒸压加气混凝土砌块采用蒸压加气混凝土砌块砌筑砂浆

或普通砌筑砂浆砌筑时，应在砌筑当天对砌块砌筑面喷水湿润。块体湿润程度宜符合下列规定：

1)烧结空心砖的相对含水率 60%～70%；

2)吸水率较大的轻集料混凝土小型砌块、蒸压加气混凝土砌块的相对含水率40%～50%。

(6)在厨房、卫生间、浴室等处采用轻集料混凝土小型空心砌块、蒸压加气混凝土砌块砌筑墙体时，墙底部宜现浇混凝土坎台等，其高度宜为 150 mm。

(7)填充墙拉结筋处的下皮小砌块宜采用半盲孔小砌块或用混凝土灌实孔洞的小砌块；薄灰砌筑法施工的蒸压加气混凝土砌块砌体，拉结筋应放置在砌块上表面设置的沟槽内。

(8)蒸压加气混凝土砌块、轻集料混凝土小型空心砌块不应与其他块体混砌，不同强度等级的同类砌块也不得混砌(注：窗台处和因安装门窗需要，在门窗洞口处两侧填充墙上、中、下部可采用其他块体局部嵌砌；对与框架柱、梁不脱开方法的填充墙，填塞填充墙顶部与梁之间缝隙可采用其他块体)。

(9)填充墙砌体砌筑，应待承重主体结构检验批验收合格后进行。填充墙与承重主体结构间的空(缝)隙部位施工，应在填充墙砌筑 14 d 后进行。

2. 主控项目

(1)烧结空心砖、小砌块和砌筑砂浆的强度等级应符合设计要求。

抽检数量：烧结空心砖每 10 万块为一验收批，小砌块每 1 万块为一验收批，不足上述数量时按一批计，抽检数量为一组。砂浆试块的抽检数量执行《砌体结构工程施工质量验收规范》(GB 50203—2011)的相关规定。

检验方法：检查砖、小砌块进场复验报告和砂浆试块试验报告。

(2)填充墙砌体应与主体结构可靠连接，其连接构造应符合设计要求，未经设计同意，不得随意改变连接构造方法。每一填充墙与柱的拉结筋的位置超过一皮块体高度的数量不得多于一处。

抽检数量：每检验批抽查不应少于 5 处。

检验方法：观察检查。

(3)填充墙与承重墙、柱、梁的连接钢筋，当采用化学植筋的连接方式时，应进行实体检测。锚固钢筋拉拔试验的轴向受拉非破坏承载力检验值应为 6.0 kN。抽检钢筋在检验值作用下应基材无裂缝、钢筋无滑移宏观裂损现象；持荷 2min 期间荷载值降低不大于 5%。检验批验收可按《砌体结构工程施工质量验收规范》(GB 50203—2011)表 B.0.1 通过正常检验一次、二次抽样判定。填充墙砌体植筋锚固力检测记录可按《砌体结构工程施工质量验收规范》(GB 50203—2011)表 C.0.1 填写。

抽检数量：按表 2-3 确定。

表 2-3 检验批抽检锚固钢筋样本最小容量

检验批的容量	样本最小容量	检验批的容量	样本最小容量
≤90	5	281～500	20
91～150	8	501～1 200	32
151～280	13	1 201～3 200	50

检验方法：原位试验检查。

3. 一般项目

(1)填充墙砌体尺寸、位置的允许偏差及检验方法应符合表 2-4 的规定。

表 2-4　填充墙砌体尺寸、位置的允许偏差及检验方法

项目		允许偏差(mm)	检验方法
轴线位移		10	用尺检查
垂直度(每层)	≤3 m	5	用 2 m 托线板或吊线、尺检查
	>3 m	10	
表面平整度		8	用 2 m 靠尺和楔形尺检查
门窗洞口高、宽(后塞口)		±10	用尺检查
外墙上、下窗口偏移		20	用经纬仪或吊线检查

抽检数量:每检验批抽查不应少于 5 处。

(2)填充墙砌体的砂浆饱满度及检验方法应符合表 2-5 的规定。

抽检数量:每检验批抽查不应少于 5 处。

(3)填充墙留置的拉结钢筋或网片的位置应与块体皮数相符合。拉结钢筋或网片应置于灰缝中,埋置长度应符合设计要求,竖向位置偏差不应超过一皮高度。

抽检数量:每检验批抽查不应少于 5 处。

检验方法:观察和用尺量检查。

表 2-5　填充墙砌体的砂浆饱满度及检验方法

砌体分类	灰缝	饱满度及要求	检验方法
空心砖砌体	水平	≥80%	采用百格网检查块体底面或侧面砂浆的粘结痕迹面积
	垂直	填满砂浆、不得有透明缝、瞎缝、假缝	
蒸压加气混凝土砌块、轻集料混凝土小型空心砌块砌体	水平	≥80%	
	垂直	≥80%	

(4)砌筑填充墙时应错缝搭砌,蒸压加气混凝土砌块搭砌长度不应小于砌块长度的 1/3;轻集料混凝土小型空心砌块搭砌长度不应小于 90 mm;竖向通缝不应大于 2 皮。

抽检数量:每检验批抽检不应少于 5 处。

检查方法:观察和用尺检查。

(5)填充墙的水平灰缝厚度和竖向灰缝宽度应正确。烧结空心砖、轻集料混凝土小型空心砌块砌体的灰缝应为 8～12 mm。蒸压加气混凝土砌块砌体当采用水泥砂浆、水泥混合砂浆或蒸压加气混凝土砌块砌筑砂浆时,水平灰缝厚度及竖向灰缝宽度不应超过 15 mm;当蒸压加气混凝土砌块砌体采用蒸压加气混凝土砌块粘结砂浆时,水平灰缝厚度和竖向灰缝宽度宜为 3～4 mm。

抽检数量:每检验批抽查不应少于 5 处。

检查方法:水平灰缝厚度用尺量 5 皮小砌块的高度折算;竖向灰缝宽度用尺量 2 m 砌体长度折算。

第四节　多孔砖砌体砌筑

一、砌筑要点

(1)砖应提前1～2 d浇水润湿,砖的含水率宜为10%～15%。

(2)根据建筑剖面图及多孔砖规格制作皮数杆,皮数杆立于墙的转角处或交接处,其间距不超过15 m。在皮数杆之间拉准线,依线砌筑,清理基础顶面,并在基础面上弹出墙体中心线及边线(如在楼地面上砌起,则在楼地面上弹线),对所砌筑的多孔砖墙体进行多孔砖试摆。

(3)灰缝应横平竖直,水平灰缝和竖向灰缝宽度应控制在10 mm左右,但不应小于8 mm,也不应大于12 mm。

(4)水平灰缝的砂浆饱满度不得小于80%,竖缝要刮浆适宜并加浆灌缝,不得出现透明缝,严禁用水冲浆灌缝。

(5)多孔砖宜采用"三一砌砖法"或"铺灰挤砌法"进行砌筑。竖缝要刮浆并加浆填灌,不得出现透明缝,严禁用水冲浆灌缝。多孔砖的孔洞应垂直于受压面(即呈垂直方向),多孔砖的手抓孔应平行于墙体纵长方向。

(6)M型多孔砖墙的转角处及交接处应加砌半砖块。

(7)P型多孔砖墙的转角处及交接处应加砌七分头砖块。

(8)多孔砖墙的转角处和交接处应同时砌筑,不能同时砌筑又必须留置的临时间断处应砌成斜槎。对于代号M的多孔砖,斜槎长度应不小于斜槎高度;对于代号P的多孔砖,斜槎长度应不小于斜槎高度的2/3。

(9)非承重多孔砖墙的底部宜用烧结普通砖砌三皮高,门窗洞口两侧及窗台下宜用烧结普通砖砌筑,至少半砖宽。

(10)多孔砖墙每天可砌高度应不超过1.8 m。

(11)门窗洞口的预埋木砖、铁件等应采用与多孔砖横截面一致的规格。

(12)多孔砖墙中不够整块多孔砖的部位,应用烧结普通砖来补砌,不得用砍过的多孔砖填补。

二、空心砖组砌操作工艺

(1)砌筑前,应在砌筑位置弹出墙边线及门窗洞口边线,底部至少先砌3皮普通砖,门窗洞口两侧一砖范围内也应用普通砖实砌。

(2)排砖撂底(干摆砖)。按组砌方法先从转角或定位处开始向一侧排砖,内外墙应同时排砖,纵横方向交错搭接,上下皮错缝,一般搭砌长度不少于60 mm,上下皮错缝1/2砖长。排砖时,凡不够半砖处用普通砖补砌,半砖以上的非整砖宜用无齿锯加工制作非整块砖,不得用砍凿方法将砖打断;第一皮空心砖砌筑必须进行试摆。

(3)选砖。检查空心砖的外观质量有无缺棱掉角和裂缝现象,对于欠火砖和酥砖不得使用。用于清水外墙的空心砖,要求外观颜色一致,表面无压花。焙烧过火变色、变形的砖可用在不影响外观的内墙上。

(4)盘角。砌砖前应先盘角,每次盘角不宜超过3皮砖,新盘的大角,及时进行吊、靠。如有偏差,要及时修整。盘角时要仔细对照皮数杆的砖层和标高,控制好灰缝大小,使水平灰缝均匀一致。大角盘好后再复查一次，平整和垂直完全符合要求后，再挂线砌墙。

(5)挂线。砌筑必须双面挂线，如果长墙几个人均使用一根通线，中间应设几个支线点，小线要拉紧，每层砖都要穿线看平，使水平缝均匀一致，平直通顺；可照顾砖墙两面平整，为下道工序控制抹灰厚度奠定基础。

(6)砌砖。砌空心砖宜采用刮浆法。竖缝应先批砂浆后再砌筑，当孔洞呈垂直时，水平铺砂浆，应先用套板盖住孔洞，以免砂浆掉入孔洞内。砌砖时砖要放平。里手高，墙面就要张；里手低，墙面就要背。砌砖一定要跟线，"上跟线，下跟棱，左右相邻要对平"。水平灰缝厚度和竖向灰缝宽度一般为 10 mm，但不应小于 8 mm，也不应大于 12 mm。为保证清水墙面主缝垂直，不游丁走缝，当砌完一步架高时，宜每隔 2 m 水平间距，在丁砖立楞位置弹两道垂直立线，可以分段控制游丁走缝。在操作过程中，要认真进行自检，如出现偏差，应随时纠正，严禁事后砸墙。清水墙不允许有三分头，不得在上部任意变活、乱缝。砌筑砂浆应随搅拌随使用，一般水泥砂浆必须在 3 h 内用完，水泥混合砂浆必须在 4 h 内用完，不得使用过夜砂浆。清水墙应随砌随划缝，划缝深度为 8～10 mm，深浅一致，墙面清扫干净。混水墙应随砌随将舌头灰刮尽。

(7)空心砖墙应同时砌起，不得留槎。每天砌筑高度不应超过 1.8 m。

三、质量标准

1. 砌体的尺寸和位置的允许偏差

砌体的尺寸和位置的允许偏差不得超过表 2-6 的规定。

表 2-6　砌体的尺寸和位置的允许偏差

<table>
<tr><td colspan="3" rowspan="2">项目</td><td colspan="3">允许偏差(mm)</td><td rowspan="2">检验方法</td></tr>
<tr><td>基础</td><td>墙</td><td>柱</td></tr>
<tr><td colspan="3">轴线位移</td><td>10</td><td>10</td><td>10</td><td>用经纬仪复查或检查施工记录</td></tr>
<tr><td colspan="3">基础顶面和楼面标高</td><td>±15</td><td>±15</td><td>±15</td><td>用水平仪复查或检查施工记录</td></tr>
<tr><td rowspan="3">墙面垂直度</td><td colspan="2">每层</td><td>—</td><td>5</td><td>5</td><td>用 2 m 托线板检查</td></tr>
<tr><td rowspan="2">全高</td><td>≤10 m</td><td>—</td><td>10</td><td>10</td><td rowspan="2">用经纬仪或吊线和尺检查</td></tr>
<tr><td>>10 m</td><td>—</td><td>20</td><td>20</td></tr>
<tr><td colspan="2" rowspan="2">表面平整度</td><td>清水墙、柱</td><td>—</td><td>5</td><td>5</td><td rowspan="2">用 2 m 直尺和楔形塞尺检查</td></tr>
<tr><td>混水墙、柱</td><td>—</td><td>8</td><td>8</td></tr>
<tr><td colspan="2" rowspan="2">水平灰缝平直度</td><td>清水墙</td><td>—</td><td>7</td><td>—</td><td rowspan="2">拉 10 m 线和尺检查</td></tr>
<tr><td>混水墙</td><td>—</td><td>10</td><td>—</td></tr>
<tr><td colspan="3">水平灰缝厚度
(10 皮砖累计数)</td><td>—</td><td>±8</td><td>±8</td><td>与皮数杆比较，用尺检查</td></tr>
<tr><td colspan="3">清水墙游丁走缝</td><td>—</td><td>20</td><td>—</td><td>吊线和尺检查，以每层每一皮砖为准</td></tr>
<tr><td colspan="3">外墙上下窗口偏移</td><td>—</td><td>20</td><td>—</td><td>用经纬仪或吊线检查，以底层窗口为准</td></tr>
<tr><td colspan="3">门窗洞口宽度(后塞口)</td><td>—</td><td>±5</td><td>—</td><td>用尺检查</td></tr>
</table>

2. 构造柱尺寸和位置的允许偏差

构造柱尺寸和位置的允许偏差，不得超过表 2-7 的规定。

表 2-7 构造柱尺寸和位置的允许偏差

<table>
<tr><th colspan="3">项目</th><th>允许偏差(mm)</th><th>检验方法</th></tr>
<tr><td colspan="3">柱中心线位置</td><td>10</td><td>用经纬仪检查</td></tr>
<tr><td colspan="3">柱层间错位</td><td>8</td><td>用经纬仪检查</td></tr>
<tr><td rowspan="3">柱垂直度</td><td colspan="2">每层</td><td>10</td><td>用吊线法检查</td></tr>
<tr><td rowspan="2">全高</td><td>≤10 m</td><td>15</td><td>用经纬仪或吊线法检查</td></tr>
<tr><td>>10 m</td><td>20</td><td>用经纬仪或吊线法检查</td></tr>
</table>

第五节 混凝土小型空心砌块砌筑

一、施工准备

(1)运到现场的小砌块,应分规格、分等级堆放,堆放场地必须平整,并做好排水。小砌块的堆放高度不宜超过 1.6 m。

(2)对于砌筑承重墙的小砌块应进行挑选,剔出断裂小砌块或壁肋中有竖向凹形裂缝的小砌块。

(3)龄期不足 28 d 及潮湿的小砌块不得进行砌筑。

(4)普通混凝土小砌块不宜浇水;当天气干燥炎热时,可在砌块上稍加喷水润湿;轻集料混凝土小砌块可洒水,但不宜过多。

(5)清除小砌块表面污物和芯柱。

(6)砌筑底层墙体前,应对基础进行检查。清除防潮层顶面上的污物。

(7)根据砌块尺寸和灰缝厚度计算皮数,制作皮数杆。皮数杆立在建筑物四角或楼梯间转角处。皮数杆间距不宜超过 15 m。

(8)准备好所需的拉结钢筋或钢筋网片。

(9)根据小砌块搭接需要,准备一定数量的辅助规格的小砌块。

(10)砌筑砂浆必须搅拌均匀,随拌随用。

二、混凝土小型空心砌块的排列

(1)砌块排列时,必须根据砌块尺寸和垂直灰缝的宽度和水平灰缝的厚度计算砌块砌筑皮数和排数,以保证砌体的尺寸;砌块排列应按设计要求,从基础面开始排列,尽可能采用主规格和大规格砌块,以提高台班产量。

(2)外墙转角处和纵横墙交接处,砌块应分皮咬槎,交错搭砌,以增加房屋的刚度和整体性。

(3)砌块墙与后砌隔墙交接处,应沿墙高每隔 400 mm 在水平灰缝内设置不少于 2 根 $\phi 4$ 横筋、横筋间距不大于 200 mm的焊接钢筋网片,钢筋网片伸入后砌隔墙内不应小于 600 mm,如图 2-50所示。

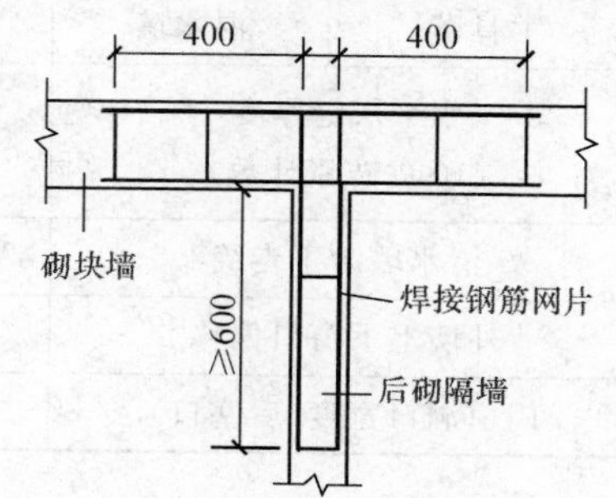

图 2-50 砌块墙与后砌隔墙交接处钢筋网片(单位:mm)

(4)砌块排列应对孔错缝搭砌，搭砌长度不应小于 90 mm，如果搭接错缝长度满足不了规定的要求，应采取压砌钢筋网片或设置拉结筋等措施，具体构造按设计规定。

(5)对设计规定或施工所需要的孔洞口、管道、沟槽和预埋件等，应在砌筑时预留或预埋，不得在砌筑好的墙体上打洞、凿槽。

(6)砌体的垂直缝应与门窗洞口的侧边线相互错开，不得同缝，错开间距应大于 150 mm，且不得采用砖镶砌。

(7)砌体水平灰缝厚度和垂直灰缝宽度一般为 10 mm，但不应大于 12 mm，也不应小于 8 mm。

(8)在楼地面砌筑一皮砌块时，应在芯柱位置侧面预留孔洞。为便于施工操作，预留孔洞的开口一般应朝向室内，以便清理杂物、绑扎和固定钢筋。

(9)设有芯柱的 T 形接头砌块第一皮至第六皮排列平面如图 2-51 所示。第七皮开始又重复第一皮至第六皮的排列，但不用开口砌块，其排列立面如图 2-52 所示。设有芯柱的 L 形接头第一皮砌块排列平面如图 2-53 所示。

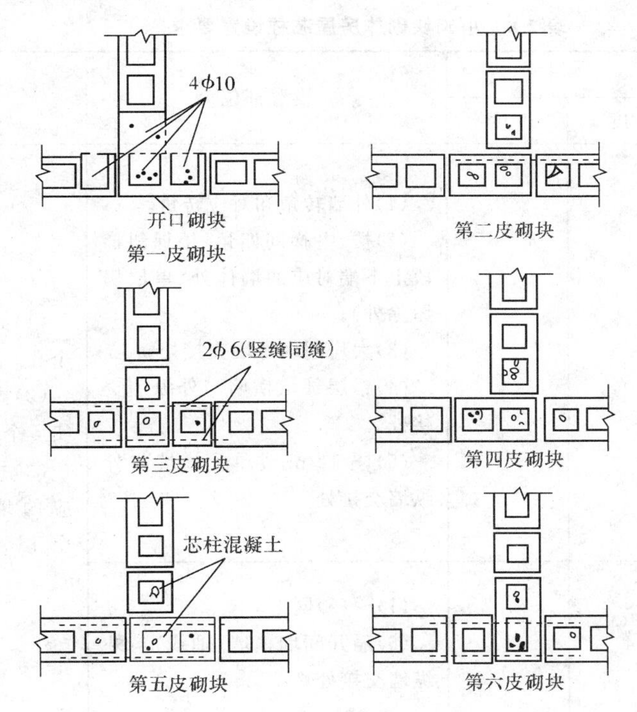

图 2-51　T 形芯柱接头砌块排列平面图

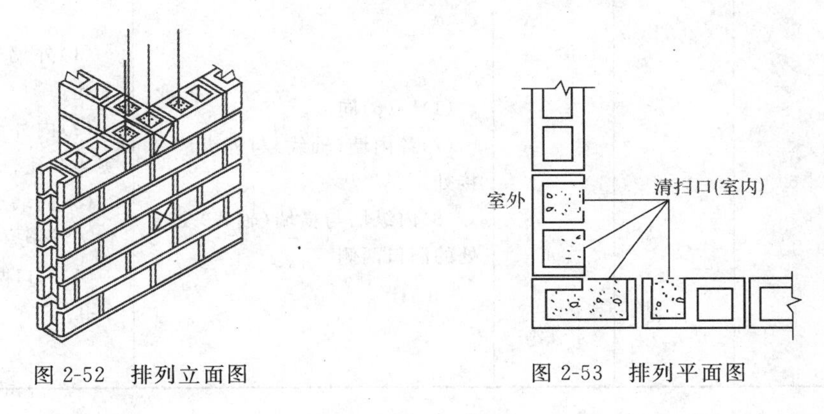

图 2-52　排列立面图　　图 2-53　排列平面图

三、混凝土小型空心砌块的芯柱设置

1. 芯柱的设置要求

小砌块砌体房屋采用芯柱做法时，应按表 2-5 的要求设置钢筋混凝土芯柱，并应满足下列要求。

(1)混凝土砌块砌体墙纵横墙交接处、墙段两端和较大洞口两侧宜设置不少于单孔的芯柱。

(2)有错层的多层房屋，错层部位应设置墙，墙中部的钢筋混凝土芯柱间距宜适当加密，在错层部位纵横墙交接处宜设置不少于 4 孔的芯柱。

(3)对外廊式和单面走廊式的房屋、横墙较少的房屋、各层横墙很少的房屋，还应分别按《混凝土小型空心砌块建筑技术规程》(JGJ/T 14—2011)中关于增加层数的对应要求，按表2-8 的要求设置芯柱。

表 2-8 小砌块砌体房屋芯柱设置要求

<table>
<tr><th colspan="4">房屋层数</th><th rowspan="2">设置部位</th><th rowspan="2">设置数量</th></tr>
<tr><th>6 度</th><th>7 度</th><th>8 度</th><th>9 度</th></tr>
<tr><td>≤5</td><td>≤4</td><td>≤3</td><td>—</td><td>(1)外墙转角和对应转角。
(2)楼、电梯间四角，楼梯斜梯段上下端对应的墙体处(单层房屋除外)。
(3)大房间内外墙交接处。
(4)错层部位横墙与外纵墙交接处。
(5)隔 12 m 或单元横墙与外纵墙交接处</td><td rowspan="2">(1)外墙转角，灌实 3 个孔。
(2)内外墙交接处，灌实 4 个孔。
(3)楼梯段上下端对应的墙体处，灌实 2 个孔</td></tr>
<tr><td>6</td><td>5</td><td>4</td><td>1</td><td>(1)～(5)同上。
(6)隔开间墙横墙(轴线)与外纵墙交接处</td></tr>
<tr><td>7</td><td>6</td><td>5</td><td>2</td><td>(1)～(6)同上。
(7)各内墙(轴线)与外纵墙交接处。
(8)内纵墙与横墙(轴线)交接处的洞口两侧</td><td>(1)外墙转角，灌实 5 个孔。
(2)内外墙交接处，灌实 4 个孔。
(3)内墙交接处，灌实 4～5 个孔。
(4)洞口两侧各灌实 1 个孔</td></tr>
</table>

续上表

房屋层数				设置部位	设置数量
6度	7度	8度	9度		
—	7	6	3	(1)～(8)同上。 (9)横墙内芯柱间距大于或等于2 m	(1)外墙转角，灌实7个孔。 (2)内外墙交接处，灌实5个孔。 (3)内墙交接处，灌实4～5个孔。 (4)洞口两侧各灌实1个孔

注：1. 外墙转角、内外墙交接处、楼电梯间四角等部位，应允许采用钢筋混凝土构造柱替代部分芯柱。

2. 当按《混凝土小型空心砌块建筑技术规程》(JGJ/T 14—2011)中规定确定的层数超出表2-8范围，芯柱设置要求不应低于表中相应烈度的最高要求且适当提高。

2. 芯柱的构造要求

(1)小砌块砌体房屋芯柱截面不宜小于120 mm×120 mm。

(2)芯柱混凝土强度等级，不应低于Cb20。

(3)芯柱的竖向插筋应贯通墙身且与圈梁连接；插筋不应小于1ϕ12，6、7度时超过5层、8度时超过4层和9度时，插筋不应小于1ϕ14。

(4)芯柱混凝土应贯通楼板，当采用装配式钢筋混凝土楼盖时，应采用贯通措施，如图2-54所示。

(5)芯柱应伸入室外地面下500 mm或与埋深小于500 mm的基础圈梁相连。

(6)小砌块砌体房屋墙体交接处或芯柱、构造柱与墙体连接处应设置拉结钢筋网片，网片可采用直径4 mm的钢筋点焊而成，沿墙高间距不大于600 mm，并应沿墙体水平通长设置。6、7度时底部1/3楼层，8度时底部1/2楼层，9度时全部楼层，上述拉结钢筋网片沿墙高间距不大于400 mm。

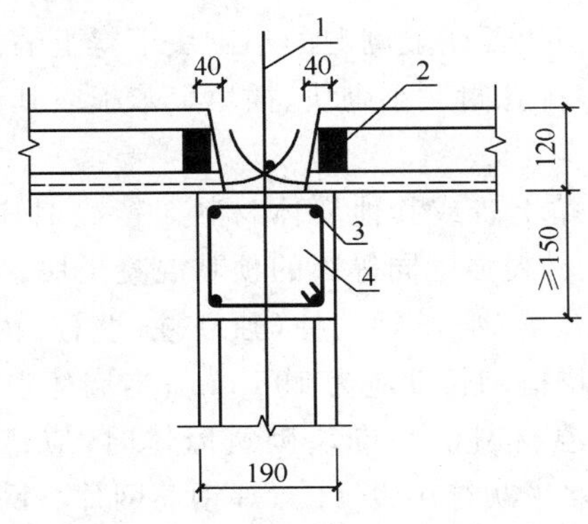

图2-54　芯柱贯穿楼板构造(单位：mm)

1—芯柱插筋；2—堵头；3—1ϕ8；4—圈梁

四、混凝土小型空心砌块的芯柱施工

(1)每根芯柱的柱脚部位应采用带清扫口的U型、E型或C型等异型小砌块砌筑。

(2)砌筑中应及时清除芯柱孔洞内壁及孔道内掉落的砂浆等杂物。

(3)芯柱的纵向钢筋应采用带肋钢筋,并从每层墙(柱)顶向下穿入小砌块孔洞,通过清扫口与从圈梁(基础圈梁、楼层圈梁)或连系梁伸出的竖向插筋绑扎搭接。搭接长度应符合设计要求。

(4)用模板封闭清扫口时,应有防止混凝土漏浆的措施。

(5)灌筑芯柱的混凝土前,应先浇 50 mm 厚与灌孔混凝土成分相同不含粗集料的水泥砂浆。

(6)芯柱的混凝土应待墙体砌筑砂浆强度等级达到 1 MPa 及以上时,方可浇灌。

(7)芯柱的混凝土坍落度不应小于 90 mm;当采用泵送时,坍落度不宜小于 160 mm。

(8)芯柱的混凝土应按连续浇灌、分层捣实的原则进行操作,直浇至离该芯柱最上一皮小砌块顶面 50 mm 止,不得留施工缝。振捣时,宜选用微型行星式高频振动棒。

(9)芯柱沿房屋高度方向应贯通。当采用预制钢筋混凝土楼板时,其芯柱位置处的每层楼面应预留缺口或设置现浇钢筋混凝土板带。

(10)芯柱的混凝土试件制作、养护和抗压强度取值应符合现行国家标准《混凝土结构工程施工质量验收规范》(GB 50204—2002)(2011 版)的规定。混凝土配合比变更时,应相应制作试块。施工现场实测检验宜采用锤击法敲击芯柱外表面。必要时,可采用钻芯法或超声法检测。

五、混凝土小型空心小砌块的砌筑要求

(1)墙体砌筑应从房屋外墙转角定位处开始。砌筑皮数、灰缝厚度、标高应与皮数杆标志相一致。皮数杆应竖立在墙体的转角和交界处,间距宜小于 15 m。

(2)砌筑厚度大于 240 mm 的小砌块墙体时,宜在墙体内外侧同时挂两根水平准线。

(3)正常施工条件下,小砌块墙体(柱)每日砌筑高度宜控制在 1.4 m 或一步脚手架高度内。

(4)小砌块在砌筑前与砌筑中均不应浇水,尤其是插填聚苯板或其他绝热保温材料的小砌块。当施工期间气候异常炎热干燥时,对无聚苯板或其他绝热保温材料的小砌块及轻集料小砌块可在砌筑前稍喷水湿润,但表面明显潮湿的小砌块不得上墙。

(5)砌筑单排孔小砌块、多排孔封底小砌块、插填聚苯板或其他绝热保温材料的小砌块时,均应底面朝上反砌于墙上。

(6)小砌块墙内不得混砌黏土砖或其他墙体材料。镶砌时应采用实心小砌块(90 mm×190 mm×53 mm)或与小砌块材料强度同等级的预制混凝土块。

(7)小砌块砌筑形式应每皮顺砌。当墙、柱(独立柱、壁柱)内设置芯柱时,小砌块必须对孔、错缝、搭砌,上下两皮小砌块搭砌长度应为 195 mm;当墙体设构造柱或使用多排孔小砌块及插填聚苯板或其他绝热保温材料的小砌块砌筑墙体时,应错缝搭砌,搭砌长度不应小于 90 mm。否则,应在此部位的水平灰缝中设 ϕ4 点焊钢筋网片。网片两端与该位置的竖缝距离不得小于 400 mm。墙体竖向通缝不得超过 2 皮小砌块,柱(独立柱、壁柱)宜为 3 皮。

(8)190 mm 厚的非承重小砌块墙体可与承重墙同时砌筑。小于 190 mm 厚的非承重小砌块墙宜后砌,且应按设计要求从承重墙预留出不少于 600 mm 长的 2ϕ6@400 拉结筋或声 4@400T(L)形点焊钢筋网片;当需同时砌筑时,小于 190 mm 厚的非承重墙不得与设有芯柱的承重墙相互搭砌,但可与无芯柱的承重墙搭砌。两种砌筑方式均应在两墙交接处的水平灰缝中埋置 2ϕ6@400 拉结筋或 ϕ4@400T(L)形点焊钢筋网片。

(9)混合结构中的各楼层内隔墙砌至离上层楼板的梁、板底尚有 100 mm 间距时暂停砌筑，且顶皮应采用封底小砌块反砌或用 Cb20 混凝土填实孔洞的小砌块正砌砌筑。当暂停时间超过 7 d 时，可用实心小砌块斜砌楔紧，且小砌块灰缝及与梁、板间的空隙应用砂浆填实；房屋顶层内隔墙的墙顶应离该处屋面板板底 15 mm，缝内宜用弹性腻子或 1∶3 石灰砂浆嵌塞。

(10)小砌块采用内、外两排组砌时，应按下列要求进行施工。

1)当内、外两排小砌块之间插有聚苯板等绝热保温材料时，应采取隔皮(分层)交替对孔或错孔的砌筑方式，且上下相邻两皮小砌块在墙体厚度方向应搭砌，其搭砌长度不得小于 90 mm。否则，应在内、外两排小砌块的每皮水平灰缝中沿墙长铺设 $\phi4$ 点焊钢筋网片。

2)小砌块内、外两排组砌宜采用一顺一丁方式进行砌筑，但上下相邻两皮小砌块的竖缝不得同缝。

3)当内、外两排小砌块从墙底到墙顶均采取顺砌方式时，则应在内、外排小砌块的每皮水平灰缝中沿墙长铺设 $\phi4$ 点焊钢筋网片。

4)小砌块内、外两排之间的缝宽应为 10 mm，并与水平、垂直(竖)灰缝一致饱满。

(11)砌筑小砌块的砂浆应随铺随砌。水平灰缝应满铺下皮小砌块的全部壁肋或单排、多排孔小砌块的封底面；竖向灰缝宜将小砌块一个端面朝上满铺砂浆，上墙应挤紧，并加浆插捣密实。灰缝应横平竖直。

(12)砌筑时，墙(柱)面应用原浆做勾缝处理。缺灰处应补浆压实，并宜做成凹缝，凹进墙面 2 mm。

(13)砌入墙(柱)内的钢筋网片、拉结筋和拉结件的防腐要求应符合设计规定。砌筑时，应将其放置在水平灰缝的砂浆层中，不得有露筋现象。钢筋网片应采用点焊工艺制作，且纵横筋相交处不得重叠点焊，应控制在同一平面内。2 根 $\phi4$ 纵筋应分置于小砌块内、外壁厚的中间位置，$\phi4$ 横筋间距应为 200 mm。

(14)现浇圈梁、挑梁、楼板等构件时，支承墙的顶皮小砌块应正砌，其孔洞应预先用 C20 混凝土填实至 140 mm 高度，还应留 50 mm 高的洞孔应与现浇构件同时浇灌密实。

(15)圈梁等现浇构件的侧模板高度除应满足梁的高度外，尚应向下延伸紧贴墙体的两侧。延伸部分不宜少于 2～3 皮小砌块高度。

(16)固定现浇圈梁、挑梁等构件侧模的水平拉杆、扁铁或螺栓所需的穿墙孔洞宜在砌体灰缝中预留，或采用设有穿墙孔洞的异型小砌块，不得在小砌块上打凿安装洞。内墙可利用侧砌的小砌块孔洞进行支模，模板拆除后应用实心小砌块或 C20 混凝土填实孔洞。

(17)预制梁、板直接安放在墙上时，应将墙的顶皮小砌块正砌，并用 C20 混凝土填实孔洞，或用填实的封底小砌块反砌，也可丁砌三皮实心小砌块(90 mm×190 mm×53 mm)。

(18)安装预制梁、板时，支座面应先找平后坐浆，不得两者合一，不得干铺，并按设计要求与墙体支座处的现浇圈梁进行可靠的锚固。预制楼板安装也可采用硬架支模法施工。

(19)钢筋混凝土窗台梁、板的两端伸入墙内部位应预留孔洞。洞口的大小、位置应与此部位的上下皮小砌块孔洞完全一致，窗洞两侧的芯柱孔洞应竖向贯通。

(20)墙体施工段的分段位置宜设在伸缩缝、沉降缝、防震缝、构造柱或门窗洞口处。相邻施工段的砌筑高度差不得超过一个楼层高度，也不应大于 4 m。

(21)墙体的伸缩缝、沉降缝和防震缝内不得夹有砂浆、碎砌块和其他杂物。

(22)基础或每一楼层砌筑完成后，应校核墙体的轴线位置和标高。对允许范围内的轴线偏差，应在基础顶面或本层楼面上校正。标高偏差宜逐皮调整上部墙体的水平灰缝厚度。

(23)在砌体中设置临时性施工洞口时,洞口净宽度不应超过1m。洞边离交接处的墙面距离不得小于600 mm,并应在洞口两侧每隔2皮小砌块高度设置长度为600 mm的ϕ4点焊钢筋网片及经计算的钢筋混凝土门过梁。

(24)尚未施工楼板或屋面以及未灌孔的墙和柱,其抗风允许自由高度不得超过表2-9的规定。当允许自由高度超过时,应加设临时支撑或及时浇筑灌孔混凝土、现浇圈梁或连梁。

表2-9　小砌块墙和柱的允许自由高度

墙(柱)厚度(mm)	墙和柱的允许自由高度(m)		
	风载(kN/m²)		
	0.3 (相当于7级风)	0.4 (相当于8级风)	0.6 (相当于9级风)
190	1.4	1.0	0.6
240	2.2	1.6	1.0
390	4.2	3.2	2.0
490	7.0	5.2	3.4
590	10.0	8.6	5.6

注:1. 本表适用于施工处相对标高H在10 m范围的情况。如10 m$<H\leqslant$15 m,15 m$<H\leqslant$20 m时,表中的允许自由高度应分别乘以0.9、0.8的系数;如$H>$20 m时,应通过抗倾覆验算确定其允许自由高度。

2. 当所砌筑的墙有横墙或其他结构与其连接,且间距小于表中相应墙、柱的自由允许自由高度的2倍时,砌筑高度可不受本表的限制。

(25)砌筑小砌块墙体应采用双排外脚手架、里脚手架或工具式脚手架,不得在砌筑的墙体上设脚手孔洞。在楼面、屋面上堆放小砌块或其他物料时,不得超过楼板的允许荷载值。当施工楼层进料处的施工荷载较大时,应在楼板下增设临时支撑。

六、混凝土小型空心砌块砌筑质量标准

1. 一般规定

(1)施工前,应按房屋设计图编绘小砌块平、立面排块图,施工中应按排块图施工。

(2)施工采用的小砌块的产品龄期不应小于28 d。

(3)砌筑小砌块时,应清除表面污物,剔除外观质量不合格的小砌块。

(4)砌筑小砌块砌体,宜选用专用小砌块砌筑砂浆。

(5)底层室内地面以下或防潮层以下的砌体,应采用强度等级不低于C20(或Cb20)的混凝土灌实小砌块的孔洞。

(6)砌筑普通混凝土小型空心砌块砌体,不需对小砌块浇水湿润,如遇天气干燥炎热,宜在砌筑前对其喷水湿润;对轻集料混凝土小砌块,应提前浇水湿润,块体的相对含水率宜为40%～50%。雨天及小砌块表面有浮水时,不得施工。

(7)承重墙体使用的小砌块应完整、无破损、无裂缝。

(8)小砌块墙体应孔对孔、肋对肋错缝搭砌。单排孔小砌块的搭接长度应为块体长度的1/2;多排孔小砌块的搭接长度可适当调整,但不宜小于小砌块长度的1/3,且不应小于

90 mm。墙体的个别部位不能满足上述要求时，应在灰缝中设置拉结钢筋或钢筋网片，但竖向通缝仍不得超过两皮小砌块。

(9)小砌块应将生产时的底面朝上反砌于墙上。

(10)小砌块墙体宜逐块坐(铺)浆砌筑。

(11)在散热器、厨房和卫生间等设备的卡具安装处砌筑的小砌块，宜在施工前用强度等级不低于C20(或Cb20)的混凝土将其灌实。

(12)每步架墙(柱)砌筑完后，应随即刮平墙体灰缝。

(13)芯柱处小砌块墙体砌筑应符合下列规定：

1)每一楼层芯柱处第一皮砌块应采用开口小砌块；

2)砌筑时应随砌随清除小砌块孔内的毛边，并将灰缝中挤出的砂浆刮净。

(14)芯柱混凝土宜选用专用小砌块灌孔混凝土。浇筑芯柱混凝土应符合下列规定：

1)每次连续浇筑的高度宜为半个楼层，但不应大于1.8 m；

2)浇筑芯柱混凝土时，砌筑砂浆强度应大于1 MPa；

3)清除孔内掉落的砂浆等杂物，并用水冲淋孔壁；

4)浇筑芯柱混凝土前，应先注入适量与芯柱混凝土成分相同的去石砂浆；

5)每浇筑400～500 mm高度捣实一次，或边浇筑边捣实。

(15)小砌块复合夹心墙的砌筑应符合《砌体结构工程施工质量验收规范》(GB 50203—2011)的相关规定。

2. 主控项目

(1)小砌块和芯柱混凝土、砌筑砂浆的强度等级必须符合设计要求。

抽检数量：每一生产厂家，每1万块小砌块为一验收批，不足1万块按一批计，抽检数量为1组；用于多层以上建筑的基础和底层的小砌块抽检数量不应少于2组。砂浆试块的抽检数量应执行《砌体结构工程施工质量验收规范》(GB 50203—2011)的相关规定。

检验方法：检查小砌块和芯柱混凝土、砌筑砂浆试块试验报告。

(2)砌体水平灰缝和竖向灰缝的砂浆饱满度，按净面积计算不得低于90%。

抽检数量：每检验批抽查不应少于5处。

检验方法：用专用百格网检测小砌块与砂浆粘结痕迹，每处检测3块小砌块，取其平均值。

(3)墙体转角处和纵横交接处应同时砌筑。临时间断处应砌成斜槎，斜槎水平投影长度不应小于斜槎高度。施工洞口可预留直槎，但在洞口砌筑和补砌时，应在直槎上下搭砌的小砌块孔洞内用强度等级不低于C20(或Cb20)的混凝土灌实。

抽检数量：每检验批抽查不应少于5处。

检验方法：观察检查。

(4)小砌块砌体的芯柱在楼盖处应贯通，不得削弱芯柱截面尺寸；芯柱混凝土不得漏灌。

抽检数量：每检验批抽查不应少于5处。

检验方法：观察检查。

3. 一般项目

(1)砌体的水平灰缝厚度和竖向灰缝宽度宜为10 mm，但不应小于8 mm，也不应大于12 mm。

抽检数量：每检验批抽查不应少于5处。

检验方法：水平灰缝厚度用尺量5皮小砌块的高度折算；竖向灰缝宽度用尺量2 m砌体长度折算。

(2)小砌块砌体尺寸、位置的允许偏差应按《砌体结构工程施工质量验收规范》(GB 50203—2011)的相关规定执行。

第六节　蒸压加气混凝土砌块砌筑

一、一般规定

(1)蒸压加气混凝土砌块砌体结构的施工除应符合《蒸压加气混凝土砌块砌体结构技术规范》(CECS 289—2011)外，还应符合现行国家标准《砌体工程施工质量验收规范》(GB 50203—2011)和现行行业标准《蒸压加气混凝土建筑应用技术规程》(JGJ/T 17—2008)的相关规定。

(2)蒸压加气混凝土砌块砌体施工控制等级不应低于B级。

(3)进入现场的蒸压加气混凝土砌块除应提供产品合格证外，还应对砌块强度进行复检，待合格后方可使用。

(4)蒸压加气混凝土砌块在储藏、运输机施工过程中应有可靠的防雨措施。

(5)工程开工前，应根据施工图要求、材料特点、气候环境及现场条件，制定墙体的施工方案。

二、施工准备

(1)蒸压加气混凝土砌块在装卸时，应轻装轻卸，堆放场地应坚实、平坦、干燥，并尽量靠近施工现场，以避免砌块的多次搬运。

(2)蒸压加气混凝土砌块应按规格、等级分别码垛堆放，堆垛高度不宜超过2 m，堆垛上应设有标志。砌块表面应保持干净，未加包装的块材堆垛应保持良好的通风，并配有遮雨措施。

(3)现场配置砂浆时，应提前进行试配；专用砂浆应预先适配并经砌体试验验证，经验证符合要求后方可采用。

三、砌筑要点

(1)基础、地下水、暖气沟及潮湿部位不应使用蒸压加气混凝土砌块砌筑。

(2)砌筑前，应按排块图立皮数杆，墙体的阴、阳角及内外墙交界处应增设皮数杆。皮数杆应标示出蒸压加气混凝土砌块的皮数、灰缝厚度以及门窗洞口、过梁、圈梁和楼板等部位的标高。

(3)施工时，蒸压加气混凝土砌块的含水率宜小于30%

(4)掺有引气剂的砌筑砂浆，其引气量不应大于20%。

(5)蒸压加气混凝土砌块墙体不得与其他块体材料混砌。

(6)砌筑外墙时，不得留脚手眼，应采用里脚手架或双排脚手架。

(7)蒸压加气混凝土砌块砌体砌筑时，应符合以下规定：

1)砌筑薄灰缝砌体前，应清除砌块预留布筋沟槽内的渣屑，并在沟槽内坐浆后布置钢筋。

2)蒸压加气混凝土砌块砌体砌筑时，应从外墙转角处或定位处开始砌筑。

3)内、外墙应同时砌筑，纵、横墙应交错搭接。墙体的临时间断处应砌成斜槎，斜槎的水平投影长度不应小于高度的2/3。

4)蒸压加气混凝土砌块上下皮应错缝砌筑，搭接长度不得小于块长的1/3；当砌块长度小于 300 mm 时，其搭接长度不得小于块长的 1/2。

5)砌筑时过程中，如需要临时间断施工时，则应将临时间断处砌成，斜槎的投影长度不得小于高度的 2/3，与斜槎交接后的后砌墙，灰缝应饱满、密实，砌块间黏结良好。

6)不得撬动和碰撞已砌筑好的砌体，否则应清除原有的砌筑砂浆重新砌筑。

(8)当采用普通砂浆砌筑时，砌块应提前 1 d 浇水、浸透，其浸水深度宜为 8 mm；采用专业砂浆砌筑时，则砌筑面不需浇水、浸透。垂直灰缝应用夹板挡缝后，将缝隙填塞严密。

(9)普通砂浆的稠度宜为 70～100 mm。

(10)墙上因埋设暗线及固定门、窗需要在墙上镂槽或钻孔时，应采用专用工具，严禁刀劈斧砍。

(11)固定门、窗的带有孔洞的砌块，宜采用预先加工成孔的块材。

(12)不得在墙上横向镂槽。竖向镂槽，其深度应小于墙厚的 1/3，在槽内埋设管线应与墙体连接，并用混合砂浆填补，外表用聚合物水泥砂浆、玻璃纤维网格布加强。

(13)混凝土构件(圈梁、构造柱)外贴的薄型块，应预先置于模板内使其作为外模板的一部分，应加强该部位混凝土的振捣。

(14)专业砂浆应严格按照规定的要求进行搅拌。

(15)砌体灰缝的要求。

1)灰缝应做到横平竖直，全部的灰缝应铺满砂浆；当采用普通砂浆时，水平灰缝的砂浆饱满度不得低于 85%，垂直灰缝的砂浆饱满度不得低于 90%；当采用专业砂浆时，灰缝的砂浆饱满度不得低于 90%。

2)蒸压加气混凝土砌块砌体的普通砂浆的灰缝厚度不宜大于 15 mm，所埋设的钢筋网片或拉结筋必须放置在砂浆层中，不得有露筋现象。

(16)在正常施工条件下，蒸压加气混凝土砌体的每日砌筑高度宜控制在 1.5 m 或一步脚手架高度内。

(17)穿墙或附墙管道的接口(管道之间的接口等)，应做好防止渗水、漏水的措施。

(18)墙体砌筑后，外墙应做好防雨遮盖措施，避免雨水直接冲淋刚砌筑完的墙面。

(19)冬期施工时，应符合现行行业标准《建筑工程冬期施工规程》(JGJ 104—2011)的相关规定。

第七节 石砌体砌筑

一、料石砌筑施工要求

(1)石砌体工程所用的材料应有产品的合格证书、产品性能检测报告。料石、水泥、外加剂等应有材料主要性能的进场合格证及复试报告。

(2)砌筑石材基础前，应校核放线尺寸，其允许偏差应符合相关规定，参见表 2-1 放线尺寸的允许偏差。

(3)石砌体砌筑顺序应符合以下规定。

1)基底标高不同时，应从低处砌起，并应由高处向低处搭砌。当设计无要求时，搭接长度不应小于基础扩大部分的高度。

2)料石砌体的转角处和交接处应同时砌筑。当不能同时砌筑时，应按规定留槎、接槎。

(4)设计要求的洞口、管道、沟槽应于料石砌体砌筑前正确留出或预埋，未经设计同意，不得打凿料石墙体或在料石墙体上开凿水平沟槽。

(5)搁置预制梁板的料石砌体顶面应找平,安装时应坐浆。当设计无具体要求时,应采用1∶2.5的水泥砂浆。

(6)设置在潮湿环境或有化学侵蚀性介质的环境中的料石砌体,灰缝内的钢筋应采取防腐措施。

二、料石砌筑要点

(1)料石砌筑前,应在基础丁面上放出墙身中线和边线及门窗洞口位置线并抄平,立皮数杆,拉准线。

(2)料石砌筑前,必须按照组砌图将料石试排妥当后,才能开始砌筑。

(3)料石墙应双面拉线砌筑,全顺叠砌单面挂线砌筑。先砌转角处和交接处,后砌中间部分。

(4)料石墙的第一皮及每个楼层的最上一皮应丁砌。

(5)料石墙采用铺浆法砌筑。料石灰缝厚度:粗料石墙砌体不宜大于20 mm,半细料石砌体不宜大于10 mm,细料石墙砌体不宜大于5 mm。砂浆铺设厚度略高于规定灰缝厚度,其高出厚度:细料石为3～5 mm,毛料石、粗料石宜为6～8 mm。

(6)砌筑时,应先将料石里口落下,再慢慢移动就位,校正垂直与水平。在料石砌块校正到正确位置后,顺石面将挤出的砂浆清除,然后向竖缝中灌浆。

(7)在料石和砖的组合墙中,料石墙和砖墙应同时砌筑,并每隔2～3皮料石用丁砌石与砖墙拉结砌合,丁砌石的长度宜与组合墙厚度相等,如图2-55所示。

(8)料石墙宜从转角处或交接处开始砌筑,再依准线砌中间部分,临时间断处应砌成斜槎,斜槎长度应不小于斜槎高度。料石墙每日砌筑高度不宜超过1.2 m。

(9)墙面勾缝

1)石墙勾缝形式有平缝、凹缝、凸缝,凹缝又分为平凹缝、半圆凹缝,凸缝又分为平凸缝、半圆凸缝、三角凸缝,如图2-56所示。一般料石墙面多采用平缝或平凹缝。

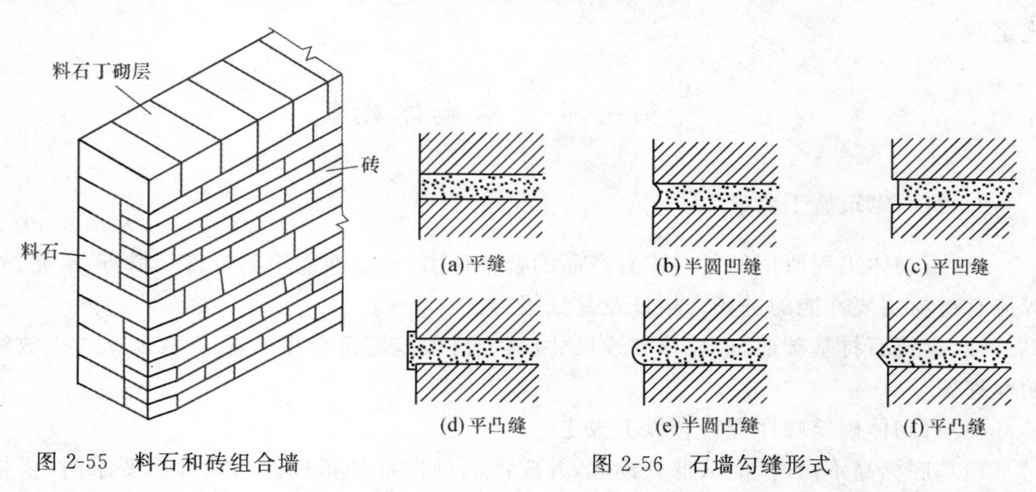

图2-55 料石和砖组合墙　　图2-56 石墙勾缝形式

2)料石墙面勾缝前要先剔缝,将灰缝凹入20～30 mm。墙面用水喷洒润湿,不整齐处应修整。

3)料石墙面勾缝应采用加浆勾缝,并宜采用细砂拌制1∶1.5水泥砂浆,也可采用水泥石灰砂浆或掺入麻刀(纸筋)的青灰浆。有防渗要求的,可用防水胶泥材料进行勾缝。

4)勾平缝时,用小抿子在托灰板上刮灰,塞进石缝中严密压实,表面压光。勾缝应顺石缝进行,缝与石面齐平,勾完一段后,用小抿子将缝边毛槎修理整齐。

5)勾平凸缝(半圆凸缝或三角凸缝)时,先用 1∶2 水泥砂浆抹平,待砂浆凝固后,再抹一层砂浆,用小抿子压实、压光,稍停等砂浆收水后,用专用工具捋成 10～25 mm 宽窄一致的凸缝。

6)石墙面勾缝。

①拆除墙面或柱面上临时装设的电缆、挂钩等物。

②清除墙面或柱面上黏结的砂浆、泥浆、杂物和污渍等。

③剔缝,即将灰缝刮深 20～30 mm,不整齐处加以修整。

④用水喷洒墙面或柱面使其润湿,随后进行勾缝。

7)料石墙面勾缝应从上向下、从一端向另一端依次进行。

8)料石墙面勾缝缝路顺石缝进行,且均匀一致,深浅、厚度相同,搭接平整通顺。阳角勾缝两角方正,阴角勾缝不能上下直通。严禁出现丢缝、开裂或黏结不牢等现象。

9)勾缝完毕,清扫墙面或柱面,表面洒水养护,防止干裂和脱落。

三、料石基础砌筑

1. 料石基础的构造

料石基础是用毛料石或粗料石与水泥混合砂浆或水泥砂浆砌筑而成的。

料石基础有墙下的条形基础和柱下独立基础等。依其断面形状有矩形、阶梯形等,如图 2-57 所示。阶梯形基础每阶挑出宽度不大于 200 mm,每阶为一皮或二皮料石。

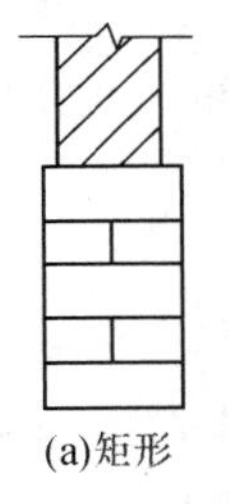

(a)矩形

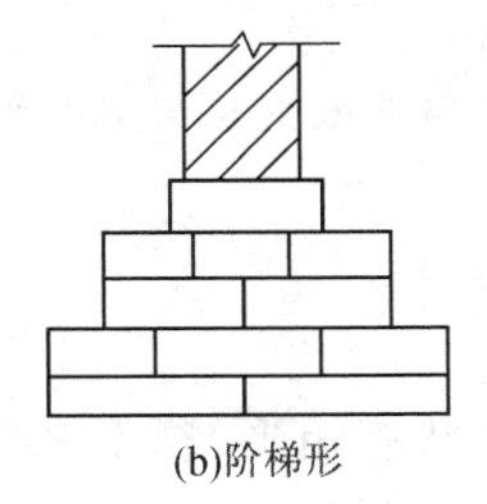

(b)阶梯形

图 2-57　料石基础断面形状

2. 料石基础的组砌形式

料石基础砌筑形式有丁顺叠砌和丁顺组砌。丁顺叠砌是一皮顺石与一皮顶石相隔砌成,上下皮竖缝相互错开 1/2 石宽;丁顺组砌是同皮内 1～3 块顺石与一块顶石相隔砌成,顶石中距不大于 2 m,上皮顶石坐中于下皮顺石,上下皮竖缝相互错开至少 1/2 石宽,如图 2-58 所示。

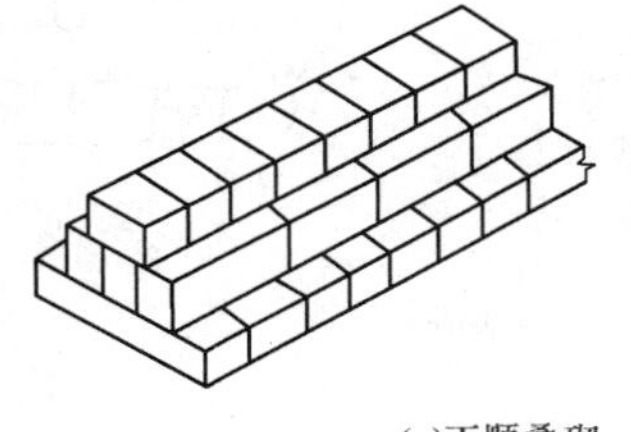

(a)丁顺叠砌

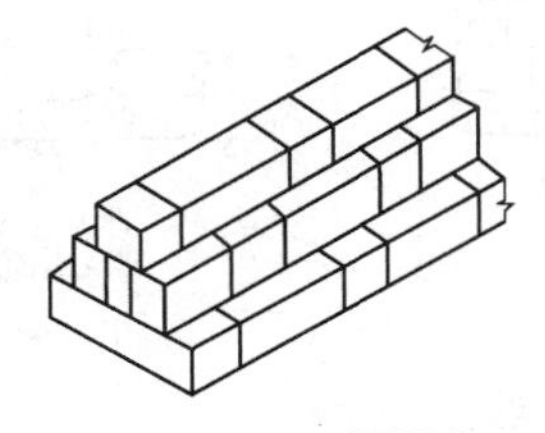

(b)丁顺组砌

图 2-58　料石基础砌筑形式

3. 砌筑准备

(1)放好基础的轴线和边线，测出水平标高，立好皮数杆。皮数杆间距以不大于 15 m 为宜，在料石基础的转角处和交接处均应设置皮数杆。

(2)砌筑前，应将基础垫层上的泥土、杂物等清除干净，并浇水润湿。

(3)拉线检查基础垫层表面标高是否符合设计要求。如第一皮水平灰缝厚度超过 20 mm 时，应用细石混凝土找平，不得用砂浆或在砂浆中掺碎砖或碎石代替。

(4)常温施工时，砌石前 1 d 应将料石浇水润湿。

4. 砌筑要点

(1)料石基础宜用粗料石或毛料石与水泥砂浆砌筑。料石的宽度、厚度均不宜小于200 mm，长度不宜大于厚度的 4 倍。料石强度等级应不低于 M20。砂浆强度等级应不低于 M5。

(2)料石基础砌筑前，应清除基槽底杂物；在基槽底面上弹出基础中心线及两侧边线；在基础两端立起皮数杆，在两皮数杆之间拉准线，依准线进行砌筑。

(3)料石基础的第一皮石块应坐浆砌筑，即先在基槽底摊铺砂浆，再将石块砌上，所有石块应丁砌，以后各皮石块应铺灰挤砌，上下错缝，搭砌紧密，上下皮石块竖缝相互错开应不少于石块宽度的 1/2。料石基础立面组砌形式宜采用一顺一丁，即一皮顺石与一皮丁石相间。

(4)阶梯形料石基础，上阶的料石至少压砌下阶料石的 1/3，如图 2-59 所示。

图 2-59 阶梯形料石基础

1)料石基础的水平灰缝厚度和竖向灰缝宽度不宜大于 20 mm。灰缝中砂浆应饱满。

2)料石基础宜先砌转角处或交接处，再依准线砌中间部分，临时间断处应砌成斜槎。

四、毛石基础砌筑

1. 毛石基础构造

毛石基础按其断面形状有矩形、梯形和阶梯形等。基础顶面宽度应比墙基底面宽度大 200 mm；基础底面宽度依设计计算而定。梯形基础坡角应大于 60°。阶梯形基础每阶高不小于 300 mm，每阶挑出宽度不大于 200 mm，如图 2-60 所示。

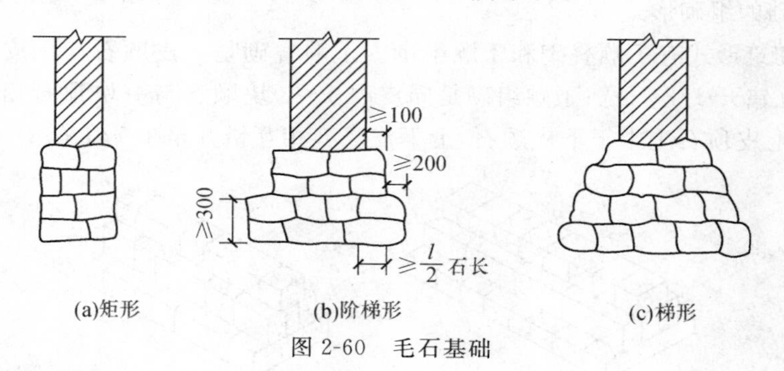

图 2-60 毛石基础

2. 立线杆和拉准线

在基槽两端的转角处，每端各立两根木杆，再横钉一木杆连接，在立杆上标出各放大脚的标高。在横杆上钉上中心线钉及基础边线钉，根据基础宽度拉好立线，如图 2-61 所示。然后在边线和阴阳角(内、外角)处先砌两层较方整的石块,以此固定准线。砌阶梯形毛石基础时,应将横杆上的立线按各阶梯宽度向中间移动,移到退台所需要的宽度,再拉水平准线。还有一种拉线方法是砌矩形或梯形断面的基础时,按照设计尺寸用 50 mm×50 mm 的小木条钉成基础断面形状(称样架),立于基槽两端,在样架上注明标高,两端样架相应标高用准线连接作为砌筑的依据,如图 2-62 所示。立线控制基础宽窄,水平线控制每层高度及平整。砌筑时应采用双面挂线,每次起线高度大放脚以上 800 mm 为宜。

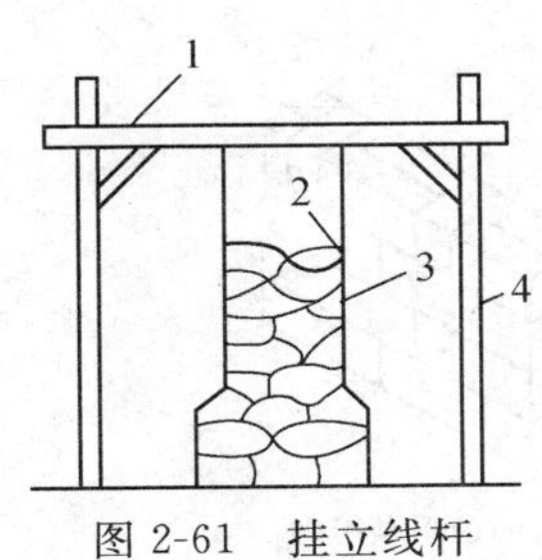

图 2-61　挂立线杆

1—横杆;2—准线;3—立线;4—立杆

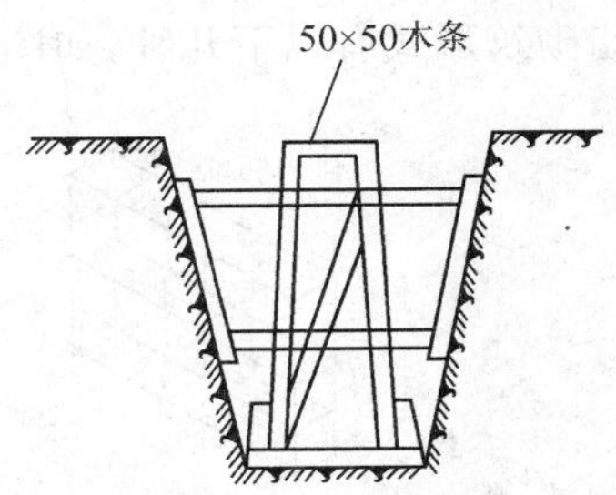

图 2-62　断面样架(单位:mm)

3. 砌筑要点

(1)砌第一皮毛石时,应选用有较大平面的石块,先在基坑底铺设砂浆,再将毛石砌上,并使毛石的大面向下。

(2)砌第一皮毛石时,应分皮卧砌,并应上下错缝,内外搭砌,不得采用先砌外面石块后中间填心的砌筑方法。石块间较大的空隙应先填塞砂浆,后用碎石嵌实,不得采用先摆碎石后塞砂浆或干填碎石的方法。

(3)砌筑第二皮及以上各皮时,应采用坐浆法分层卧砌,砌石时首先铺好砂浆,砂浆不必铺满,可随砌随铺,在角石和面石处,坐浆略厚些,石块砌上去将砂浆挤压成要求的灰缝厚度。

(4)砌石时搬取石块应根据空隙大小、槎口形状选用合适的石料先试砌试摆一下,尽量使缝隙减少,接触紧密。但石块之间不能直接接触形成干研缝,同时也应避免石块之间形成空隙。

(5)砌石时,大、中、小毛石应搭配使用,以免将大块都砌在一侧,而另一侧全用小块,造成两侧不均匀,使墙面不平衡而倾斜。

(6)砌石时,先砌里外两面,长短搭砌,后填砌中间部分,但不允许将石块侧立砌成立斗石,也不允许先把里外皮砌成长向两行(牛槽状)。

(7)毛石基础每 0.7 m^2 且每皮毛石内间距不大于 2 m 设置一块拉结石,上下两皮拉结石的位置应错开,立面砌成梅花形。拉结石宽度:如基础宽度等于或小于 400 mm,拉结石宽度应与基础宽度相等;如基础宽度大 400 mm,可用两块拉结石内外搭接,搭接长度不应小于150 mm,且其中一块长度不应小于基础宽度的 2/3。

(8)阶梯形毛石基础,上阶的石块应至少压砌下阶石块的 1/2,如图 2-63 所示,相邻阶梯毛石应相互错缝搭接。

(9)毛石基础最上一皮宜选用较大的平毛石砌筑。转角处、交接处和洞口处应选用较大的平毛石砌筑。

(10)有高低台的毛石基础,应从低处砌起,并由高台向低台搭接,搭接长度不小于基础高度。

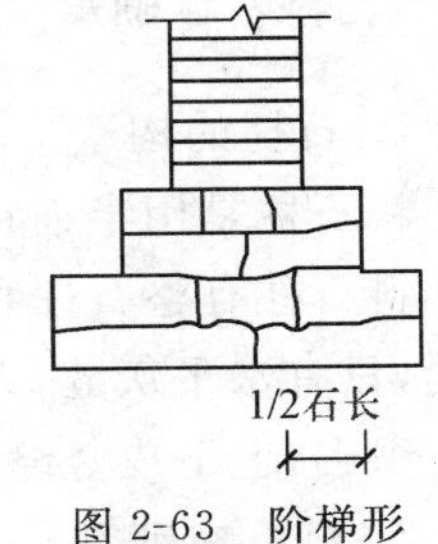

图 2-63　阶梯形毛石基础砌法

(11)毛石基础转角处和交接处应同时砌起，如不能同时砌起又必须留槎时，应留成斜槎，斜槎长度应不小于斜槎高度，斜槎面上毛石不应找平，继续砌时应将斜槎面清理干净，浇水润湿。

五、料石墙砌筑

1. 料石墙的组砌形式

料石墙砌筑形式有以下几种，如图 2-64 所示。

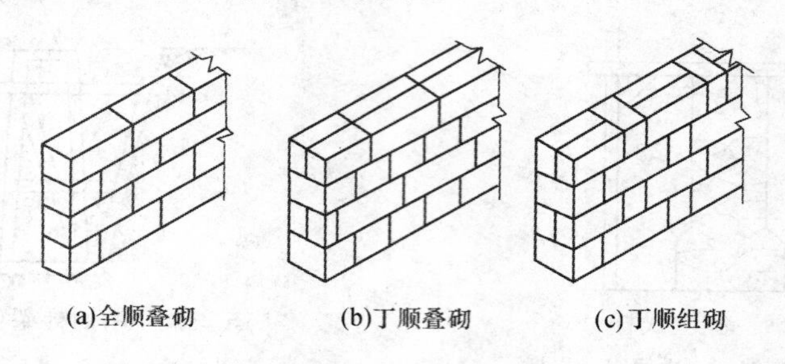

图 2-64 料石墙砌筑形式

(1)全顺叠砌。每皮均为顺砌石，上下皮竖缝相互错开 1/2 石长。此种砌筑形式适合于墙厚等于石宽时。

(2)丁顺叠砌。一皮顺砌石与一皮丁砌石相隔砌成，上下皮顺石与丁石间竖缝相互错开 1/2 石宽，这种砌筑形式适合于墙厚等于石长时。

(3)丁顺组砌。同料石基础砌筑方式。

料石还可以与毛石或砖砌成组合墙。料石与毛石的组合墙，料石在外，毛石在里；料石与砖的组合墙，料石在里，砖在外，也可料石在外，砖在里。

2. 砌筑准备

(1)基础通过验收，土方回填完毕，并办完隐检手续。

(2)在基础丁面放好墙身中线与边线及门窗洞口位置线，测出水平标高，立好皮数杆。皮数杆间距以不大于 15 m 为宜，在料石墙体的转角处和交接处均应设置皮数杆。

(3)砌筑前，应将基础顶面的泥土、杂物等清除干净，并浇水润湿。

(4)拉线检查基础顶面标高是否符合设计要求。如第一皮水平灰缝厚度超过 20 mm 时，应用细石混凝土找平，不得用砂浆或在砂浆中掺碎砖或碎石代替。

(5)常温施工时，砌石前 1 d 应将料石浇水润湿。

(6)操作用脚手架、斜道以及水平、垂直防护设施已准备妥当。

六、料石柱砌筑

1. 石柱的构造

料石柱是用半细料石或细料石与水泥混合砂浆或水泥砂浆砌成的。

料石柱有整石柱和组砌柱两种。整石柱每一皮料石是整块的，即料石的叠砌面与柱断面相同，只有水平灰缝，无竖向灰缝。柱的断面形状多为方形、矩形或圆形。组砌柱每皮由几块料石组砌，上下皮竖缝相互错开，柱的断面形状有方形、矩形、T 形或十字形，如图 2-65 所示。

2. 料石柱砌筑

(1)料石柱砌筑前，应在柱座面上弹出柱身边线，在柱座侧面弹出柱身中心线。

(2)整石柱所用石块其四侧应弹出石块中心线。

(3)砌整石柱时,应将石块的叠砌面清理干净。先在柱座面上抹一层水泥砂浆,厚约10 mm,再将石块对准中心线砌上,以后各皮石块砌筑应先铺好砂浆,对准中心线,将石块砌上。石块如有竖向偏斜,可用铜片或铝片在灰缝边缘内垫平。

(4)砌筑料石柱时,应按规定的组砌形式逐皮砌筑,上下皮竖缝相互错开,无通天缝,不得使用垫片。

(5)灰缝要横平竖直。灰缝厚度:细料石柱不宜大于 5 mm;半细料石柱不宜大于 10 mm。砂浆铺设厚度应略高于规定灰缝厚度,其高出厚度为 3～5 mm。

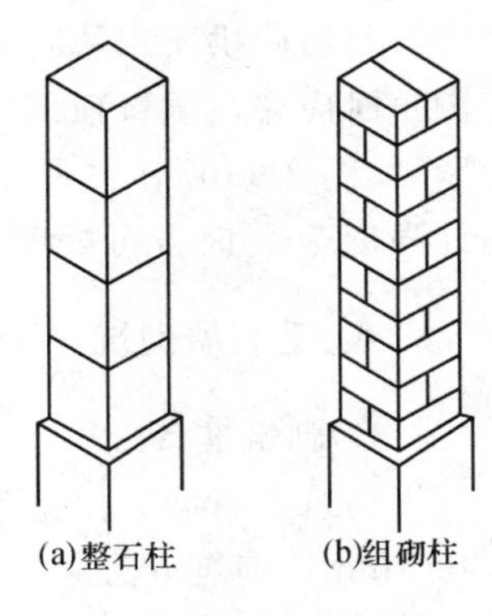

图 2-65　料石柱

(6)砌筑料石柱,应随时用线坠检查整个柱身的垂直,如有偏斜应拆除重砌,不得用敲击方法去纠正。

(7)料石柱每天砌筑高度不宜超过 1.2 m。砌筑完后应立即加以围护,严禁碰撞。

七、料石过梁砌筑

料石过梁有平砌式过梁、平拱和圆拱三种。

平砌式过梁用料石制作,过梁厚度应为 200～450 mm,宽度与墙厚相等,长度不超过 1.2 m,其底面应加工平整。当砌到洞口顶时,即将过梁砌上,过梁两端各伸入墙内长度应不小于 250 mm,过梁上续砌石墙时,其正中石块长度不应小于过梁净跨度的 1/3,其两旁应砌上不小于过梁净跨 2/3 的料石,如图 2-66 所示。

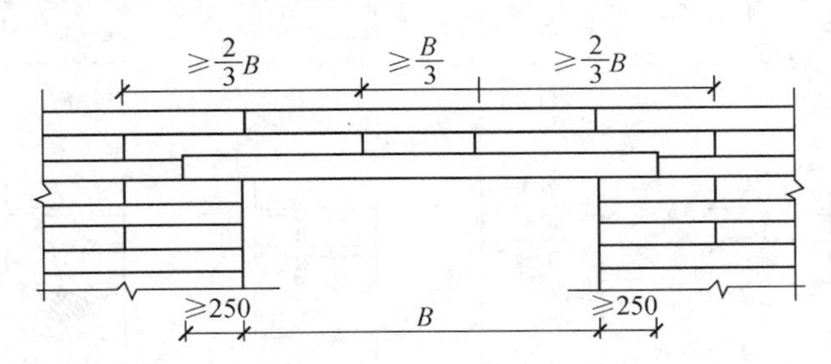

图 2-66　平砌式石过梁(单位:mm)

料石平拱所用料石应按设计要求加工,如无设计规定时,则应加工成楔形(上宽下窄)。平拱的拱脚处坡度以 60°为宜,拱脚高度为二皮料石高。平拱的石块应为单数,石块厚度与墙厚相等,石块高度为二皮料石高。砌筑平拱时,应先在洞口顶支设模板。从两边拱脚处开始,对称地向中间砌筑,正中一块锁石要挤紧。所用砂浆的强度等级应不低于 M10,灰缝厚度为 5 mm,如图 2-67 所示。砂浆强度达到设计强度 70%时拆模。

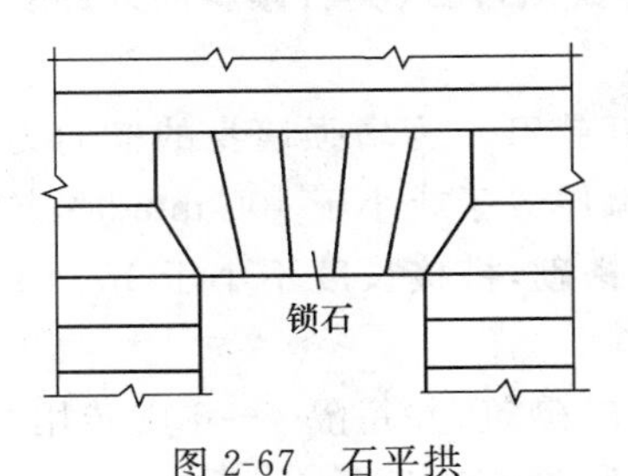

图 2-67　石平拱

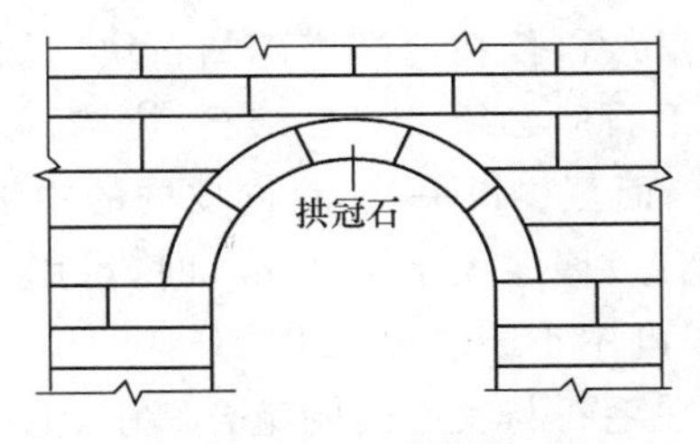

图 2-68　石圆拱

料石圆拱所用料石应进行细加工，使其接触面吻合严密，形状及尺寸均应符合设计要求。砌筑时应先在洞口顶部支设模板，由拱脚处开始对称地向中间砌筑，正中一块拱冠石要对中挤紧，如图 2-68 所示。所用砂浆的强度等级应不低于 M10，灰缝厚度为 5 mm。砂浆强度达到设计强度 70%时方可拆模。

八、毛石墙砌筑

1. 砌筑准备

砌筑毛石墙应根据基础的中心线放出墙身里外边线，双面挂线分皮卧砌，每皮高约 300～400 mm。砌筑方法应采用铺浆法。用较大的平毛石，先砌转角处、交接处和门洞处，再向中间砌筑。砌前应先试摆，使石料大小搭配，大面平放，外露表面要平齐，斜口朝内，逐块卧砌坐浆，使砂浆饱满。石块间较大的空隙应先填塞砂浆，后用碎石嵌实。灰缝宽度一般控制在 20～30 mm以内，铺灰厚度 40～50 mm。

2. 砌筑要点

(1)砌筑时，石块上下皮应互相错缝，内外交错搭砌，避免出现重缝、空缝和孔洞，同时应注意合理摆放石块，不应出现如图 2-69 所示的砌石类型，以免砌体承重后发生错位、劈裂、外鼓等现象。

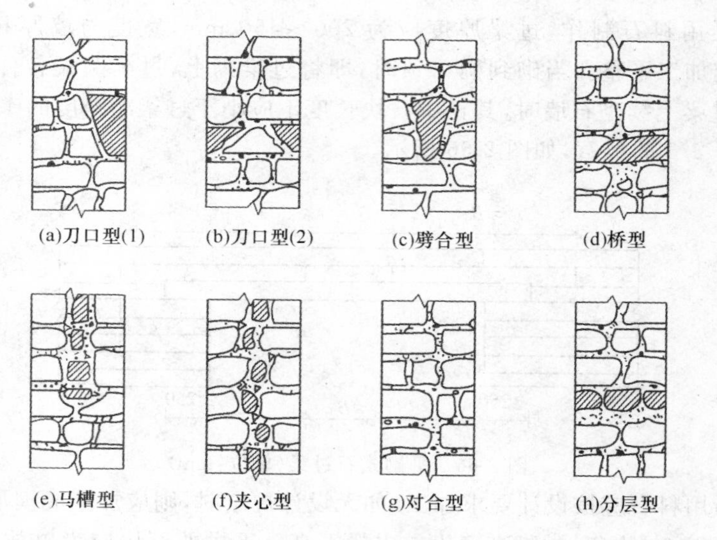

图 2-69 错误的砌石类型

(2)大、中、小毛石应搭配使用，使砌体平稳。形状不规则的石块，应用大锤将其棱角适当加工后使用，灰缝要饱满密实，厚度一般控制在 300～400 mm 之间，石块上下皮竖缝必须错开(不少于 100 mm)，做到丁顺交错排列。墙体中间不得有铁锹口石(尖石倾斜向外的石块)、斧刃石和过桥石(仅在两端搭砌的石块)，如图 2-70 所示。

(3)毛石墙必须设置拉结石，拉结石应均匀分布，相互错开。为增强墙身的横向力一般每 0.7 m^2 墙面至少设一块，且同皮内的中距不大于 2 m。墙厚等于或小于 400 mm 时，拉结石长度等于墙厚；墙厚大于 400 mm 时，可用两块拉结石内外搭砌，搭接长度不小于 150 mm，且其中一块长度不小于墙厚的 2/3。

(4)在毛石与实心砖的组合墙中，毛石墙与砖墙应同时砌筑，并每隔 4～6 皮砖用 2～3 皮砖与毛石墙拉结砌合，两种墙体间的空隙应用砂浆填满，如图 2-71 所示。

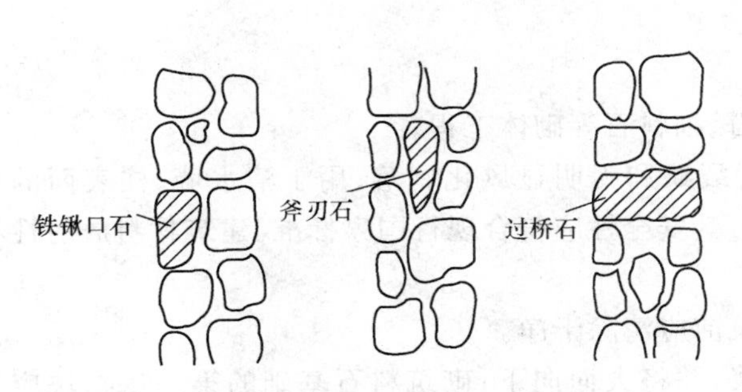

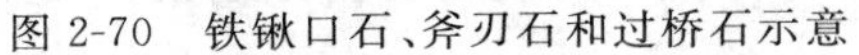

图 2-70　铁锹口石、斧刃石和过桥石示意

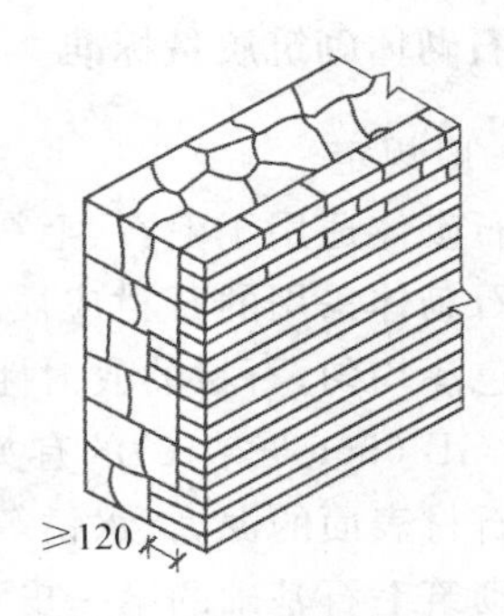

图 2-71　毛石与砖组合墙(单位:mm)

(5)毛石墙与砖墙相接的转角处和交接处应同时砌筑。在转角处,应自纵墙(或横墙)每隔4～6 皮砖高度引出不小于 120 mm 的阳槎与横墙相接,如图 2-72 所示。在丁字交接处,应自纵墙每墙 4～6 皮砖高度引出不小于 120 mm 与横墙相接,如图 2-73 所示。

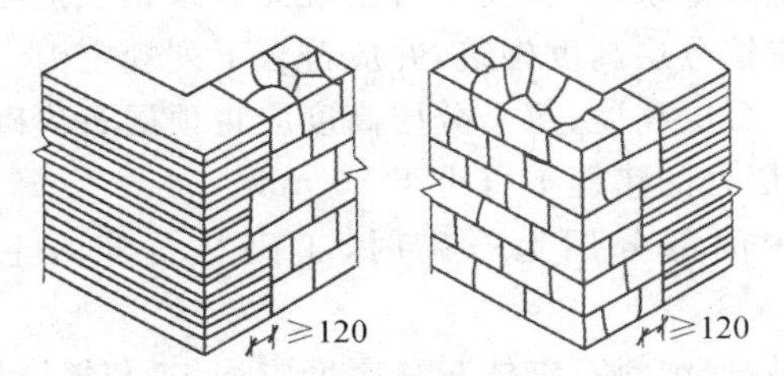

图 2-72　转角处毛石墙与砖墙相接(单位:mm)

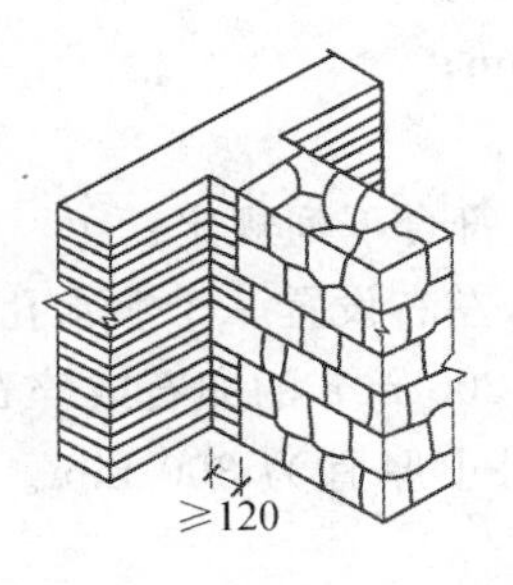

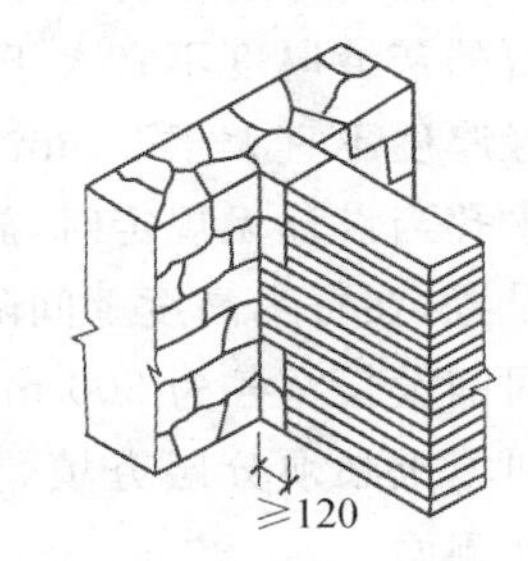

图 2-73　丁字交接处毛石墙与砖墙相接(单位:mm)

(6)砌毛石挡土墙,每砌 3～4 皮为一个分层高度,每个分层高度应找平一次。外露面的灰缝厚度不得大于 40 mm,两个分层高度间的错缝不得小于 80 mm,如图 2-74 所示。毛石墙每日砌筑高度不应超过 1.2 m。毛石墙临时间断处应砌成斜槎。

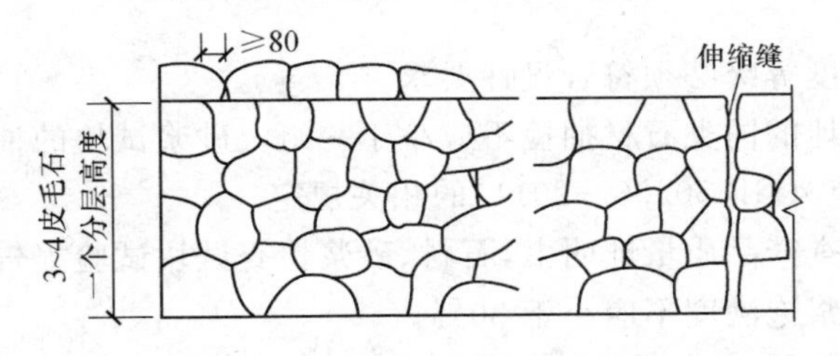

图 2-74　毛石挡土墙(单位:mm)

九、石砌体砌筑质量标准

1. 一般规定

(1)石砌体适用于毛石、毛料石、粗料石、细料石等砌体工程。

(2)石砌体采用的石材应质地坚实,无裂纹和无明显风化剥落;用于清水墙、柱表面的石材,尚应色泽均匀;石材的放射性应经检验,其安全性应符合现行国家标准《建筑材料放射性核素限量》(GB 6566—2010)的有关规定。

(3)石材表面的泥垢、水锈等杂质,砌筑前应清除干净。

(4)砌筑毛石基础的第一皮石块应坐浆,并将大面向下;砌筑料石基础的第一皮石块应用丁砌层坐浆砌筑。

(5)毛石砌体的第一皮及转角处、交接处和洞口处,应用较大的平毛石砌筑。每个楼层(包括基础)砌体的最上一皮,宜选用较大的毛石砌筑。

(6)毛石砌筑时,对石块间存在的较大的缝隙,应先向缝内填灌砂浆并捣实,然后用小石块嵌填,不得先填小石块后填灌砂浆,石块间不得出现无砂浆相互接触现象。

(7)砌筑毛石挡土墙应按分层高度砌筑,并应符合下列规定:

1)每砌 3~4 皮为一个分层高度,每个分层高度应将顶层石块砌平;

2)两个分层高度间分层处的错缝不得小于 80 mm。

(8)料石挡土墙,当中间部分用毛石砌时,丁砌料石伸入毛石部分的长度不应小于 200 mm。

(9)毛石、毛料石、粗料石、细料石砌体灰缝厚度应均匀,灰缝厚度应符合下列规定:

1)毛石砌体外露面的灰缝厚度不宜大于 40 mm;

2)毛料石和粗料石的灰缝厚度不宜大于 20 mm;

3)细料石的的灰缝厚度不宜大于 5 mm。

(10)挡土墙的泄水孔当设计无规定时,施工应符合下列规定:

1)泄水孔应均匀设置,在每米高度上间隔 2 m 左右设置一个泄水孔;

2)泄水孔与土体间铺设长宽各为 300 mm、厚 200 mm 的卵石或碎石作疏水层。

(11)挡土墙内侧回填土必须分层夯填,分层松土厚宜为 300 mm。墙顶土面应有适当坡度使流水流向挡土墙外侧面。

(12)在毛石和实心砖的组合墙中,毛石砌体与砖砌体应同时砌筑,并每隔 4~6 皮砖用2~3 皮丁砖与毛石砌体拉结砌合;两种砌体间的空隙应填实砂浆。

(13)毛石墙和砖墙相接的转角处和交接处应同时砌筑。转角处、交接处应自纵墙(或横墙)每隔 4~6 皮砖高度引出不小于 120 mm 与横墙(或纵墙)相接。

2. 主控项目

(1)石材及砂浆强度等级必须符合设计要求。

抽检数量:同一产地的同类石材抽检不应小于一组。砂浆试块的抽检数量执行《砌体结构工程施工质量验收规范》(GB 50203—2011)的相关规定。

检验方法:料石检查产品质量证明书,石材、砂浆检查试块试验报告。

(2)砌体灰缝的砂浆饱满度不应小于 80%。

抽检数量:每检验批抽查不应少于 5 处。

检验方法:观察检查。

3. 一般项目

(1)石砌体尺寸、位置的允许偏差及检验方法应符合表 2-10 的规定：

表 2-10 石砌体尺寸、位置的允许偏差及检验方法

<table>
<tr><th colspan="2" rowspan="3">项目</th><th colspan="7">允许偏差（mm）</th><th rowspan="3">检验方法</th></tr>
<tr><th colspan="2">毛石砌体</th><th colspan="5">料石砌体</th></tr>
<tr><th>基础</th><th>墙</th><th>毛料石 基础</th><th>毛料石 墙</th><th>粗料石 基础</th><th>粗料石 墙</th><th>细料石 墙、柱</th></tr>
<tr><td colspan="2">轴线位置</td><td>20</td><td>15</td><td>20</td><td>15</td><td>15</td><td>10</td><td>10</td><td>用经纬仪和尺检查，或用其他测量仪器检查</td></tr>
<tr><td colspan="2">基础和墙砌体顶面标高</td><td>±25</td><td>±15</td><td>±25</td><td>±15</td><td>±15</td><td>±15</td><td>±10</td><td>用水准仪和尺检查</td></tr>
<tr><td colspan="2">砌体厚度</td><td>+30</td><td>+20
−10</td><td>+30</td><td>+20
−10</td><td>+15</td><td>+10
−5</td><td>+10
−5</td><td>用尺检查</td></tr>
<tr><td rowspan="2">墙面垂直度</td><td>每层</td><td>—</td><td>20</td><td>—</td><td>20</td><td>—</td><td>10</td><td>7</td><td rowspan="2">用经纬仪、吊线和尺检查，或用其他测量仪器检查</td></tr>
<tr><td>全高</td><td>—</td><td>30</td><td>—</td><td>30</td><td>—</td><td>25</td><td>10</td></tr>
<tr><td rowspan="2">表面平整度</td><td>清水墙、柱</td><td>—</td><td>—</td><td>—</td><td>20</td><td>—</td><td>10</td><td>5</td><td rowspan="2">细料石用 2 m 靠尺和楔形塞尺检查，其他用两直尺垂直于灰缝拉 2 m 线和尺检查</td></tr>
<tr><td>混水墙、柱</td><td>—</td><td>—</td><td>—</td><td>30</td><td>—</td><td>15</td><td>—</td></tr>
<tr><td colspan="2">清水墙水平灰缝平直度</td><td>—</td><td>—</td><td>—</td><td>—</td><td>—</td><td>—</td><td>5</td><td>拉 10 m 线和尺检查</td></tr>
</table>

抽检数量：每检验批抽查不应少于 5 处。

(2)石砌体的组砌形式应符合下列规定：

1)内外搭砌，上下错缝，拉结石、丁砌石交错设置；

2)毛石墙拉结石每 0.7 m^2 墙面不应少于 1 块。

检查数量：每检验批抽查不应少于 5 处。

检验方法：观察检查。

第八节 排水管道、窨井和化粪池的砌筑

一、排水管道铺设

1. 施工准备

施工准备主要包括材料、工具及作业条件准备，在施工前应做好施工技术与施工安全交底

工作，并做好测量定位放线工作，首先根据施工图放出窨井的中心桩，控制井的轴线和标高，然后在每根中心桩的两侧钉一对龙门桩，并编好号，把标高标在桩上。根据龙门板放出开槽线，以确保施工质量和施工安全。

2. 挖管沟与找坡

在做好各项准备工作之后，可进行管道挖沟与找坡。挖管沟是根据管道走向定位线和龙门板确定的下挖标高进行挖土，并要按土质情况确定放坡角度。管沟挖到一定深度后，要在两块龙门板之间拉通线，检查管沟与坡度的标高是否符合设计要求，待挖到规定标高后，要清理沟底剩余土，而且要将清理好的沟底夯实。

3. 浇筑垫层

一般下水管道的管沟采用混凝土垫层，管径较小时也可用碎石或碎砖经夯实作垫层。大的管沟混凝土垫层可能要支立模板，灌注混凝土时，要振捣密实、平整，找好纵向坡度，然后再弹好管子就位线。

4. 铺管

铺管一般以两个窨井之间的距离作为一个工作段。铺管前应在两个窨井之间拉好准线，丈量其长度，确定管子数量，再将混凝土管排放在沟边，管子的就位应从低处向高处进行。下管时应注意管子承插口高的一端，且应根据垫层上已弹出的管线位置将管子对中接好。下管时应注意管子承插口的方向，管子就位时要根据垫层上面已弹好的位置线对中就位，在管子垫层两侧先用碎石垫卡住，并在每节管子的承插口下面铺抹好水泥砂浆。铺管时，第一节管子应伸入窨井内，伸入的长度应视窨井壁厚度而定。一般应与窨井内壁齐平，不允许缩入窨井壁之内。管底标高要比流出的管子高 150 mm，比窨井底高 300 mm，以便清理污垢。当第二节管子插入第一节管子的承插口后，应按准线校正平直，并用 1∶2 的水泥砂浆将承插口内一圈全部嵌塞严密封好口，再在承插口处抹成环箍状，抹带的形式有圆弧形抹带和梯形抹带，如图 2-75所示。以后各节管子的铺法都依此进行。为了保证管道铺设稳固，在每节管子都封口完成后，还要在管子的两侧用混凝土填实做成斜角。

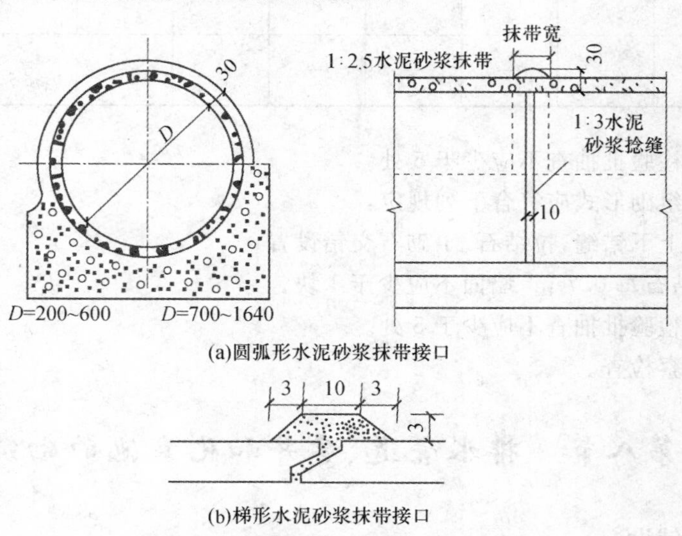

(a)圆弧形水泥砂浆抹带接口

(b)梯形水泥砂浆抹带接口

图 2-75　抹带形式(单位：mm)

管道严禁铺放在冻土和松土上，铺管过程中，要求管子接口填嵌密实，灰口平整光滑，养护要良好。

5. 闭水试验

管道铺设完毕，并经窝管与养护后，要进行闭水试验。若发现有渗水一定要进行修补。

6. 回填土

闭水试验完全符合要求后，即可进行回填土。回填土时，应注意不要将石块与碎渣之类一起填入，以免砸坏管子，也不利填实土层。回填土应在管子两侧同时对称进行，逐层夯实，用力均匀。

二、窨井的砌筑

(1)浇筑井的底板。砌筑窨井前，应用混凝土浇筑好窨井的底板，其浇筑方法与浇筑管沟垫层操作方法相同，只是没有坡度。当井较深且荷载较大时，井底板可做成钢筋混凝土板。

(2)井壁的砌筑。井壁砌筑通常为一砖厚，方井壁一般采用一顺一丁法砌筑，而圆井壁则多采用全丁砌筑。井壁砌筑一般不准留槎，四周围应同时砌筑，错缝要正确，砂浆要饱满。

(3)井的砌边收分。砌筑窨井时，还应根据窨井口与井底的直径(方井为边长)的大小及井的深度情况计算好收坡(分)尺寸，可定出一皮砖或几皮砖应收分多少，以便在砌筑井壁过程中边砌边收分。砌到井口时应留出井圈座和井盖的高度。

(4)及时安放爬梯铁脚。有的井壁在砌筑过程中还要由井底往上每五皮砖处要安放一个爬梯铁脚(事先要涂好防锈漆)。安放爬梯铁脚一定要稳固牢靠。

(5)井壁抹灰。井壁砌筑完毕经质量检查合格后，应用 1∶2 水泥砂浆将井壁内外抹好灰，以防渗漏。

(6)安放井圈座和井盖。安放井圈座和井盖前，在窨井顶面砖侧要找好水平线，铺好水泥砂浆，再将圈座安放在井身上，待砂浆终凝后，将井盖放入井圈座，经检查合格后，再在井圈座四周用水泥砂浆抹实压光。窨井砌筑完成后必须经过闭水试验。待试验合格后即可回填土。

三、化粪池的砌筑

(1)施工准备。施工准备工作包括材料、工具和作业条件准备。除准备砖、水泥、砂、石等材料和工具外，还应准备好井内爬梯铁脚、铸铁井圈座、井盖等。砌筑前要检查井坑挖土是否完成，校核井底中心线位置、直径尺寸和井底标高是否无误；铺设的管道是否已接到井位处等。上述准备工作完成后，便可进行化粪池的施工。

(2)浇筑底板。浇筑化粪池底板的混凝土应根据设计要求的强度等级和试验室的配合比进行拌制，搅拌时间不得少于 2 min，且每座化粪池底板都要制作一组混凝土试块。当底板浇筑混凝土厚度在 300 mm 以内时，应一次浇筑完成；当大于 300 mm 时最好分层进行浇筑。

(3)砌筑井壁墙体。化粪池的池壁砌筑与一般砖墙砌筑方法相同。化粪池砌筑前应将已浇筑好的底板表面清扫干净，弹出池壁位置线并浇水湿润。池壁墙体与隔墙(若不安放隔板时)应同时进行砌筑，不得留槎。砌筑过程中要按照皮数杆上的洞孔、管道位置和安放隔板的槽口位置预留。

砌筑化粪池墙体时，应先砌四周盘角并随时检查其垂直度，中间墙体砌筑要拉准线进行，以保证墙体平整度。墙体砌筑要求密实，砂浆饱满，水平灰缝砂浆饱满度不得小于 80%；外墙不得留槎，墙体上下错缝，无通缝。在砌筑过程中要特别注意根据皮数杆上预留洞孔的位置标记，在墙上按设计标高预留好规定的孔洞，这是化粪池砌筑的关键。化粪池内隔板的安装要嵌填牢固，如图 2-76 所示。

(4)内外抹灰。在化粪池外池壁砌筑过程中，对外侧池壁要随砌随抹灰，池壁砌筑完成后，

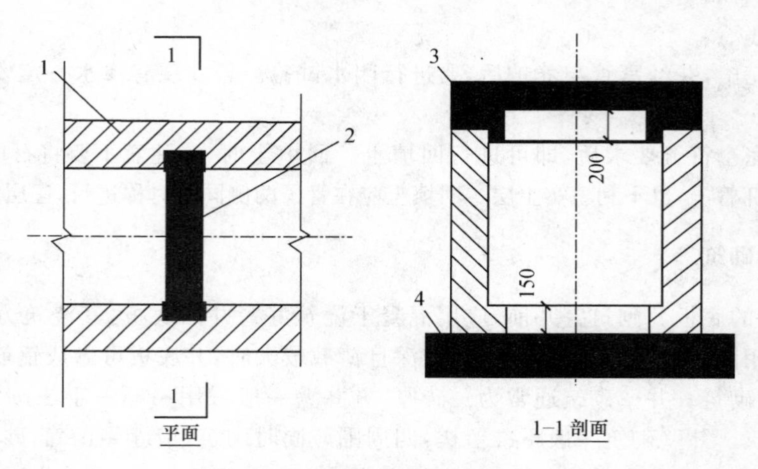

图 2-76 化粪池内隔板(单位:mm)

1—砖砌体;2—混凝土隔板;3—混凝土顶板;4—混凝土底板

进行墙身抹灰。其抹灰应按普通抹灰进行,且抹灰的厚度和密实度要掌握好,内壁一般分三层抹灰。

(5)浇筑顶板或安装顶板。化粪池的顶板(或盖板)一般可为现浇混凝土(盖板也有采用板上留有检查井孔洞的预制盖板),顶板混凝土浇筑时,应留有检查井孔和出渣孔。当池壁砌筑完成并抹灰完毕后,即可进行顶板混凝土浇筑。检查井的砌筑是在化粪池的顶板浇筑完成盖好后进行的,其砌筑和抹灰方法与窨井相同。化粪池砌筑完成后应进行抗渗试验。当抗渗试验符合要求无渗漏后,才能回填土且要分层夯实。

第三章　钢筋加工及焊接技术

第一节　钢筋加工技术

一、钢筋的切断与弯曲成型

1. 钢筋切断

(1)切断前的准备工作。为获得最佳的经济效果，钢筋切断前应做好以下准备工作。

1)复核。根据钢筋配料单，复核料牌上所标注的钢筋直径、尺寸、根数是否正确。

2)下料方案。根据工地的库存钢筋情况做好下料方案，长短搭配，尽量减少损耗。

3)量度准确。避免使用短尺量长料，防止产生累计误差。

4)试切钢筋。调试好切断设备，试切 1～2 根，尺寸无误后再成批加工。

(2)切断方法。

1)钢筋切断方法分为人工切断与机械切断。

①手工切断钢丝可用断线钳，如图 3-1 所示。

切断直径为 16 mm 以下的 HPB235 钢筋可用图 3-2 所示的手压切断器，这种切断器一般可自制，由固定刀口、活动刀口、边夹板、把柄、底座等组成。

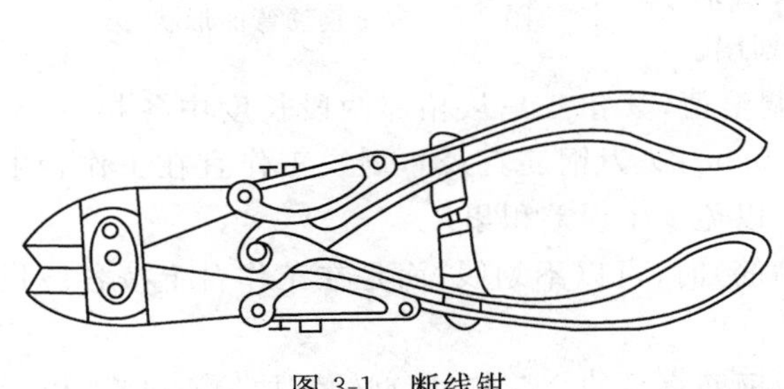

图 3-1　断线钳

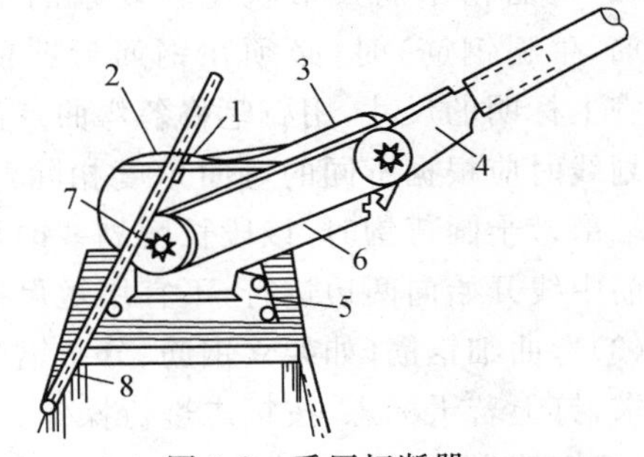

图 3-2　手压切断器

1—固定刀口；2—活动刀口；3—边夹板；4—把柄；5—底座；6—固定板；7—轴；8—钢筋

一般工地上也常用称为“克子”的切断器，如图 3-3 所示。使用克子切断器时，将下克插在铁砧的孔里，钢筋放在下克槽内，上克边紧贴下克边，用锤打击上克使钢筋切断。

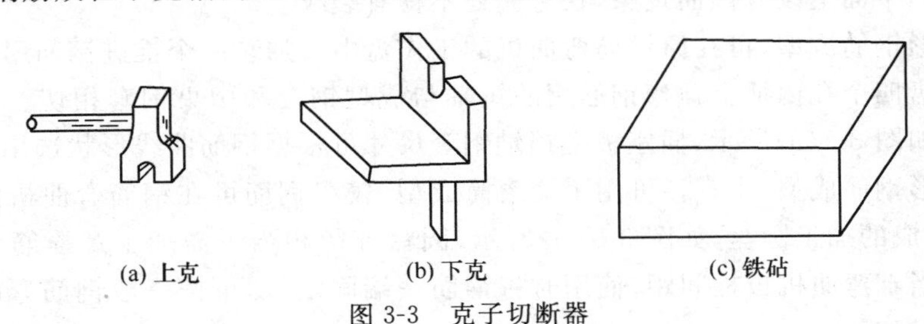

(a) 上克　(b) 下克　(c) 铁砧

图 3-3　克子切断器

②机构切断机械有 GQ40，其他还有 GQ12、GQ20、GQ25、GQ32、GQ35、GQ50、GQ65 型，型号的数字表示可切断钢筋的最大公称直径。

2)钢筋切断机操作的注意事项。

①检查。使用前应检查刀片安装是否牢固，润滑油是否充足，并应在开机空转正常以后再进行操作。

②切断。钢筋应调直以后再切断，钢筋与刀口应垂直。

③安全。断料时应握紧钢筋，待活动刀片后退时及时将钢筋送进刀口，不要在活动刀片已开始向前推进时，向刀口送料，以免断料不准，甚至发生机械及人身事故；长度在 30 cm 以内的短料，不能直接用手送料切断；禁止切断超过切断机技术性能规定的钢材以及超过刀片硬度或烧红的钢筋；切断钢筋后，刀口处的屑渣不能直接用手清除或用嘴吹，而应用毛刷刷干净。

2. 钢筋弯曲

钢筋弯曲前，对形状复杂的钢筋（如弯起钢筋），根据钢筋料牌上标明的尺寸，用石笔将各弯曲点位置划出。常见的钢筋弯曲形状如图 3-4 所示。

钢筋弯曲成型方法有手工弯曲和机械弯曲两种。钢筋弯曲均应在常温下进行，严禁将钢筋加热后弯曲。手工弯曲成型设备简单、成型正确；机械弯曲成型可减轻劳动强度、提高工效，但操作时要注意安全。

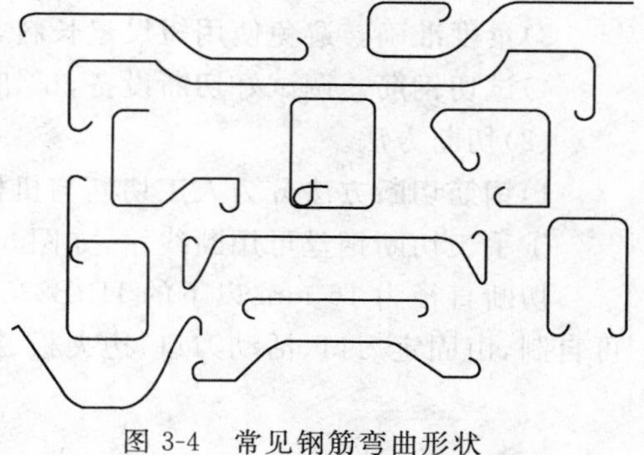

图 3-4 常见钢筋弯曲形状

(1)手工弯曲直径 12 mm 以下细钢筋可用手摇扳子，弯曲粗钢筋可用钢板扳柱和横口扳手。

(2)弯曲粗钢筋及形状比较复杂的钢筋（如弯起钢筋、牛腿钢筋）时，必须在钢筋弯曲前，根据钢筋料牌上标明的尺寸，用石笔将各弯曲点位置划出。

划线时应根据不同的弯曲角度扣除弯曲调整值，其扣法是从相邻两段长度中各扣一半。钢筋端部带半圆弯钩时，该段长度划线时增加 $0.5d$（d 为钢筋直径），划线工作宜在工作台上从钢筋中线开始向两边进行，不宜用短尺接量，以免产生误差积累。

(3)弯曲细钢筋（如架立钢筋、分布钢筋、箍筋）时，可以不划线，而是在工作台上按各段尺寸要求，钉上若干标志，按标志进行操作。

(4)钢筋在弯曲机上成型时，心轴直径应为钢筋直径的 2.5 倍，成型轴宜加偏心轴套，以适应不同直径的钢筋弯曲需要。

(5)第一根钢筋弯曲成型后应与配料表进行复核，符合要求后再成批加工；对于复杂的弯曲钢筋，如预制柱牛腿、屋架节点等宜先弯一根，经过试组装后，方可成批弯制。成型后的钢筋要求形状正确，平面上没有凹曲现象，在弯曲处不得有裂纹。

(6)曲线形钢筋成型，可在原钢筋弯曲机的工作盘中央加装一个推进钢筋用的十字架和钢套，另在工作盘四个孔内插上顶弯钢筋用的短轴与成型钢套和中央钢套相切。在插座板上加工挡轴圆套，如图 3-5(a)所示，插座板上挡轴钢套尺寸可根据钢筋曲线形状选用。

(7)螺旋形钢筋成型，小直径可用手摇滚筒成型，较粗钢筋可在钢筋弯曲机的工作盘上安设一个型钢制成的加工圆盘，如图 3-5(b)所示，圆盘外径相当于需加工螺栓筋（或圆箍筋）的内径，插孔相当于弯曲机板柱间距，使用时将钢筋一端固定，即可按一般钢筋弯曲加工方法弯成所需螺旋形钢筋。

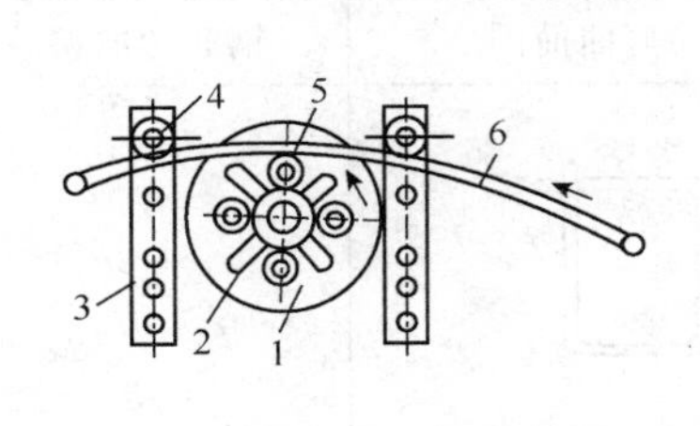

(a) 曲线成型钢筋工用简图

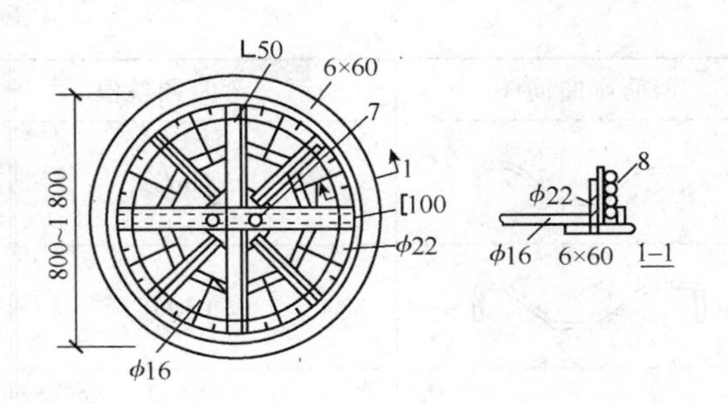

(b) 大直径螺栓箍筋加工圆盘

图 3-5　曲线钢筋成型装置(单位:mm)

1—工作盘;2—十字撑及圆套;3—插座板;4—挡轴圆套;

5—桩柱及圆套;6—钢筋;7—板插孔(间距 250 mm);8—螺栓钢筋

3. 常用钢筋类型弯曲调整值

在实际操作中可按有关计算方法求弯曲调整值,亦可根据各地实际情况确定。表 3-1 是一组经验弯曲调整值。

表 3-1　钢筋弯曲调整值

钢筋弯曲简图	钢筋弯曲调整值	钢筋弯曲简图	钢筋弯曲调整值
	$2d$		2.5d (3d)
	$4d$		2.5d (3d)
	0.5d (1d)		2.5d
	4.5d (5d)		下料 1.571 ($D+d$)+ 2($l+a$)−4 d
	0.5d (6d)		0
	0.5d (1d)		0
	3d (4d)		

续上表

钢筋弯曲简图	钢筋弯曲调整值	钢筋弯曲简图	钢筋弯曲调整值
	$1d$（$6d$）		$8d$
	$5d$（$6d$）		
	$4d$	d D_1 D_2	下料 $3.1416(D_1+d)$ 或 $3.1416(D_2-d)$
d $D/2$ l D	下料 $1.571(D+d)+2l$	(内皮)	0

二、钢筋的除锈与调直

1. 钢筋除锈

(1)人工除锈。人工除锈的常用方法一般是用钢丝刷、砂盘、麻袋布等轻擦或将钢筋在砂堆上来回拉动除锈。砂盘除锈如图 3-6 所示。

(2)机械除锈。机械除锈有钢筋除锈机除锈和喷砂法除锈。钢筋除锈机除锈操作：对直径较细的盘条钢筋，通过冷拉和调直过程自动去锈；粗钢筋采用圆盘钢丝刷除锈机除锈。

1)钢筋除锈机有固定式和移动式两种，一般由钢筋加工单位自制，是由动力带动圆盘钢丝刷高速旋转来清刷钢筋上的铁锈。固定式钢筋除锈机一般安装一个圆盘钢丝刷，如图 3-7 所示。为提高效率，也可将两台除锈机组合，如图 3-8 所示。

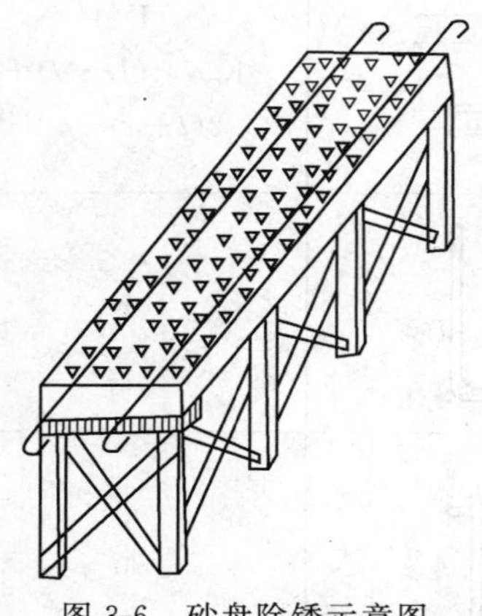

图 3-6　砂盘除锈示意图

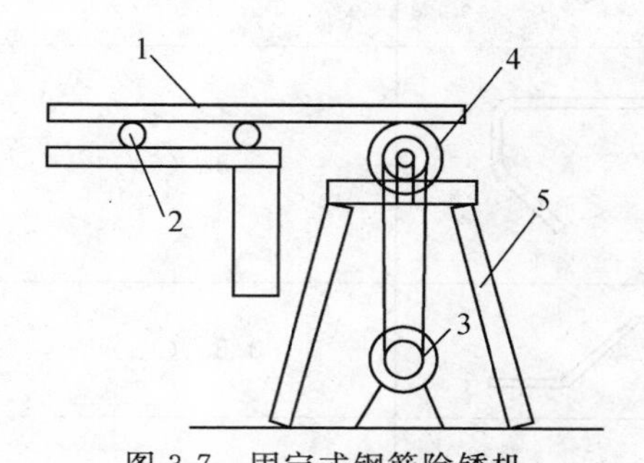

图 3-7　固定式钢筋除锈机

1—钢筋；2—擴道；3—电动机；4—钢丝刷；5—机架子

2)喷砂除锈操作。主要是用空气压缩机、储砂罐、喷砂管、喷头等设备，利用空气压缩机产生的强大气流形成高压砂流锈，适用于大量除锈工作，除锈效果好。

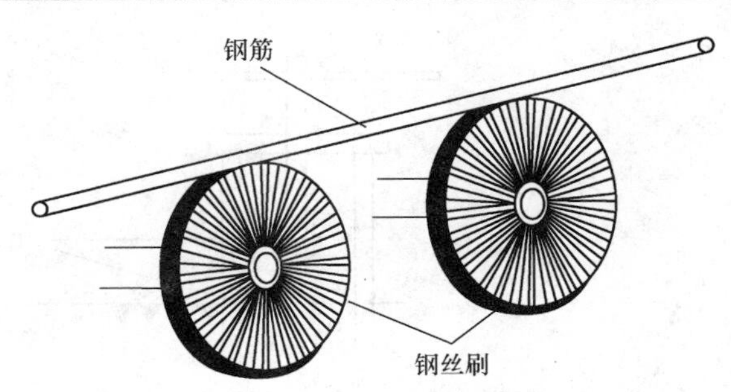

图 3-8　组合后的除锈机

(3)酸洗法除锈。当钢筋需要进行冷拔加工时，用酸洗法除锈。酸洗除锈是将盘圆钢筋放入硫酸或盐酸溶液中，经化学反应除锈。但在酸洗除锈前，通常先进行机械除锈，这样做可以缩短 50%酸洗时间，节省 80%以上的酸液。酸洗除锈流程和技术参数见表 3-2。

表 3-2　酸洗除锈流程和技术参数

工序名称	时间(min)	设备及技术参数
机械除锈	5	倒盘机，ϕ6 台班产量 5～6 t
酸洗	20	(1)硫酸液浓度：循环酸洗法 15%左右。 (2)酸洗温度：50℃～70℃用蒸汽加热
清洗及除锈	30	压力水冲洗 3～5 min，清水淋洗 20～25 min
沾石灰肥皂浆	5	(1)石灰肥皂浆配制：石灰水 100 kg，动物油 15～20 kg，肥皂粉 3～4 kg，水 350～400 kg。 (2)石灰肥皂浆温度，用蒸汽加热
干燥	120～240	阳光自然干燥

在除锈过程中发现钢筋表面的氧化铁皮鳞落现象严重并损伤钢筋截面，或在除锈后钢筋表面有严重的麻坑、斑点伤蚀截面时，应降级使用或剔除不用。

2. 钢筋调直

(1)手工平直。直径在 10 mm 以下的盘条钢筋在施工现场一般采用手工调直。对于冷拔低碳钢丝，可通过导轮牵引调直，如图 3-9 所示。如牵引过轮的钢丝还存在局部慢弯，可用小锤敲打平直；也可以使用蛇形管调直，如图 3-10 所示。将蛇形管固定在支架上，需要调直的钢丝穿过蛇形管，用人力向前牵引，即可将钢丝基本调直，局部慢弯处可用小锤加以平直。盘条钢筋可用绞盘拉直，如图 3-11 所示，对于直条粗钢筋一般弯曲较缓，可就势用手扳子扳直。

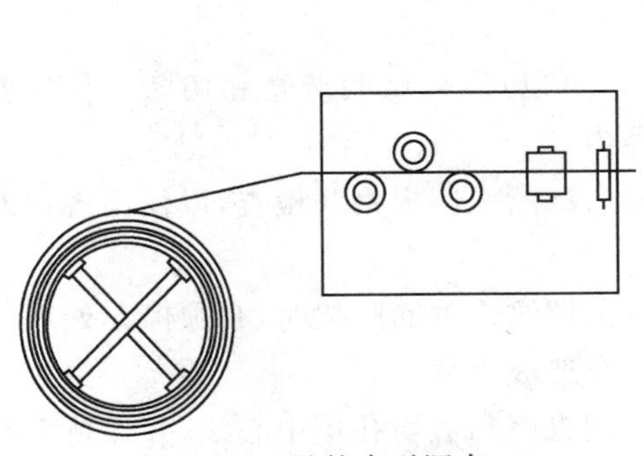
图 3-9　导轮牵引调直

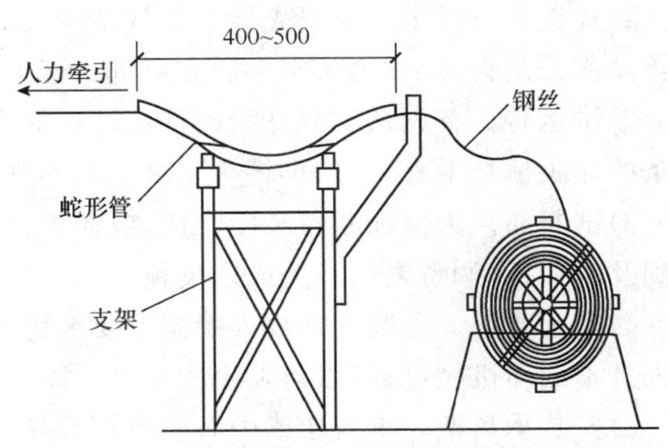

图 3-10　蛇形管调直架(单位：mm)

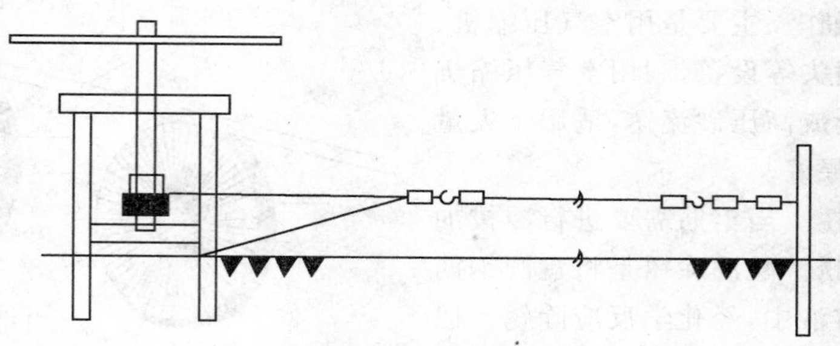

图 3-11 绞盘拉直装置示意图

(2)机械平直。机械平直是通过钢筋调直机实现的。钢筋调直机一般也有切断钢筋的功能,因此通称钢筋调直切断机。这类设备适用于处理冷拔低碳钢丝和直径不大于 14 mm 的细钢筋。粗钢筋也可以应用机械平直。由于没有国家定型设备,故对于工作量很大的单位,可自制平直机械,一般制成机械锤形式,用平直锤锤压弯折部位。粗钢筋也可以利用卷扬机结合冷拉工序进行平直。弯折钢筋不得调直后作为受力钢筋使用,因此粗钢筋应注意在运输、加工、安装过程中的保护,弯折后经调直的粗钢筋只能作为非受力钢筋使用。细钢筋用的钢筋调直机有多种型号,按所能调直切断的钢筋直径区分,常用的有三种:GT 1.6/4、GT 3/8、GT 6/12。另有一种可调直直径更大的钢筋,型号为 GT 10/16(型号标志中斜线两侧数字表示所能调直切断的钢筋直径大小的上下限。一般称直径不大于 14 mm 的钢筋为“细钢筋”)。

工地上常用的钢筋调直机一般是 GT 3/8 型,它的外形如图 3-12 所示。

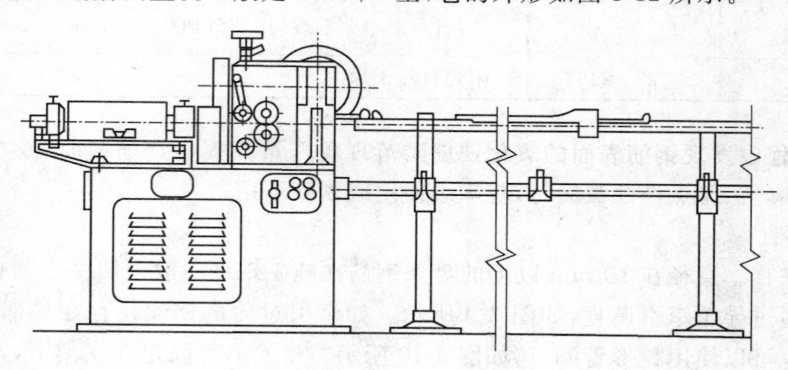

图 3-12 GT3/8 型钢筋调直机

钢筋调直机的操作要点如下。

1)检查。每天工作前要先检查电气系统及其元件有无毛病,各种连接零件是否牢固可靠,各传动部分是否灵活,确认正常后方可进行试运转。

2)试运转。首先从空载开始确认运转可靠之后才可以进料、试验调直和切断。首先要将盘条的端头捶打平直,然后再将它从导向套推进机器内。

3)试断筋。为保证断料长度合适,应在机器开动后试断三四根钢筋检查,以便出现偏差能得到及时纠正(调整限位开关或定尺板)。

4)安全要求。盘圆钢筋放入圈架上要平稳,如有乱螺纹或钢筋脱架时,必须停车处理。操作人员不能离机械过远,以防发生故障时不能立即停车造成事故。

5)安装承料架。承料架槽中心线应对准导向套、调直筒和剪切孔槽中心线,并保持平直。

6)安装切刀。安装滑动刀台上的固定切刀,保证其位置正确。

7)安装导向管。在导向套前部,安装 1 根长度约为 1 m 的导向钢管,需调直的钢筋应先穿入该钢管，然后穿过导向套和调直筒，以防止每盘钢筋接近调直完毕时其端头弹出伤人。

三、钢筋加工机械安全操作技术

1. 钢筋调直切断机安全操作技术

(1)电源及工具安全守则。

1)保持工作场地及工作台清洁，否则会引起事故。

2)不要使电源、设备或工具受雨淋，不要在潮湿的场合工作，要确保工作场地有良好的照明。

3)禁止闲人进入工作场地。

4)工具使用完毕，应放在干燥的高处以免被小孩拿到。

5)不要使设备超负荷运转，必须在适当的转速下使用设备，确保安全操作。

6)要选择合适的工具，勿将小工具用于需用大工具加工的工件上。

7)穿专用工作服，勿使任何物件掉进设备运转部位；在室外作业时，应穿戴橡胶手套及胶鞋。

8)配戴安全眼镜，切削屑尘多时应戴口罩。

9)不要滥用导线，勿拖着导线移动设备，勿用力拉导线来切断电源；应使导线远离高温、油及尖锐的东西。

10)操作时，勿用手拿着工件，工件应用夹具或台虎钳固定住。

11)操作时脚要站稳，并保持身体姿势平衡。

12)设备和工具应妥善保养，只有经常保持锋利、清洁才能发挥其性能；应按规定加注润滑剂及更换附件。

13)更换附件、砂轮片、砂纸片时必须切断电源。

14)设备开动前必须把调整用键和扳手等拆除下来。

15)谨防误开动。插头一旦插进电源插座，手指不可随便接触电源开关。插头插进电源插座之前，应检查开关是否已关上。

16)不要在可燃液体、可燃气体存放处使用此设备，以防开关电源或操作时所产生的火花引起火灾。

17)室外操作时，必须使用专用的延伸电缆。

(2)其他重要的安全守则。

1)确认电源。电源电压应与铭牌上所标明的一致，在设备接通电源之前，开关应放在“关”(OFF)的位置上。

2)在不设备使用时，应把电源插头从插座上拔下。

3)应保持电动机的通风孔畅通及清洁。

4)要经常检查设备的保护盖内部是否有裂痕或污垢，以免因此而使设备的绝缘性能降低。

5)不要莽撞地操作设备，撞击会导致其外壳变形、断裂和破损。

6)手上沾水时使用设备。勿在潮湿的地方或雨中使用调直切断机，以防漏电。如必须在潮湿环境中使用时，应戴上长橡胶手套和穿上防电胶鞋。

7)要经常使用砂轮保护器。

8)应使用人造树脂黏结的砂轮，打磨时应使用砂轮的适当部位，并确保砂轮没有缺口或断裂。

9)要远离易燃物或危险品,避免打磨时的火花引起火灾,同时注意勿让人体接触火花。

10)必须使用铭牌所示圆周速度为 300 m/min 以上规格的砂轮。

(3)安全操作要点。

1)料架、料槽应安装平直,对准导向筒、调直筒和下切刀孔的中心线。

2)用手转动飞轮,检查传动机构和工作装置,调整间隙,紧固螺栓,确定正常后启动空运转;检查轴承应无异响,齿轮啮合良好,待运转正常后方可作业。

3)按所调直钢筋的直径,选用适当的调直块及传动速度,经调试合格方可送料。

4)在调直块未固定、防护罩未盖好前不得送料。作业中,严禁打开各部防护罩及调整间隙。

5)当钢筋送入设备后,手与曳引轮必须保持一定距离,不得接近。

6)送料前应将不直的料切去,导向筒前应装一根 1 m 长的钢管,钢筋必须先穿过钢管,再送入调直机前端的导孔内。

7)作业后,应松开调直筒的调直块并回到原来的位置,同时预压弹簧必须回位。

2. 钢筋切断机安全操作技术

(1)接送料工作台面应与切刀下部保持水平,工作台的长度可根据加工材料的长度决定。

(2)切断机起动前必须检查切刀,刀体上应该没有裂纹;还要检查刀架螺栓是否已紧固,防护罩是否牢靠。然后用手盘转动带轮,检查齿轮啮合间隙,调整切刀间隙。

(3)切断机起动后要先空运转,检查各传动部分及轴承,确认运转正常后方可作业。

(4)机械未达到正常转速时不得切料。切料时必须使用切刀的中下部位,紧握钢筋对准刃口迅速送入。

(5)不得剪切直径及强度超过机械铭牌规定的钢筋,也不得剪切烧红的钢筋。一次切断多根钢筋时,钢筋的总截面积应在规定范围内。

(6)在切断强度较高的低合金钢钢筋时,应换用高硬度切刀。一次切断的钢筋根数随直径大小而不同,应符合机械铭牌的规定。

(7)切断短料时,手与切刀之间的距离应保持 150 mm 以上,如手握端小于 400 mm 时,应使用套管或夹具将钢筋短头压住或夹牢。

(8)切断机运转中,严禁用手直接清除切刀附近的断头或杂物。在钢筋摆动周围和切刀附近,非操作人员不得停留。

(9)发现机械运转不正常、有异响或切刀歪斜情况发生,应立即停机检修。

(10)作业后要用钢丝刷清除切刀间的杂物,进行整机清洁保养。

3. 钢筋弯曲机安全操作技术

(1)工作台与弯曲机台面要保持水平,并要准备好各种芯轴及工具。

(2)按所加工钢筋的直径和要求的弯曲半径装好芯轴、成形轴、挡铁轴或可变挡架。

(3)检查芯轴、挡铁、转盘应该没有损坏和裂纹,防护罩应紧固可靠。经空运转确认后,才可以进行作业。

(4)作业时,将钢筋需弯的一头插在转盘固定销的间隙内,另一端紧靠机身固定销,并用手压紧,检查机身固定销子确实安在挡住钢筋的一侧,方可开动。

(5)作业中严禁更换芯轴、销子和变换角度以及调速等,亦不得加油或清扫。

(6)弯曲钢筋时,严禁超过本机规定的钢筋直径、根数及机械转速。

(7)弯曲较高强度的低合金钢钢筋时,应按机械铭牌规定换算最大限制直径并调换相应的芯轴。

(8)严禁在弯曲钢筋的作业半径内和机身不设固定销的一侧站人。弯曲好的半成品应堆放整齐,弯钩不得朝上。

(9)转盘若要换向,必须在停稳后进行。

4. 钢筋冷拉设备安全操作技术

(1)卷扬机的型号和性能要经过合理选用,以适应被冷拉钢筋的直径大小。卷扬钢丝绳应经封闭式导向滑轮并与被拉钢筋方向垂直。卷扬机的位置必须使操作人员能见到全部冷拉场地。

(2)应在冷拉场地的两端地锚外侧设置警戒区,警戒区装有防护栏杆并设有警告标志。严禁与施工无关的人员在警戒区内停留。作业时,操作人员所在的位置必须远离被拉钢筋 2 m 以外。

(3)用配重控制的设备必须与滑轮匹配,并有指示起落的记号;若没有记号就应有专人指挥。配重筐提起时的高度应限制在离地面 300 mm 以内;配重架四周应有栏杆及警告标志。

(4)作业前,应检查冷拉夹具、夹齿必须完好,滑轮、拖拉小车应润滑灵活,拉钩、地锚及防护装置均应齐全牢固,确认良好后方可进行作业。

(5)卷扬机操作人员必须在看到指挥人员发出的信号,并待所有人员都离开危险区后方可作业。冷拉操作应缓慢均匀地进行,随时注意停车信号;如果见到有人进入危险区,应立即停拉,并稍稍放松卷扬钢丝绳。

(6)用以控制冷拉力的装置必须装设明显的限位标志,并要有人负责指挥。

(7)夜间工作的照明设施应设在冷拉危险区外。如果必须装设在场地上空时,它的高度应离地面 5 m 以上;灯泡应加防护罩,不得用裸线作导线。

(8)冷拉作业结束后,应放松卷扬钢丝绳,落下配重,切断电源,锁好开关箱。

四、钢筋加工质量标准及质量问题

1. 原材料质量标准

原材料质量标准见表 3-3。

表 3-3 原材料质量标准

项目	内 容
主控项目	(1)钢筋进场时,应按国家现行相关标准的规定抽取试件作力学性能和重量偏差检验,检验结果必须符合有关标准的规定。 检查数量:按进场的批次和产品的抽样检验方案确定。 检验方法:检查产品合格证、出厂检验报告和进场复验报告。 (2)对有抗震设防要求的结构,其纵向受力钢筋的强度应满足设计要求;当设计无具体要求时,对一、二、三级抗震等级设计的框架和斜撑构件(含梯级)中的纵向受力钢筋应采用 HRB335E、HRB400E、HRB500E、HRBF335E、HRBF400E 或 HRBF500E 钢筋,其强度和最大力下总伸长率的实测值应符合下列规定: 1)钢筋的抗拉强度实测值与屈服强度实测值的比值不应小于 1.25; 2)钢筋的屈服强度实测值与屈服强度标准值的比值不应大于 1.30; 3)钢筋的最大力下总伸长率不应小于 9%。 检查数量:按进场的批次和产品的抽样检验方案确定。 检验方法:检查进场复验报告。

续上表

项目	内　　容
主控项目	(3)当发现钢筋脆断、焊接性能不良或力学性能显著不正常等现象时，应对该批钢筋进行化学成分检验或其他专项检验。 检验方法：检查化学成分等专项检验报告
一般项目	钢筋应平直、无损伤，表面不得有裂纹、油污、颗粒状或片状老锈。 检查数量：进场时和使用前全数检查。 检验方法：观察

2. 钢筋加工质量标准

钢筋加工质量标准见表 3-4。

表 3-4　钢筋加工质量标准

项目	内　　容
主控项目	(1)受力钢筋的弯钩和弯折应符合下列规定： 1)HPB235 级钢筋末端应作 180°弯钩，其弯弧内直径不应小于钢筋直径的 2.5 倍，弯钩的弯后平直部分长度不应小于钢筋直径的 3 倍； 2)当设计要求钢筋末端需作 135°弯钩时，HRB335 级、HRB400 级钢筋的弯弧内直径不应小于钢筋直径的 4 倍，弯钩的弯后平直部分长度应符合设计要求； 3)钢筋作不大于 90°的弯折时，弯折处的弯弧内直径不应小于钢筋直径的 5 倍。 检查数量：按每工作班同一类型钢筋、同一加工设备抽查不应少于 3 件。 检验方法：钢尺检查。 (2)除焊接封闭环式箍筋外，箍筋的末端应作弯钩，弯钩形式应符合设计要求；当设计无具体要求时应符合下列规定： 1)箍筋弯钩的弯弧内直径除应满足上述(1)的规定外，尚应不小于受力钢筋直径； 2)箍筋弯钩的弯折角度：对一般结构不应小于 90°；对有抗震等要求的结构应 135°； 3)箍筋弯后平直部分长度：对一般结构不宜小于箍筋直径的 5 倍，对有抗震等要求的结构不应小于箍筋直径的 10 倍。 检查数量：按每工作班同一类型钢筋、同一加工设备抽查不应少于 3 件。 检验方法：钢尺检查。 (3)钢筋调直后应进行力学性能和重量偏差的检验，其强度应符合有关标准的规定。 盘卷钢筋和直条钢筋调直后的断后伸长率、重量负偏差应符合表 3-5 的规定。 采用无延伸功能的机械设备调直的钢筋，可不进行本条规定的检验。 检验数量：同一厂家、同一牌号、同一规格调直钢筋，重量不大于 30 t 为一批；每批见证取 3 件试件。 检验方法：3 个试件先进行重量偏差检验，再取其中 2 个试件经时效处理后进行力学性能检验。检验重量偏差时，试件切口应平滑且与长度方向垂直，且长度不应小于 500 mm；长度和重量的量测精度分别不应低于 1 mm 和 1 g

续上表

项目	内　容
一般项目	(1)钢筋宜采用无延伸功能的机械设备进行调直,也可采用冷拉方法调直。当采用冷拉方法调直时,HPB235、HPB300 光圆钢筋的冷拉率不宜大于 4%;HRB335、HRB400、HRB500、HRBF335、HRBF400、HRBF500 及 RRB400 带肋钢筋的冷拉率不宜大于 1%。 检查数量:每工作班按同一类型钢筋、同一加工设备抽查不应少于 3 件。 检验方法:观察,钢尺检查。 (2)钢筋加工的形状、尺寸应符合设计要求,其偏差应符合表 3-6 的规定。 检查数量:按每工作班同一类型钢筋、同一加工设备抽查不应少于 3 件。 检验方法:钢尺检查

表 3-5　盘卷钢筋和直条钢筋调直后的断后伸长率、重量负偏差要求

钢筋牌号	断后伸长率 A(%)	重量负偏差(%)		
		直径 6～12 mm	直径 14～20 mm	直径 22～50 mm
HPB235、HPB300	≥21	≤10	—	—
HRB335、HBRF335	≥16	≤8	≤6	≤5
HRB400、HBRF400	≥15			
RRB400	≥13			
HRB500、HBRF500	≥14			

注:1. 断后伸长率 A 的量测标距为 5 倍钢筋公称直径;

2. 重量负偏差(%)按公式$(W_0-W_d)/W_0\times100$计算,其中 W_0 为钢筋理论重量(kg/m),W_d 为调直后钢筋的实际重量(kg/m);

3. 对直径为 28～40 mm 的带肋钢筋,表中断后伸长率可降低 1%;对直径大于 40 mm 的带肋钢筋,表中断后伸长率可降低 2%。

表 3-6　钢筋加工尺寸的允许偏差　(单位:mm)

项　目	允许偏差
受力钢筋顺长度方向全长的净尺寸	±10
弯起钢筋的弯折位置	±20
箍筋内净尺寸	±5

3. 应注意的质量问题

(1)钢筋生锈。钢筋表面出现黄浮锈,最为严重的是发生鱼鳞片剥落现象,引起这一质量问题的关键跟保管环境有很大关系,如保管不良,受到雨、雪侵蚀;存放期过长;仓库环境潮湿,通风不良。所以钢筋应存放在仓库或料棚内,保持地面干燥;钢筋直接堆置在地面上,必须用混凝土墩、砖或垫木垫起,使离地面 200 mm 以上;库存期限不得过长,原则上先进库的先使用。工地临时保管多筋原料时,应选择地势较高、地面干燥的露天场地,根据天气情况加盖雨布，场地四周要有排水措施，堆放期尽量缩短。

(2)钢筋切断问题。多筋剪断时不够准或剪出的端头不平，是常发生的质量问题。防止这一质量问题其实很简单，只需拧紧定尺卡板的紧固螺栓，并调整固定刀片与冲切刀片间的水平间隙，对冲切刀片做往复水平动作的剪断机，其间隙以 0.5～1 mm 为宜。再根据钢筋所在部位和剪断误差情况，确定是否可用或返工。

(3)钢筋加工精确度的问题。钢筋长度和弯曲角度有时不符合图样要求。造成这类质量问题的原因是多方面的，其中下料不准确；画线方法不对或误差大；用手工弯曲时，扳距选择不当；角度控制没有采取保证措施等是关键所在。

加强钢筋配料管理工作，根据本单位设备情况和传统操作经验，预先确定各种形状钢筋下料长度调整值，配料时考虑周到；为了画线简单和操作可靠，要根据实际成型条件(弯曲类型和相应的下料调整值、弯曲处曲率半径、扳距等)，制定一套画线方法以及操作时搭扳子的位置规定备用。一般情况可采用以下画线方法：画弯曲钢筋分段尺寸时，将不同角度的下料长度调整值在弯曲操作方向相反侧长度内扣除，画上分段尺寸线；形状对称的钢筋，画线要从钢筋的中心点开始，向两边分画。

为了保证弯曲角度符合图样要求，在设备和工具不能自行达到准确角度的情况下，可在成型案上画出角度准线或采取钉扒钉做标志的措施。

对于形状比较复杂的钢筋，如进行大批成型，最好先放出实样，并根据具体条件预先选择合适的操作参数(画线、扳距等)，以作为示范。

当成型钢筋各部分误差超过质量标准允许值时，应根据钢筋受力特征分别处理。如其所处位置对结构性能没有不良影响，应尽量用在工程上；如弯起钢筋弯起点位置略有偏差或弯曲角度稍有不准，应经过技术鉴定确定是否可用。但对结构性能有重大影响的，或钢筋无法安装的(如钢筋长度或高度超出模板尺寸)，则必须返工；返工时如需重新将弯折处直开，则仅限于 HPB235 级钢筋返工一次，并应在弯折处仔细检查表面状况(如是否变形过大或出现裂纹等)。

(4)钢筋混料。原材料存放时仓库应设专人验收入库钢筋；库内划分不同钢筋堆放区域，每堆钢筋应立标志或挂牌，表示其品种、等级、直径、技术证明编号及整批数量等；验收时要核对钢筋螺纹外形和涂色标志，如钢厂未按规定做，要对照技术证明单内容重新鉴定，钢筋直径不易分清的，要用卡尺检查。

发现混料情况后，应立即检查并进行清理，重新分类堆放；如果翻垛工作量大，不易清理，应将该堆钢筋做出记号，以备发料时提醒注意；已发出去的混料钢筋应立即追查，并采取防止事故的措施。

第二节　钢筋连接技术

一、焊接连接

1. 各种焊接方法的适用范围

钢筋焊接方法的适用范围见表 3-7。钢筋焊接质量检验，应符合行业标准《钢筋焊接及验收规程》(JGJ 18—2012)和《钢筋焊接接头试验方法标准》(JGJ/T 27—2001)的规定。

表 3-7　钢筋焊接方法分类及适用范围

焊接方法	接头形式	适用范围	
		钢筋牌号	钢筋直径(mm)
电阻点焊	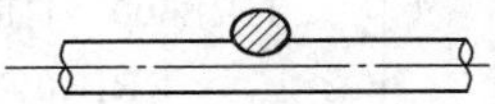	HPB300 HRB335　HRBF335 HRB400　HRBF400 HRB500　HRBF500 CRB550 CDW550	6～16 6～16 6～16 6～16 4～12 3～8
闪光对焊		HPB300 HRB335　HRBF335 HRB400　HRBF400 HRB500　HRBF500 RRB400W	8～22 8～40 8～40 8～40 8～32
箍筋闪光对焊	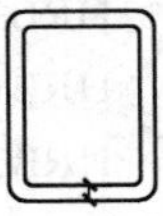	HPB300 HRB335　HRBF335 HRB400　HRBF400 HRB500　HRBF500 RRB400W	6～18 6～18 6～18 6～18 8～18
电弧焊　帮条焊　双面焊	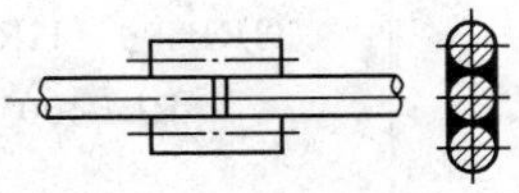	HPB300 HRB335　HRBF335 HRB400　HRBF400 HRB500　HRBF500 RRB400W	10～22 10～40 10～40 10～32 10～25
电弧焊　帮条焊　单面焊	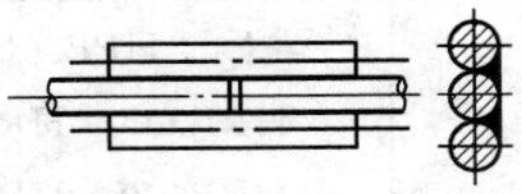	HPB300 HRB335　HRBF335 HRB400　HRBF400 HRB500　HRBF500 RRB400W	10～22 10～40 10～40 10～32 10～25

续上表

焊接方法			接头形式	适用范围	
				钢筋牌号	钢筋直径(mm)
电弧焊	搭接焊	双面焊		HPB300 HRB335 HRBF335 HRB400 HRBF400 HRB500 HRBF500 RRB400W	10～22 10～40 10～40 10～32 10～25
电弧焊	搭接焊	单面焊		HPB300 HRB335 HRBF335 HRB400 HRBF400 HRB500 HRBF500 RRB400W	10～22 10～40 10～40 10～32 10～25
电弧焊	熔槽帮条焊			HPB300 HRB335 HRBF335 HRB400 HRBF400 HRB500 HRBF500 RRB400W	20～22 20～40 20～40 20～32 20～25
电弧焊	坡口焊	平焊		HPB300 HRB335 HRBF335 HRB400 HRBF400 HRB500 HRBF500 RRB400W	18～22 18～40 18～40 18～32 18～25
电弧焊	坡口焊	立焊		HPB300 HRB335 HRBF335 HRB400 HRBF400 HRB500 HRBF500 RRB400W	18～22 18～40 18～40 18～32 18～25
电弧焊	钢筋与钢板搭接焊			HPB300 HRB335 HRBF335 HRB400 HRBF400 HRB500 HRBF500 RRB400W	8～22 8～40 8～40 8～32 8～25
电弧焊	窄间隙焊			HPB300 HRB335 HRBF335 HRB400 HRBF400 HRB500 HRBF500 RRB400W	16～22 16～40 16～40 18～32 18～25

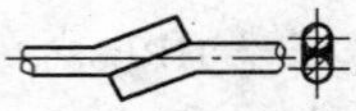

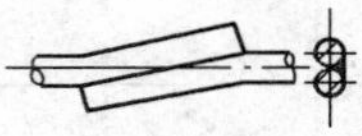

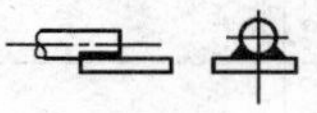

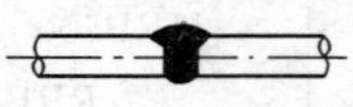

续上表

焊接方法		接头形式	适用范围	
			钢筋牌号	钢筋直径(mm)
预埋件钢筋	角焊		HPB300 HRB335 HRBF335 HRB400 HRBF400 HRB500 HRBF500 RRB400W	6～22 6～25 6～25 10～20 10～20
	穿孔塞焊		HPB300 HRB335 HRBF335 HRB400 HRBF400 HRB500 RRB400W	20～22 20～32 20～32 20～28 20～28
	埋弧压力焊 埋弧螺柱焊		HPB300 HRB335 HRBF335 HRB400 HRBF400	6～22 6～28 6～28
电渣压力焊			HPB300 HRB335 HRB400 HRB500	12～22 12～32 12～32 12～32
气压焊	固态 熔态		HPB300 HRB335 HRB400 HRB500	12～22 12～40 12～40 12～32

注:1. 电阻点焊时,适用范围的钢筋直径指两根不同直径钢筋交叉叠接中较小钢筋的直径。

2. 电弧焊含焊条电弧焊和 CO_2 气体保护电弧焊两种工艺方法。

3. 在生产中,对于有较高要求的抗震结构用钢筋,在牌号后加 E,焊接工艺可按同级别热轧钢筋施焊;焊条应采用低氢型碱性焊条。

4. 生产中,如果有 HPB235 钢筋需要进行焊接时,可按 HPB300 钢筋的焊接工艺参数,以及接头质量检验与验收的有关规定施焊。

2. 钢筋电弧焊接

(1)焊条选用。焊条选用应符合设计要求,若设计未作规定,可参考表 3-8 选用。重要结构中钢筋的焊接,应采用低氢型碱性焊条,并应按说明书的要求进行烘焙后使用。

(2)钢筋二氧化碳气体保护电弧焊时,应根据焊机性能、焊接接头形状、焊接位置等条件,确定焊接电流、极性、电弧电压(弧长)、焊接速度、焊丝伸出长度(干伸长)、焊枪角度、焊接位置和焊丝直径。

表 3-8 钢筋电弧焊所采用焊条、焊丝推荐表

钢筋牌号	电弧焊接头形式			
	帮条焊 搭接焊	坡口焊 熔槽帮条焊 预埋件穿孔塞焊	窄间隙焊	钢筋与钢板搭接焊 预埋件 T 形角焊
HPB300	E4303 ER50-X	E4303 ER50-X	E4316 E4315 ER50-X	E4303 ER50-X
HRB335 HRBF335	E5003 E4303 E5016 E5015 ER50-X	E5003 E5016 E5015 ER50-X	E5016 E5015 ER50-X	E5003 E4303 E5016 E5015 ER50-X
HRB400 HRBF400	E5003 E5516 E5515 ER50-X	E5503 E5516 E5515 ER55-X	E5516 E5515 ER55-X	E5003 E5516 E5515 ER50-X
HRB500 HRBF500	E5503 E6003 E6016 E6015 ER55-X	E6003 E6016 E6015	E6016 E6015	E5503 E6003 E6016 E6015 ER55-X
RRB400W	E5003 E5516 E5515 ER50-X	E5503 E5516 E5515 ER55-X	E5516 E5515 ER55-X	E5003 E5516 E5515 ER50-X

(3)焊接接头形式。钢筋电弧焊的接头形式包括搭接焊、帮条焊、熔槽帮条焊、坡口焊及窄间隙焊 5 种接头形式。

1)搭接焊。搭接焊时,宜采用双面焊,如图 3-13(a)所示。当不能进行双面焊时,可采用单面焊,如图 3-13(b)所示。搭接长度 l 应与帮条长度相同见表 3-9。

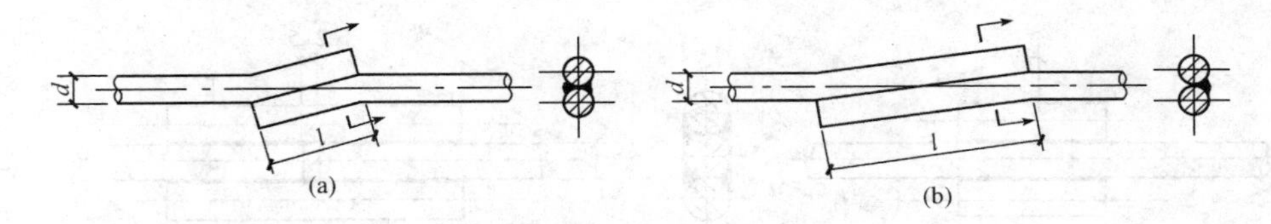

图 3-13 钢筋搭接焊接头

d—钢筋直径；l—搭接长度

表 3-9 钢筋帮条(搭接)长度

钢筋级别	焊缝形式	帮条长度 l
HPB300	单面焊	$\geqslant 8d$
	双面焊	$\geqslant 4d$
HRB335、HRBF335 HRB400、HRBF400 HRB500、HRBF500、RRB400W	单面焊	$\geqslant 10d$
	双面焊	$\geqslant 5d$

钢筋搭接接头的焊缝厚度 S 应不小于 $0.3d$(主筋直径)；焊缝宽度 b 不小于 $0.7d$(主筋直径)，如图 3-14 所示。焊接前，钢筋宜预弯，以保证两钢筋的轴线在一条直线上，使接头受力性能良好。

钢筋与钢板搭焊时，接头形式如图 3-15 所示。HPB300 级钢筋的接头长度 l 不小于 4 倍钢筋直径，其他牌号钢筋的搭接长度 l 不小于 5 倍钢筋直径，焊缝宽度 b 不小于 $0.6d$ (d 为钢筋直径)，焊缝有效厚度 S 不小于 $0.35d$ (d 为钢筋直径)。

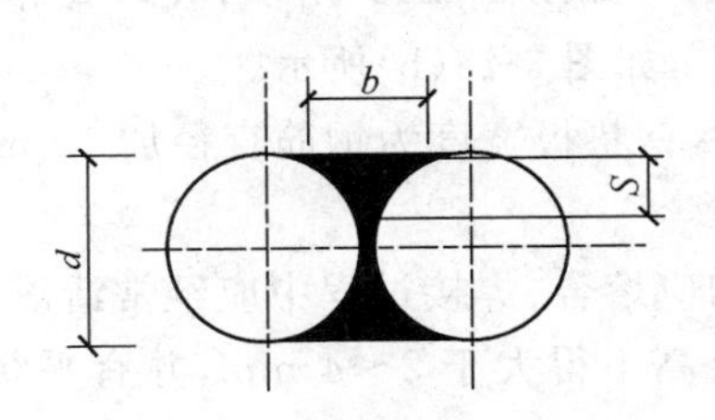

图 3-14 焊缝尺寸示意

b—焊缝宽度；S—焊缝有效厚度；d—钢筋直径

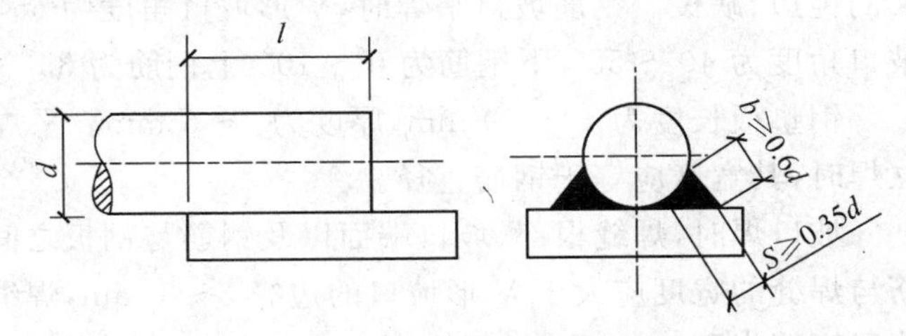

图 3-15 钢筋与钢板搭接接头

d—钢筋直径；l—搭接长度；b—焊缝宽度；S—焊缝有效厚度

2)帮条焊。帮条焊适用于直径为 10～40 mm 的 HPB235 级、HRB335 级、HRB400 级钢筋。

帮条焊宜采用双面焊，如图 3-16(a)所示。如条件所限，不能进行双面焊时，也可采用单面焊，如图 3-16(b)所示。帮条长度应符合表 3-9 的规定。

帮条宜采用与主筋同级别、同直径的钢筋制作，其帮条长度为 l。如帮条直径与主筋相同时，帮条钢筋的级别可比主筋低一个级别；当帮条级别与主筋相同时，帮条直径可比主筋小一个规格。

钢筋帮条焊接接头的焊缝厚度及宽度要求同搭接焊。帮条焊时，两主筋端面的间隙应为 2～5 mm；帮条与主筋之间应用四点定位焊固定，定位焊缝与帮条端部的距离应大于或等于 20 mm。

3)熔槽帮条焊。钢筋熔槽帮条焊接头适用于直径 $d \geqslant 20$ mm 钢筋的现场安装焊接。焊接时，应加角钢作垫板模。钢筋熔槽帮条焊接头形式如图 3-17 所示。

角钢边长宜为 40～70 mm，长度宜为 80～100 mm。钢筋端头加工平整，两钢筋端面的间隙应为 10～16 mm。

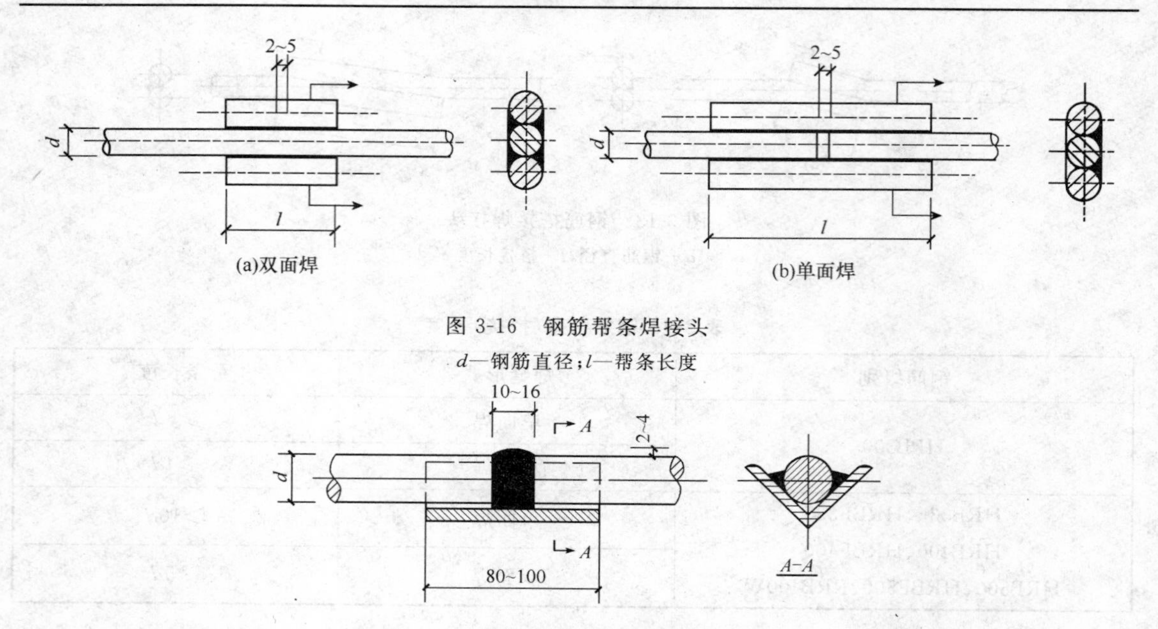

图 3-16　钢筋帮条焊接头

d—钢筋直径；l—帮条长度

图 3-17　熔槽帮条焊接头(单位：mm)

从接缝处垫板引弧后应连续施焊，并应使钢筋端部熔合。在焊接过程中应停焊清渣。焊平后，再进行焊缝余高焊接，其高度应为 2～4 mm。钢筋与角钢垫板之间，应加焊侧面焊缝 1～3 层，焊缝应饱满，表面应平整。

4)坡口焊。适用于装配式框架结构安装时的柱间节点或梁与柱的节点焊接。

钢筋坡口焊时坡口面应平顺。凹凸不平度不得超过 1.5 mm，切口边缘不得有裂纹和较大的钝边、缺棱。钢筋坡口平焊时，V 形坡口角度为 55°～65°，如图 3-18(a)所示；坡口立焊时，坡口角度为 40°～55°，下钢筋为 0°～10°，上钢筋为 35°～45°，如图 3-18(b)所示。

钢垫板长度为 40～60 mm，厚度为 4～6 mm。平焊时，钢垫板宽度为钢筋直径加 10 mm；立焊时，其宽度应等于钢筋直径。

坡口焊时，焊缝根部、坡口端面以及钢筋与钢板之间均应熔合；焊接过程中应经常清渣；钢筋与焊缝的宽度应大于 V 形坡口的边缘 2～3 mm，焊缝余高不得大于 2～4 mm，并宜平缓过渡至钢筋表面。

5)窄间隙焊。窄间隙焊具有焊前准备简单、焊接操作难度较小、焊接质量好、生产率高、焊接成本低、受力性能好的特点。适用于直径 16 mm 及以上钢筋的现场水平连接。钢筋窄间隙焊接头如图 3-19 所示，其成型过程如图 3-20 所示。

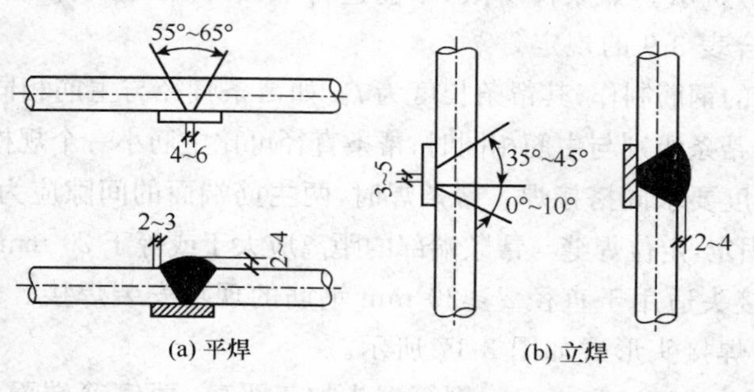

图 3-18　钢筋坡口焊接头(单位：mm)

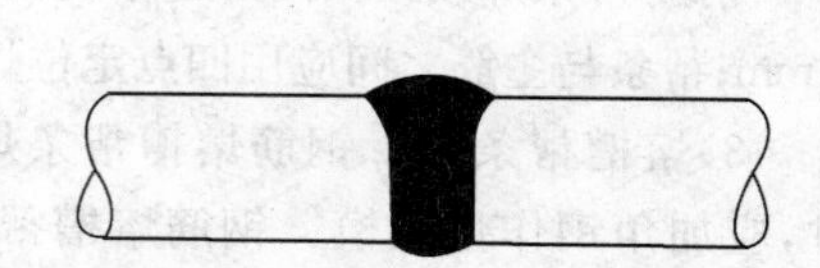

图 3-19　钢筋窄间隙焊接头

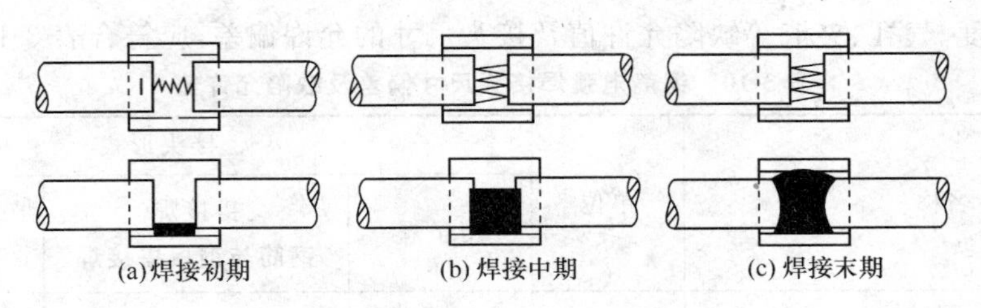

图 3-20　钢筋窄间隙焊接头成型过程

窄间隙焊接时，钢筋应置于钢模中，并留出一定间隙，用焊条连续焊接，熔化金属端使熔敷金属填充间隙，形成接头。从焊缝根部引弧后应连续进行焊接，左、右来回运弧，在钢筋端面处电弧应少许停留，并使熔合，当焊至端面间隙的 4/5 高度后，焊缝应逐渐扩宽；焊缝余高不得大于 2～4 mm 且应平缓过渡至钢筋表面。

(4)预埋件钢筋电弧焊。预埋件钢筋电弧焊 T 形接头分为角焊和穿孔塞焊，如图 3-21 所示。当采用 HPB300 钢筋时，角焊缝焊脚尺寸(K)不得小于钢筋直径的 50%；采用其他牌号钢筋时，焊脚尺寸(K)不得小于钢筋直径的 60%；施焊中，不得使钢筋咬边和烧伤。

(5)钢筋与钢板搭接焊时，焊接接头如图 3-22 所示，并符合下列规定：

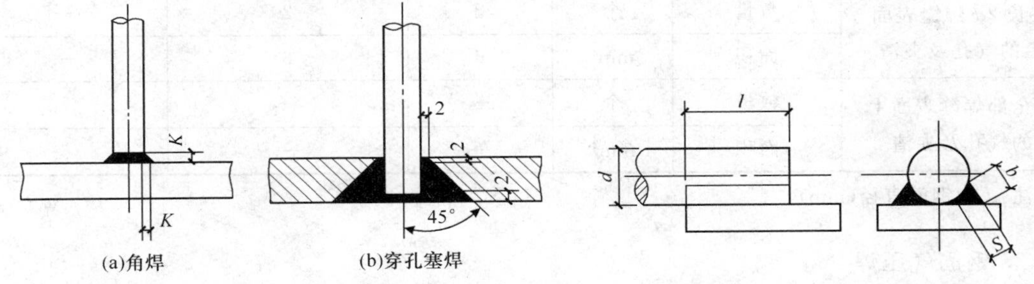

图 3-21　预埋件钢筋电弧焊 T 形接头(单位：mm)

图 3-22　钢筋与钢板搭接焊接头(单位：mm)

d—钢筋直径；l—搭接长度；

b—焊缝宽度；S—焊缝有效厚度

1)HPB300 钢筋的搭接长度(l)不得小于 4 倍钢筋直径，其他牌号钢筋搭接长度(l)不得小于 5 倍钢筋直径；

2)焊缝宽度不得小于钢筋直径的 60%，焊缝有效厚度不得小于钢筋直径的 35%。

(6)钢筋电弧焊质量控制。

1)电弧焊接头的质量检验。电弧焊接头的质量检验，应分批进行外观质量检查和力学性能检验，在现浇混凝土结构中，应以 300 个同牌号钢筋、同形式接头作为一批；在房屋结构中，应在不超过连续二楼层中 300 个同牌号钢筋、同形式接头作为一批；每批随机切取 3 个接头，做拉伸试验；在装配式结构中，可按生产条件制作模拟试件，每批 3 个，做拉伸试验；钢筋与钢板搭接焊接头可只进行外观质量检查。

注：在同一批中若有 3 种不同直径的钢筋焊接接头，应在最大直径钢筋接头和最小直径钢筋接头中分别切取 3 个试件进行拉伸试验。钢筋电渣压力焊接头、钢筋气压焊接头取样均同。

2)电弧焊接头外观质量检查结果，应符合下列规定：

①焊缝表面应平整，不得有凹陷或焊瘤；

②焊接接头区域不得有肉眼可见的裂纹；

③焊缝余高应为 2～4 mm；

④咬边深度、气孔、夹渣等缺陷允许值及接头尺寸的允许偏差,应符合表 3-10 的规定。

表 3-10　钢筋电弧焊接头尺寸偏差及缺陷允许值

名称		单位	接头形式		
			帮条焊	搭接焊 钢筋与钢板搭接焊	坡口焊　窄间隙焊 熔槽帮条焊
帮条沿接头中心线的纵向偏移		mm	0.3d	—	—
接头处弯折角度		(°)	2	2	2
接头处钢筋轴线的偏移		mm	0.1d	0.1d	0.1d
			1	1	1
焊缝宽度		mm	+0.1d	+0.1d	—
焊缝长度		mm	−0.3d	−0.3d	—
咬边深度		mm	0.5	0.5	0.5
在长 2d 焊缝表面上的气孔及夹渣	数量	个	2	2	—
	面积	mm^2	6	6	—
在全部焊缝表面上的气孔及夹渣	数量	个	—	—	2
	面积	mm^2	—	—	6

注:d 为钢筋直径(mm)。

3. 钢筋气压焊

(1)施工准备。

1)施工前应对现场有关人员和操作工人进行钢筋气压焊的技术培训。培训的重点是焊接原理、工艺参数的选用、操作方法、接头检验方法、不合格接头产生的原因和防治措施等。对磨削、装卸等辅助作业工人,亦需了解有关规定和要求。焊工必须经考核并发给合格证后方准进行操作。

2)在正式焊接前,对所有需做焊接的钢筋应按《混凝土结构工程施工质量验收规范》(2011 版)(GB 50204—2002)(2011 版)有关规定截取试件进行试验。试件应切取 6 根,3 根做弯曲试验,3 根做拉伸试验,并按试验合格所确定的工艺参数进行施焊。

3)竖向压接钢筋时,应先搭好脚手架。

4)对钢筋气压焊设备和安全技术措施进行仔细检查,以确保正常使用。

(2)气压焊设备。

1)供气装置,应包括氧气瓶、溶解乙炔气瓶或液化石油气瓶、减压器及胶管等;溶解乙炔气瓶或液化石油气瓶出口处应安装干式回火防止器。

2)焊接夹具应能夹紧钢筋,当钢筋承受最大的轴向压力时,钢筋与夹头之间不得产生相对滑移;应便于钢筋的安装定位,并在施焊过程中保持刚度;动夹头应与定夹头同心,并且当不同直径钢筋焊接时,亦应保持同心;动夹头的位移应大于或等于现场最大直径钢筋焊接时所需要的压缩长度。

3)采用半自动钢筋固态气压焊或半自动钢筋熔态气压焊时,应增加电动加压装置、带有加压控制开关的多嘴环管加热器，采用固态气压焊时，宜增加带有陶瓷切割片的钢筋常温直角切断机。

4)当采用氧液化石油气火焰进行加热焊接时，应配备梅花状喷嘴的多嘴环管加热器。

(3)固态气压焊。

1)焊前钢筋端面应切平、打磨，使其露出金属光泽，钢筋安装夹牢，预压顶紧后，两钢筋端面局部间隙不得大于 3 mm。

2)气压焊加热开始至钢筋端面密合前，应采用碳化焰集中加热；钢筋端面密合后可采用中性焰宽幅加热；钢筋端面合适加热温度应为 1 150℃～1 250℃；钢筋镦粗区表面的加热温度应稍高于该温度，并随钢筋直径增大而适当提高。

3)气压焊顶压时，对钢筋施加的顶压力应为 30～40 MPa。

4)三次加压法的工艺过程应包括：预压、密合和成型 3 个阶段，如图 3-23 所示。

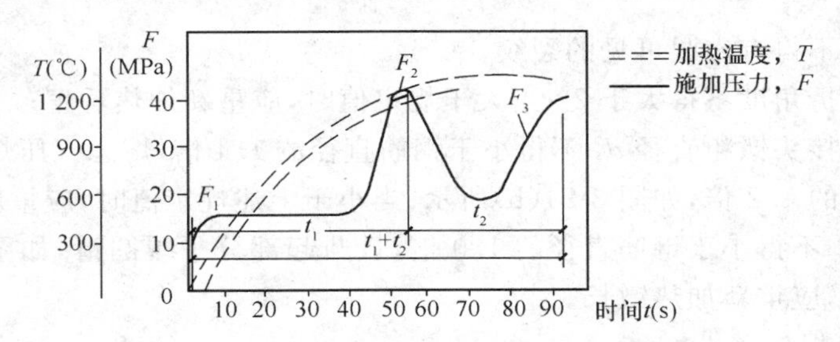

图 3-23 ϕ25 钢筋三次加压法焊接工艺过程图示

t_1—碳化焰对准钢筋接缝处集中加热时间；F_1——次加压，预压；

t_2—中性焰往复宽幅加热时间；F_2—二次加压、接缝密合；

t_+t_2—根据钢筋直径和火焰热功率而定；F_3—三次加压、镦粗成型

5)当采用半自动钢筋固态气压焊时，应使用钢筋常温直角切断机断料，两钢筋端面间隙应控制在 1～2 mm，钢筋端面应平滑，可直接焊接。

(4)熔态气压焊。

1)安装时，两钢筋端面之间应预留 3～5 mm 间隙。

2)当采用氧液化石油气熔态气压焊时，应调整好火焰，适当增大氧气用量；

3)气压焊开始时，应首先使用中性焰加热，待钢筋端头至熔化状态，附着物随熔滴流走，端部呈凸状时，应加压，挤出熔化金属，并密合牢固。

4)在加热过程中，当在钢筋端面缝隙完全密合之前发生灭火中断现象时，应将钢筋取下重新打磨、安装，然后点燃火焰进行焊接。当灭火中断发生在钢筋端面缝隙完全密合之后，可继续加热加压。

5)在焊接生产中，焊工应自检，当发现焊接缺陷时，应查找原因，并采取措施，及时消除。

(5)钢筋气压焊质量控制。

1)气压焊接头的质量检验，应分批进行外观质量检查和力学性能检验，并应符合下列规定：

①在现浇钢筋混凝土结构中，应以 300 个同牌号钢筋接头作为一批；在房屋结构中，应在不超过连续二楼层中 300 个同牌号钢筋接头作为一批；当不足 300 个接头时，仍应作为一批；

②在柱、墙的竖向钢筋连接中，应从每批接头中随机切取 3 个接头做拉伸试验；在梁、板的水平钢筋连接中，应另切取 3 个接头做弯曲试验；

③在同一批中,异径钢筋气压焊接头可只做拉伸试验。

2)钢筋气压焊接头外观质量检查结果,应符合下列规定:

①接头处的轴线偏移 e 不得大于钢筋直径的 1/10,且不得大于 1 mm,如图 3-24(a)所示;当不同直径钢筋焊接时,应按较小钢筋直径计算;当大于上述规定值,但在钢筋直径的 3/10 以下时,可加热矫正;当大于 3/10 时,应切除重焊;

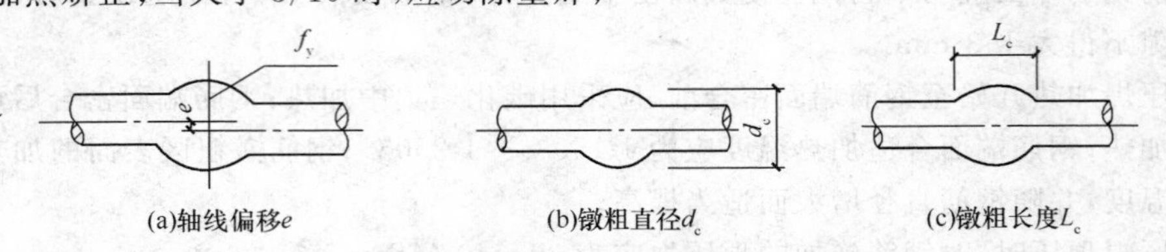

图 3-24 钢筋气压焊接头外观质量
f_y—压焊面

②接头处表面不得有肉眼可见的裂纹;

③接头处的弯折角度不得大于 2°;当大于规定值时,应重新加热矫正;

④固态气压焊接头镦粗直径 d_c 不得小于钢筋直径的 1.4 倍,熔态气压焊接头镦粗直径 d_c 不得小于钢筋直径的 1.2 倍,如图 3-24(b)所示;当小于上述规定值时,应重新加热镦粗;

⑤镦粗长度 L_c 不得小于钢筋直径的 1.0 倍,且凸起部分平缓圆滑,如图 3-24(c)所示;当小于上述规定值时,应重新加热镦长。

4. 钢筋电阻点焊

点焊时,将已除锈污的钢筋交叉点放入点焊机的两电极间,使钢筋通电发热至一定温度后,加压使焊点金属焊牢。焊点应有一定的压入深度,对于热轧钢筋,压入深度为较小钢丝直径的 18%~25%。

采用点焊代替绑扎可提高工效,节约劳动力,成品刚性好,便于运输。钢筋点焊参数主要有通电时间、电流强度、电极压力及焊点压入深度等,应根据钢筋级别、直径及焊机性能合理选择。表 3-11 和表 3-12 为采用 *DN*3—75 型点焊机焊接热轧 HPB235 钢筋、CDW 钢丝时的通电时间和电极压力。

表 3-11 采用 *DN*3—75 型点焊机焊接通电时间 (单位:s)

变压器级数	较小钢筋直径(mm)						
	4	5	6	8	10	12	14
1	1.10	0.12	—	—	—	—	—
2	0.08	0.7	—	—	—	—	—
3	—	—	0.22	0.70	1.50	—	—
4	—	—	0.20	0.60	1.25	2.50	4.00
5	—	—	—	0.50	1.00	2.00	3.50
6	—	—	—	0.40	0.75	1.50	3.00
7	—	—	—	—	0.50	1.20	2.50

注:点焊 HRB335、HRBF335、HRB400、HRBF400、HRB500 或 CRB550 级钢筋时,通电时间延长 20%~25%。

表 3-12　采用 *DN*3—75 型点焊机电极压力　(单位:N)

较小钢筋直径(mm)	HPB300	HRB335、HRBF335 HRB400、HRBF400 HRB500、HRBF500 CRB550、CDW550
4	980～1 470	1 470～1 960
5	1 470～1 960	1 960～2 450
6	1 960～2 450	2 450～2 940
8	2 450～2 940	2 940～3 430
10	2 940～3 920	3 430～3 920
12	3 430～4 410	4 410～4 900
14	3 920～4 900	4 900～5 880

点焊时,部分电流会通过已焊好的各点而形成闭合电路,这样将使通过焊点的电流减小,这种现象叫做电流的分流现象。分流会使焊点强度降低。分流大小随通路的增加而增加,随焊点距离的增加而减小。个别情况下分流可达焊点电流的 40%以上。为消除这种有害影响,施焊时应合理考虑施焊顺序或适当延长通电时间或增大电流。在焊接钢筋交叉角小于 30°的钢筋网或骨架时,也需增大电流或延长时间。

焊点应做外观检查和强度试验。合格的焊点应无脱落、漏焊、气孔、裂纹、空洞及明显烧伤,焊点处应挤出饱满而均匀的熔化金属,压入深度符合要求。热轧钢筋焊点应做抗剪试验;冷拔低碳钢丝焊点除做抗剪试验外,还应对钢丝做抗拉试验。强度指标应符合《钢筋焊接及验收规程》(JGJ 18—2012)的规定。

采用点焊的焊接骨架和焊接网片的焊点应符合设计要求。设计未作规定时,可按下列要求进行焊接。

(1)当焊接两根不同直径的钢筋,其较小钢筋的直径小于或等于 10 mm 时,大小钢筋直径之比不宜大于 3;若较小钢筋的直径为 12～16 mm 时,大小钢筋直径之比不宜大于 2。焊接钢筋网直径不得小于较大钢筋直径的 60%。

(2)骨架长度的允许偏差为±10 mm。焊接骨架宽度、高度允许偏差为±5 mm。受力钢筋的间距取±15 mm,排距取±5 mm。

5. 预埋件钢筋埋弧压力焊

(1)预埋件钢筋埋弧压力焊设备。

1)当钢筋直径为 6 mm 时,可选用 500 型弧焊变压器作为焊接电源;当钢筋直径为 8 mm 及以上时,应选用 1000 型弧焊变压器作为焊接电源。

2)焊接机构应操作方便、灵活;宜装有高频引弧装置;焊接地线宜采取对称接地法,以减少电弧偏移(图 3-25);操作台面上应装有电压表和电流表。

3)控制系统应灵敏、准确,并应配备时间显示装置或时间继电器,以控制焊接通电时间。

(2)埋弧压力焊工艺。

1)钢板应放平,并应与铜板电极接触紧密。

2)将锚固钢筋夹于夹钳内,应夹牢;并应放好挡圈,注满焊剂。

3)接通高频引弧装置和焊接电源后,应立即将钢筋上提,引燃电弧,使电弧稳定燃烧,再渐渐下送。

4)顶压时,用力应适度,如图 3-26 所示。

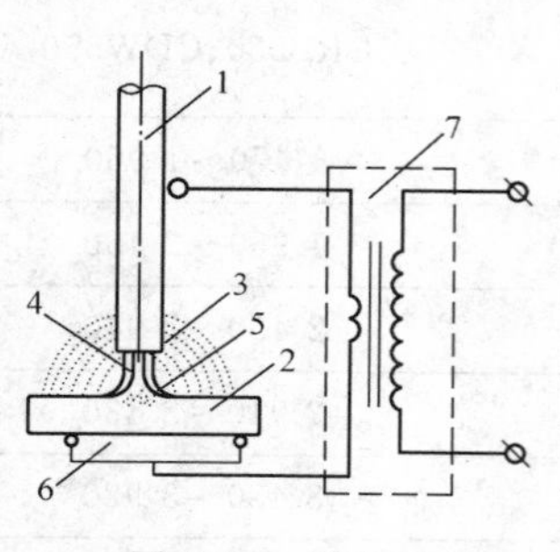

图 3-25 对称接地

1—钢筋;2—钢板;3—焊剂;4—电焊;5—熔池;6—铜板电极;7—焊接变压器

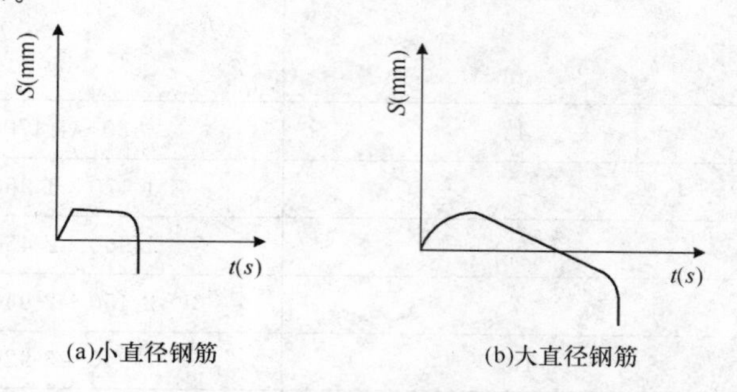

图 3-26 预埋件钢筋埋弧压力焊上钢筋位移

S—钢筋位移;t—焊接时间

5)敲去渣壳,四周焊包凸出钢筋表面的高度,当钢筋直径为 18 mm 及以下时,不得小于 3 mm,当钢筋直径为 20 mm 及以上时,不得小于 4 mm。

(3)埋弧压力焊的焊接参数应包括引弧提升高度、电弧电压、焊接电流和焊接通电时间。

(4)在埋弧压力焊生产中,引弧、燃弧(钢筋维持原位或缓慢下送)和顶压等环节应紧密配合;焊接地线应与铜板电极接触紧密,并应及时消除电极钳口的铁锈和污物,修理电极钳口的形状。

(5)在埋弧压力焊生产中,焊工应自检,当发现焊接缺陷时,应查找原因,并采取措施,及时消除。

6. 钢筋闪光对焊

(1)钢筋闪光对焊工艺。

根据所用对焊机功率大小及钢筋品种、直径不同,闪光对焊分为连续闪光焊、预热闪光焊、闪光—预热闪光焊等不同工艺。钢筋直径较小时,在表 3-13 规定的范围,可采用连续闪光焊;钢筋直径较大,超过表 3-13 的规定,端面较平整时,宜采用预热闪光焊;直径较大,超过表 3-13 的规定,且端面不够平整时,宜采用闪光—预热闪光焊,RRB400 级钢筋必须采用预热闪光焊或闪光—预热闪光焊,对 RRB400 级钢筋中焊接性较差的钢筋还应采取焊后通电热处理的方法以改善接头焊接质量。

1)连续闪光焊。采用连续闪光焊时,先闭合电源,然后使两根钢筋端面轻微接触,形成闪光。闪光一旦开始,应徐徐移动钢筋,形成连续闪光过程。待钢筋烧化到规定的长度后,以适当的压力迅速进行顶锻,使两根钢筋焊牢。连续闪光对焊工艺过程如图 3-27(a)所示。连续闪光焊所能焊接的最大钢筋直径,应随着焊机容量的降低和钢筋级别的提高而减小,并符合表 3-13的规定。

表 3-13 连续闪光焊钢筋上限直径

焊机容量(kV·A)	钢筋牌号	钢筋直径(mm)
160 (150)	HPB300	22
	HRB335、HRBF335	22
	HRB400、HRBF400	20

续上表

焊机容量(kV·A)	钢筋牌号	钢筋直径(mm)
100	HPB300 HRB335、HRBF335 HRB400、HRBF400	20 20 18
80 (75)	HPB300 HRB335、HRBF335 HRB400、HRBF400	16 14 12

2)预热闪光焊。预热闪光焊是在连续闪光焊前增加一次预热过程,以达到均匀加热的目的。采用这种焊接工艺时,先闭合电源,然后使两钢筋端面交替地接触和分开,这时钢筋端面的间隙中即发出断续的闪光,而形成预热过程。当钢筋烧化到规定的预热留量后,随即进行连续闪光和顶锻,使钢筋焊牢。预热闪光焊工艺过程如图3-27(b)所示。

3)闪光—预热闪光焊。闪光—预热闪光焊是在预热闪光焊前加一次闪光过程,目的是使不平整的钢筋端面烧化平整,使预热均匀。这种焊接工艺的焊接过程是首先连续闪光,使钢筋端部闪平,然后断续闪光,进行预热,接着连续闪光,最后进行顶锻,以完成整个焊接过程。闪光—预热—闪光焊工艺过程如图3-27(c)所示。

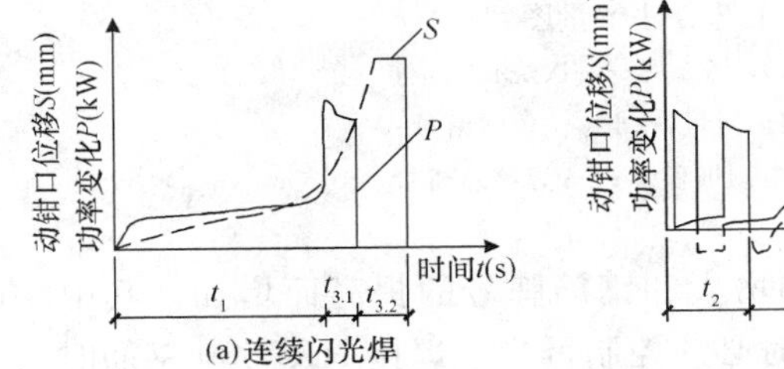

(a)连续闪光焊

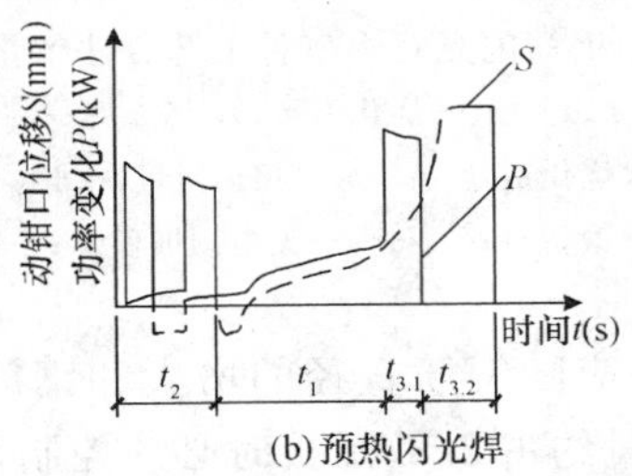

(b)预热闪光焊

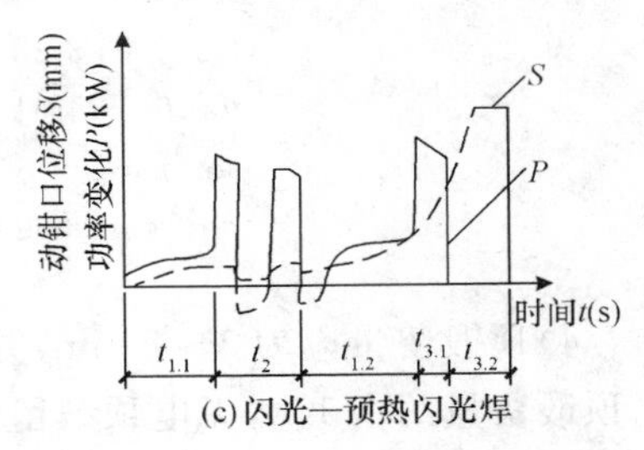

(c)闪光—预热闪光焊

图3-27　钢筋闪光对焊工艺过程

S—动钳口位移;P—功率变化;t—时间;t_1—烧化时间;$t_{1.1}$——次烧化时间;$t_{1.2}$—二次烧化时间;
t_2—预热时间;$t_{3.1}$—有电顶锻时间;$t_{3.2}$—无电顶锻时间

(2)施焊中,焊工应熟练掌握各项留量参数,如图3-28所示,以确保焊接质量。

(3)闪光对焊时,应按下列规定选择调伸长度、烧化留量、顶锻留量以及变压器级数等焊接参数。

1)调伸长度的选择,应随着钢筋牌号的提高和钢筋直径的加大而增长,主要是减缓接头的温度梯度,防止热影响区产生淬硬组织;当焊接HRB400、HRBF400等牌号钢筋时,调伸长度宜在40～60 mm内选用。

2)烧化留量的选择,应根据焊接工艺方法确定。当连续闪光焊时,闪光过程应较长;烧化留量应等于两根钢筋在断料时切断机刀口严重压伤部分(包括端面的不平整度),再加8～10 mm;当闪光一预热闪光焊时,应区分一次烧化留量和二次烧化留量。一次烧化留量不应小于10 mm,二次烧化留量不应小于6 mm。

3)需要预热时,宜采用电阻预热法。预热留量应为1～2 mm,预热次数应为1～4次;每次预热时间应为1.5～2s,间歇时间应为3～4 s。

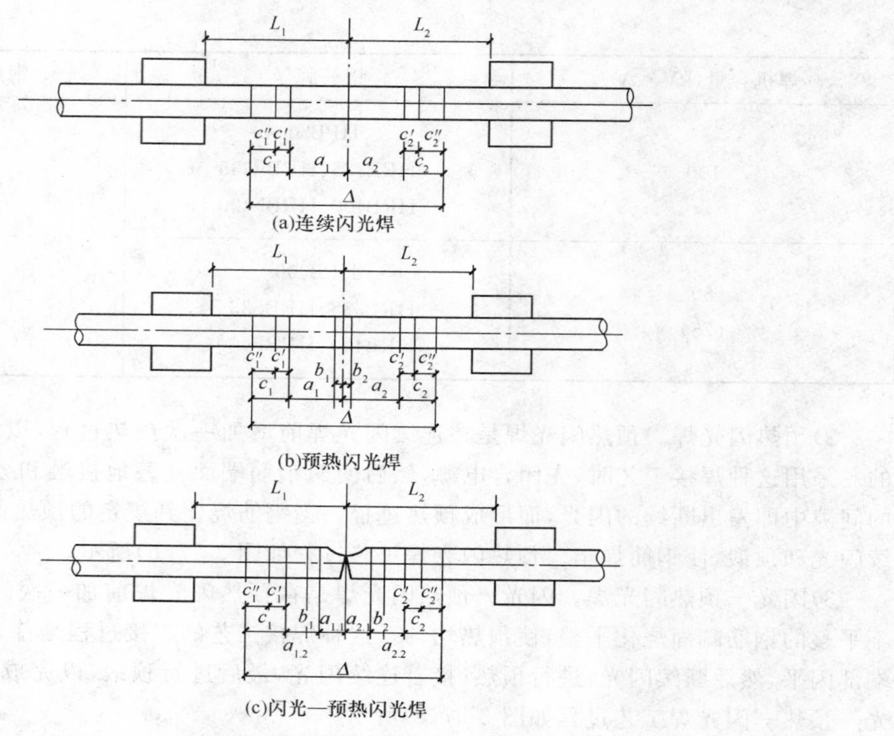

(a)连续闪光焊

(b)预热闪光焊

(c)闪光—预热闪光焊

图 3-28 钢筋闪光对焊三种工艺方法留量图解

L_1、L_2—调伸长度；a_1+a_2—烧化留量；$a_{1.1}+a_{2.1}$——次烧化留量；

$a_{1.2}+a_{2.2}$—二次烧化留量；b_1+b_2—预热留量；c_1+c_2—顶锻留量；

$c'_1+c'_2$—有电顶锻留量；$c''_1+c''_2$—无电顶锻留量；Δ—焊接总留量

4)顶锻留量应为 3～7 mm，并应随钢筋直径的增大和钢筋牌号的提高而增加。其中，有电顶锻留量约占 1/3，无电顶锻留量约占 2/3，焊接时必须控制得当。焊接 HRB500 钢筋时，顶锻留量宜稍微增大，以确保焊接质量。

(4)当 HRBF335 钢筋、HRBF400 钢筋、HRBF500 钢筋或 RRB400W 钢筋进行闪光对焊时，与热轧钢筋比较，应减小调伸长度，提高焊接变压器级数，缩短加热时间，快速顶锻，形成快热快冷条件，使热影响区长度控制在钢筋直径的 60%范围之内。

(5)变压器级数应根据钢筋牌号、直径、焊机容量以及焊接工艺方法等具体情况选择。

(6)HRB500、HRBF500 钢筋焊接时，应采用预热闪光焊或闪光—预热闪光焊工艺。当接头拉伸试验结果，发生脆性断裂或弯曲试验不能达到规定要求时，尚应在焊机上进行焊后热处理。

(7)在闪光对焊生产中，当出现异常现象或焊接缺陷时，应查找原因，采取措施，及时消除。

(8)焊后热处理可按下列程序进行：

1)待接头冷却至常温，将电极钳口调至最大间距，重新夹紧；

2)应采用最低的变压器级数，进行脉冲式通电加热；每次脉冲循环，应包括通电时间和间歇时间，约为 3 s；

3)焊后热处理温度应在 750℃～850℃之间，随后在环境温度下自然冷却。

(9)钢筋闪光对焊的操作要领是预热要充分、顶锻前瞬间闪光要强烈和顶锻快而有力。

(10)焊接质量检查。

1)闪光对焊接头的质量检验,应分批进行外观质量检查和力学性能检验,并应符合下列规定:

①在同一台班内,由同一个焊工完成的300个同牌号、同直径钢筋焊接接头应作为一批。当同一台班内焊接的接头数量较少,可在一周之内累计计算;累计仍不足300个接头时,应按一批计算;

②力学性能检验时,应从每批接头中随机切取6个接头,其中3个做拉伸试验,3个做弯曲试验;

③异径钢筋接头可只做拉伸试验。

2)闪光对焊接头外观质量检查结果,应符合下列规定:

①对焊接头表面应呈圆滑、带毛刺状,不得有肉眼可见的裂纹;

②与电极接触处的钢筋表面不得有明显烧伤;

③接头处的弯折角度不得大于2°;

④接头处的轴线偏移不得大于钢筋直径的1/10,且不得大于1 mm。

7. 电渣压力焊

(1)焊接参数及操作要求。电渣压力焊主要焊接参数包括焊接电流、焊接电压和焊接通电时间。

采用HJ431焊剂时,应符合表3-14的规定。采用专用焊剂或自动电渣压力焊机,应根据焊剂或焊机的使用说明书中的推荐数据,通过实验确定。

表3-14　电渣压力焊焊接参数

钢筋直径(mm)	焊接电流(A)	焊接电压(V)		焊接通电时间(s)	
		电弧过程 $U_{2.1}$	电渣过程 $U_{2.2}$	电弧过程 t_1	电渣过程 t_2
12	280～320	35～45	18～22	12	2
14	300～350			13	4
16	300～350			15	5
18	300～350			16	6
20	350～400			18	7
22	350～400			20	8
25	350～400			22	9
28	400～450			25	10
32	450～500			30	11

施工时,钢筋焊接的端头要直,端面要平,以免影响接头的成型。焊接前须将上下钢筋端面及钢筋与电极块接触部位的铁锈、污物清除干净。焊剂使用前,须经250℃左右烘焙2 h,以免发生气孔和夹渣。钢丝圈用12/14号钢丝弯成,钢丝上的锈迹应全部清除干净,有镀锌层的钢丝应先经火烧后再清除干净。上下钢筋夹好后,应保持钢丝圈的高度(即两钢筋端部的距离)为5～10 mm。上下钢筋要对正夹紧,焊接过程中严禁扳动钢筋,以保证钢筋自由向下,正常落下。下钢筋与焊剂桶斜底板间的缝隙,必须用石棉布等填塞好,以防焊剂泄漏,破坏渣池。为了引弧和保持电渣过程稳定,要求电源电压保持在380 V以上,二次空载电压达到80 V左

右。正式施焊前，应先做试焊，确定焊接参数后才能进行焊接施工。钢筋种类、规格变换或焊机维修后，均需进行焊接前试验。负温焊接时(气温在－5℃左右)，应根据钢筋直径的不同，延长焊接通电时间 1～3 s，适当增大焊接电流；搭设挡风设施和延时打掉渣壳，雪天不施焊等。

(2)横向焊接钢筋装卡。

1)将卡具的下卡钳顶螺纹松开 2 圈。卸掉端盖，取下下卡钳，然后插入横焊卡具的立管内，拧紧侧面顶螺纹。

2)将被焊的横向钢筋分别夹紧在横焊工装左、右夹头内，铜模两端钢筋包用一层石棉布防漏，使钢筋两端位置在铜模中间，并预留间隙。被焊横向钢筋直径 25 mm 的预留间隙为 8 mm；直径 28 mm 的预留间隙为 14 mm；直径 32 mm 的预留间隙为 25 mm(可用附件标尺测量)，如图 3-29 所示。

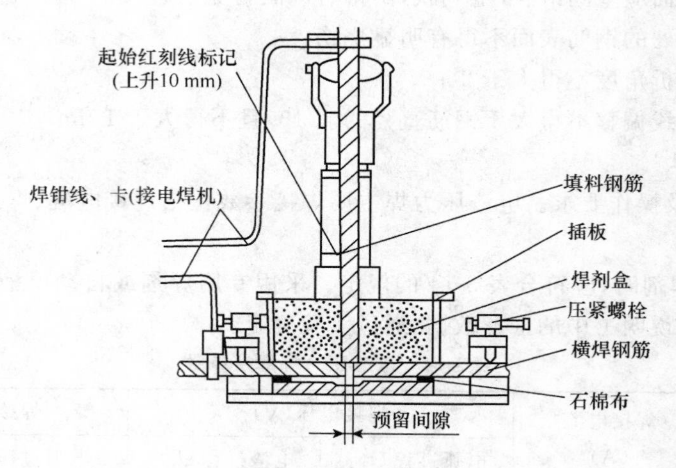

图 3-29 横焊接线示意

3)按压手控盒上的上升按钮，将卡具上卡钳上升至红线起始位置后再上升 15 mm(用附件标尺测量)，夹紧同样材料、直径的填料钢筋(直径可近似横向钢筋)，并使填料钢筋端面紧压在横焊钢筋上，确保上下钢筋可靠接触。

(3)装填焊剂。

1)固定焊剂盒，塞紧石棉布防止焊剂外漏。

2)用焊剂收集铲将焊剂均匀地装入焊剂盒，并用铁片(附件标尺)捣紧钢筋周围的焊剂。

(4)钢筋焊接。

1)将两把焊钳分别卡在上下钢筋或竖一横钢筋上。

2)把手控盒插在卡具控制盒插座内。

3)确认准备无误后，按压手控制盒上的启动按钮，焊接过程即自动进行，竖向焊接完成后自动停机，横向焊接完成后，卡具自动提升至上限位置，用手按压应急按钮停机。横焊结束后应松开一端顶螺纹，以减少收缩应力。

4)停机后，拔下控制盒，拿下焊钳，即可与另一卡具连机使用。

(5)卡具拆卸。停机后保温 3 min(横向焊接保温 5 min)，打开焊接盒回收焊剂。冬期施工应适当延长保温时间。按卡具装卡的相反顺序拆下卡具。

(6)焊接中注意要点。

1)钢筋焊接的端头应直，端面宜平。

2)上下钢筋要对准，焊接过程中不能晃动钢筋。

3)焊接设备外壳要接地，焊接人员要穿绝缘鞋和戴绝缘手套。

4)正式焊前应进行试焊，并将试件进行试拉合格后才可正式施工。

5)焊完后应回收焊药、清除焊渣。

6)低温焊接时，通电时间应适应增加 1～3 s，增大电流量，要有挡风设施，雨雪天不能焊，停歇时间要长些，拆除卡具后焊壳应稍迟一些敲掉，让接头有一段保温时间。

7)应组织专业小组，焊接人员要培训，施工中要配专业电工。

(7)焊接接头外观质量检查。四周焊包凸出钢筋表面的高度，当钢筋直径为 25 mm 及以下时，不得小于 4 mm；当钢筋直径为 28 mm 及以上时，不得小于 6 mm；钢筋与电极接触处，应无烧伤缺陷；接头处的弯折角度不得大于 2°；接头处的轴线偏移不得大于 1 mm。

8. 焊接接头无损检测技术

(1)超声波检测法。钢筋是一种带肋棒状材料。钢筋气压焊接头的缺陷一般呈平面状存在于压焊面上，而且探伤工作只能在施工现场进行。因此，采用脉冲波双探头反射法在钢筋纵肋上进行探查是切实可行的。

1)检测原理。当发射探头对接头射入超声波时，不完全接合部分对入射波进行反射，此反射波又被接收探头接收；由于接头抗拉强度与反射波强弱有很好的相关关系，故可以利用反射波的强弱来推断接头的抗拉强度，从而确保接头是否合格。

2)检测方法。使用气压焊专用简易探伤仪的检测步骤如下。

①纵筋的处理。用砂布或磨光机把接头镦粗两侧 100～150 mm 范围内的纵向肋清理干净，涂上耦合剂。

②测超声波最大的透过值。将两个探头分别置于镦粗同侧的两条纵肋上，反复移动探头，找到超声波最大透过量的位置，然后调整探伤仪衰减器旋钮，直至在超声波最大透过量时，显示屏幕上的竖条数为 5 条为止。同材质同直径的钢筋，每测 20 个接头或每隔 1 h 要重复一次这项操作。不同材质或不同直径的钢筋也要重做这项操作。

③检测操作如图 3-30 所示，将发射探头和接收探头的振子都朝向接头接合面。把发射探头依次置于钢筋同一肋的以下三个位置上：接近镦粗处；距接合面 1.4d 处；距接合面 2d 处。发射探头在每一个位置，都要用接收探头在另一条肋上从接近镦粗处到距接合面 2d 处之间来回走查。检查应在两条肋上各进行一次。合格判定。在整个 K 形走查过程中，若始终没有在探伤仪的显示屏上稳定地出现 3 条或 3 条以上的竖线，即判定合格。具有两条肋上检查都合格时，才能认为该接头合格。

如果显示屏上稳定地出现 3 条或 3 条以上竖线时，探伤仪即发出“嘟嘟”的报警声，则判定为不合格。这时可打开探伤仪声程值按钮，读出声程值，根据声程值确定缺陷所在的部位。

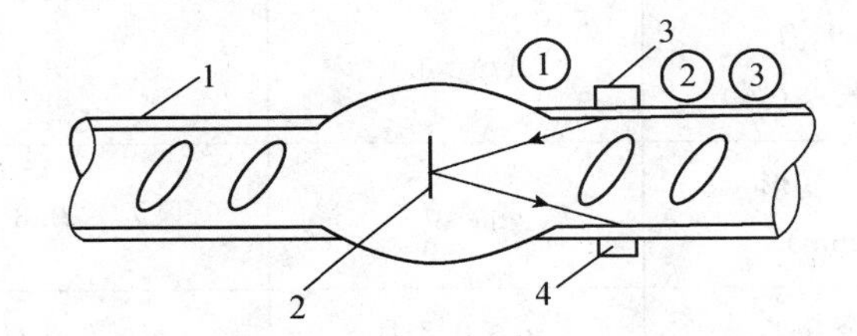

图 3-30　沿纵肋两探头 K 形走查法

1—钢筋纵肋；2—不完全接合部；3—发射探头；4—接收探头

(2)无损张拉检测。钢筋接头无损张拉检测技术主要用于施工现场钢筋接长的普查。它具有快速、无损、轻便、直观、可靠和经济的优点，适用于各种焊接接头，如电渣压力焊、气压焊、闪光对焊、电弧焊和搭接焊的接头等以及多种机械连接接头，如锥形螺纹接头和套管挤压接头等。

二、钢筋机械连接

1. 接头的设计原则和性能等级

(1)接头的设计应满足强度及变形性能的要求。

(2)接头连接件的屈服承载力和受拉承载力的标准值不应小于被连接钢筋的屈服承载力和受拉承载力标准值的 1.10 倍。

(3)接头应根据其性能等级和应用场合，对单向拉伸性能、高应力反复拉压、大变形反复拉压、抗疲劳等各项性能确定相应的检验项目。

(4)接头应根据抗拉强度、残余变形以及高应力和大变形条件下反复拉压性能的差异，分为下列三个性能等级。

1)Ⅰ级。接头抗拉强度等于被连接钢筋的实际拉断强度或不小于 1.10 倍钢筋抗拉强度标准值，残余变形小并具有高延性及反复拉压性能。

2)Ⅱ级。接头抗拉强度不小于被连接钢筋抗拉强度标准值，残余变形较小并具有高延性及反复拉压性能。

3)Ⅲ级。接头抗拉强度不小于被连接钢筋屈服强度标准值的 1.25 倍，残余变形较小并具有一定的延性及反复拉压性能。

(5)Ⅰ级、Ⅱ级、Ⅲ级接头的抗拉强度必须符合表 3-15 的规定。

表 3-15　接头的抗拉强度

接头等级	Ⅰ级	Ⅱ级	Ⅲ级
抗拉强度	$f_{mst}^{0} \geqslant f_{stk}$，断于钢筋 或 $f_{mst}^{0} \geqslant 1.10 f_{stk}$，断于接头	$f_{mst}^{0} \geqslant f_{stk}$	$f_{mst}^{0} \geqslant 1.25 f_{yk}$

(6)Ⅰ级、Ⅱ级、Ⅲ级接头应能经受规定的高应力和大变形反复拉压循环，且在经历拉压循环后，其抗拉强度仍应符合表 3-15 的规定。

(7)Ⅰ级、Ⅱ级、Ⅲ级接头的变形性能应符合表 3-16 的规定。

表 3-16　接头的变形性能

接头等级		Ⅰ级	Ⅱ级	Ⅲ级
单向拉伸	残余变形 (mm)	$u_0 \leqslant 0.10(d \leqslant 32)$ $u_0 \leqslant 0.14(d > 32)$	$u_0 \leqslant 0.14(d \leqslant 32)$ $u_0 \leqslant 0.16(d > 32)$	$u_0 \leqslant 0.14(d \leqslant 32)$ $u_0 \leqslant 0.16(d > 32)$
单向拉伸	最大力 总伸长率(%)	$A_{sgt} \geqslant 6.0$	$A_{sgt} \geqslant 6.0$	$A_{sgt} \geqslant 3.0$
高应力 反复拉压	残余变形 (mm)	$u_{20} \leqslant 0.3$	$u_{20} \leqslant 0.3$	$u_{20} \leqslant 0.3$
大变形 反复拉压	残余变形 (mm)	$u_4 \leqslant 0.3$ 且 $u_8 \leqslant 0.6$	$u_4 \leqslant 0.3$ 且 $u_8 \leqslant 0.6$	$u_4 \leqslant 0.6$

注：当频遇荷载组合下，构件中钢筋应力明显高于 $0.6 f_{yk}$ 时，设计部门可对单向拉伸残余变形 u_0 的加载峰值得出调整要求。

(8)对直接承受动力荷载的结构构件，设计应根据钢筋应力变化幅度提出接头的抗疲劳性能要求。当设计无专门要求时，接头的疲劳应力幅限值不应小于表3-17中数值的80%。

表3-17　普通钢筋疲劳应力幅限值　(单位:N/mm^2)

疲劳应力比值 ρ_s^f	疲劳应力幅限值 Δf_y^f	
	HRB335	HRB400
0	175	175
0.1	162	162
0.2	154	156
0.3	144	149
0.4	131	137
0.5	115	123
0.6	97	106
0.7	77	85
0.8	54	60
0.9	28	31

注:当纵向受拉钢筋采用闪光接触对焊连接时，其接头处的钢筋疲劳应力幅限值应按表中数值乘以0.8取用。

2. 接头的加工

(1)在施工现场加工钢筋接头时，应符合下列规定:

1)加工钢筋接头的操作工人应经专业技术人员培训合格后才能上岗，人员应相对稳定;

2)钢筋接头的加工应经工艺检验合格后方可进行。

(2)直螺纹接头的现场加工应符合下列规定:

1)钢筋端部应切平或镦平后加工螺纹;

2)镦粗头不得有与钢筋轴线相垂直的横向裂纹;

3)钢筋丝头长度应满足企业标准中产品设计要求，公差应为0～2.0p(p为螺距);

4)钢筋丝头宜满足6f级精度要求，应用专用直螺纹量规检验，通规能顺利旋入并达到要求的拧入长度，止规旋入不得超过3p。抽检数量10%，检验合格率不应小于95%。

(3)锥螺纹接头的现场加工应符合下列规定:

1)钢筋端部不得有影响螺纹加工的局部弯曲;

2)钢筋丝头长度应满足设计要求，使拧紧后的钢筋丝头不得相互接触，丝头加工长度公差应为$-0.5p$～$-1.5p$;

3)钢筋丝头的锥度和螺距应使用专用锥螺纹量规检验;抽检数量10%，检验合格率不应小于95%。

3. 接头的安装

(1)直螺纹钢筋接头的安装质量应符合下列要求:

1)安装接头时可用管钳扳手拧紧，应使钢筋丝头在套筒中央位置相互顶紧。标准型接头安装后的外露螺纹不宜超过2p;

2)安装后应用扭力扳手校核拧紧扭矩，拧紧扭矩值应符合表3-18的规定；

表3-18　直螺纹接头安装时的最小拧紧扭矩值

钢筋直径(mm)	≤16	18～20	22～25	28～32	36～40
拧紧扭矩(N·m)	100	200	260	320	360

3)校核用扭力扳手的准确度级别可选用10级。

(2)锥螺纹钢筋接头的安装质量应符合下列要求：

1)接头安装时应严格保证钢筋与连接套的规格相一致；

2)接头安装时应用扭力扳手拧紧，拧紧扭矩值应符合表3-19的要求；

表3-19　锥螺纹接头安装时的最小拧紧扭矩值

钢筋直径(mm)	≤16	18～20	22～25	28～32	36～40
拧紧扭矩(N·m)	100	180	240	300	360

3)校核用扭力扳手与安装用扭力扳手应区分使用，校核用扭力扳手应每年校核1次，准确度级别应选用5级。

(3)套筒挤压钢筋接头的安装质量应符合下列要求：

1)钢筋端部不得有局部弯曲，不得有严重锈蚀和附着物；

2)钢筋端部应有检查插入套筒深度的明显标记，钢筋端头离套筒长度中点不宜超过10 mm；

3)挤压应从套筒中央开始，依次向两端挤压，压痕直径的波动范围应控制在供应商认定的允许波动范围内，并提供专用量规进行检验；

4)挤压后的套筒不得有肉眼可见裂纹。

4. 接头的要求

(1)结构设计图纸中应列出设计选用的钢筋接头等级和应用部位。接头等级的选定应符合下列规定。

1)混凝土结构中要求充分发挥钢筋强度或对延性要求高的部位应优先选用Ⅱ级接头。当在同一连接区段内必须实施100%钢筋接头的连接时，应采用Ⅰ级接头。

2)混凝土结构中钢筋应力较高但对延性要求不高的部位可采用Ⅲ级接头。

(2)钢筋连接件的混凝土保护层厚度宜符合现行国家标准《混凝土结构设计规范》(GB 50010—2010)中受力钢筋的混凝土保护层最小厚度的规定，且不得小于15 mm。连接件之间的横向净距不宜小于25 mm。

(3)结构构件中纵向受力钢筋的接头宜相互错开。钢筋机械连接的连接区段长度应按35d计算。在同一连接区段内有接头的受力钢筋截面面积占受力钢筋总截面面积的百分率(以下简称接头百分率)，应符合下列规定。

1)接头宜设置在结构构件受拉钢筋应力较小部位，当需要在高应力部位设置接头时，在同一连接区段内Ⅲ级接头的接头百分率不应大于25%，Ⅱ级接头的接头百分率不应大于50%。Ⅰ级接头的接头百分率除下述2)条所列情况外可不受限制。

2)接头宜避开有抗震设防要求的框架的梁端、柱端箍筋加密区；当无法避开时，应采用Ⅱ级接头或Ⅰ级接头，且接头百分率不应大于50%。

3)受拉钢筋应力较小部位或纵向受压钢筋，接头百分率可不受限制。

4)对直接承受动力荷载的结构构件,接头百分率不应大于50%。

(4)当对具有钢筋接头的构件进行试验并取得可靠数据时,接头的应用范围可根据工程实际情况进行调整。

5. 施工现场接头的检验与验收

(1)工程中应用钢筋机械接头时,应由该技术提供单位提交有效的型式检验报告。

(2)钢筋连接工程开始前,应对不同钢筋生产厂的进场钢筋进行接头工艺检验;施工过程中,更换钢筋生产厂时,应补充进行工艺检验。工艺检验应符合下列规定:

1)每种规格钢筋的接头试件不应少于3根;

2)每根试件的抗拉强度和3根接头试件的残余变形的平均值均应符合表3-16和表3-17的规定;

3)接头试件在测量残余变形后可再进行抗拉强度试验,并宜按相关规定的单向拉伸加载制度进行试验;

4)第一次工艺检验中1根试件抗拉强度或3根试件的残余变形平均值不合格时,允许再抽3根试件进行复检,复检仍不合格时判为工艺检验不合格。

(3)接头安装前应检查连接件产品合格证及套筒表面生产批号标识;产品合格证应包括适用钢筋直径和接头性能等级、套筒类型、生产单位、生产日期以及可追溯产品原材料力学性能和加工质量的生产批号。

(4)现场检验应按规定进行接头的抗拉强度试验,加工和安装质量检验;对接头有特殊要求的结构,应在设计图纸中另行注明相应的检验项目。

(5)接头的现场检验应按验收批进行。同一施工条件下采用同一批材料的同等级、同型式、同规格接头,应以500个为一个验收批进行检验与验收,不足500个也应作为一个验收批。

(6)螺纹接头安装后应按上述(5)的验收批,抽取其中10%的接头进行拧紧扭矩校核,拧紧扭矩值不合格数超过被校核接头数的5%时,应重新拧紧全部接头,直到合格为止。

(7)对接头的每一验收批,必须在工程结构中随机截取3个接头试件作抗拉强度试验,按设计要求的接头等级进行评定。当3个接头试件的抗拉强度均符合表3-16中相应等级的强度要求时,该验收批应评为合格。如有1个试件的抗拉强度不符合要求,应再取6个试件进行复检。复检中如仍有1个试件的抗拉强度不符合要求,则该验收批应评为不合格。

(8)现场检验连续10个验收批抽样试件抗拉强度试验一次合格率为100%时,验收批接头数量可扩大1倍。

(9)现场截取抽样试件后,原接头位置的钢筋可采用同等规格的钢筋进行搭接连接,或采用焊接及机械连接方法补接。

(10)对抽检不合格的接头验收批,应由建设方会同设计等有关方面研究后提出处理方案。

6. 接头的型式检验

(1)在下列情况应进行型式检验:

1)确定接头性能等级时;

2)型式检验报告超过4年时。

(2)用于形式检验的钢筋应符合有关钢筋标准的规定。

(3)对每种型式、级别、规格、材料、工艺的钢筋机械连接接头,型式检验试件不应少于9个:单向拉伸试件不应少于3个,高应力反复拉压试件不应少于3个,大变形反复拉压试件不应少于3个。同时应另取3根钢筋试件作抗拉强度试验。全部试件均应在同一根钢筋上截取。

(4)用于型式检验的直螺纹或锥螺纹接头试件应散件送达检验单位，由型式检验单位或在其监督下由接头技术提供单位按表 3-18 或表 3-19 规定的拧紧扭矩进行装配，拧紧扭矩值应记录在检验报告中，型式检验试件必须采用未经过预拉的试件。

(5)型式检验的试验方法。

1)型式检验试件的仪表布置和变形测量标距。

①单向拉伸和反复拉压试验时的变形测量仪表应在钢筋两侧对称布置(图 3-31)，取钢筋两侧仪表读数的平均值计算残余变形值。

②变形测量标距：

$$L_1 = L + 4d$$

式中 L_1——变形测量标距；

L——机械接头长度；

d——钢筋公称直径。

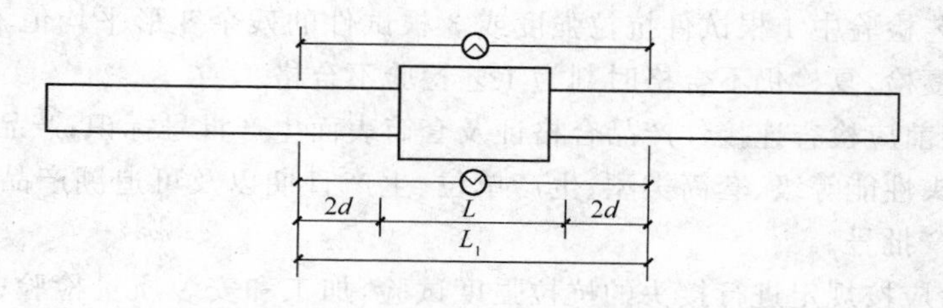

图 3-31 接头试件变形测量标距和仪表布置

2)型式检验试件最大力总伸长率 A_{sgt} 的测量方法应符合下列要求：

①试件加载前，应在其套筒两侧的钢筋表面(图 3-32)分别用细划线 A、B 和 C、D 标出测量标距为 L_{01} 的标记线，L_{01} 不应小于 100 mm，标距长度应用最小刻度值不大于 0.1 mm 的量具测量。

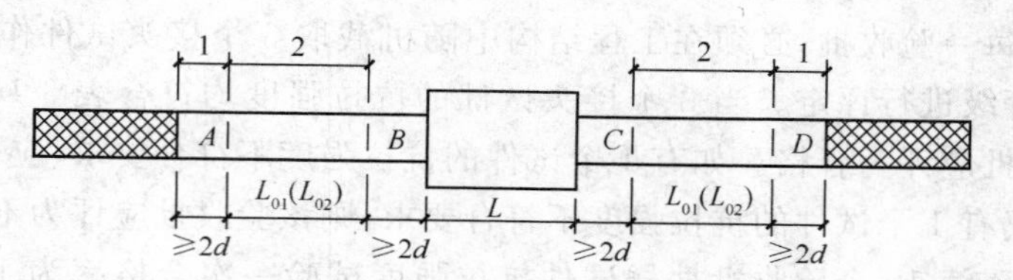

图 3-32 总伸长率 A_{sgt} 的测点布置

1—夹持区；2—测量区

②试件应按表 3-20 单向拉伸加载制度加载并卸载，再次测量 A、B 和 C、D 间标距长度为 L_{02}，并应按下式计算试件最大力总伸长率 A_{sgt}：

$$A_{sgt} = \left[\frac{L_{02} - L_{01}}{L_{01}} + \frac{f_{mst}^{O}}{E}\right] \times 100$$

式中 f_{mst}^{O}、E——分别是试件达到最大力时的钢筋应力和钢筋理论弹性模量；

L_{01}——加载前 A、B 或 C、D 间的实测长度；

L_{02}——卸载后 A、B 或 C、D 间的实测长度。

应用上式计算时，当试件颈缩发生在套筒一侧的钢筋母材时，L_{01} 和 L_{02} 应取另一侧标记间加载前和卸载后的长度。当破坏发生在接头长度范围内时，L_{01} 和 L_{02} 应取套筒两侧各自读数的平均值。

表 3-20 接头试件型式检验的加载制度

试验项目		加载制度
单向拉伸		0→0.6f_{yk}→0(测量残余变形)→最大拉力(记录抗拉强度)→0(测定最大力总伸长率)
高应力反复拉压		0→(0.9f_{yk}→−0.5f_{yk})→破坏(反复 20 次)
大变形反复拉压	Ⅰ级 Ⅱ级	0→(2ε_{yk}→−0.5f_{yk})→(5ε_{yk}→−0.5f_{yk})→破坏 (反复 4 次) (反复 4 次)
	Ⅲ级	0→(2ε_{yk}→−0.5f_{yk})→破坏 (反复 4 次)

3)接头试件型式检验应按表 3-33 和图 3-34 和图 3-35 所示的加载制度进行试验。

4)测量接头试件的残余变形时加载时的应力速率宜采用 2 N/mm² · s⁻¹,最高不超过 10 N/mm² · s⁻¹;测量接头试件的最大力总伸长率或抗拉强度时,试验机夹头的分离速率宜采用 0.05 L_c/min,L_c 为试验机夹头间的距离。

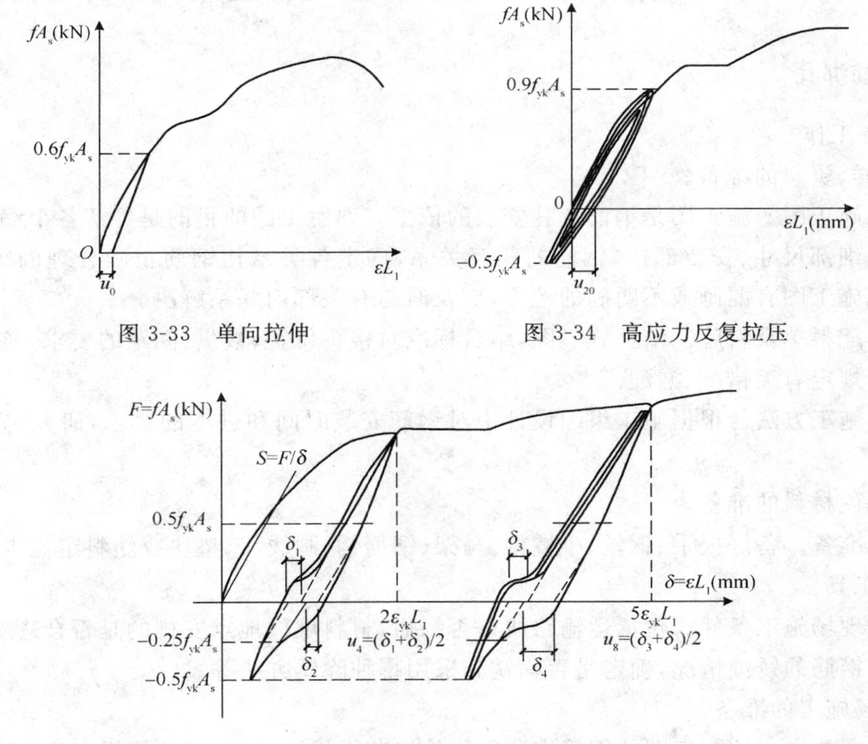

图 3-33 单向拉伸

图 3-34 高应力反复拉压

图 3-35 大变形反复拉压

注:1. S 线表示钢筋的拉、压刚度;F 为钢筋所受的力,等于钢筋应力 f 与钢筋理论横截面面积 A_s 的乘积;δ 为力作用下的钢筋变形,等于钢筋应变 ε 与变形测量标距 L_1 的乘积;A_s 为钢筋理论横截面面积(mm²);L_1 为变形测量标距(mm)。

2. δ_1 为 $2\varepsilon_{yk}L_1$ 反复加载四次后,在加载力为 $0.5f_{yk}A_s$ 及反向卸载力为 $-0.25f_{yk}A_s$ 处作 S 的平行线与横坐标交点之间的距离所代表的变形值。

3. δ_2 为 $2\varepsilon_{yk}L_1$ 反复加载四次后,在卸载力为 $0.5f_{yk}A_s$ 及反向加载力为 $-0.25f_{yk}A_s$ 处作 S 的平行线与横坐标交点之间的距离所代表的变形值。

4. δ_3、δ_4 为在 $5\varepsilon_{yk}L_1$ 反复加载四次后,按与 δ_1、δ_2 相同方法所得的变形值。

(6)接头试件现场抽检试验方法。

1)现场工艺检验接头残余变形的仪表布置、测量标距和加载速度应符合《钢筋机械连接技术规程》(JGJ 107—2010)的要求。现场工艺检验中,按《钢筋机械连接技术规程》(JGJ 107—2010)中加载制度进行接头残余变形检验时,可采用不大于 $0.012A_s f_{yk}$ 的拉力作为名义上的零荷载。

2)施工现场随机抽检接头试件的抗拉强度试验应采用零到破坏的一次加载制度。

(7)当试验结果符合下列规定时评为合格。

1)强度检验。每个接头试件的强度实测值均应符合表4-17中相应接头等级的强度要求;

2)变形检验。对残余变形和最大力总伸长率,3个试件实测值的平均值应符合本规程表3-17的规定。

(8)型式检验应由国家、省部级主管部门认可的检测机构进行,并应按《钢筋机械连接技术规程》(JGJ 107—2010)中附录B的格式出具检验报告和评定结论。

第三节 钢筋绑扎及安装

一、钢筋绑扎

1. 准备工作

(1)图样、资料的准备。

1)熟悉施工图。施工图是钢筋绑扎安装的依据。熟悉工图的目的是弄清各个编号的钢筋形状、标高、细部尺寸、安装部位,钢筋的相互关系,确定各类结构钢筋正确合理的绑扎顺序。同时若发现施工图有漏画或不明确的地方,应及时与有关部门联系解决。

2)核对配料单及料牌。依据施工图,结合标准对接头位置、数量、间距的要求,核对配料单及料牌单的规定有无错配、漏配。

3)确定施工方法。根据施工组织设计中对钢筋安装时间和进度的要求,研究确定相应的施工方法。

(2)工具、材料的准备。

1)工具准备。备好扳手、钢丝、小撬棍、马架、钢筋钩、画线尺、垫块或塑料定位卡、撑铁(骨架)等常用工具。

2)了解现场施工条件。包括运输路线是否畅通,材料堆放地点安排的是否合理等。

3)检查钢筋的锈蚀情况,确定是否除锈和采用哪种除锈方法等。

(3)现场施工的准备。

1)施工图放样。按施工图的钢筋安装部位绘出若干样图,样图经校核无误后,才可作为绑扎依据。

2)钢筋位置放线。若梁、板、柱类型较多时,为了避免混乱和差错,还应在模板上标示各种型号构件的钢筋规格、形状和数量。为了使钢筋绑扎正确,一般先在结构模板上用粉笔按施工图标明的间距画线,作为摆料的依据。通常平板或墙板钢筋在模板上画线,柱箍筋在两根对角线主筋上画点,梁箍筋在架立钢筋上画点,基础的钢筋则在固定架上画线或在两向各取一根钢筋上画点。钢筋接头按位置、数量的要求,在模板上画出。

3)做好自检、互检及交接检工作。在钢筋绑扎安装前,应会同施工人员及木工、水电安装工等有关工种，共同检查模板尺寸、标高，确定管线、水电设备等的预埋和预留工作。

(4)混凝土施工过程中的注意事项。

1)在混凝土浇筑过程中，混凝土的运输应有自己独立的通道。运输混凝土不能损坏成品钢筋骨架，应在混凝土浇筑时派钢筋工现场值班，及时修整移动的钢筋或扎好松动的绑扎点。

2)混凝土施工缝不应随意留置，其位置应事先在施工技术方案中确定，应尽可能留置在受剪力较小的部位，并且要便于施工。钢筋工应在混凝土再次浇筑前，认真调整混凝土施工缝部位的钢筋。

2. 钢筋绑扎施工工艺

(1)钢筋绑扎的常用工具。

1)钢筋钩。钢筋钩是用得最多的绑扎工具，其基本形式如图 3-36 所示。常用直径为12～16 mm、长度为 160～200 mm 的圆钢筋加工而成，根据工程需要还可以在其尾部加上套筒或小板口等。

2)小撬棍。主要用来调整钢筋间距、矫直钢筋的局部弯曲、垫保护层垫块等，其形式如图 3-37 所示。

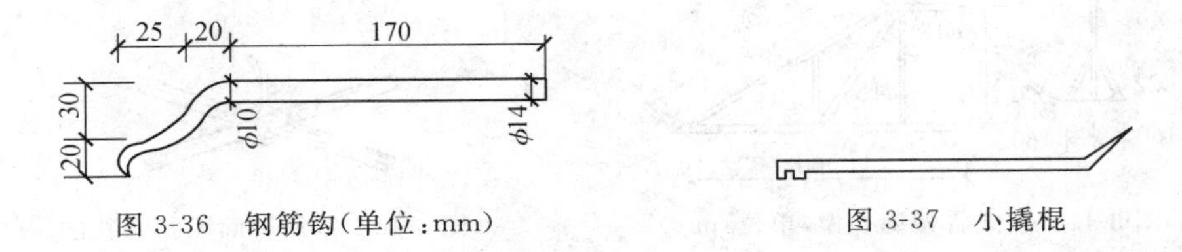

图 3-36 钢筋钩(单位：mm)　　图 3-37 小撬棍

3)起拱扳子。板的弯起钢筋需现场弯曲成型时，可以在弯起钢筋与分布钢筋绑扎成网片以后，再用起拱扳子将钢筋弯曲成形。起拱扳子的形状和操作方法如图 3-38 所示。

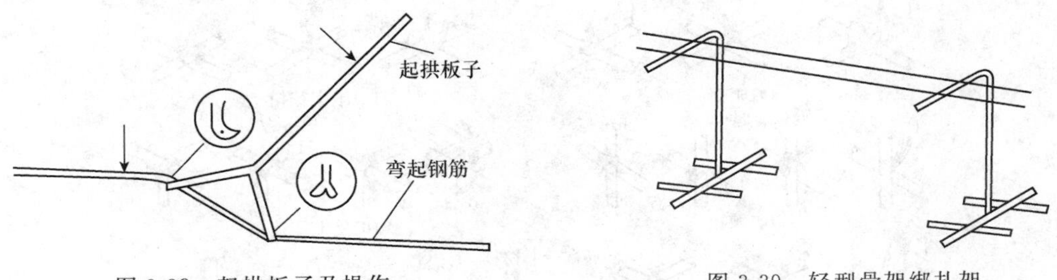

图 3-38 起拱扳子及操作　　图 3-39 轻型骨架绑扎架

4)绑扎架。为了确保绑扎质量，绑扎钢筋骨架必须用钢筋绑扎架，根据绑扎骨架的轻重、形状，可选用如图 3-39～图 3-41 所示的相应形式绑扎架。其中图 3-39 所示为轻型骨架绑扎架，适用于绑扎过梁、空心板、槽形板等钢筋骨架；图 3-40 所示为重型骨架绑扎架，适用于绑扎重型钢筋骨架；图 3-41 所示为坡式骨架绑扎架，具有重量轻、用钢量省、施工方便(扎好的钢筋骨架可以沿绑扎架的斜坡下滑)等优点，适用于绑扎各种钢筋骨架。

(2)钢筋绑扎的操作方法。绑扎钢筋是借助钢筋钩用钢丝把各种单根钢筋绑成整体网片或骨架的方法。

1)一面顺扣操作做法。这是最常用的方法，具体操作如图 3-42 所示。绑扎时先将钢螺纹穿套钢筋交叉点，接着用钢筋钩钩住钢丝弯成圆圈的一端，旋转钢筋钩，一般旋 1.5～2.5 转即可。扣要短，才能少转快扎。这种方法操作简便，绑点牢靠，适用于钢筋网、架各个部位的绑扎。

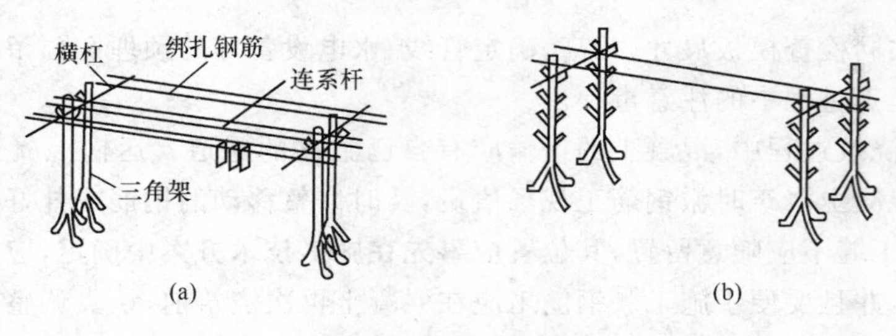

图 3-40 重型骨架绑扎架

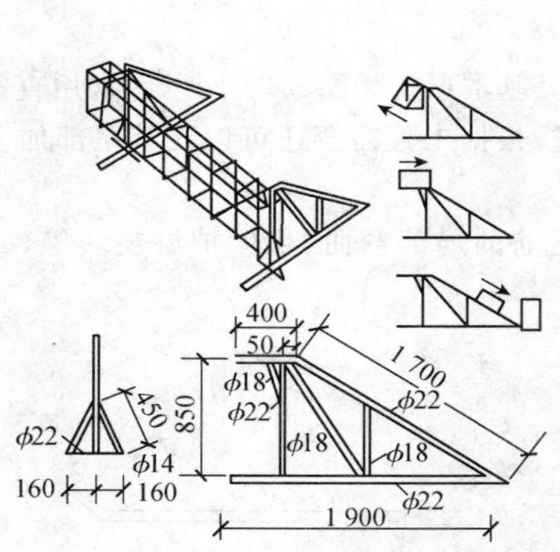

图 3-41 坡式骨架绑扎架(单位:mm)

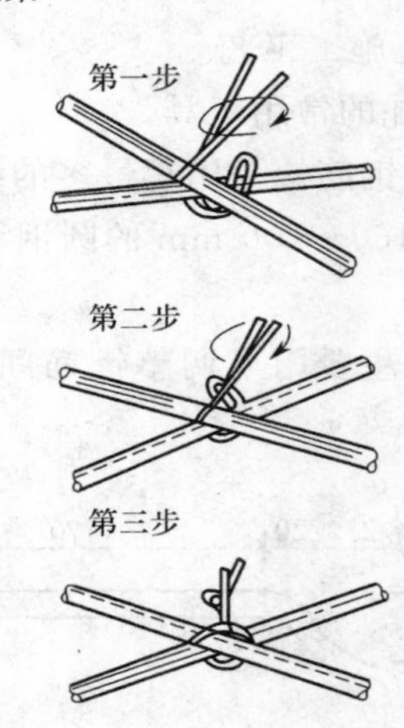

图 3-42 钢筋一面顺扣绑扎法

2)其他操作法。钢筋绑扎除一面顺扣操作之外,还有十字花扣、反十字花扣、兜扣、缠扣、兜扣加缠、套扣等。这些方法主要根据绑扎部位的实际需要进行选择,其形式如图 3-43 所示。

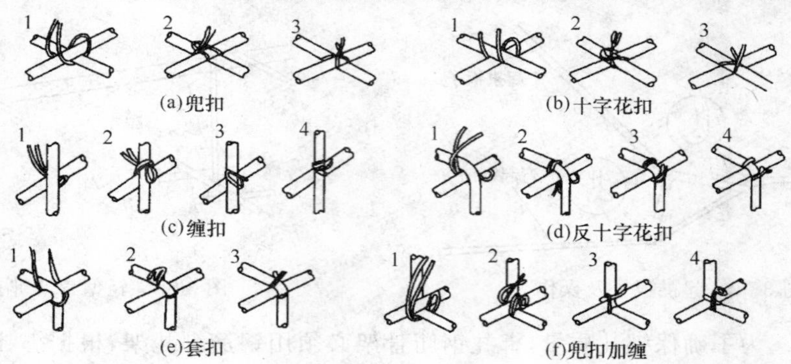

图 3-43 钢筋绑扎方法

十字花扣、兜扣适用于平板钢筋网和箍筋处绑扎;缠扣主要用于墙钢筋和柱箍的绑扎;反十字花扣、兜扣加缠适用于梁骨架的箍筋与主筋的绑扎;套扣用于梁的架立钢筋和箍筋和绑口处。

(3)钢筋绑扎。绑扎钢筋用的钢丝主要规格为 20～22 号的镀锌钢丝或火烧丝。22 号钢丝宜用于绑扎直径 12 mm 以下的钢筋,绑扎直径 12～25 mm 钢筋时宜用 20 号钢丝。

3. 钢筋绑扎操作要点

(1)画线时应画出主筋的间距及数量,并标明箍筋的加密位置。

(2)板类钢筋应先排主筋后排连系钢筋,梁类钢筋一般先摆纵筋然后摆横筋。摆筋时应注意按规定与受力钢筋的接头错开。

(3)受力钢筋接头在连接区段 $35d$ (d 为钢筋直径,且不小于 500 mm)内,有接头的受力钢筋截面面积占受力钢筋总截面积的百分率应符合相关规范规定。

(4)箍筋的转角与其他钢筋的交叉点均应绑轧,但箍筋的平直部分与钢筋的交叉点可呈梅花式交错绑扎。箍筋的弯钩叠合处应错开绑扎,应交错绑扎在不同的钢筋上。

(5)绑扎钢筋网片。如图 3-44 所示,采用一面顺扣绑扎法,在相邻两个绑点应呈八字一形,不要互相平行以防骨架歪,斜变形。

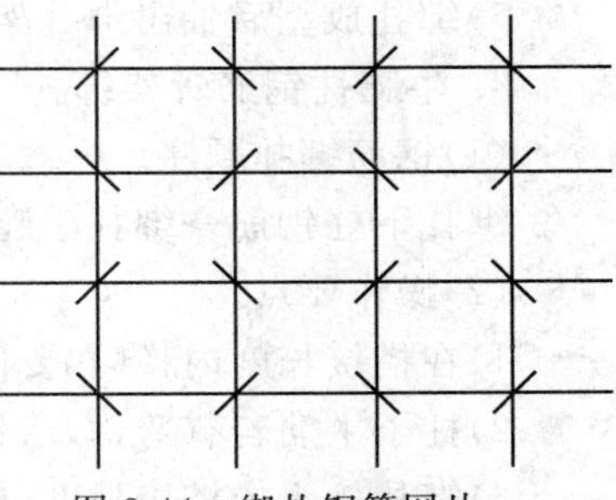

图 3-44　绑扎钢筋网片

(6)预制钢筋骨架绑扎时要注意保持外形尺寸正确,避免入模安装困难。

(7)在保证质量、提高工效、减轻劳动强度的原则下,研究加工方案,方案应分清预制部分和模内绑扎部分,以及两者相互的衔接,避免后续工序施工困难甚至造成返工浪费。

4. 钢筋安装检查

钢筋绑扎安装完毕,应按以下内容进行检查:

(1)对照设计图样检查钢筋的钢号、直径、根数、间距、位置是否正确,应特别注意钢筋的位置。

(2)检查钢筋的接头位置和搭接长度是否符合规定。

(3)检查混凝土保护层的厚度是否符合规定。

(4)检查钢筋是否绑扎牢固,有无松动变形现象。

(5)钢筋表面不允许有油渍、漆污和片状铁锈。

(6)安装钢筋的允许偏差必须符合质量验收规范的要求。

二、钢筋现场模内绑扎

1. 钢筋现场基础绑扎

钢筋模内绑扎的一般顺序:画线→摆筋→穿筋→绑扎安放垫块等。

2. 独立柱基础钢筋绑扎

(1)独立柱基础钢筋绑扎顺序。

基础钢筋网片→插筋→柱受力钢筋→柱箍筋。

(2)施工要点。

1)独立柱基础钢筋为双向弯曲钢筋,其底面短向与长向钢筋应按设计图样要求布置。

2)钢筋网片绑扎时,要将钢筋的弯钩朝上,不要倒向一边。绑扎时,应先绑扎底面钢筋的两端,以便固定底面钢筋的位置。

3)柱钢筋与插筋绑扎接头,绑扣要向里,便于箍筋向上移动。

4)在绑扎柱钢筋时,其纵向筋应使弯钩朝向柱心。

5)箍筋弯钩叠合处需错开。

6)插筋需用木条井字架固定在外模板上。

7)现浇柱与基础连接用的插筋应比柱的箍筋缩小一个柱主筋直径,以便连接。

3. 条形基础钢筋绑扎

(1)钢筋绑扎顺序。

绑扎底板网片→绑扎条形骨架。

(2)施工要点。

1)一般在支模前进行就地绑扎,借助绑扎架支起上、下纵筋和弯起钢筋。

2)套入箍筋后,放下部纵筋。

3)箍筋按画线间距就位。

4)将上、下纵筋及弯起钢筋排列均匀,进行绑扎。

5)绑扎成型后抽出绑扎架,将骨架放在底板钢筋上并进行绑扎。

4. 牛腿柱钢筋骨架绑扎

(1)钢筋绑扎顺序。

绑扎下柱钢筋→绑扎牛腿钢筋→绑扎上柱钢筋。

(2)操作要点。

1)在搭接长度内,绑扣要向柱内,便于箍筋向上移动。

2)柱子主筋若有弯钩,弯钩应朝向柱心。

3)绑扎接头的搭接长度,应符合设计要求和规范规定。

4)牛腿部位的箍筋,应按变截面计算加工尺寸。

5)结构为多层时,下层柱的钢筋露出楼面部分宜用工具式柱箍将其收进一个柱主筋直径,以便上下层钢筋的连接。

6)牛腿钢筋应放在柱的纵向钢筋内侧。

5. 钢筋过梁的绑扎

(1)绑扎顺序。

支设绑扎架→画钢筋间距点→绑扎成型。

(2)施工要点。

1)过梁钢筋在马凳式绑扎架上进行,两绑扎架组成工作架时,应互相平行,如图 3-45 所示。

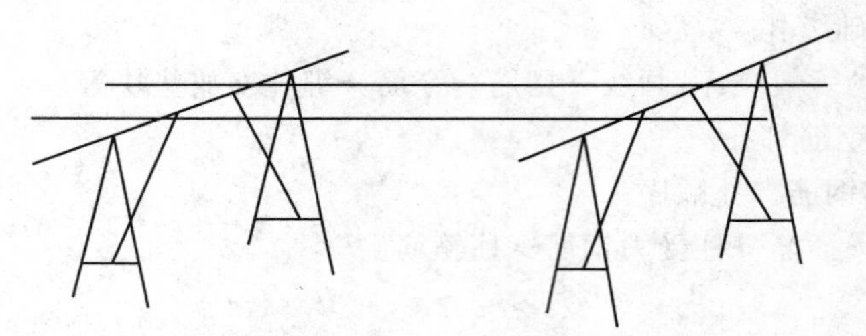

图 3-45 马凳式钢筋绑扎架

2)绑扎时,纵向钢筋的间距点画在两端绑扎架的横杆上,横向钢筋的间距点画在两侧的纵向钢筋上。

3)采用一面顺扣法绑扎成型,绑扎钢丝缠绕方向应交错变换,绑扎钢丝头不应弯向保护层。

4)绑扎完毕后,检查整体尺寸是否与模板尺寸相适应,间距尺寸也应符合要求。

6. 梁柱节点钢筋绑扎

(1)绑扎顺序。

支设模板→立下柱钢筋→绑扎下柱箍筋→绑扎上下柱钢筋→绑扎上柱箍筋→从柱主筋内侧穿梁的上部钢筋和弯起钢筋→套梁箍筋→穿入梁底部钢筋→绑扎牢固→检查。

(2)施工要点。

1)柱的纵向钢筋弯钩应朝向柱心。

2)箍筋的接头应交错布置在柱四个角的纵向钢筋上。

3)箍筋转角与纵向钢筋交叉点均应绑扎牢固。

4)梁的钢筋应放在柱的纵向钢筋内侧。

5)柱梁箍筋按弯钩叠合处错开。

7. 现浇楼梯钢筋绑扎

(1)楼梯钢筋骨架的绑扎顺序。

模板上画线→钢筋入模→绑扎受力钢筋和分布筋→检查→成品保护。

(2)施工要点。

1)钢筋的弯钩应全部向内。

2)钢筋的间距及弯起位置应画在模板上。

3)不准踩在钢筋骨架上进行绑扎。

4)作业开始前,必须检查模板及支撑是否牢固。

8. 现浇框架板钢筋绑扎

(1)现浇钢筋绑扎顺序。

清理模板→模板上画线→绑扎下层钢筋→绑上层(负弯矩)钢筋。

(2)施工要点。

1)清扫模板上杂物,在模板上画好主筋、分布筋间距。

2)按画好的间距,先摆受力主筋,再放分布筋。预埋件电线管、预留孔等及时配合安装。

3)钢筋搭接长度、位置的规定应符合规范要求。

4)除外围两根筋的交叉全部绑扎外,其余各点可交错绑扎(双向板相交点须全部绑扎),如板为双层钢筋,两层筋之间须加钢筋马凳,以确保上部钢筋的位置。

5)绑扎负弯矩钢筋,每个扣均要绑扎。

9. 现浇悬挑雨篷钢筋绑扎

(1)主、副筋位置应摆放正确,不可放错。

(2)雨篷梁与板的钢筋应保证锚固尺寸。

(3)雨篷钢筋骨架在模内绑扎时,不准踩在钢筋架上进行绑扎。

(4)钢筋的弯钩应全部向内。

(5)雨篷板的上部受拉,故受力钢筋在上,分布钢筋在下,切勿颠倒。

(6)雨篷板双向钢筋的交叉点均应绑扎,钢丝方向呈八字形。

(7)应垫放足够数量的马凳,确保钢筋位置的准确。

(8)高空作业时要注意安全。

10. 肋形楼盖钢筋绑扎

(1)钢筋绑扎顺序。

主梁筋→次梁筋→板钢筋。

(2)施工要点。

1)处理好主梁、次梁、板三者关系。

2)纵向受力钢筋采用双排布置时,两排钢筋之间宜垫以直径≥25 mm 的短钢筋,以保持其距离。

3)箍筋的接头应交错布置在两根架立钢筋上。

4)板上的负弯矩筋,要严格控制其位置,防止被踩下。

5)板、次梁与主梁的交叉处，板的钢筋在上，次梁的钢筋居中，主梁的钢筋在下，如图 3-46 所示。当有圈梁或垫梁时，主梁的钢筋在上，如图 3-47 所示。

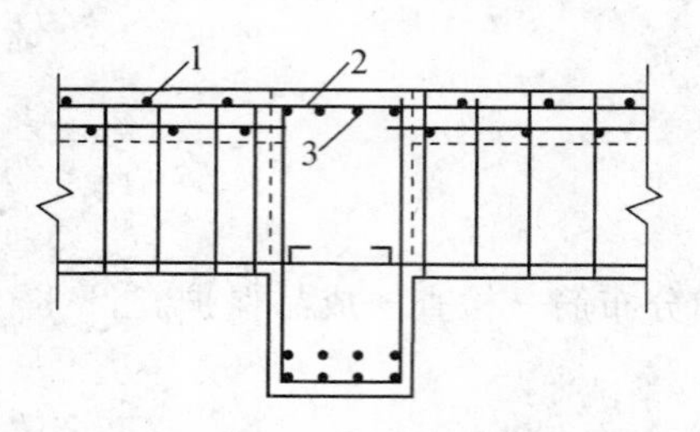

图 3-46 板、次梁与主梁交叉处钢筋

1—板的钢筋；2—次梁钢筋；3—主梁钢筋

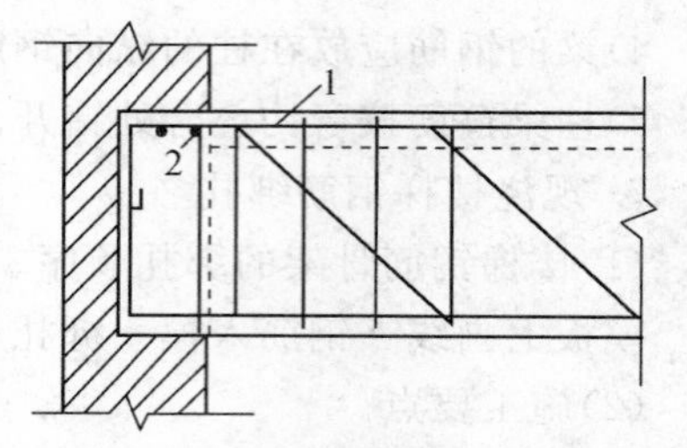

图 3-47 主梁与垫梁交叉处钢筋

1—主梁钢筋；2—垫梁钢筋

11. 墙板钢筋绑扎

(1)绑扎顺序。

立外模并画线→绑扎外侧网片→绑扎内侧网片→绑扎拉筋→安放保护层垫块→设置撑铁→检查→立内模。

(2)施工要点。

1)垂直钢筋每段长度不宜超过 4～6 m。

2)水平钢筋每段长度不宜超过 8 m。

3)钢筋的弯钩应朝向混凝土。

4)采用双层钢筋网时，必须设置直径 6～12 cm 的钢筋撑铁，间距 80～10 cm，相互错开排列。

12. 地下室钢筋绑扎

(1)梁钢筋绑扎。

1)梁钢筋绑扎顺序。

将梁架立筋两端架在骨架绑扎架上→画箍筋间距→绑箍筋→穿梁下层纵向受力主筋→下层主筋与箍筋绑牢→抽出骨架绑扎架，骨架落在梁位置线上→安放垫块。

2)施工要点。

①箍筋弯钩的叠合处应交错绑扎。

②如果纵向钢筋采用双排时，两排钢筋之间应垫以直径 25 mm 的短钢筋。

(2)地下室底板钢筋绑扎。

1)底板钢筋绑扎顺序。画底板钢筋间距→摆放下层钢筋→绑扎下层钢筋→摆放钢筋马凳(钢筋支架)→绑上层纵横两个方向定位钢筋→画其余钢筋间距→穿设钢筋→绑扎→安放垫块。

2)施工要点。

①底板如有基础梁，可分段绑扎成形，然后安装就位或根据梁位置线就地绑扎成形。

②绑扎钢筋时，除靠近外围两行的交叉点全部扎牢外，中间部位的交叉点可相隔交错扎牢，但必须保证受力钢筋不位移。双向受力的钢筋不得跳扣绑扎。

③底板上下层钢筋有接头时，应按规范要求错开，其位置和搭接长度均要符合规范和设计要求，钢筋搭接处应在中心和两端按规定用钢丝扎牢。

④墙、柱主筋插铁伸入基础深度要符合设计要求，根据弹好的墙、柱位置，将预留插筋绑扎固定牢固，以确保位置准确，必要时可附加钢筋电焊焊牢墙筋。

(3)地下室墙筋绑扎。

1)墙筋绑扎顺序可参考地下室墙板钢筋绑扎顺序。

2)操作要点。

①在底板混凝土上放线后应再次校正预埋插筋,根据插筋位移程度按规定认真处理;墙模板应采取“跳间支模”,以利钢筋施工。

②墙筋应逐点绑扎,其搭接长度段位置要符合设计和规范要求。

③双排钢筋之间应绑支撑、拉筋,间距 1 000 mm 左右,以保证双排钢筋之间的距离。

④为保证门窗口标高位置正确,在洞口竖筋上画标高线;洞口处要按设计要求绑附加钢筋,门洞口连梁两端锚入墙内长度要符合设计要求。

⑤各连接点的抗震构造钢筋及锚固长度,均应按设计要求进行绑扎,如首层柱的纵向受力筋伸入地下室墙体深度、墙端部、内外墙交接处的受力筋锚固长度等部位绑扎时要特别注意设计图样要求。

⑥配合其他工种安装预埋管件,预留洞口,其位置、标高均应符合设计要求。

13. 剪力墙结构大模板内钢筋绑扎

(1)施工前的准备。在进行钢筋绑扎前,首先要整理好预留搭接钢筋,把变形的钢筋调直,若下层预留的伸出钢筋位置偏差较大,应经设计单位签字同意,进行弯折调整。同时,应将松动的混凝土清除。

(2)墙体钢筋绑扎。墙体钢筋的绑扎,可参考有关墙体钢筋绑扎的内容。

(3)剪力墙钢筋搭接。水平钢筋和竖向钢筋的搭接要相互错开,搭接要符合设计要求,如设计无明确要求须按规范规定。

(4)剪力墙钢筋的锚固。

1)剪力墙的水平钢筋在端部应根据设计要求增加口形铁或暗柱。

2)剪力墙的水平钢筋“丁”字节点及转角节点的绑扎锚固按设计要求绑扎。

3)剪力墙的连梁上下水平钢筋伸入墙内的长度,不能小于设计要求。

4)剪力墙的连梁沿梁全长的箍筋构造要符合设计要求,但在建筑物顶层连梁伸入墙体的钢筋长度范围内,应设置间距不小于 150 mm 的构造箍筋。

5)剪力墙洞周围应绑扎补强钢筋,其锚固长度应符合设计要求。

(5)预制点焊网片绑扎搭接。网片立起后应用木方临时支撑,然后逐根绑扎根部搭接钢筋,搭接长度要符合规定。在钢筋搭接部分的中心和两端共绑三个扣。门窗洞口加固筋需同时绑扎,门口两侧钢筋位置应准确。

(6)与预制外墙板连接。外墙板安装就位后,将本层剪力墙边柱竖筋插入预制外墙板侧面钢筋套环内,竖筋插入外墙板套环内不得少于 3 个,并绑扎牢固。

(7)外墙连接。应将外墙拉结筋与内墙墙体妥善连接,绑扎牢固。

(8)修整。大模板合模之后,对伸出的墙体钢筋进行修整并绑一道临时水平横筋,固定伸出肋的间距。墙体浇筑混凝土时派钢筋工值班,浇筑完后立即对伸出筋进行调整。

14. 钢筋混凝土桩钢筋笼的制作

(1)钢筋笼结构。一般情况下,钢筋笼由主筋、箍筋和螺旋筋组成,主筋高出最上面一道箍筋,以便锚入承台,如图 3-48 所示。

(2)钢筋笼制作要求。

1)钢筋笼所用钢筋规格、材质、尺寸应符合设计要求,钢筋笼的制作偏差符合表 3-21 的规定。

2)分段制作的钢筋笼,其接头宜采用焊接或机械式接头(钢筋直径大于 20 mm),并遵守

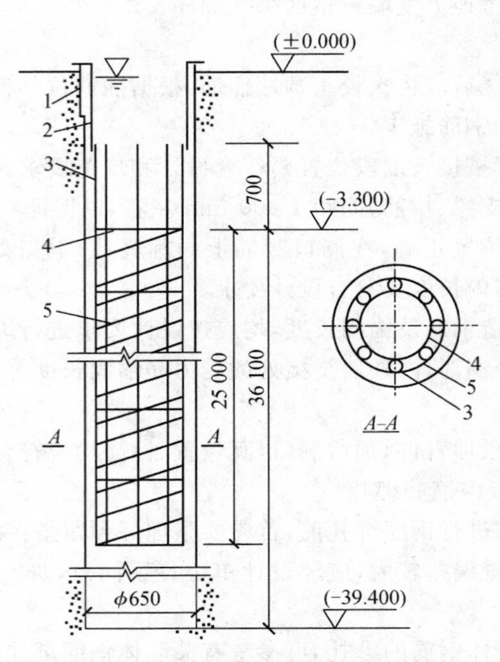

图 3-48 桩身钢筋笼配筋图(单位:mm)

1—护筒;2—吊筋;3—主筋;4—箍筋;5—螺旋筋

现行国家标准《钢筋机械连接通用技术规程》(JGJ 107—2010)、《钢筋焊接及验收规程》(JGJ 18—2012)和《混凝土结构工程施工质量验收规范》(GB 50204—2002)(2011 版)的规定。

表 3-21 钢筋笼制作允许偏差

项目	允许偏差(mm)	项目	允许偏差(mm)
主筋间距	±10	钢筋笼直径	±10
箍筋间距	±20	钢筋笼长度	±100

3)加劲箍宜设在主筋外侧,当因施工工艺有特殊要求时也可置于内侧。

4)导管接头处外径应比钢筋笼的内径小 100 mm 以上。

5)搬运和吊装钢筋笼时,应防止变形,安装应对准孔位,避免碰撞孔壁和自由落下,就位后应立即固定。

(3)钢筋笼制作方法。

1)在钢筋圈制作台上制作钢筋圈(箍筋)并按要求焊接。

2)钢筋笼成型的三种方法

①木卡板成型法。用 2~3 cm 厚木板制成两块半圆卡板。按主筋位置,在卡板边缘凿出支托主钢筋的凹槽,槽深等于主筋直径的一半。制作钢筋笼时,每隔 3 m 左右放一螺旋筋或箍筋套入,并用钢丝将其与主筋绑扎牢固。然后,松开卡板与主筋的绑绳,卸去卡板,随即将主筋同螺旋筋或箍筋点焊,一般螺旋筋与主筋之间要求每一螺距内的焊点数不少于一个,相邻两焊点平面投影圆心角尽量接近 90°以保证钢筋笼的刚度,卡板构造如图 3-49 所示。

②板架成型法。支架分为固定部分和活动部分,如图 3-50 所示。

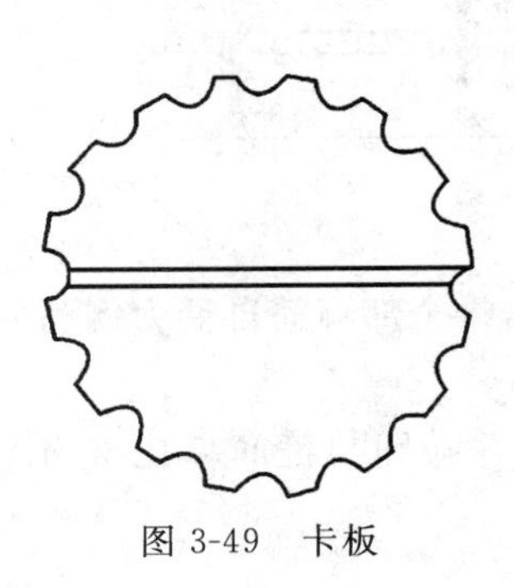
图 3-49　卡板

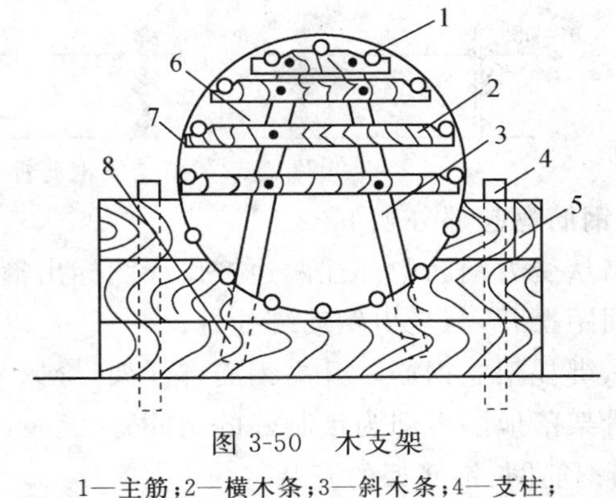

图 3-50　木支架

1—主筋；2—横木条；3—斜木条；4—支柱；
5—固定支架；6—铁钉；7—箍筋；8—螺栓

③钢管支架成型法。

a. 根据箍筋间隔和位置将钢筋支架和平杆放正、放平、放稳，在每圈箍筋上标出与主筋的焊接位置。

b. 按设计间距在平杆上放置两根主筋。

c. 接设计间距绑焊箍筋，并注意与主筋垂直。

d. 按箍筋上的标记点焊固定其余主筋。

e. 按规定螺距套入螺旋筋，绑焊牢固。

三、钢筋网、钢筋骨架的预制及安装

1. 钢筋网片的预制

钢筋网片的预制绑扎多用于小型构件。此时，钢筋网片的绑扎多在模内或工作台上预制。

大型钢筋网片的制作程序：地坪上画线→摆放钢筋→绑扎。

为防止钢筋网片在运输和安装过程中发生歪斜、变形，可采用细钢筋斜向拉结，其形式如图 3-51 所示。

钢筋网片作为单向主筋时，只需将外围两行钢筋的交叉点逐点绑扎，而中间部位的交叉点可隔根呈梅花状绑扎；如钢筋网片用作双向主筋时，应将全部的交叉点绑扎牢固。相邻绑扎点的钢螺纹要成八字形，以免网片歪斜变形。

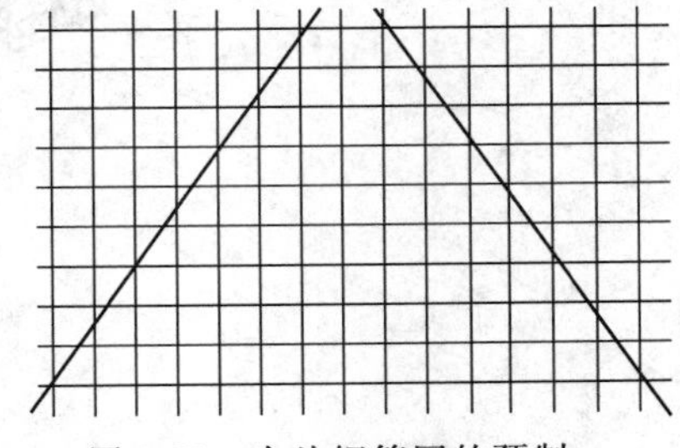
图 3-51　大片钢筋网的预制

2. 绑扎架的使用

绑扎钢筋骨架必须使用钢筋绑扎架，钢筋绑扎架构造是否合理会直接影响绑扎效率。绑扎轻型骨架(如过梁、空心板、槽形板骨架)时，一般选用单面或双面悬挑的钢筋绑扎架，这种绑扎架绑扎时钢筋和钢筋骨架的穿、取、放、绑扎都比较方便。绑扎重型钢筋骨架时，可用两个三角绑扎架穿一槽杆组成一对，由几对三角架组成一组钢筋绑扎架。由于这种绑扎架是由几个单独的三角架组成，使用比较灵活，可以调节高度和宽度，稳定性也较好。

3. 钢筋骨架的预制

钢筋骨架采用预制绑扎的方法比模内绑扎效率高、质量好。由于骨架的刚性大，在运输、安装时也不易发生变形或损坏。步骤和方法以梁为例，如图 3-52 所示。

第一步，布置钢筋绑扎架，安放横杆，并将梁的受拉钢筋和弯起钢筋置于横杆上，受拉钢筋

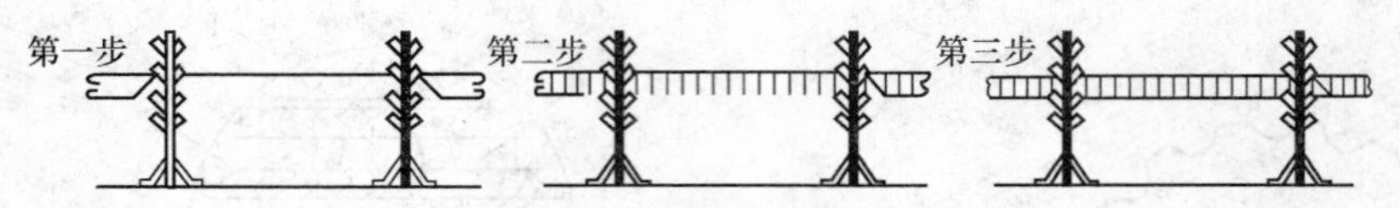

图 3-52　简支梁钢筋骨架绑扎顺序

弯钩和弯起钢筋弯起部分朝下。

第二步，从受力钢筋中部往两边按设计图标出箍筋的间距，将全部箍筋自受力钢筋的一端套入，并按间距摆开，与受力钢筋绑扎好。

第三步，绑扎架立钢筋。升高钢筋绑扎架，穿入架立钢筋，并随即与箍筋绑扎牢固。抽去横杆，钢筋骨架落地翻身即为预制好的钢筋骨架。

4. 预制钢筋网、钢筋架的安装

(1)焊接钢筋网、钢筋架的安装。焊接钢筋网、钢筋架采用绑扎连接时，应符合国家现行《混凝土结构工程施工质量验收规范》(GB 50204—2002)(2011 版)的规定。

(2)绑扎钢筋网、钢筋架的安装。绑扎钢筋网、钢筋架安装时，应注意以下几点。

1)按图施工，对号入座，要特别注意节点组合处的交错、搭接符合规定。

2)为防止钢筋网、钢筋架在运输及安装过程中发生歪斜变形，应采取可靠的临时加固措施，如图 3-53 所示。

3)在安装预制钢筋网、钢筋架时，应正确选择吊点和吊装方法，确保吊装过程中的钢筋网、钢筋架不歪斜变形。

①较短的钢筋骨架，可采用两端带小挂钩的吊索，在骨架距两端 $0.2l$ 处兜系起吊，如图 3-54(a)所示；较长的骨架可采用 4 根吊索，使四个吊点均衡受力，如图 3-53 所示。跨度大、刚度差的钢筋骨架宜采用如图 3-54(b)所示的铁扁担四点起吊方法。

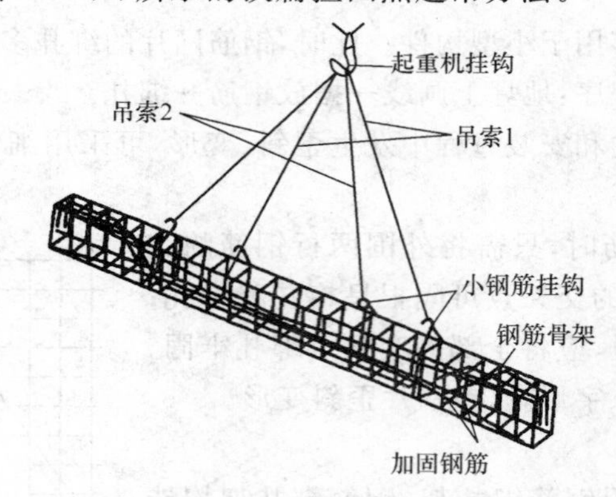

图 3-53　钢筋骨架起吊

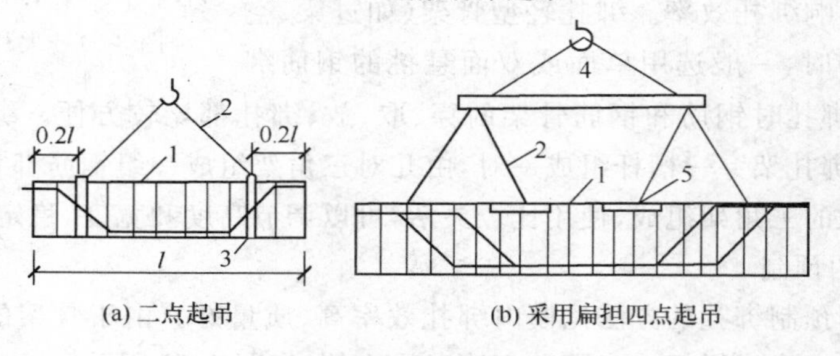

图 3-54　钢筋骨架的绑扎起吊

1—钢筋骨架；2—吊索；3—兜底索；4—铁扁担；5—短钢筋

②为防止吊点处的钢筋受力变形，可采用兜底吊或如图 3-55 所示的加横吊梁起吊钢筋骨架的方法。

4）预制钢筋网、钢筋架放入模板后，应及时按要求垫好规定厚度的保护层垫块。

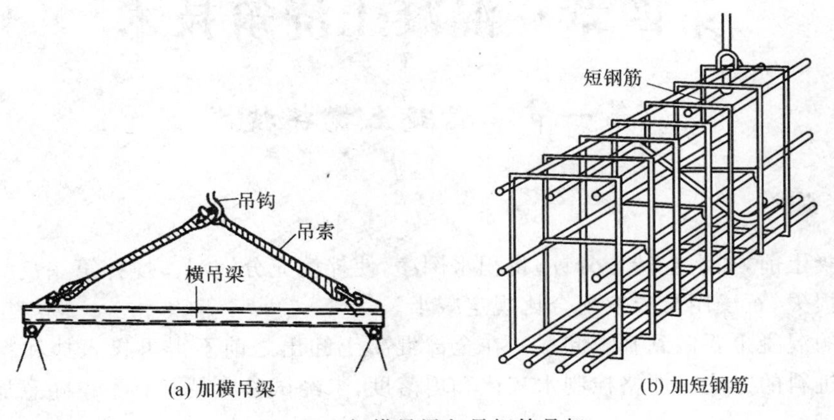

图 3-55　加横吊梁起吊钢筋骨架

第四章　混凝土浇筑技术

第一节　混凝土搅拌技术

一、搅拌要求

搅拌混凝土前，加水空转数分钟，将积水倒净，使拌筒充分润湿。搅拌第一盘时，考虑到筒壁上的砂浆损失，石子用量应按配合比规定减半。

搅拌好的混凝土要做到基本卸尽。在全部混凝土卸出之前不得再投入拌和料，更不得采取边出料边进料的方法。严格控制水灰比和坍落度，未经试验人员同意不得随意加减用水量。

二、搅拌时间

从原料全部投入搅拌机筒时起，至混凝土拌和料开始卸出时止，所经历的时间称作搅拌时间。通过充分搅拌，应使混凝土的各种组成材料混合均匀，颜色一致；高强度等级混凝土、干硬性混凝土更应严格执行。搅拌时间随搅拌机的类型及混凝土拌和料和易性的不同而异。在生产中，应根据混凝土拌和料要求的均匀性、混凝土强度增长的效果及生产效率几种因素，规定合适的搅拌时间。但混凝土搅拌的最短时间，应符合表 4-1 规定。

表 4-1　混凝土搅拌的最短时间　　(单位：s)

混凝土坍落度(mm)	搅拌机机型	搅拌机出料量(L)		
		＜250	250～500	＞500
≤40	强制式	60	90	120
＞40 且＜100	强制式	60	60	90
≥100	强制式	60		

注：1. 混凝土搅拌的最短时间系指全部材料装入搅拌筒中起，到开始卸料止的时间；
2. 当掺有外加剂与矿物掺合料时，搅拌时间应适当延长；
3. 采用自落式搅拌机时，搅拌时间宜延长 30 s；
4. 当采用其他形式的搅拌设备时，搅拌的最短时间也可按设备说明书的规定或经试验确定。

三、原 材 料

(1)在混凝土每一工作班正式称量前，应先检查原材料质量，必须使用合格材料；各种衡器应定期校核，每次使用前进行零点校核，保持计量准确。

(2)施工中应测定集料的含水率，当雨期施工含水率有显著变化时，应增加测定系数，依据测试结果及时调整配合比中的用水量和集料用量。

(3)混凝土原材料每盘称量的偏差不得超过表 4-2 中的允许偏差的规定。

为了保证称量准确，水泥、砂、石子、掺和料等干料的配合比，应采用重量法计量，严禁采用容积法；水的计量是在搅拌机上配置的水箱或定量水表上按体积计量；外加剂中的粉剂可按比例稀释为溶液，按用水量加入，也可将粉剂按比例与水泥拌匀，按水泥计量。施工现场要经常测定施工用的砂、石料的含水率，将实验室中的混凝土配合比换算成施工配合比，然后进行配料。

表 4-2　原材料每盘称量的允许偏差

材料名称	允许偏差
水泥、掺合料	±2%
粗、细集料	±3%
水、外加剂	±2%

注：1. 各种衡器应定期校验，每次使用前应进行零点校核，保证计量准确。
2. 当遇雨天或含水率有显著变化时，应增加含水率检测次数并及时调整水和集料的用量。

四、搅拌要点

搅拌装料顺序为石子→水泥→砂。每盘装料数量不得超过搅拌筒标准容量的10%。

在每次用搅拌机拌和第一罐混凝土前，应先开动搅拌机空车运转，运转正常后，再加料搅拌。拌第一罐混凝土时，宜按配合比多加入10%的水泥、水、细集料的用量或减少10%的粗集料用量，使多余的砂浆布满鼓筒内壁及搅拌叶片，防止第一罐混凝土拌合物中的砂浆偏少。

在每次用搅拌机开拌之始，应注意监视与检测开拌初始的前二、三罐混凝土拌合物的和易性。如不符合要求时，应立即分析情况并处理，直至拌合物的和易性符合要求，方可持续生产。

当开始按新的配合比进行拌制或原材料有变化时，亦应注意开拌鉴定与检测工作。

使用外加剂时，应注意检查核对外加剂剂名、生产厂名、牌号等。使用时一般宜先将外加剂制成外加剂溶液，并预加入拌用水中，当采用粉状外加剂时，也可采用定量小包装外加剂另加载体的掺用方式。当用外加剂溶液时，应经常检查外加剂溶液的浓度，并应经常搅拌外加剂溶液，使溶液浓度均匀一致，防止沉淀。溶液中的水量，应包括在拌和用水量内。

混凝土用量不大，而又缺乏机械设备时，可用人工拌制。拌制一般应用钢板或包有镀锌薄钢板的木制拌板上进行操作，如用木制拌板时，宜将表面刨光，镶拼严密，使不漏浆。拌和要先干拌均匀，再按规定用水量随加水随湿拌至颜色一致，达到石子与水泥浆无分离现象为准。当水灰比不变时，人工拌制要比机械搅拌多耗10%～15%的水泥。

五、特殊季节混凝土的拌制

冬期施工时，投入混凝土搅拌机中各种原材料的温度往往不同，要通过搅拌，使混凝土内温度均匀一致。因此，搅拌时间应比表4-1中的规定时间适当延长。

投入混凝土搅拌机中的集料不得带有冰屑、雪团及冻块。否则，会影响混凝土中用水量的准确性和破坏水泥石与集料之间的黏结。当水需加热时，还会消耗大量热能，降低混凝土的温度。

当需加热原材料以提高混凝土的温度时，应优先采用将水加热的方法。因为水的加热简便，且水的热容量大，其比热容约为砂、石的4.5倍，故将水加热是最经济、最有效的方法。只有当加热水达不到所需的温度要求时，才可依次对砂、石进行加热。水泥不得直接加热，使用前宜事先运入暖棚内存放。

水可在锅中或锅炉中加热，或直接通入蒸汽加热。集料可用热炕、钢板、通汽蛇形管或直接通入蒸汽等方法加热。水及集料的加热温度应根据混凝土搅拌后的最终温度要求，通过热工计算确定，其加热最高温度不得超过表4-3的规定。

表4-3 拌和水及集料加热最高温度 (单位：℃)

项目	拌和水	集料
强度等级小于42.5级的普通硅酸盐水泥、矿渣硅酸盐水泥	80	60
强度等级等于或大于42.5级的普通硅酸盐水泥、矿渣硅酸盐水泥	60	40

当集料不加热时，水可加热到100℃。为防止水泥搅拌时出现"假凝"，水泥不得与80℃以上的水直接接触。因此，投料时，应先投入集料和已加热的水，稍加搅拌后，再投入水泥。

采用蒸汽加热时，蒸汽与冷的混凝土材料接触后放出热量，本身凝结为水。混凝土要求升高的温度越高，凝结水也越多。该部分水应该作为混凝土搅拌用水量的一部分来考虑。

雨期施工期间要勤测粗、细集料的含水量，随时调整用水量和粗细集料的用量。夏期施工时砂石材料尽可能加以遮盖，至少在使用前不受烈日暴晒，必要时可采用冷水淋洒，使其蒸发散热。冬期施工要防止砂石材料表面冻结，并应清除冰块。

六、泵送混凝土的拌制

泵送混凝土宜采用混凝土搅拌站供应的预拌混凝土，也可在现场设置搅拌站，供应泵送混凝土；但不得采用手工搅拌的混凝土进行泵送。

泵送混凝土的交货检验，应在交货地点，按国家现行《预拌混凝土》(GB/T 14902—2003)的有关规定进行交货检验；现场拌制的泵送混凝土供料检验，宜按国家现行标准《预拌混凝土》(GB/T 14902—2003)的有关规定执行。

在寒冷地区冬期拌制泵送混凝土时，除应满足《混凝土泵送施工技术规程》(JGJ/T 10—2011)的规定外，尚应制定冬期施工措施。

七、混凝土搅拌的质量要求

(1)混凝土搅拌机应符合现行国家标准《混凝土搅拌机》(GB/T 9142—2000)的规定。混凝土搅拌宜采用强制式搅拌机。

(2)混凝土搅拌的最短时间可按表4-1的规定采用；当搅拌高强混凝土时，搅拌时间应适当延长；采用自落式搅拌机时，搅拌时间宜延长30 s。对于双卧轴强制式搅拌机，可在保证搅拌均匀的情况下适当缩短搅拌时间。混凝土搅拌时间应每班检查2次。

(3)同一盘混凝土的搅拌匀质性应符合以下规定：

1)混凝土中砂浆密度两次测值的相对误差不应大于0.8%；

2)混凝土稠度两次测值的差值不应大于表4-4规定的混凝土拌合物稠度允许偏差的绝对值。

表4-4 混凝土拌合物稠度允许偏差

拌合物性能		允许偏差		
坍落度(mm)	设计值	≤40	50～90	≥100
	允许偏差	±10	±20	±30

续上表

拌合物性能		允许偏差		
维勃稠度(S)	设计值	≥11	10～6	≤5
	允许偏差	±3	±2	±1
拌合物性能		允许偏差		
扩展度(mm)	设计值	≥350		
	允许偏差	±30		

第二节　混凝土浇筑与振捣

一、浇筑准备

1. 制定施工方案

根据工程对象、结构特点，结合具体条件，制定混凝土浇筑的施工方案。

2. 机具准备及检查

搅拌机、运输车、料斗、串筒、振动器等机具设备按需要准备充足，并考虑发生故障时的修理时间。重要工程，应有备用的搅拌机和振动器。特别是采用泵送混凝土，一定要有备用泵。所用的机具均应在浇筑前进行检查和试运转，同时配有专职技工，随时检修。浇筑前，必须核实一次浇筑完毕或浇筑至某施工缝前的工程材料，以免停工待料。

3. 保证水电等原材料的供应

在混凝土浇筑期间，要保证水、电、照明不中断。为了防备临时停水停电，事先应在浇筑地点贮备一定数量的原材料(如砂、石、水泥、水等)和人工拌和捣固用的工具，以防出现意外的施工停歇缝。

4. 掌握天气季节变化情况

加强气象预测预报的联系工作。在混凝土施工阶段应掌握天气的变化情况，特别在雷雨台风季节和寒流突然袭击之际，更应注意，以保证混凝土连续浇筑的顺利进行，确保混凝土质量。

根据工程需要和季节施工特点，应准备好在浇筑过程中所必需的抽水设备和防雨、防暑、防寒等物资。

5. 检查模板、支架、钢筋和预埋件

在浇筑混凝土之前，应检查和控制模板、钢筋、保护层和预埋件等的尺寸、规格、数量和位置，其偏差值应符合现行国家标准《混凝土结构工程施工质量验收规范》(GB 50204—2002)(2011版)的规定。此外，还应检查模板点撑的稳定性以及模板接缝的密合情况。

模板和隐蔽工程项目应分别进行预检和隐蔽验收。符合要求时，方可进行浇筑。检查时应注意以下几点。

(1)模板的标高、位置与构件的截面尺寸是否与设计符合，构件的预留拱度是否正确。

(2)所安装的支架是否稳定；支柱的支撑和模板的固定是否可靠。

(3)模板的紧密程度。

(4)钢筋与预埋件的规格、数量、安装位置及构件节点连接焊缝是否与设计符合。

(5)模板内的垃圾、木片、刨花、锯屑、泥土和钢筋上的油污、鳞落的薄钢板等杂物，应清除干净。

(6)木模板应浇水加以润湿，但不允许留有积水。湿润后，木模板中尚未胀密的缝隙应贴严，以防漏浆。

(7)金属模板中的缝隙和孔洞也应予以封闭。

(8)检查安全设施、劳动配备是否妥当，能否满足浇筑速度的要求。

(9)在地基或基土上浇筑混凝土，应清除淤泥和杂物，并应有排水和防水措施。

(10)对干燥的非黏性土，应用水湿润；对未风化的岩石，应用水清洗，但其表面不得留有积水。

二、浇筑厚度

混凝土应按一定厚度、顺序和方向分层浇筑，应在下层混凝土初凝或能重塑前浇筑完成上层混凝土。在倾斜面上浇筑混凝土时，应从低处开始逐层扩展升高，保持水平分层。混凝土分层浇筑厚度不宜超过表 4-5 的规定。

表 4-5　混凝土分层浇筑厚度　（单位：mm）

捣实方法		浇筑层厚度
用插入式振动器		300
用附着式振动器		300
用表面振动器	无筋或配筋稀疏时	250
	配筋较密时	150
人工捣实	无筋或配筋稀疏时	200
	配筋较密时	150

注：表中所列规定可根据结构物和振动器型号等情况适当调整。

三、浇筑时间要求

一般情况下混凝土运输、浇筑及间歇的全部时间不得超过表 4-6 的规定，当超过时应留置施工缝，并做好记录。在浇筑与柱和墙连成整体的梁和板时，应在柱和墙浇筑完毕后停歇 1～1.5 h，然后再继续浇筑；梁和板宜同时浇筑混凝土；拱和高度大于 1 m 的梁等结构，可单独浇筑混凝土。在混凝土浇筑过程中，应经常观察模板、支架、钢筋、预埋件和预留孔洞的情况，当发现有变形、移位时，应及时采取措施进行处理。

表 4-6　混凝土运输、浇筑和间歇的时间　（单位：min）

混凝土强度等级	气温	
	≤25℃	高于 25℃
≤C30	210	180
＞C30	180	150

注：当混凝土中掺有促凝或缓凝型外加剂时，其允许时间应通过试验确定。

四、浇筑要点

(1)在浇筑工序中,应控制混凝土的均匀性和密实性。混凝土拌合物运至浇筑地点后,应立即浇筑入模。在浇筑过程中,如发现混凝土拌合物的均匀性和稠度发生较大的变化,应及时处理。

(2)浇筑混凝土时,应注意防止混凝土的分层离析。混凝土由料斗、漏斗内卸出进行浇筑时,其自由倾落高度一般不宜超过 2 m,在竖向结构中浇筑混凝土的高度不得超过 3 m,否则应采用串筒、斜槽、溜管等下料。

(3)在浇筑竖向结构混凝土前,应先在底部填以 50～100 mm 厚与混凝土内砂浆成分相同的水泥砂浆;浇筑中不得发生离析现象;当浇筑高度超过 3 m 时,应采用串筒、溜管或振动溜管使混凝土下落。

(4)钢筋混凝土框架结构中,梁、板、柱等构件是沿垂直方向重复出现的,所以一般按结构层次来分层施工。平面上,如果面积较大,还应考虑分段进行,以便混凝土、钢筋、模板等工序能相互配合、流水进行。

(5)在每一施工层中,应先浇灌柱或墙。在每一施工段中的柱或墙应该连续浇灌到顶,每一排的柱子由外向内对称顺序进行,防止由一端向另一端推进,致使柱子模板逐渐受推倾斜。柱子浇筑完毕后,应停歇 1～2 h,使混凝土获得初步沉实,待有了一定强度以后,再浇筑梁板混凝土。梁和板应同时浇筑混凝土,只有当梁高 1 m 以上时,为了施工方便,才可以单独先行浇筑。

(6)浇筑混凝土应连续进行。当必须间歇时,其间歇时间宜缩短,并应在前层混凝土凝结之前,将次层混凝土浇筑完毕。

(7)混凝土在浇筑及静置过程中,应采取措施防止产生裂缝。混凝土因沉降及干缩产生的非结构性的表面裂缝,应在混凝土终凝前予以修整。在浇筑与柱和墙连成整体的梁和板时,应在柱和墙浇筑完毕后停歇 1～1.5 h,使混凝土获得初步沉实后,再继续浇筑,以防止接缝处出现裂缝。

(8)梁和板应同时浇筑混凝土。较大尺寸的梁(梁的高度大于 1 m)、拱和类似的结构,可单独浇筑,但施工缝的设置应符合有关规定。

五、混凝土的振捣

(1)每一振点的振捣延续时间,应使混凝土表面呈现浮浆和不再沉落为宜。

(2)当采用插入式振动器时,捣实普通混凝土的移动间距,不宜大于振动器作用半径的 1.5 倍,如图 4-1 所示。捣实轻集料混凝土的移动间距,不宜大于其作用半径;振动器与模板的距离,不应小于其作用半径的 0.5 倍,并应避免碰撞钢筋、模板、预埋件等;振动器插入下层混凝土内的深度应不小于 50 mm。一般每点振捣时间为 20～30 s,使用高频振动器时,最短不应少于 10 s,应使混凝土表面成水平不再显著下沉,不再出现气泡,表面泛出灰浆为准。振动器插点要均匀排列,可采用"行列式"或"交错式"的次序移动,不应混用,以免造成混乱而发生漏振。

(3)采用表面振动器时,在每一位置上应连续振动一定时间,正常情况下在 25～40 s,但以混凝土面均匀出现浆液为准,移动时应成排依次振动前进,前后位置和排与排间相互搭接应有 30～50 mm,防止漏振。振动倾斜混凝土表面时,应由低处逐渐向高处移动,以保证混凝土振

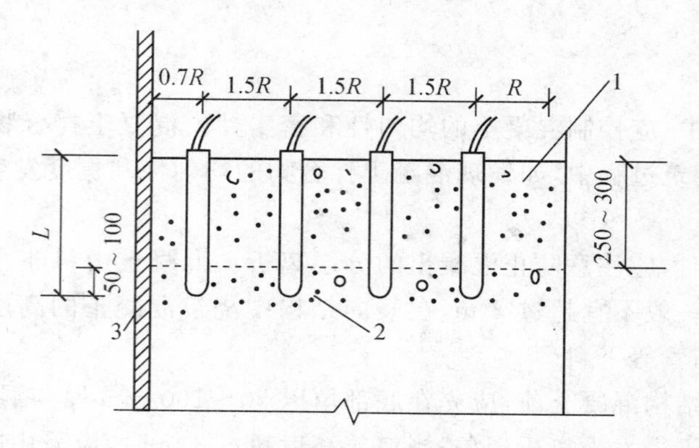

图 4-1 插入式振动器的插入深度(单位:mm)

1—新浇筑的混凝土;2—下层已振捣但尚未初凝的混凝土;3—模板

实。表面振动器的有效作用深度,在无筋及单筋平板中为 200 mm,在双筋平板中约为 120 mm。

(4)采用外部振动器时,振动时间和有效作用随结构形状、模板坚固程度、混凝土坍落度及振动器功率大小等各项因素而定。一般每隔 1～1.5 m 的距离设置一个振动器。当混凝土成一水平面不再出现气泡时,可停止振动。必要时应通过试验确定振动时间。待混凝土入模后方可开动振动器。混凝土浇筑高度要高于振动器安装部位。当钢筋较密和构件断面较深较窄时,亦可采取边浇筑边振动的方法。外部振动器的振动作用深度在 250 mm 左右,如构件尺寸较厚时,需在构件两侧安设振动器同时进行振捣。

第三节 混凝土的养护与拆模

一、混凝土养护

(1)应在浇筑完毕后的 12 h 以内对混凝土加以覆盖并保湿养护。

(2)混凝土浇水养护的时间。对采用硅酸盐水泥、普通硅酸盐水泥或矿渣硅酸盐水泥拌制的混凝土,不得少于 7 d;对掺用缓凝型外加剂或有抗渗要求的混凝土,不得少于 14 d。

(3)浇水次数应能保持混凝土处于湿润状态;混凝土养护用水应与拌制用水相同。

(4)采用塑料布覆盖养护的混凝土,其敞露的全部表面应覆盖严密,并应保持塑料布内有凝结水。

(5)混凝土强度达到 1.2 N/mm^2 前,不得在其上踩踏或安装模板及支架同时,应注意以下几点。

1)当日平均气温低于 5℃时,不得浇水。

2)当采用其他品种水泥时,混凝土的养护时间应根据所采用水泥的技术性能确定。

3)混凝土表面不便浇水或使用塑料布时,宜涂刷养护剂。

4)对大体积混凝土的养护,应根据气候条件按施工技术方案采取控温措施。

二、混凝土拆模

1. 现浇混凝土结构拆模条件

对于整体式结构的拆模期限,应遵守以下规定。

(1)非承重的侧面模板,在混凝土强度能保证其表面及棱角不因拆除模板而损坏时,方可拆除。

(2)底模板在混凝土强度达到设计规定后,方能拆除。

(3)已拆除模板及其支架的结构,应在混凝土达到设计强度后,才允许承受全部计算荷载。施工中不得超载使用已拆除模板的结构,严禁堆放过量建筑材料。当承受施工荷载大于计算荷载时,必须经过核算加设临时支撑。

(4)钢筋混凝土结构如在混凝土未达到规定的强度时进行拆模及承受部分荷载,应经过计算复核结构在实际荷载作用下的强度。

(5)多层框架结构当需拆除下层结构的模板和支架,而其混凝土强度尚不能承受上层模板和支架所传来的荷载时,则上层结构的模板应选用减轻荷载的结构(如悬吊式模板、桁架支模等),但必须考虑其支撑部分的强度和刚度。或对下层结构另设支柱(或称再支撑)后,才可安装上层结构的模板。

2. 预制构件拆模条件

预制构件的拆模强度,当设计无明确要求时,应遵守下列规定。

(1)拆除侧面模板时,混凝土强度能保证构件不变形、棱角完整和无裂缝时方可拆除。

(2)承重底模时应符合表4-7的规定。

表4-7 底模拆除时的混凝土强度要求

构件类型	构件跨度(m)	达到设计的混凝土立方体抗压强度标准值的百分率(%)
板	≤2	≥50
	>2,≤8	≥75
	>8	≥100
梁、拱、壳	≤8	≥75
	>8	≥100
悬臂构件	—	≥100

(3)拆除空心板的芯模或预留孔洞的内模时,在能保证表面不发生塌陷和裂缝时方可拆模,并应避免较大的振动或碰伤孔壁。

3. 滑升模板拆除条件

(1)按轴线分段整体拆除的方法。总的原则是先拆外墙(柱)模板(提升架、外挑架、外吊架一同整体拆下);后拆内墙(柱)模板。模板拆除程序为:将外墙(柱)提升架向建筑物内侧拉牢→外吊架挂好溜绳→松开围圈连接件→挂好起重吊绳,并稍稍绷紧→松开模板拉牢绳索→割断支撑杆模板吊起缓慢落下→牵引溜绳使模板系统整体躺倒地面→模板系统解体。

此种方法模板吊点必须找好,钢丝绳垂直线应接近模板段重心,钢丝绳绷紧时,其拉力接近并稍小于模板段总重。

(2)若条件不允许时,模板必须高空解体散拆。高空作业危险性较大,除在操作层下方设置卧式安全网防护,危险作业人员系好安全带外,必须编制好详细、可行的施工方案。一般情况下,模板系统解体前,拆除提升系统及操作平台系统的方法与分段整体拆除相同,模板系统解体散拆的施工程序为:拆除外吊架脚手板、护身栏(自外墙无门窗洞口处开始,向后倒退拆除)→拆除外吊架吊杆及外挑架→拆除内固定平台→拆除外墙(柱)模板→拆除外墙(柱)围圈→拆除外墙(柱)提升架→将外墙(柱)千斤顶从支撑杆上端抽出→拆除内墙模板→拆除一个轴线段围圈,相应拆除一个轴线段提升架→千斤顶从支撑杆上端抽出。

高空解体散拆模板必须掌握的原则:在模板解体散拆的过程中,必须保证模板系统的总体稳定和局部稳定,防止模板系统整体或局部倾倒坍落。因此,制订方案、技术交底和实施过程中,务必有专责人员统一组织、指挥。

(3)高层建筑滑模设备的拆除一般应做好下述几项工作。

1)根据操作平台的结构特点,制定其拆除方案和拆除顺序。

2)认真核实所吊运件的重量和起重机在不同起吊半径内的起重能力。

3)在施工区域,画出安全警戒区,其范围应视建筑物高度及周围具体情况而定。禁区边缘应设置明显的安全标志并配备警戒人员。

4)建立可靠的通信指挥系统。

5)拆除外围设备时必须系好安全带,并有专人监护。

6)使用氧气和乙炔设备应有安全防火措施。

7)施工期间应密切注意气候变化情况,及时采取预防措施。

8)拆除工作一般不宜在夜间进行。

4. 拆模程序

(1)模板拆除一般是先支的后拆,后支的先拆,先拆非承重部位,后拆承重部位,并做到不损伤构件或模板。

(2)肋形楼盖应先拆柱模板,再拆楼板底模、梁侧模板,最后拆梁底模板。拆除跨度较大的梁下支柱时,应先从跨中开始分别拆向两端。侧立模的拆除应按自上而下的原则进行。

(3)工具式支模的梁、板模板的拆除,应先拆卡具,顺口方木、侧板,再松动木楔,使支柱、桁架等平稳下降,逐段抽出底模板和横档木,最后取下桁架、支柱、托具。

(4)多层楼板模板和支柱的拆除。当上层模板正在浇筑混凝土时,下一层楼板的支柱不得拆除,再下一层楼板支柱仅可拆除一部分;跨度 4 m 及 4 m 以上的梁,均应保留支柱,其间距不得大于 3 m;其余再下一层楼的模板支柱,当楼板混凝土达到设计强度时,方可全部拆除。

5. 拆模过程中应注意的问题

(1)拆除时不要用力过猛、过急,拆下来的木料应整理好及时运走,做到活完地清。

(2)在拆除模板过程中,如发现混凝土有影响结构安全的质量问题时,应暂停拆除。经处理后,方可继续拆除。

(3)拆除跨度较大的梁下支柱时,应先从跨中开始,分别拆向两端。

(4)多层楼板模板支柱的拆除,其上层楼板正在浇灌混凝土时,下一层楼板模板的支柱不得拆除,再下一层楼板的支柱仅可拆除一部分。

(5)拆模间歇时,应将已活动的模板、牵杆、支撑等运走或妥善堆放,防止因扶空、踏空而坠落。

(6)模板上有预留孔洞者,应在安装后将洞口盖好。混凝土板上的预留孔洞,应在模板拆除后随即将洞口盖好。

(7)模板上架设的电线和使用的电动工具,应用 36 V 的低压电源或采用其他有效的安全措施。

(8)拆除模板一般用长撬棍。人不许站在正在拆除的模板下。在拆除模板时,要防止整块模板掉下,拆模人员要站在门窗洞口外拉支撑,防止模板突然全部掉落伤人。

(9)高空拆模时，应有专人指挥，并在下面标明工作区，暂停人员过往。

(10)定型模板要加强保护，拆除后即清理干净，堆放整齐，以利再用。

(11)已拆除模板及其支架结构，应在混凝土强度达到设计强度等级后，才允许承受全部计算荷载。当承受施工荷载大于计算荷载时，必须经过核算，加设临时支撑。

混凝土结构浇筑后，达到一个强度，方可拆模。模板拆卸日期，应按结构特点和混凝土所达到的强度来确定。

第四节　混凝土施工缝处理

一、施工缝留设

(1)柱。柱的施工缝留设在基础的顶面、梁或起重机梁牛腿的下面，或起重机梁的上面、无梁楼板板柱帽的下面，如图 4-2 所示；在框架结构中如梁的负筋弯入柱内，则施工缝可留在这些钢筋的下端。

(2)梁板、肋形楼盖。

1)与板连成整体的大截面梁，留在板底面以下 20～30 mm 处的水平面上，但不得设在梁截面受拉区；当板下有梁托时，留在梁托下部的水平面上。单向板可留置在平行于板的短边的任何位置(但为方便施工缝的处理，一般留在跨中 1/3 跨度范围内)。

2)有主次梁的肋形楼板，宜顺着次梁方向浇筑，施工缝底留置在次梁跨度中间 1/3 范围内，如图 4-3 所示，无负弯矩钢筋与之相交叉的部位。

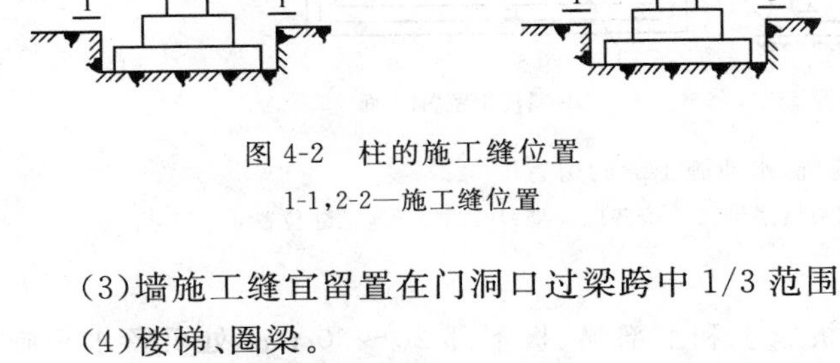

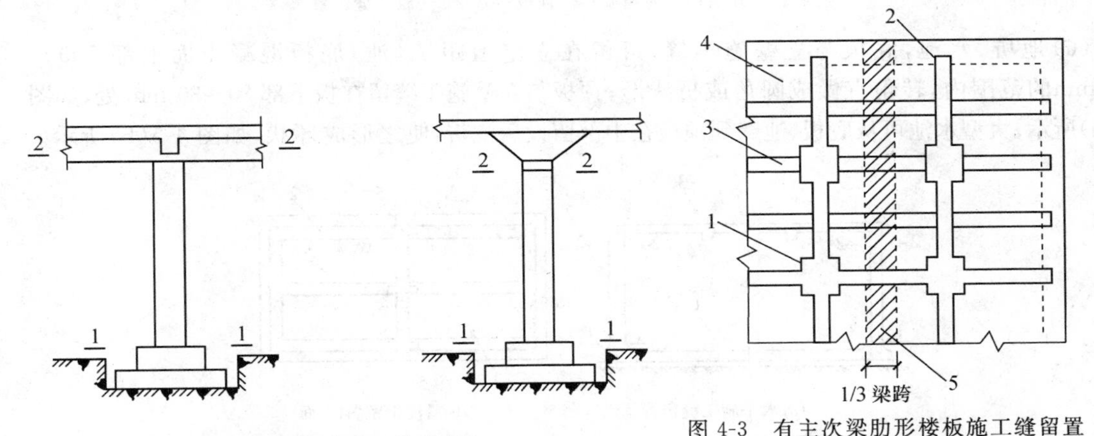

图 4-2　柱的施工缝位置

1-1，2-2—施工缝位置

图 4-3　有主次梁肋形楼板施工缝留置

1—柱；2—主梁；3—次梁；4—楼板；

5—按此方向浇筑混凝土，可留施工缝范围

(3)墙施工缝宜留置在门洞口过梁跨中 1/3 范围内，也可留在纵横墙的交接处。

(4)楼梯、圈梁。

1)楼梯施工缝留设在楼梯段跨中 1/3 跨度范围内无负弯矩筋的部位。

2)圈梁施工缝留在除砖墙交接处、墙角、墙垛及门窗洞范围以外的设备。

(5)箱形基础的底板、顶板与外墙的水平施工缝应设在底板顶面以上及顶板底面以下 300～500 mm 为宜，接缝宜设钢板、橡胶止水带或凸形企口缝；底板与内墙的施工缝可设在底板与内墙交接处；而顶板与内墙的施工缝位置应视剪力墙插筋的长短而定，一般 1 000 mm 以内即可；箱形基础外墙垂直施工可设在离转角 1 000 mm 处，采取相对称的两块墙体一次浇筑施工，间隔 5～7 d，待收缩基本稳定后，再浇另一相对称墙体。内隔墙可在内墙与外墙交接处留施工缝，一次浇筑完成，内墙本身一般不再留垂直施工缝，如图 4-4 所示。

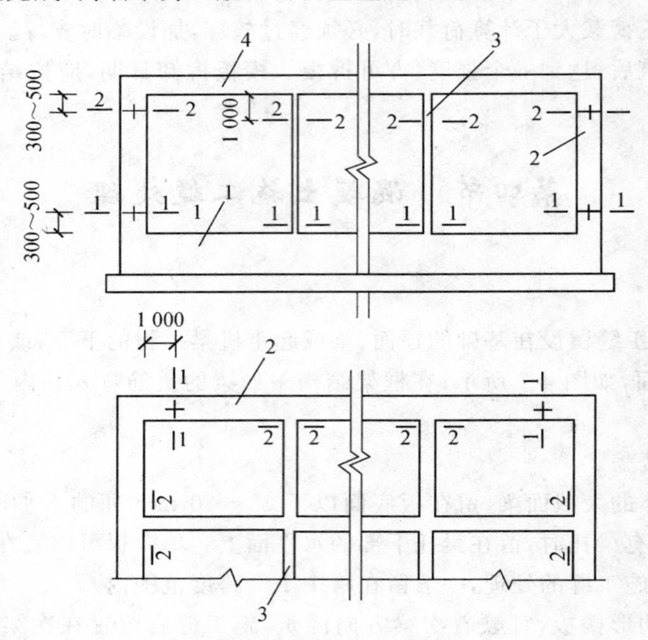

图 4-4 箱形基础施工缝的留置

1—底板；2—外墙；3—内隔墙；4—顶板；1-1，2-2—施工缝位置

(6)地坑、水池，底板与立壁施工缝，可留在立壁上距坑(池)底板混凝土面上部 200～500 mm的范围内，转角宜做成圆角或折线形；顶板与立壁施工缝留在板下部 20～30 mm 处，如图 4-5(a)所示；大型水池可从底板、池壁到顶板在中部留设后浇带，使之形成环状，如图 4-5(b)所示。

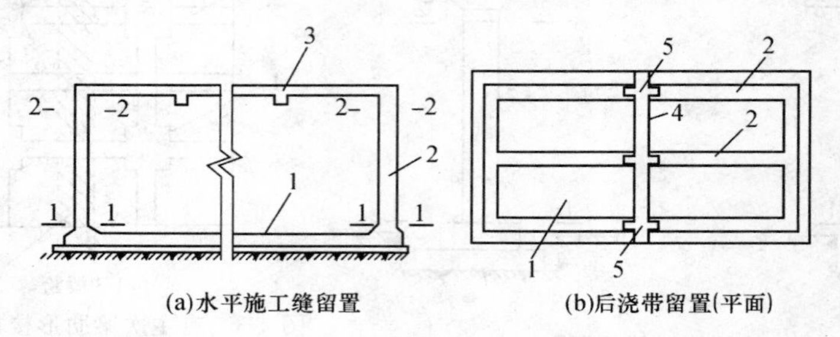

(a)水平施工缝留置　(b)后浇带留置(平面)

图 4-5 地坑、水池施工缝的留置

1—底板；2—墙壁；3—顶板；4—底板后浇带；5—墙壁后浇带；1-1，2-2—施工缝位置

(7)地下室、地沟。

1)地下室梁板与基础连接处，外墙底板以上和上部梁、板下部 20～30 mm 处可留水平施工缝，如图 4-6(a)所示，大型地下室可在中部留环状后浇缝。

2)较深基础悬出的地沟，可在基础与地沟、楼梯间交接处留垂直施工缝，如图 4-6(b)所示；很深的薄壁槽坑，可每 4～5 m 留设一道水平施工缝。

(8)大型设备基础。

1)受动力作用的设备基础互不相依的设备与机组之间、输送辊道与主基础之间可留垂直施工缝，但与地脚螺栓中心线间的距离不得小于 250 mm，且不得小于螺栓直径的 5 倍，如图 4-7(a)所示。

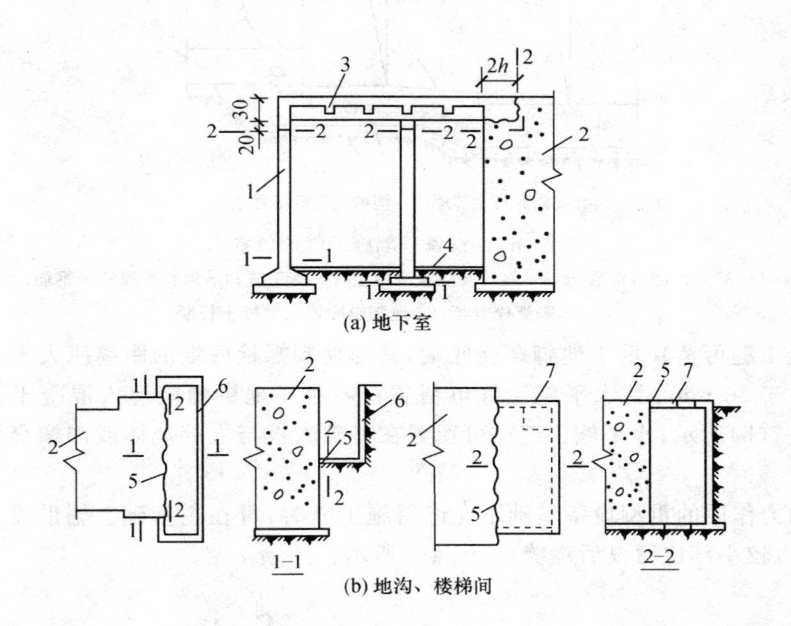

(a) 地下室

(b) 地沟、楼梯间

图 4-6　地下室、地沟、楼梯间施工缝的留置(单位：mm)

1—地下室墙；2—设备基础；3—地下室梁板；4—底板或地坪；

5—施工缝；6—地沟；7—楼梯间；1-1，2-2—施工缝位置

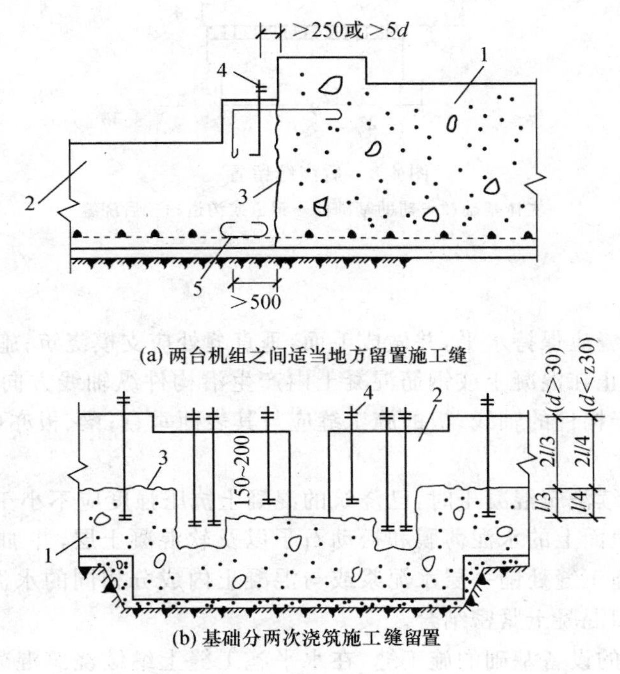

(a) 两台机组之间适当地方留置施工缝

(b) 基础分两次浇筑施工缝留置

图　4-7

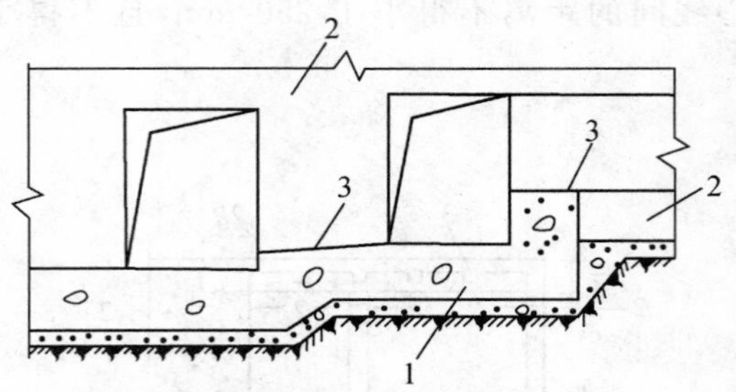

(c)基础底与上部地体、沟槽施工缝留置

图 4-7 设备基础施工缝的留置

1—第一次浇筑混凝土;2—第二次浇筑混凝土;3—施工缝;4—地脚螺栓;5—钢筋;
d—地脚螺栓直径;*l*—地脚螺栓埋入混凝土长度

2)水平施工缝可留在低于地脚螺栓底端,其与地脚螺栓底端的距离应大于 150 mm;当地脚螺栓直径小于 30 mm 时,水平施工缝可留置在不小于地脚螺栓埋入混凝土部分总长度的 3/4处,如图 4-7(b)所示;水平施工缝亦可留置在基础底板与上部地体或沟槽交界处,如图 4-7(c)所示。

3)对受动力作用的重型设备基础不允许留施工缝时,可在主基础上辅助设备基础、沟道、辊道之间,受力较小部位留设后浇缝,如图 4-8 所示。

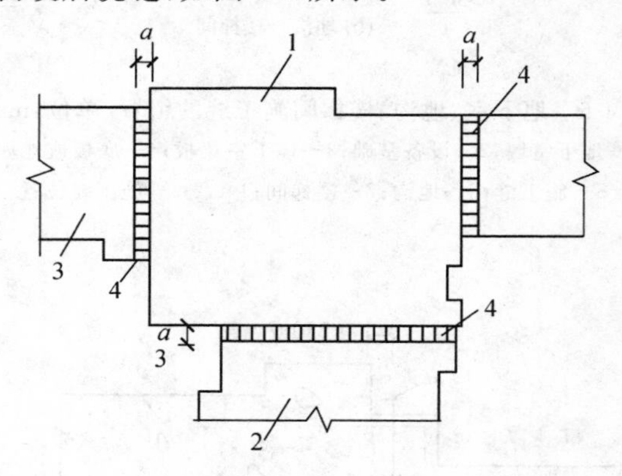

图 4-8 后浇缝留置

1—主体基础;2—辅助基础;3—辊道或沟道;4—后浇缝

二、施工缝处理

(1)所有水平施工缝应保持水平,并做成毛面,垂直缝处应支模浇筑;施工缝处的钢筋均应留出,不得切断。为防止在混凝土或钢筋混凝土内产生沿构件纵轴线方向错动的剪力,柱、梁施工缝的表面应垂直于构件的轴线;板的施工缝应与其表面垂直;梁、板亦可留企口缝,但企口缝不得留斜槎。

(2)在施工缝处继续浇筑混凝土时,已浇筑的混凝土抗压强度应不小于 1.2 N/mm^2;首先应清除硬化的混凝土表面上的水泥薄膜和松动石子以及软混凝土层,并加以充分湿润和冲洗干净,不积水;然后在施工缝处铺一层水泥浆或与混凝土内成分相同的水泥砂浆;浇筑混凝土时,应细致捣实,使新旧混凝土紧密结合。

(3)承受动力作用的设备基础的施工缝,在水平施工缝上继续浇筑混凝土前,应对地脚螺栓进行一次观测校准;标高不同的两个水平施工缝,其高低结合处应留成台阶形,台阶的高宽比不得大于1.0;垂直施工缝应加插钢筋,其直径为12～16 mm,长度为500～600 mm,间距为500 mm,在台阶式施工缝的垂直面上也应补插钢筋;施工缝的混凝土表面应凿毛,在继续浇筑混凝土前,应用水冲洗干净,湿润后在表面上抹10～15 mm厚与混凝土内成分相同的一层水泥砂浆,继续浇筑混凝土时该处应仔细捣实。

(4)后浇缝宜做成平直缝或阶梯缝,钢筋不切断。后浇缝应在其两侧混凝土龄期达30～40 d后,将接缝处混凝土凿毛、洗净、湿润、刷水泥浆一层,再用强度不低于两侧混凝土的补偿收缩混凝土浇筑密实,并养护14 d以上。

三、后浇带设置

(1)设置后浇带的作用。

1)预防超长梁、板(宽)混凝土的凝结过程中的收缩应力对混凝土产生收缩裂缝。

2)减少结构施工初期地基不均沉降对强度还未完成增长的混凝土结构的破坏。

(2)后浇带的位置是由设计确定的,后浇带处梁板的钢筋加强应按设计要求,后浇带的位置和宽度应严格按施工图要求留设。

(3)后浇带混凝土的浇筑时间,是在1～2月以后,或主体施工完成后,这时,混凝土的强度增长和收缩已基本完成,地基的压缩变形也已基本完成。

(4)后浇带处混凝土施工的基本要求。

1)后浇带处两侧应按施工缝处理。

2)应采用补偿收缩性混凝土(如UEA混凝土,UEA的掺量应按设计要求),后浇带处的混凝土应分层精心振捣密实。如在地下室施工中,底板和外侧墙体的混凝土中,应按设计在后浇带的两侧加强防水处理。

第五章　防水施工技术

第一节　屋面防水施工技术

一、卷材防水屋面施工技术

1. 施工准备

(1)材料准备。

1)水泥。采用普通硅酸盐水泥或矿渣硅酸盐水泥,其强度等级不低于 42.5 级。

2)砂。宜用中砂,含泥量不大于 5%,不得含有机杂质。

3)石子。石子粒径不大于找平层厚度的 2/3。

4)粉料。采用滑石粉、粉煤灰、页岩粉等,细度要求为 0.15 mm 筛孔筛余量应不大于 5%,0.09 mm 筛孔筛余量为 10%～30%。

5)沥青。60 号甲、60 号乙道路石油沥青或 75 号普通石油沥青,其质量应符合现行国家标准《建筑石油沥青》(GB/T 494—2010)的规定。

(2)机具准备。

1)设备。砂浆搅拌机或混凝土搅拌机。

2)主要工具。大小平锹、钢板、手推胶轮车、铁抹子、木抹子、水平刮杠、火辊等。

(3)作业条件。

1)层面坡度已根据设计要求放出控制线,并拉线找好位置(包括天沟、檐沟的坡度),基层清扫干净。

2)层面结构层或保温层已施工完成,并办理隐检验收手续。

3)施工无女儿墙屋面时,已做好周边防护架。

2. 施工工艺

(1)水泥砂浆找平层。

1)清理基层。将结构层、保温层表面松散的水泥浆、灰渣等杂物清理干净。

2)封堵管根。在进行大面积找平层施工之前,应先将突出屋面的管根、屋面暖沟墙根部、变形缝、烟囱等处封堵处理好。突出屋面结构(如女儿墙、山墙、天窗壁、变形缝、烟囱等)的交接处和基层的转角处,找平层均应做成圆弧形,圆弧半径应符合表 5-1 的要求。内部排水的水落口周围,找平层应做成略低的凹坑。

表 5-1　转角处找平层圆弧半径

卷材种类	圆弧半径(mm)
沥青防水卷材	100～150
高聚物改性沥青防水卷材	50
合成高分子防水卷材	20

3)弹标高坡度线。根据测量所放的控制线,定点、找坡,然后拉挂屋脊线、分水线、排水坡度线。

4)贴饼冲筋。根据坡度要求拉线找坡贴灰饼,灰饼间距以1～2 m为宜,顺排水方向冲筋,冲筋的间距为1～2 m。在排水沟、雨水口处先找出泛水,冲筋后进行找平层抹灰。

5)铺找平层。

①洒水湿润。找平层施工前,应适当洒水湿润基层表面,以无明水、阴干为宜。

②如找平层的基层采用加气板块等预制保温层时,应先将板底垫实找平,不易填塞的立缝、边角破损处,宜用同类保温板块的碎块填实填平。

③找平层宜设分格缝,并嵌填密封材料。分格缝应留设在屋脊、板端缝处,其纵横缝的最大间距不宜大于6 m。

④抹面层、压光。第一遍抹压。天沟、拐角、根部等处应在大面积抹灰前先做,有坡度要求的必须做好,以满足排水要求。大面积抹灰是在两筋中间铺砂浆(配合比应按设计要求),用抹子摊平,然后用刮杠刮平。用铁抹子轻轻抹压一遍,直到出浆为止。砂浆的稠度应控制在70 mm左右。第二遍抹压。当面层砂浆初凝后,走人有脚印但面层不下陷时,用铁抹子进行第二遍抹压,将凹坑、砂眼填实抹平。第三遍抹压。当面层砂浆终凝前,用铁抹子压光无抹痕时,应用铁抹子进行第三遍压光,此遍应用力抹压,将所有抹纹压平,使面层表面密实光洁。

6)养护。面层抹压完即进行覆盖并洒水养护,每天洒水不少于2次,养护时间一般不少于7 d。

(2)沥青砂浆找平层。

1)清理基层、封堵管根、弹标高坡度线、贴饼冲筋。按水泥砂浆找平层做法。

2)配制冷底子油。

①配合比(质量比)见表5-2。

表5-2　冷底子油配合比参考

石油沥青(%)	溶　剂	
	轻柴油或煤油(%)	汽油(%)
40	60	—
30	—	70

②配制方法。将沥青加热熔化,使其脱水不再起泡为止。再将熔好的沥青按配置倒入桶中,待其冷却。如加入快挥发性溶剂,沥青温度一般不超过100℃,如加入慢挥发性溶剂,温度一般不超过140℃;达到上述温度后,将沥青成细流状缓慢注入一定配合量的溶剂中,并不停地搅拌,直到沥青加完,溶解均匀为止。

3)配制沥青砂浆。先将沥青熔化脱水,同时将中砂和粉料按配合比要求拌和均匀,预热烘干到120℃～140℃,然后将熔化的沥青按计量倒入拌和盘上与砂和粉料均匀拌和,并继续加热至要求温度,但不使升温过高,防止沥青碳化变质。沥青砂浆施工的温度要求见表5-3。

4)制冷底子油。基层清理干净后,应满涂冷底子油2道,涂刷均匀,作为沥青砂浆找平层的结合层。

5)铺找平层。

①冷底子油干燥后,按照坡度控制线铺设沥青砂浆,虚铺砂浆厚度应为压实厚度的1.3～

1.4倍，分格缝一般以板的支撑点为界。

表 5-3　沥青砂浆施工温度要求

室外温度(℃)	沥青砂浆温度(℃)		
	拌制	开始碾压时	碾压完毕
+5 以上	140～170	90～100	60
−10～+5	160～180	110～130	40

②砂浆刮平后，用火辊滚压(夏天温度较高时，辊内可不生火)至平整、密实、表面无蜂窝、看不出压痕时为止。

③滚筒应保持清洁，表面可刷柴油，根部及边角滚压不到之处，可用烙铁烫平压实，以不出现压痕为好。

④施工缝宜留成斜槎，在继续施工时，将接缝处清理干净，并刷热沥青一道，接着铺沥青砂浆，铺后用火辊或烙铁烫平。

⑤分格缝留设的间距一般不大于 6 m，缝宽一般为 5～20 mm，如兼作排气屋面的排气道时，可适当加宽，并与保温层连通。

⑥铺完的沥青砂浆找平层如有缺陷，应挖除并清理干净后涂一层热沥青，及时填满沥青砂浆并压实。

(3)细石混凝土找平层。

1)清理基层、封堵管根、弹标高坡度线、贴饼冲筋。同水泥砂浆找平做法。

2)细石混凝土搅拌。细石混凝土的强度等级应按设计要求试配，坍落度为 40～60 mm。如设计无要求时，不应小于 C20。

3)铺找平层。

①将搅拌好的细石混凝土铺抹到屋面保温层上，若无保温层时，应在基层涂刷水泥浆结合层，并随刷随铺，凹处用同配合比混凝土填平，然后用滚筒(常用的为直径 200 mm、长度为 600 mm的混凝土或铁制滚筒)滚压密实，直到面层出现泌水后，再均匀散一层 1∶1 干拌水泥砂拌和料(砂要过 3 mm)，再用刮杠刮平。当面层干料吸水后，用木抹子用力搓打、抹平，将干水泥砂拌和料与细石混凝土的浆混合，使面层结合紧密。表面找平、压光同水泥砂浆做法。

②细部处理。基层与突出层面构筑物的连接处，以及基层转角处的找平层应做成半径为 100～150 mm 的圆弧形或钝角。根据卷材种类不同，其圆弧半径应符合表 5-1 的要求。

排水沟找坡应以两排水口距离的中间点分水线放坡抹平，纵向排水坡度不应小于 1%，最低点应对准排水口。排水口与水落管的落水口连接应平滑、顺畅，不得有积水，并采用柔性防水密封材料嵌填密封。

找平层与檐口、排水口、沟脊等相连接的转角，应抹成光滑一致的圆弧形。

分隔缝。同水泥砂浆找平层做法。

4)养护。同水泥砂浆找平层做法。

3. 屋面保温层施工

(1)施工准备。

1)材料准备。聚苯乙烯泡沫塑料类、硬质聚氨酯泡沫塑料类、泡沫玻璃、微孔混凝土类、膨胀蛭石(珍珠石)制品等，其性能指标应符合现行国家产品标准和设计要求，有出厂合格证。

2)机具准备。砂浆搅拌机、井架带卷扬机、塔式起重机、平板振动器、量斗、水桶、沥青锅、拌和锅、压实工具、大小平锹、钢板、手推胶轮车、木抹子、木杠、水平尺、麻线、滚筒等。

3)作业条件。

①铺设保温层的屋面基层施工完毕并经检查办理交接验收手续。屋面上的吊钩及其他露出物应清除,残留的灰浆应铲平,屋面应清理干净。

②有隔汽层的屋面,应先将基层清扫干净,使表面平整、干燥、不得有酥松、起砂、起皮等情况,并按设计要求铺设隔汽层。

③试验室根据现场材料通过试验提出保温材料的施工配合比。

(2)施工工艺。

1)清理基层。预制或现浇混凝土基层平整、干燥和干净。

2)弹线找坡、分仓。按设计坡度及流水方向,找出屋面坡度走向,确定保温层的厚度范围。保温层设置排汽道时,按设计要求弹出分格线来。

3)管根固定。穿过屋面的女儿墙等结构的管道根部,应用细石混凝土填塞密实,做好转角处理,将管根部固定。

4)铺设隔汽层。有隔汽屋的屋面,按设计要求选用气密性好的防水卷材或防水涂料作隔汽层,隔汽层应沿墙面向上铺设,并与屋面的防水层相连接,形成封闭的整体。

5)保温层铺设。

①铺设板状保温层。干铺加气混凝土板、泡沫混凝土板块、蛭石混凝土或聚苯板块等保温材料,应找平拉线铺设。铺前先将接触面清扫干净,板块应紧密铺设、铺平、垫稳。分层铺设的板块,其上下两层应错开;各层板块间的缝隙应用同类材料的碎屑填密实,表面应与相邻两板高度一致一般在块状保温层上用松散湿料做找坡。保温板缺棱掉角,可用同类材料的碎块嵌补,用同类材料的粉料加适量水泥填嵌缝隙。板块状保温材料用黏结材料平粘在屋面基层上时,一般用水泥、石灰混合砂浆,并用保温灰浆填实板缝、勾缝,保温灰浆配合比为 1∶1∶10(水泥∶石灰膏∶同类保温材料的碎粒,体积比),聚苯板材料应用沥青胶结料粘贴。粘贴的板状保温材料应贴严贴牢,胶粘剂应与保温材料性相容。

②铺设整体保温层。沥青膨胀蛭石、沥青膨胀珍珠岩宜用机械搅拌,并应色泽一致,无沥青团;压实程度根据试验确定,其厚度应符合设计要求,表面平整。硬质聚氨酯泡沫塑料应按配合比准确计量,发泡厚度均匀一致。施工环境气温宜为 15℃～30℃,风力不宜大于三级,相对湿度宜小于 85%。整体保温层应分层分段铺设,虚铺厚度应经试验确定,一般为设计厚度的 1.3 倍,经压实后达到设计要求的厚度。铺设保温层时,由一端向另一端退铺,用平板式振捣器振实或用木抹子拍实,表面抹平,做成粗糙面,以利与上部找平层结合。压实后的保温层表面,应及时铺抹找平层并保温养护不少于 7 d。

③保温层的构造应符合下列规定:保温层设置在防水层上部时宜做保护层,保温层设置在防水层下部时应做找平层。水泥膨胀珍珠岩及水泥膨胀蛭石不宜用于整体封闭式保温层;当需要采用时,应做排汽道。排汽道应纵横贯通,并应与大气连通的排汽孔相通。排气孔的数量应根据基层的潮湿程度和屋面构造确定,屋面面积每 36 m^2 宜设置一个。排气孔应做好防水处理。当排气孔采用金属管时,其排气管应设置在结构层上,并有牢固的固定措施,穿过保温层及排汽道的管壁应打排气孔。屋面坡度较大时,保温层应采取防滑措施。

4. 屋面防水层施工

(1)卷材防水层的铺贴方法。

1)满粘法。满粘法又叫全粘法，即在铺贴防水卷材时，卷材与基层采用全部黏结的施工方法。

2)空铺法。空铺法是指铺贴防水卷材时，卷材与基层仅在四周一定宽度内粘贴，黏结面积不少于1/3的施工方法。铺贴时，应在檐口、屋脊和屋面的转角处、突出屋面的连接处，卷材与找平层应满涂玛琋脂黏结，其黏结宽度不得小于80 mm。卷材与卷材的搭接缝应满粘。叠层铺设时，卷材与卷材之间应满粘。

空铺法可以使卷材与基层之间互不黏结，减少了基层变形对防水层的影响，有利于解决防水层开裂、起鼓等问题；但是对于叠层铺设的防水层由于减少了一油，降低了防水功能，如一旦渗漏，不容易找到漏点。

空铺法适用于基层湿度过大、找平层的水蒸气难以由排汽道排入大气的屋面，或用于埋压法施工的屋面。在沿海大风地区，应慎用，以防被大风掀起。

3)条粘法。条粘法是指铺贴卷材时，卷材与基层采用条状黏结的施工方法。每幅卷材与基层的黏结面不得少于两条，每条宽度不应少于150 mm。每幅卷材与卷材的搭接缝应满粘，当采用叠层铺贴时，卷材与卷材间应满粘。

4)点粘法。点粘法是指铺贴防水卷材时，卷材与基层采用点状黏结的施工方法。要求每平方米面积内至少有5个黏结点，每点面积不小于100 mm×100 mm，卷材与卷材搭接缝应满粘。当第一层采用打孔卷材时，也属于点粘法。防水层周边一定范围内也应与基层满粘牢固。点粘的面积，必要时应根据当地风力大小经计算后确定。

点粘法铺贴，增大了防水层适应基层变形的能力，有利于解决防水层开裂，起鼓等问题，但操作比较复杂，当第一层采用打孔卷材时，施工虽然方便，但又可用于石油沥青三毡四油叠层铺贴工艺。

点粘法适用于采用槽排汽不能可靠地解决卷材防水层开裂和起鼓的无保温层屋面，或者温差较大，而基层又十分潮湿的排汽屋面。

(2)卷材施工顺序和铺贴方向。

1)卷材施工顺序。卷材铺贴应遵守“先高后低、先远后近”的施工顺序。即高跨低跨屋面，应先铺高跨屋面，后铺低跨屋面；在等高的大面积屋面，应先铺离上料点较远的部位，后铺较近部位。卷材防水大面积铺贴前，应先做好节点处理，附加层及增强层铺设，以及排水集中部位的处理。如节点部位密封材料的嵌填，分格缝的空铺条以及增强的涂料或卷材层。然后由屋面最低标高处开始，如檐口、天沟部位再向上铺设。尤其在铺设天沟的卷材，宜顺天沟方向铺贴，从水落口处向分水线方向铺贴。

大面积层面施工时，为提高工效和加强技术管理，可根据层面面积的大小，层面的形状、施工工艺顺序、操作人员的数量、操作熟练程度等因素划分流水施工段。施工段的界线宜设在屋脊、天沟、变形缝等处，然后根据操作要求和运输安排，再确定各施工的流水施工顺序。

2)卷材铺贴方向。层面防水卷材的铺贴方向应根据屋面坡度和层面是否受震动来确定，当层面坡度小于3%时，卷材宜平行屋脊铺贴；屋面坡度在3%～15%时，卷材平行或垂直于屋脊铺贴；屋面坡度大于15%或受震动时，沥青防水卷材应垂直于屋脊铺贴，高聚物改性沥青防水卷材和合成高分子防水卷材可平行或垂直屋脊铺贴，但上下层不得相互垂直铺贴。

3)卷材搭接缝的要求。平行屋脊的卷材搭接缝应顺流水方向，卷材搭接宽度应符合表5-4的规定；相邻两幅卷材短边搭接缝应错开，且不得小于500 mm；上下层卷材长边搭接缝应错开，且不得小于幅宽的1/3。

(3)高聚物改性沥青防水卷材施工。

1)热熔法施工。施工时在找平层上先刷一层基层处理剂,用改性沥青防水涂料稀释后涂刷较好,也可以用冷底子油或乳化沥青。找平层表面全部要涂黑,以增强卷材与基层的黏结力。

表 5-4　卷材搭接宽度　(单位:mm)

卷材类别		搭接宽度
合成高分子防水卷材	胶粘剂	80
	胶粘带	50
	单缝焊	60,有效焊接宽度不小于 25
	双缝焊	80,有效焊接宽度 10×2+空腔宽
高聚物改性沥青防水卷材	胶粘剂	100
	自粘	80

对于无保温层的装配式屋面,为避免结构变形将卷材拉裂,在板缝或分格缝处 300 mm 内,卷材应空铺或点粘,缝的两侧 150 mm 不要刷基层处理剂,也可以干铺一层油毡作隔离层。

改性沥青卷材屋面防水往往只做一层,所以施工时要特别细心。尤其是节点及复杂部位、卷材与卷材的连接处一定要做好,才能保证不渗漏。大面积铺贴前应先在水落口、管道根部、天沟部位做附加层,附加层可以用卷材剪成合适的形状贴入水落口或管道根部,也可以用改性沥青防水涂料加玻璃纤布处理这些部位。屋面上的天沟往往因雨水较大或排水不畅造成积水,所以天沟是屋面防水中的薄弱处,铺贴在天沟中的卷材接头越少越好,可将整卷卷材顺天沟方向全部满粘,接头粘好后再裁 100 mm 宽的卷材把接头加固。

热熔法施工的关键是掌握好烘烤的温度。温度过低,改性沥青没有融化、黏结不牢;温度过高沥青炭化,甚至烧坏胎体或将卷材烧穿。烘烤温度与火焰的大小、火焰和烘烤面的距离、火焰移动的速度以及气温、卷材的品种等诸多因素有关,要在实践中不断积累经验。加热程度控制为热熔胶出现黑色光泽(此时沥青的温度在 200℃~230℃之间)、发亮并有微泡现象,但不能出现大量气泡。

卷材与卷材搭接时要将上下搭接面同时烘烤,粘合后从搭接边缘要有少量连续的沥青挤出来,如果有中断,说明这一部位没有粘好,要用小扁铲挑起来再烘烤直到沥青挤出来为止。边缘挤出的沥青要随时用小抹子压实。对于铝箔复面的防水卷材烘烤到搭接面时,火焰要放小,防止火焰烤到已铺好的卷材上,损坏铝箔,必要时还可用隔板保护。

热熔法铺贴卷材一般以三人一组为宜:一人负责烘烤,一人向前推贴卷材,一人负责滚压和收边并负责移动液化气瓶。

铺贴是要让卷材在自然状态下展开,不能强拉硬扯。如发现卷材铺偏了,要裁断再铺,不能强行拉正,以免卷材局部受力造成开裂。

热熔卷材的边沿必须做好,对于没有女儿墙的卷材边沿,可按如图 5-1 所示予以处理。

有挑檐的屋面可按如图 5-2 所示将卷材包到外沿顶部并用水泥钉、压条固定后再粉刷保护层。有女儿墙的屋面应将卷材压入顶留的凹槽内,再用聚合物水泥砂浆固定。如果是混凝土浇筑的女儿墙没有留出凹槽内,应将卷材立面粘牢后,再用水泥钉及压条将卷材沿边钉牢,卷材边涂上密封膏如图 5-3 所示。如果卷材立面要做水泥砂浆保护层,应选用带砂粒或岩片覆面的卷材。

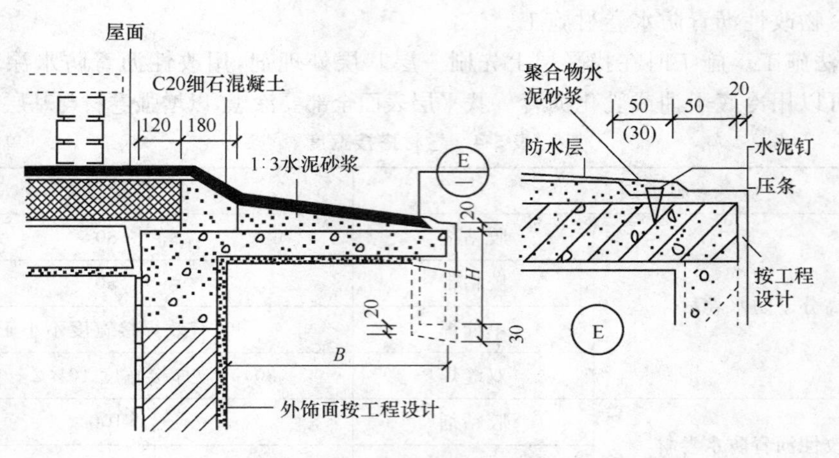

图 5-1 屋面挑檐防水做法(一)(单位:mm)

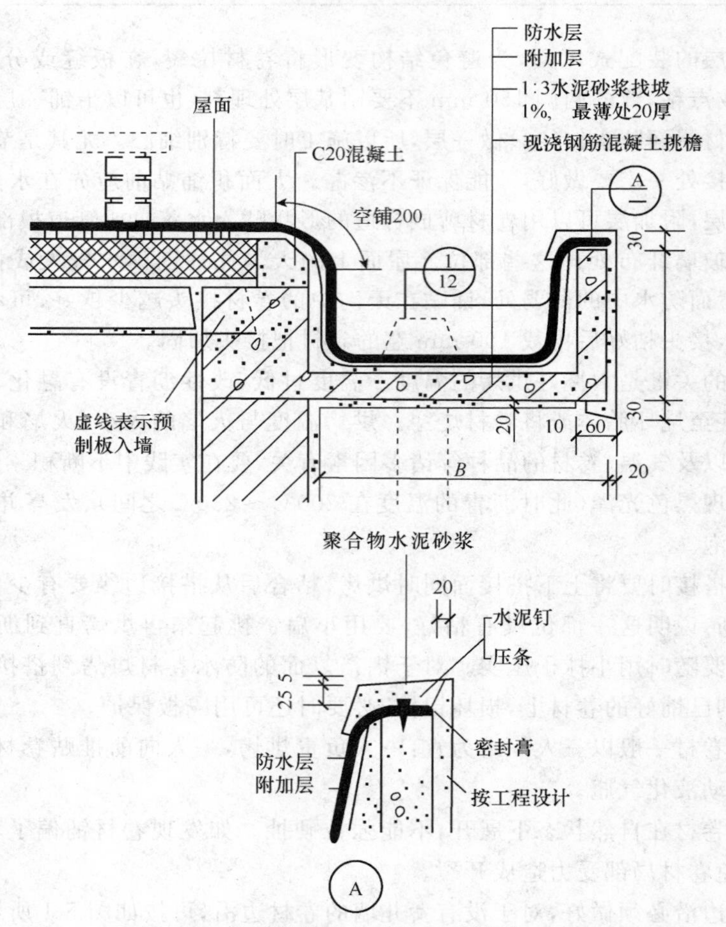

图 5-2 屋面挑檐防水做法(二)(单位:mm)

2)冷粘法施工。改性沥青防水卷材在不能用火的地方以及卷材厚度小于 3 mm 时,宜用冷粘法施工。

冷粘法施工质量的关键是胶粘剂的质量。胶粘剂材料要求与沥青相容,剥离强度要大于 8 N/10 mm,耐热度大于 85℃。不能用一般的改性沥青防水涂料作胶粘剂,施工前应先做黏

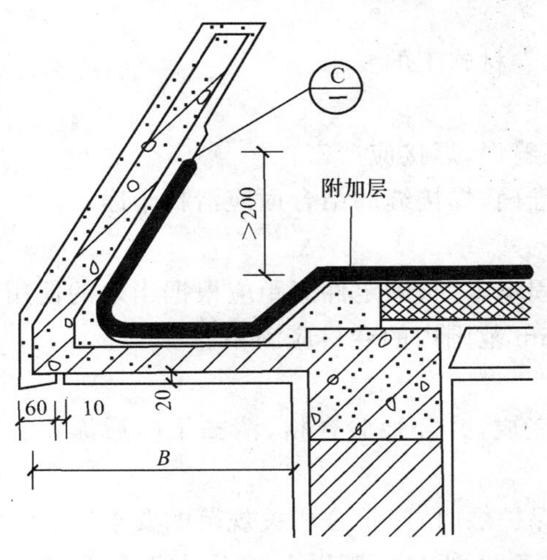

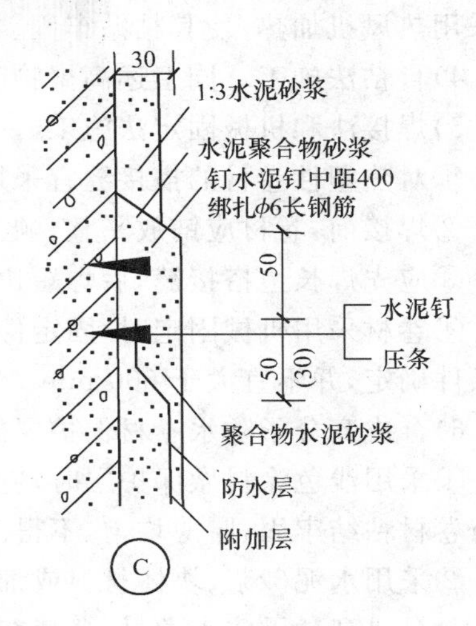

图 5-3　屋面挑檐防水做法(三)(单位:mm)

结性能实验。冷粘法施工时对基层要求比热熔法更高,基层如不平整或起砂就粘不牢。

冷粘法施工时,应先将胶粘剂稀释后在基层上涂刷一层,干燥后即粘贴卷材,不隔时过久,以免落上灰尘,影响粘贴效果。粘贴时同样先做附加层和复杂部位,然后再大面积粘贴。涂刷胶粘剂时要按卷材长度边涂边贴。涂好后稍晾一会让溶剂挥发掉一部分,然后将卷材贴上。溶剂过多卷材会起鼓。卷材与卷材黏结时更应让溶剂多挥发一些,边贴边用压辊将卷材下的空气排出来。要贴得平展,不能有皱折。有时卷材的边沿并不完全平整,粘贴后边沿会部分翘起来,此时可用重物将边沿压住,过一段时间待粘牢后再将重物去掉。

(4)合成高分子防水卷材施工。

1)水落口、天沟、檐沟、檐口及立面卷材收头等施工,应符合下列规定。

①水落口应牢固地固定在承重结构上。当采用金属制品时,所有零件均应做防锈处理。

②天沟、檐沟铺贴卷材应从沟底开始,当沟底过宽、卷材需纵向搭接时,搭接缝应用密封材料封口。

③铺至混凝土檐口或立面的卷材收头应裁齐后压入凹槽,并用压条或带垫片钉子固定,最大钉距不应大于 900 mm,凹槽内用密封材料嵌填封严。

2)立面或大坡面铺贴合成高分子防水卷材时,应采用满粘法,并减少短边搭接。

3)冷粘法施工。

①基层胶粘剂可涂刷在基层或涂刷在基层和卷材底面,涂刷应均匀,不露底,不堆积。卷材空铺、点粘、条粘时,应按规定的位置及面积涂刷胶粘剂。

②根据胶粘剂的性能,应控制胶粘剂涂刷与卷材铺贴的间隔时间。

③铺贴卷材不得皱折,也不得用力拉伸卷材,并应排除卷材下面的空气,辊压粘贴牢固。

④铺贴的卷材应平整顺直,搭接尺寸准确,不得扭曲。

⑤卷材铺好压粘后,应将搭接部位的黏合面清理干净,并采用与卷材配套的接缝专用胶粘剂,在搭接缝黏合面上涂刷均匀,不露底,不堆积。根据专用胶粘剂性能,应控制胶粘剂涂刷与黏合间隔时间,并排除缝间的空气,辊压粘贴牢固。

⑥搭接缝口应采用材性相容的密封材料封严。

⑦卷材搭接部位采用胶粘带粘结时,黏合面应清理干净,必要时可涂刷与卷材及胶粘带材性相容的基层胶粘剂,撕去胶粘带隔离纸后应及时粘合上层卷材,并辊压粘牢。低温施工时,

宜采用热风机加热，使其粘贴牢固、封闭严密。

4)自粘法施工。同上述高聚物改性沥青防水卷材施工的要求。

5)焊接法和机械固定法施工。

①对热塑性卷材的搭接缝宜采用单缝焊或双缝焊，焊接应严密；

②焊接前，卷材应铺放平整、顺直，搭接尺寸准确，焊接缝的结合面应清扫干净；

③应先焊长边搭接缝，后焊短边搭接缝；

④卷材采用机械固定时，固定件应与结构层固定牢固，固定件间距应根据当地的使用环境与条件确定，并不宜大于 600 mm。距周边 800 mm 范围内的卷材应满粘。

6)合成高分子防水卷材保护层的施工。

①采用浅色涂料做保护层时，应待卷材铺贴完成，并经检验合格、清扫干净后涂刷。涂层应与卷材粘结牢固，厚薄均匀，不得漏涂。

②采用水泥砂浆、块体材料或细石混凝土做保护层时，应符合相关规范的要求。

7)合成高分子防水卷材，严禁在雨天、雪天施工；五级风及其以上时不得施工；环境气温低于 5℃时不宜施工。施工中途下雨、下雪，应做好已铺卷材周边的防护工作(注：焊接法施工环境气温不宜低于－10℃)。

(5)沥青防水卷材施工。

1)配制沥青玛琋脂。玛琋脂的标号，应视使用条件、屋面坡度和当地历年极端最高气温，按表 5-5 的要求选定，其性能应符合表 5-6 的规定。现场配制玛琋脂的配合比及其软化点和耐热度的关系数据，应由试验部门根据所用原料试配后确定。在施工中按确定的配合比严格配料，每工作班均应检查与玛琋脂耐热度相应的软化点和柔韧性。热玛琋脂的加热温度不应高于 240℃，使用温度不宜低于 190℃，并应经常检查。熬制好的玛琋脂宜在本工作班内用完。当不能用完时应与新熬的材料分批混合使用，必要时还应做性能检验。冷玛琋脂使用时应搅匀，稠度太大时可加少量溶剂稀释搅匀。

表 5-5　沥青玛琋脂选用标号

材料名称	屋面坡度	历年极端最高气温	沥青玛琋脂标号
沥青玛琋脂	1%～3%	小于 38℃ 38℃～41℃ 41℃～45℃	S-60 S-65 S-70
	3%～15%	小于 38℃ 38℃～41℃ 41℃～45℃	S-65 S-70 S-75
	15%～25%	小于 38℃ 38℃～41℃ 41℃～45℃	S-75 S-80 S-85

注：1. 卷材层上有块体保护层或整体刚性保护层，沥青玛琋脂标号可按表 5-6 降低 5 号。

2. 屋面受其他热源影响(如高温车间等)或坡度超过 25%时，应将沥青玛琋脂的标号适当提高。

表 5-6　沥青玛琋脂的质量要求

标号 指标名称	S-60	S-65	S-70	S-75	S-80	S-85
耐热度	用 2 mm 厚的沥青玛琋指粘合两张沥青油纸，于不低于下列温度(℃)中，1∶1 坡度上停放 5 h 的沥青玛琋脂不应流淌，油纸不应滑动					
	60	65	70	75	80	85
柔韧性	涂在沥青油纸上的 2 mm 厚的沥青玛琋脂层，在 18℃±2℃时，围绕下列直径(mm)的圆棒，用 2 s 的时间以均衡速度弯成半周，沥青玛琋脂不应有裂纹					
	10	15	15	20	25	30
粘结力	用手将两张粘贴在一起的油纸慢慢地一次撕开，从油纸和沥青玛琋脂的粘贴面的任何一面的撕开部分，应不大于粘贴面积的 1/2					

2)采用叠层铺贴沥青防水卷材的粘贴层厚度：热玛琋脂宜为 1～1.5 mm，冷玛琋脂宜为 0.5～1 mm；面层厚度：热玛琋脂宜为 2～3 mm，冷玛琋脂宜为 1～1.5 mm。玛琋脂应涂刮均匀，不得过厚或堆积。

3)铺贴立面或大坡面卷材时，玛琋脂应满涂，并尽量减少卷材短边搭接。

4)水落口、天沟、檐沟、檐口及立面卷材收头等施工。

①水落口应牢固地固定在承重结构上。当采用金属制品时，所有零件均应做防锈处理。

②天沟、檐沟铺贴卷材应从沟底开始，当沟底过宽、卷材需纵向搭接时，搭接缝应用密封材料封口。

③铺至混凝土檐口或立面的卷材收头应裁齐后压入凹槽，并用压条或带垫片钉子固定，最大钉距不应大于 900 mm，凹槽内用密封材料嵌填封严。

5)卷材铺贴要求。

①卷材在铺贴前应保持干燥，其表面的撒布料应预先清扫干净，并避免损伤卷材。

②在无保温层的装配式屋面上，应沿屋面板的端缝先单边点粘一层卷材，每边的宽度不应小于 100 mm，或采取其他能增大防水层适应变形的措施，然后再铺贴屋面卷材。

③选择不同胎体和性能的卷材复合使用时，高性能的卷材应放在面层。

④铺贴卷材时应随刮涂玛琋脂随滚铺卷材，并展平压实。

⑤采用空铺、点粘、条粘第一层卷材或第一层为打孔卷材时，在檐口、屋脊和屋面的转角处及突出屋面的交接处，卷材应满涂玛琋脂，其宽度不得小于 800 mm。当采用热玛琋脂时，应涂刷冷底子油。

6)沥青防水卷材保护层的施工。

①卷材铺贴经检查合格后，应将防水层表面清扫干净。

②用绿豆砂做保护层时，应将清洁的绿豆砂预热至 100℃左右，随刮涂热玛琋脂，随铺撒热绿豆砂。绿豆砂应铺撒均匀，并滚压使其与玛琋脂粘结牢固。未粘结的绿豆砂应清除。

③用云母或蛭石做保护层时，应先筛去粉料，再随刮涂冷玛琋脂随撒铺云母或蛭石。撒铺应均匀，不得露底，待溶剂基本挥发后，再将多余的云母或蛭石清除。

④用水泥砂浆做保护层时，表面应抹平压光，并应设表面分格缝，分格面积宜为 1 m^2。

⑤用块体材料做保护层时，宜留设分格缝，其纵横间距不宜大于 10 m，分格缝宽度不宜小于 20 mm。

⑥用细石混凝土做保护层时，混凝土应振捣密实，表面抹平压光，并应留设分格缝，其纵横缝间距不宜大于 6 m。

⑦水泥砂浆、块体材料或细石混凝土保护层与防水层之间应设置隔离层。

⑧水泥砂浆、块体材料或细石混凝土保护层与女儿墙之间应预留宽度为 30 mm 的缝隙，并用密封材料嵌填严密。

7)沥青防水卷材严禁在雨天、雪天施工，五级风及其以上时不得施工，环境气温低于 5℃时不宜施工。施工中途下雨时，应做好已铺卷材周边的防护工作。

二、涂膜防水屋面施工技术

1. 屋面找平层施工

同上述一中“屋面找平层施工”的内容。

2. 屋面保温层施工

同上述一中“屋面保温层施工”的内容。

3. 屋面防水层施工

(1)施工准备。

1)材料准备。需要准备的材料有高聚物改性沥青防水涂料、合成高分子防水涂料、聚合物水泥防水涂料、胎体增强材料、改性石油沥青密封材料与合成高分子密封材料等。

2)机具准备。

①主要设备。电动搅拌机、高压吹风机、称量器、灭火器等。

②主要工具。拌料桶、小油漆桶、塑料或橡胶刮板、长柄滚刷、铁抹子、小平铲、扫帚、墩布、剪刀、卷尺等。

③作业条件。

a. 主体结构必须经有关部门正式检查验收合格后，方可进行屋面防水工程施工。

b. 装配式钢筋混凝土板的板缝处理以及保温层、找平层均已完工，含水率符合要求。

c. 屋面的安全措施如围护栏杆、安全网等消防设施均齐全，经检查符合要求，劳保用品能满足施工操作。

d. 组织防水施工队的技术人员，熟悉图样，掌握和了解设计意图，解决疑难问题；确定关键性技术难关的施工程序和施工方法。

e. 施工机具齐全，运输工具、提升设施安装试运转正常。

f. 现场的贮料仓库及堆放场地符合要求，设施完善。

g. 严禁在雨天和雪天施工，五级风以上不得施工。

(2)施工工艺。

1)基层清理。基层验收合格，表面尘土、杂物清理干净并应干燥。

2)涂刷基层处理剂。待基层清理洁净后，即可满涂一道基层处理剂，可用刷子用力薄涂，使基层处理剂进入毛细孔和微缝中，也可用机械喷涂。涂刷均匀一致，不漏底。基层处理剂常用涂膜防水材料稀释后使用，其配合比应根据不同防水材料按产品说明书的要求配置，溶剂型涂料可用溶剂稀释，乳液型涂料可用软水稀释。

3)铺设有胎体增强材料的附加层。按设计和防水细部构造要求，在天沟、檐沟与屋面交接处、女儿墙、变形缝两侧墙体根部等易开裂的部位，铺设一层或多层带有胎体增强材料的附加层。

4)涂膜防水层必须由两层以上涂层组成，每涂层应刷二遍到三遍，达到分层施工，多道薄涂。其总厚度必须达到设计要求。

5)双组分涂料必须按产品说明书规定的配合比准确计量，搅拌均匀，已配成的双组分涂料必须在规定的时间内用完。配料时允许加入适量的稀释剂、缓凝剂或促凝剂来调节固化时间，但不得混入已固化的涂料。

6)由于防水涂料品种多，成分复杂，为准确控制每道涂层厚度、干燥时间、黏结性能等，在施工前均应经试验确定。

7)涂刷防水层。

①涂布顺序。当遇有高低跨屋面时，一般先涂布高跨屋面，后涂布低跨屋面，在相同高度大面积屋面上施工，应合理划分施工段，分段尺量安排在变形缝处，在每一段应先涂布较远的部位，后涂布较近的屋面；先涂布立面，后涂布平面；先涂布排水比较集中的水落口、天沟、檐口，再往上涂屋脊、天窗等。

②纯涂层涂布一般应由屋面标高最低处顺脊方向施工，并根据设计厚度分层分遍涂布，待先涂的涂层干燥成膜后，方可涂布后一道涂布层，其操作要点如下：

用棕刷蘸胶先涂立面，要求多道薄涂，均匀一致、表面平整，不得有流淌堆积现象，待第一遍涂层干燥成膜后，再涂第二遍，直至达到规定的厚度。

待立面涂层干燥后，应从水落口、天沟、檐口部位开始，屋面大面积涂布施工时，可用毛刷、长柄棕刷、胶皮刮板刮刷涂布，每一层宜分两遍涂刷，每遍的厚度应按试验确定的 1 m^2 涂料用量控制。施工时应从檐口向屋脊部位边涂边退，涂膜厚度应均匀一致，表面平整，不起泡，无针孔。当第一遍涂膜干燥后，经专人检查合格，清扫干净后，可涂刷第二遍。施工时，应与第一遍涂料涂刷方向相互垂直，以提高防水层的整体性与均匀性，并注意每遍涂层之间的接槎，避免搭接处产生渗漏。其余各涂层均按上述施工方法，直至达到设计规定的厚度。

③夹铺胎体增强材料的施工方法见表 5-7。

表 5-7　夹铺胎体增强材料的施工方法

项　目	操作要点
湿铺法	(1)基层及附加层按设计及标准施工完毕，并经检查验收合格。根据设计要求，在整个屋面上涂刷第一遍涂料。 (2)在第一遍涂料干燥后，即可从天沟、檐口开始，分条涂刷第二遍涂料，每条宽度应与胎体材料宽度一致，一般应弹线控制，在涂刷第二遍涂料后，趁湿随即铺贴第一层胎体增强材料，铺时先将一端粘牢，然后将胎体材料展开平铺或紧随涂布涂料的后面向前方推滚铺贴，并将胎体材料两边每隔 1 m 左右用剪刀剪一长 30 mm 的小口，以利铺贴平整。铺贴时不得用力拉伸，否则成膜后产生较大收缩，易于脱开、错动、翘边或拉裂；但过松也会产生皱折，胎体材料铺胎后，出胎体表面，使其贴牢，不得有起皱和粘贴不牢的现象，凡有起皱现象应剪开贴平。如发现表面露白或空鼓说明涂料不足，应在表面补刷，使其渗透胎体与底基粘牢，胎体增强材料的搭接应符合设计及标准的要求。 (3)待第二遍涂料干燥并经检查合格，即可按涂刷第一遍涂料的要求，对整个屋面涂刷第三遍涂料。 (4)待第三遍涂料干燥后，即可按涂刷第二遍涂料的方法，涂刷第四遍涂料，铺贴第二层胎体增强材料。 (5)按上述方法依次涂刷面层第五遍、第六遍涂料

续上表

项　目	操作要点
干铺法	涂膜中夹铺胎体增强材料也可采用干铺法。操作时仅第二遍、第四遍涂料干燥后，干铺胎体增强材料，再分别涂刷第三遍和第五遍涂料，并使涂料渗透胎体增强材料，与底层涂料牢固结合，其他各涂层施工与湿铺法相同
空铺法	涂膜防水屋面，还可采用空铺法，为提高涂膜防水层适应基层变形的能力或作排汽屋面时，可在基层上涂刷两道浓石灰浆等作隔离剂，也可直接在胎体上涂刷防水涂料进行空铺，但在天沟、节点及屋面周边 800 mm 内应与基层粘牢，其他各涂层的施工与涂膜的湿(干)铺方法相同

8)保护层施工。

①粉片状撒物保护层施工要求。当采用云母、蛭石、细砂等松散材料做保护层时，应筛去粉料。在涂布最后一遍涂料时，随即趁湿撒上覆盖材料，应撒布均匀(可用扫帚轻扫均匀)，不得露底，轻拍或辊压粘牢，干燥后清除余料；撒布时应注意风向，不得撒到未涂面层料的部位，以免造成污染或生产隔离层，而影响质量。

②浅色涂料保护层。应在面层涂料完全干燥、验收合格、清扫洁净后及时涂布。施工时，操作人员应站在上风向，从檐口或端头开始依次后退进行涂刷或喷涂，施工要求与涂膜防水相同。

③水泥砂浆、细石混凝土、板块保护层，均应待涂膜防水层完全干燥后，经淋(蓄)水试验，确保无渗漏后方可施工。

三、刚性防水屋面施工技术

1. 混凝土防水层

(1)材料准备。

1)水泥、砂、石子、水、钢筋、外加剂、掺和料、钢纤维、基层处理剂、隔离材料、嵌缝密封材料、背衬材料、分格缝木条、工具清洗剂等。

2)基层处理剂采用相应密封材料的稀释液，含固量宜为 25%～35%。采用密封材料生产厂家配套提供的或推荐的产品，如果采取自己配或其他生产厂家时，应做黏结试验。

3)隔离材料一般采用石灰(膏)、砂、黏土、纸筋灰、纸胎油毡或 0.25～0.4 mm 厚聚氯乙烯薄膜等。应根据设计要求选用。

(2)机具准备。

1)机械设备。强制式混凝土搅拌机、塔式起重机、平板振动器、高压吹风机等。

2)主要工具。滚筒(重 40～50 kg，长 600 mm 左右)、铁压板(250 mm×300 mm，特制)、铁抹子、钢丝刷、平铲、扫帚、油漆刷、刀、熬胶铁锅、温度计(200℃)、鸭嘴壶等。

(3)施工工艺。

1)基层处理。浇筑细石混凝土前，须待板缝灌缝细石混凝土达到强度，清理干净，板缝已做密封处理；将屋面结构层、保温层或隔离层上面的松散杂物清除干净，凸出基层上的砂浆、灰渣用凿子凿去，扫净，用水冲洗干净。

2)细部构造处理。浇筑细石混凝土前，应按设计或技术标准的细部处理要求，先将伸出屋面的管道根部、变形缝、女儿墙、山墙等部位留出缝隙，并用密封材料嵌填；泛水处应铺设卷材或涂膜附加层；变形缝中应填充泡沫塑料；其上填放衬垫材料，并用卷材封盖，顶部应加扣混凝土盖板或金属盖板。

3)标高、坡度、分格缝弹线。根据设计坡度要求在墙端引测标高点并弹好控制线。根据设计或技术方案弹出分格缝位置线(分格缝宽度不小于 20 mm),分格缝应留在屋面板的支撑端、屋面转折处、防水层与突出屋面结构的交接处。分格缝最大间距 6 mm,且每个分格板块以 20～30 m^2 为宜。

4)绑扎钢筋。钢筋网片按设计要求的规格、直径配料绑扎。搭接长度应大于 250 mm,在同一断面内,接头不得超过钢筋断面的 1/4;钢筋网片在分格缝处应断开;钢筋网应采用砂浆或塑料块垫起至细石混凝土上部,并保证留有 10 mm 的保护层。

5)洒水湿润。浇混凝土前,应适当洒水湿润基层表面,主要是利于基层与混凝土层的结合,但不可洒水过量。

6)浇筑混凝土。

①拉线找坡、贴灰饼。根据弹好的控制线,顺排水方向拉线冲筋,冲筋的间距为 1.5 m 左右,在分格缝位置安装木条,在排水沟、雨水口处找出泛水。

②混凝土搅拌、运输。

a. 防水细石混凝土必须严格按试验设计的配合比计量,各种原材料、外加剂、掺和料等不得随意增减。混凝土应采用机械搅拌。坍落度可控制在 30～50 mm;搅拌时间宜控制在 2.5～3 min。

b. 混凝土在运输过程中应防止漏浆和离析;搅拌站搅拌的混凝土运至现场后,其坍落度应符合现场浇筑时规定的坍落度,当有离析现象时必须进行二次搅拌。

③混凝土浇筑。混凝土的浇筑应按先远后近,先高后低的原则。在湿润过的基层上分仓均匀地铺设混凝土,在一个分仓内可铺 25 m 厚混凝土,再将扎好的钢筋提升到上面,然后再铺盖上层混凝土。用平板振捣密实,用木杠沿两边冲筋标高刮平,并用滚筒来回滚压. 直至表面浮浆不再沉落为止;然后用木抹子搓平,提出水泥浆。浇筑混凝土时,每个分格缝板块的混凝土必须一次浇筑完成,不得留施工缝。

④压光。混凝土稍干后,用铁抹子三遍压光成活,抹压时不得撒干水泥或加水泥浆,并及时取出分格缝和凹槽的木条。应一遍抹平、压实,使混凝土均匀密实;待浮水沉失,人踩上去有脚印但不下陷时,再用抹子压第二遍,将表面平整、密实,注意不得漏压,并把砂眼、抹纹抹平,在水泥终凝前,最后一遍用铁抹子同向压光,保证密实美观。

7)养护。常温下,细石混凝土防水层抹平压实后 12～24 h 可覆盖草袋(垫)、浇水养护(塑料布覆盖养护或涂刷薄膜养生液养护),时间一般不少于 14 d。

8)分格缝嵌缝。细石混凝土干燥后,即可进行嵌缝施工。嵌缝前应将分格缝中的杂质、污垢清理干净,然后在缝内及两侧刷或喷冷底子油一遍,待干燥后,用油膏嵌缝。

2. 密封材料嵌缝

(1)材料准备。需要准备的材料有改性石油沥青密封材料、合成高分子密封材料、基层处理剂。

(2)机具准备。

1)机械设备。胶泥加热搅拌机。

2)主要工具。手锤、扁铲、钢丝刷、吸尘器、扫帚、毛刷、抹子、喷灯、嵌缝枪或鸭嘴壶。

(3)施工工艺。

1)基层的检查与修补。

①密封防水施工前，应首先进行接缝尺寸和基面平整性、密封性的检查，符合要求后才能进行一下步操作。如接缝宽度不符合要求，应进行调整；基层出现缺陷时，也可用聚合物水泥砂浆修补。

②对基层上沾污的灰尘、砂粒、油污等均应做清扫、擦洗；接缝处浮浆可用钢丝刷刷除，然后宜采用高压吹风器吹净。

背衬材料的形状有圆形、方形的棒状或片状，应根据实际需要选定，常用的有泡沫塑料棒或条、油毡等；初衬材料应根据不同密封材料选用。填塞时，圆形的背衬材料应大于接缝宽度1～2 mm；方形背衬材料应与接缝宽度相同或略大，以保证背衬材料与接缝两侧紧密接触；如果接缝较浅时，可用扁平的片状背衬材料隔离。

2)涂刷基层处理剂。

①涂刷基层处理剂前，必须对接缝做全面的严格检查，待全部符合要求后，再涂刷基层处理剂；基层处理剂可采用市购配套材料或密封材料稀释后使用。

②涂刷基层处理剂应注意以下几点：第一，基层处理剂有单组分与双组分之分。双组分的配合比，按产品说明书中的规定执行。当配制双组分基层处理剂时，要考虑有效使用时间内的使用量，不得多配，以免浪费。单组分基层处理剂要摇匀后使用。基层处理剂干燥后应立即嵌填密封材料，干燥时间一般为20～60 min。第二，涂刷时，要用大小合适的刷子，使用后用溶剂洗净。第三，基层处理剂容器要密封，用后即加盖，以防溶剂挥发。第四，不得使用过期、凝聚的基层处理剂。

3)密封材料的配制。当采用单组分密封材料时，可按产品说明书直接填嵌或加热塑化后使用；当采用双组分密封材料时，应按产品说明书规定的比例，采用机械或人工搅拌后使用。

4)嵌填密封材料。密封材料的嵌填操作可分为热灌法和冷嵌法施工。改性石油沥青密封材料常采用热灌法和冷嵌法施工。合成为高分子密封材料常用冷嵌法施工。

①热灌法施工。采用热灌法工艺施工的密封材料需要在现场塑化或加热，使其具有流塑性后使用；热灌法适用于平面接缝的密封处理。

②冷嵌法施工。冷嵌法施工大多采用手工操作，用腻子刀或刮刀嵌填，较先进的有采用电动或手动嵌缝枪进行嵌填。

5)固化、养护。已嵌填施工完成的密封材料，应养护2～3 d，当下一道工序施工时，必须对接缝部位的密封材料采取临时性或永久性的保护措施(如施工现场清扫，找平层、保温隔热层施工时，对已嵌填的密封材料宜用卷材或木板条保护)，以防污染及碰损。

6)保护层施工。

①接缝直接外露的密封材料上应做保护层，以延长密封防水年限。

②保护层施工，必须待密封材料表面干燥后才能进行，以免影响密封材料的固化过程及损坏密封防水部位。保护层的施工应根据设计要求进行，如设计无具体要求时，一般可采用密封材料稀释后作为涂料，加铺胎体增强材料，做宽约200 mm左右的一布二涂涂膜保护层。此外，也可铺贴卷材、涂刷防水涂料或铺抹水泥砂浆做保护层，其宽度应不小于100 mm。

四、其他防水屋面施工技术

1. 倒置式屋面施工

(1)施工完的防水层，应进行蓄水或淋水试验，合格后方可进行保温层的铺设。

(2)板状保温材料的铺设应平稳，拼缝应严密。

(3)保护层施工时,应避免损坏保温层和防水层。

(4)当保护层采用卵石铺压时,卵石的质(重)量应符合设计规定。

(5)倒置式屋面的保温层上面,可采用块体材料、水泥砂浆或卵石做保护层;卵石保护层与保温层之间应铺设聚酯纤维无纺布或纤维织物进行隔离保护,如图5-4和图5-5所示。

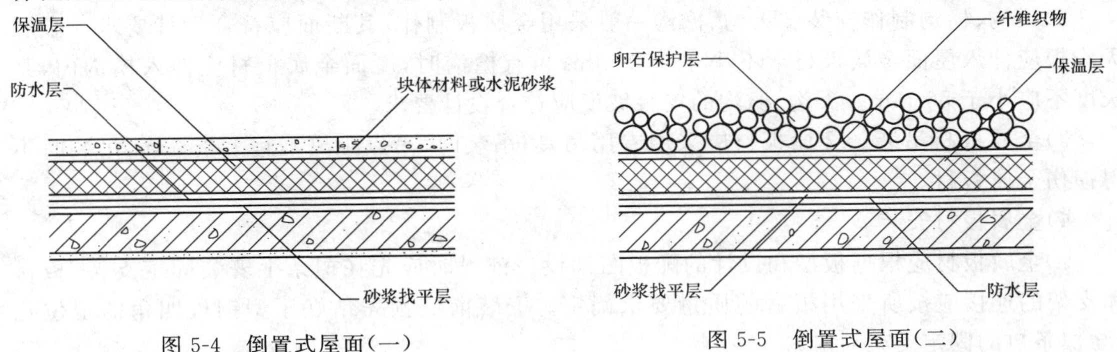

图5-4　倒置式屋面(一)　　图5-5　倒置式屋面(二)

(6)倒置式屋面应符合的规定。

1)当倒置式屋面坡度大于3%时,应在结构层采取防止防水层、保温层及能保护层下滑的措施。坡度大于10%时,应沿垂直于坡度的方向设置防滑条,防滑条应与结构层可靠连接。

2)保护层的设计应根据倒置式屋面的使用功能、自然条件、屋面坡度合理确定。

3)天沟、檐沟的纵向坡度不应小于1%,沟底水落差不应超过200 mm,檐沟排水不得流经变形缝和防火墙。

4)倒置式屋面可不设置透气孔或排气槽。

5)倒置式屋面水落管的数量,应按现行国家标准《建筑给水排水设计规范》(GB 50015—2003)(2009版)的相关规定。

6)当采用二道设防时,宜选用防水涂料作为其中一道防水层。

7)屋顶与外墙交接处、屋顶开口部位四周的保温层,应采用宽度不小于500 mm的A级保温材料设置水平防火隔离带。

8)硬泡聚氨酯防水保温复合板可作为次防水层用于两道防水设防屋面。

9)当采用屋面复合保温板做保温层时,可不另设保护层。

2. 金属板材屋面施工

(1)材料准备。

1)金属板材的种类很多,有锌板、镀铝锌板、铝合金板、铝镁合金板、钛合金板、铜板、不锈钢板、金属压型夹心板等,厚度一般为0.4～1.5 mm,板的表面一般进行涂装处理。

2)金属板材连接件。

3)密封材料。

(2)机具准备。

1)机械设备。拉铆机、手提式点焊机、手推式辊压机、手推式切割机、不锈钢片成型机、冲击钻。

2)主要工具。卷尺、粉线袋、木锤、铁锤、鸭嘴钳、木梯、防滑带、安全带。

(3)施工工艺。

1)檩条施工。

檩条的规格和间距应根据结构计算确定，每块屋面板端除应设置檩条支承外，中间还应设置1根或1根以上檩条。

根据设计要求将檩条安装在屋架或山墙预埋件上，檩条的上表面必须与屋面坡度一致，每一坡面上的檩条必须在同一(斜)平面上，固定牢固、坡度准确一致。

2)天沟、檐沟制作安装。天沟、檐沟一般采用金属板制作，其断面应符合设计要求。金属天沟板应伸入屋面金属板材下不小于100 mm；当有檐沟时，屋面金属板材应伸入檐沟内，其长度不应小于50 mm。天沟、檐沟的安装坡度应符合设计要求。

3)金属板材吊装。金属板材应采用专用吊具，吊装时，吊点距离不宜大于5 m，吊装时不得损伤金属板材。

4)金属板材安装。

①金属板材应根据板型和设计的配板图铺设。铺设时应先在檩条上安装固定支架，板材和支架的连接应按所采用板材的质量要求确定。安装前应预先钻好压型钢板四角的定位孔(与檩条口的固定支架对应)。

②金属板材应采用带防水垫圈的镀锌螺栓(螺钉)固定，固定点应设在波峰上。所有外露的螺栓(螺钉)，均应涂抹密封材料保护。

③铺设金属板材屋面时，相邻两块板应顺年最大频率风向搭接；上下两排板的搭接长度应根据板形和屋面坡长确定，并应符合板形的要求，搭接部位用密封材料封严；对接拼缝与外露钉帽应做好密封处理。

④金属板材屋面搭接及挑出尺寸应符合表5-8的规定。

表5-8　金属板材屋面搭接及挑出尺寸要求

项　次	项　目	搭盖尺寸(m)	检验方法
1	金属板材的横向搭接	不小于1个波	用尺量检查
2	金属板材的纵向搭接	≥200	
3	金属板材挑出墙面的长度	≥200	
4	金属板材伸入檐沟内的长度	≥150	
5	金属板材与泛水的搭接宽度	≥200	

5)檐口、泛水处理。金属板材屋面檐口应用异型金属板材的堵头封檐板；山墙应用异型金属板材的包角板和固定支架封严。

金属板材屋面脊部应用金属屋脊盖板，并在屋面板端头设置泛水挡水板和泛水堵头板。

金属板材屋面檐口挑出的长度不应小于200 mm，如图5-6所示。屋面脊部应用金属屋脊盖板，并在屋面板端头设置泛水挡水板和泛水堵头板，如图5-7所示。

每块泛水板的长度不宜大于2 m，泛水板的安装应顺直；泛水板与金属板材的搭接宽度，应符合不同板形的要求。

3.架空屋面施工

(1)架空屋面的坡度不宜小于5%。

(2)架空屋面隔热层的高度，应按屋面宽度或坡度大小的变化确定。架空屋面的架空隔热层高度宜为180～300 mm，架空板与女儿墙的距离不宜小于250 mm，如图5-8所示。

(3)当屋面宽度大于10 m时，架空屋面应设置通风屋脊。

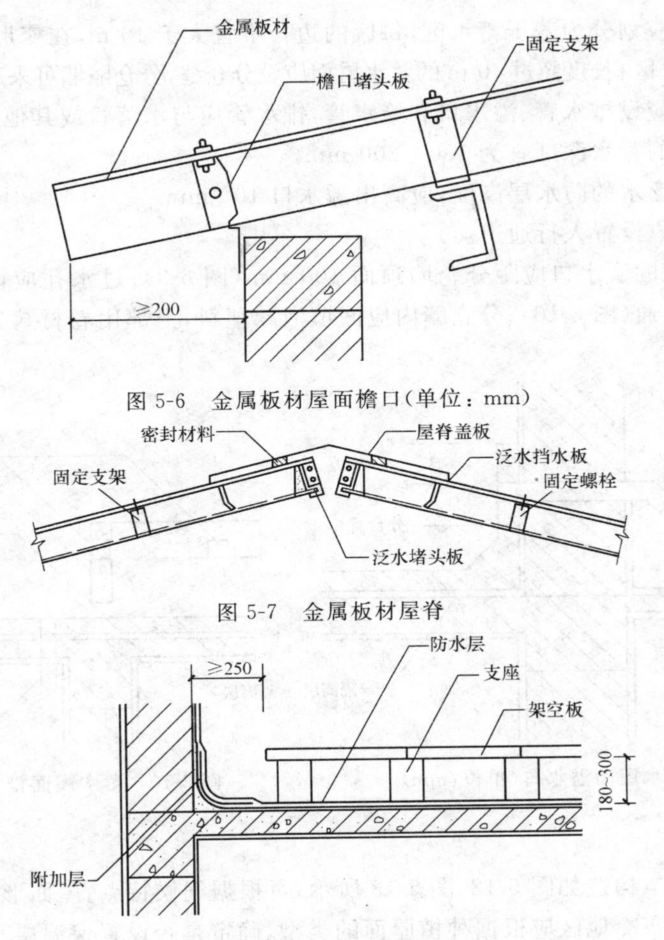

图 5-6　金属板材屋面檐口(单位：mm)

图 5-7　金属板材屋脊

图 5-8　架空屋面(单位：mm)

(4)架空隔热层的进风口,应设置在当地炎热季节最大风向的正压区,出风口宜设置在负压区。架空隔热层施工时,应将屋面清扫干净,并根据架空板的尺寸弹出支座中线。

(5)在支座底面的卷材、涂膜防水层上,应采取加强措施。

(6)铺设架空板时,应将灰浆刮平,随时扫净屋面防水层上的落灰、杂物等,保证架空隔热层气流畅通。操作时不得损伤已完工的防水层。

(7)架空板的铺设应平整、稳固;缝隙宜采用水泥砂浆或混合砂浆嵌填,并按设计要求留变形缝。

(8)架空板缝宜用水泥砂浆嵌填,并按设计要求留变形缝。架空屋面不得作为上人屋面使用。

4. 蓄水屋面施工

蓄水屋面有较好的保温隔热效果,蓄水屋面施工时要注意以下几个问题。

(1)蓄水屋面上所有的孔洞都应预留,不得后凿。所设置的给水管、排水管和溢水管应在防水层施工前安装完毕,管子周围应用 C25 以上的细石混凝土捣实。

(2)每个蓄水区的防水混凝土应一次浇筑完毕,不得留施工缝;立面与平面的防水层应同时做好。

(3)蓄水屋面应采用刚性防水层,或在卷材、涂膜防水层上做刚性复合防水层;卷材、涂膜防水层应采用耐腐蚀、耐霉烂、耐穿刺性能好的材料。

(4)蓄水屋面的坡度不应大于 0.5%。

(5)蓄水屋面应划分为若干蓄水区,每区的边长不宜大于 10 m,在变形缝的两侧应分成两个互不连通的蓄水区;长度超过 40 m 的蓄水屋面应设分仓缝,分仓隔墙可采用混凝土或砖砌体。

(6)蓄水屋面应设排水管、溢水口和给水管,排水管应与水落管或其他排水出口连通。

(7)蓄水屋面的蓄水深度宜为 150～200 mm。

(8)蓄水屋面泛水的防水层高度,应高出溢水口 100 mm。

(9)蓄水屋面应设置人行通道。

(10)蓄水屋面的溢水口应距分仓墙顶面 100 mm(图 5-9);过水孔应设在分仓墙底部,排水管应与水落管连通(图 5-10);分仓缝内应嵌填泡沫塑料,上部用卷材封盖,加扣混凝土盖板(图 5-11)。

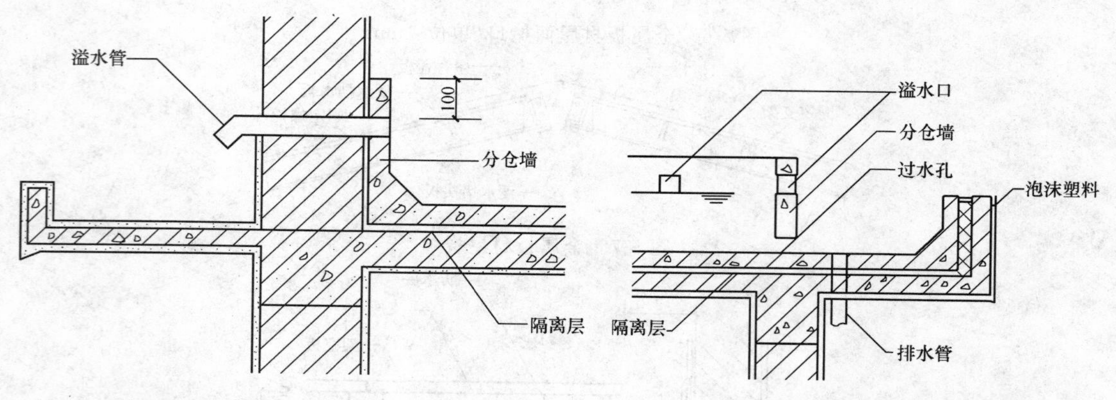

图 5-9　蓄水屋面溢水口(单位:mm)

图 5-10　蓄水屋面排水管、过水孔

5. 种植屋面施工

种植屋面的基本构造如图 5-12、图 5-13 所示,可根据气候特点、屋面形式、植物种类,增减屋面构造层次。在寒冷地区应根据种植屋面的类型,确定是否设置保温层。保温层的厚度,应根据屋面的热工性能要求,经计算确定。屋面坡度较大时,其排水层、种植介质应采取防滑措施。

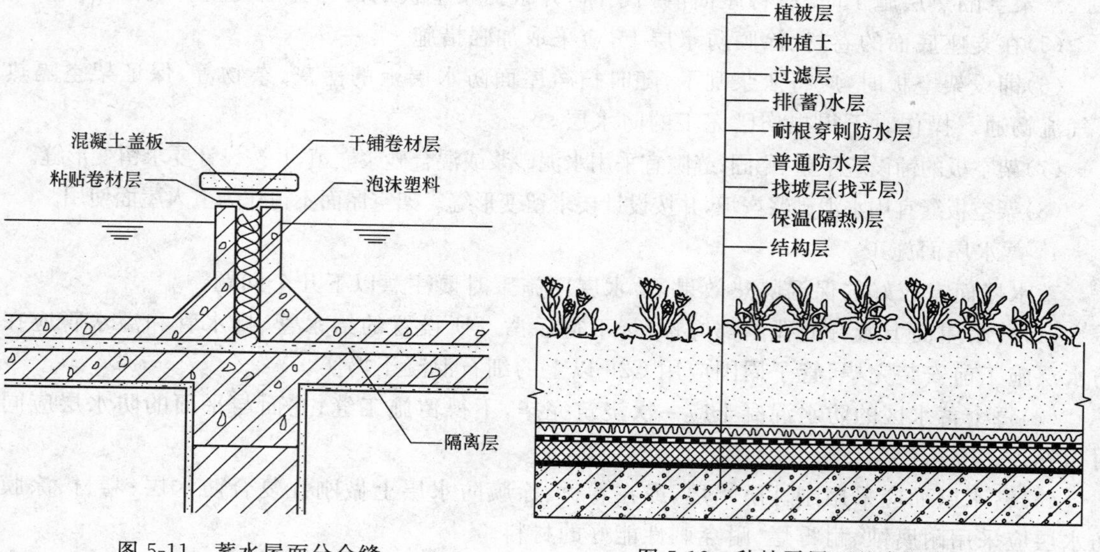

图 5-11　蓄水屋面分仓缝

图 5-12　种植平屋面基本构造

(1)耐根穿刺防水层的高分子防水卷材与普通防水层的高分子防水卷材复合时，应采用冷粘法施工。

(2)耐根穿刺防水层的沥青基防水卷材与普通防水层的沥青基防水卷材复合时，应采用热熔法施工。

(3)耐根穿刺防水材料与普通防水材料不能复合时，可空铺施工。用于坡屋面时，必须采取防滑措施。

(4)普通防水层的卷材与基层可空铺施工，坡度大于10%时，必须满粘施工。

(5)防水卷材搭接缝口应采用与基材相容的密封材料封严。

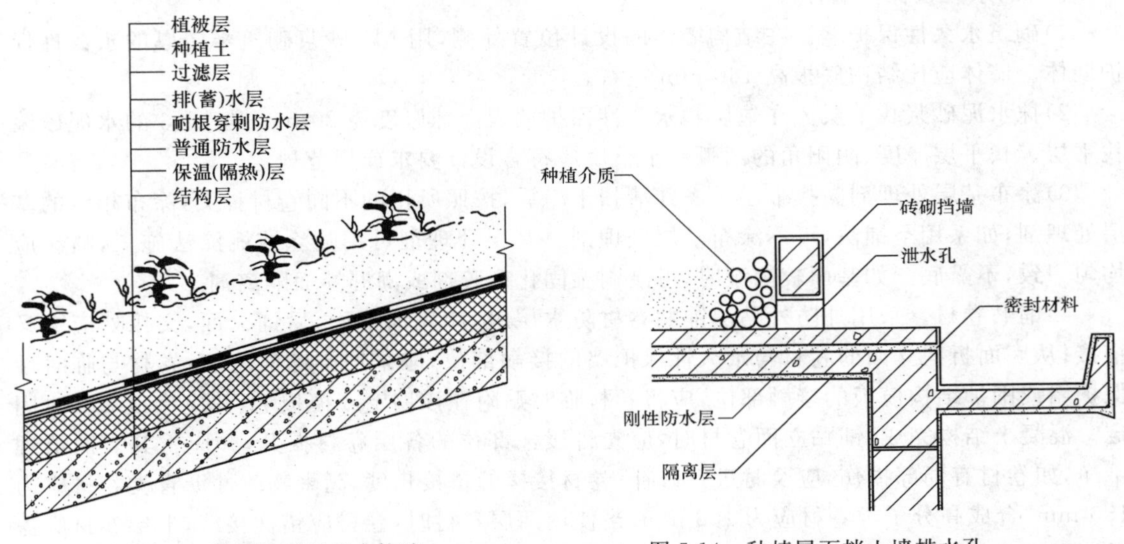

图5-13　种植坡屋面基本构造

图5-14　种植屋面挡土墙排水孔

(6)伸出屋面的管道和预埋件等，应在防水施工前完成安装。后装的设备基座下应增加一道防水增强层，施工时不得破坏防水层和保护层。

(7)种植屋面施工，应遵守过程控制和质量检验程序，并有完整检查记录。

(8)种植屋面工程施工时，耐根穿刺防水层上宜采取保护措施。

保护层完工后，应做蓄水试验，无渗漏即可进行种植部位的施工。屋面上如要安装藤架、坐椅以及上水管、照明管线等，应在防水施工前完成，对这些部位应按前述的规定做加强处理，防水层的高度要做到铺设种植土的部位上面150 mm处。其他烟囱口、排汽道等部位也同样处理。

在保护层上面即可按设计要求砌筑种植土挡墙，挡墙下部应设排水孔，如图5-14所示。

种植屋面的排水层可用卵石或轻质陶粒。

种植屋面应设浇灌系统，较小的屋面可将水管引上屋顶，人工浇灌，较大的屋面宜设微喷灌设备，有条件时，可设自动喷灌系统。不宜用滴灌，因无法观察下层种植土的含水量，不便于掌握灌水量。

喷灌系统的水管宜用铝塑管，不宜用镀锌管，后者易锈蚀。屋面种植荷花或养鱼时，要装设进水控制阀及溢水孔，以维持正常的水位。

第二节　地下防水施工技术

一、地下防水工程卷材防水施工技术

1. 卷材防水层施工

(1)外防外贴法施工。

外防外贴法是在混凝土底板和结构墙体浇筑前，先在墙体外侧的垫层上用半砖砌筑高1 m左右的永久性保护墙体。

1)砌筑永久性保护墙。在结构墙体的设计位置外侧，用M5砂浆砌筑半砖厚的永久性保护墙体。墙体应比结构底板高160 mm左右。

2)抹水泥砂浆找平层。在垫层和永久性保护墙表面抹厚度为20 mm的1∶3的水泥砂浆找平层。找平层厚度、阴阳角的圆弧和平整度应符合设计要求或规范规定。

3)涂布基层处理剂。找平层干燥并清扫干净后，按照所用的不同卷材种类，涂布相应的基层处理剂，如系用空铺法，可不涂布基层处理剂。基层处理剂可用喷涂或刷涂法施工，喷涂应均匀一致，不露底。如基面较潮湿时，可涂刷湿固化型胶剂或潮湿界面隔离剂。

4)铺贴卷材。采用外防外贴法铺贴卷材防水层时，应先铺平面，后铺立面，交接处应交叉搭接；从底面折向立面的卷材与永久性保护墙的接触部位，应采用空铺法施工；卷材与临时性保护墙或围护结构模板的接触部位，应将卷材临时贴附在该墙上或模板上，并应将顶端临时固定。混凝土结构完成，铺贴立面卷材时，应先将接槎部位的各层卷材揭开，并应将其表面清理干净，如卷材有局部损伤，应及时进行修补；卷材接槎的搭接长度，高聚物改性沥青类卷材应为150 mm，合成高分子类卷材应为100 mm；当使用两层卷材时，卷材应错槎接缝，上层卷材应盖过下层卷材。卷材防水层甩槎、接槎构造如图5-15所示。

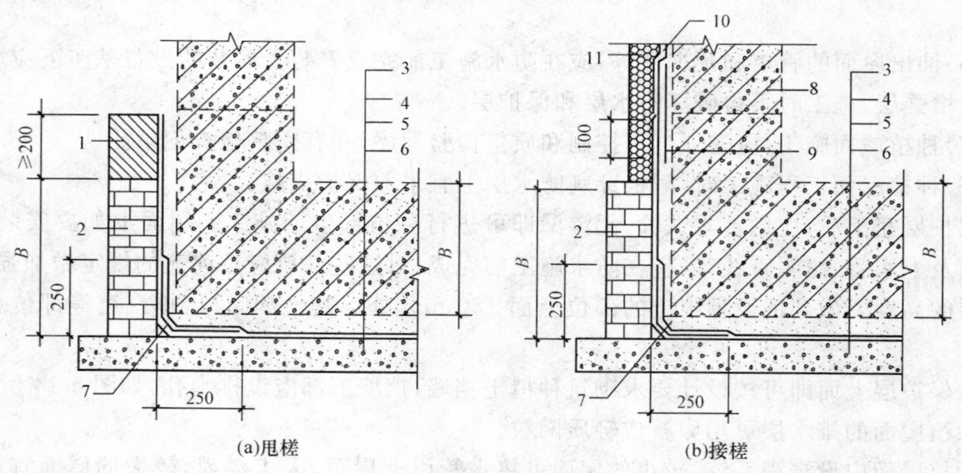

图5-15　卷材防水层甩槎、接槎构造(单位:mm)

1—临时保护墙；2—永久保护墙；3—细石混凝土保护层；4,10—卷材防水层；
5—水泥砂浆找平层；6—混凝土垫层；7,9—卷材加强层；
8—结构墙体；11—卷材保护层

卷材铺贴完毕后，应用建筑密封材料对长边和短边搭接缝进行嵌缝处理。

5)粘贴封口条。卷材铺贴完毕后，对卷材长边和短边的搭接缝应用建筑密封材料进行嵌

缝处理，然后再用封口条作进一步封口密封处理，封口条的宽度为 120 mm，如图 5-16 所示。

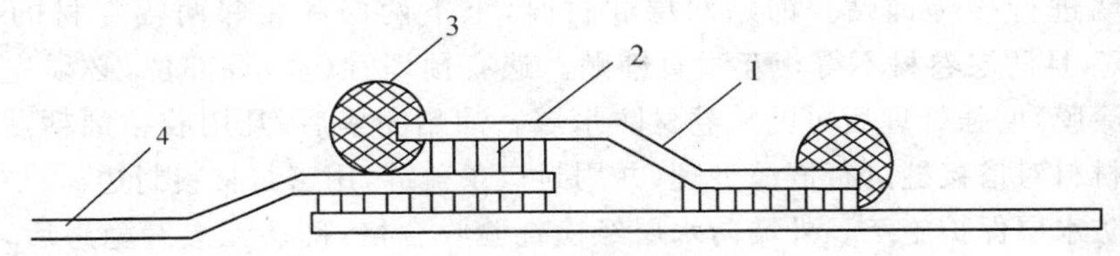

图 5-16　封口条密封处理

1—封口条；2—卷材胶粘剂；3—密封材料；4—卷材防水层

6)铺设保护层。平面和立面部位的防水层施工完毕并经检查验收合格后，宜在防水层上虚铺一层沥青防水卷材做保护隔离层，铺设时宜用少许胶粘剂粘贴固定，以防在浇筑细石混凝土刚性保护层时发生位移。保护隔离层铺设完毕，即可浇筑厚度不小于 50 mm 的细石混凝土保护层。在浇筑细石混凝土的过程中，切勿损坏保护隔离层和卷材防水层。如有损伤必须及时对卷材防水层进行修补，修补后再继续浇筑细石混凝土保护层，以免留下渗漏隐患。

7)砌筑临时性保护墙体。在浇筑结构墙体时，对立面部位的防水层和油毡保护层，按传统的临时性处理方法是将它们临时平铺在永久性保护墙体的平面上，然后用石灰浆砌筑 3 皮单砖临时性保护墙，压住油毡及卷材。

8)浇筑平面保护层和抹立面保护层。油毡保护层铺设完后，平面部位即可浇筑 40～50 mm厚的 C20 细石混凝土保护层。立面部位(永久性保护墙体)防水层表面抹 20 mm 厚 1∶2.5 水泥砂浆找平层加以保护。拌和时宜掺入微膨胀剂。在细石混凝土及水泥砂浆保护层养护固化后，即可按设计要求绑扎钢筋，支模板进行浇筑混凝土底板和墙体施工。

9)结构墙体外墙表面抹水泥砂浆找平层。先拆除临时性保护墙体，然后在外墙表面抹水泥砂浆找平层，如图 5-17 所示。

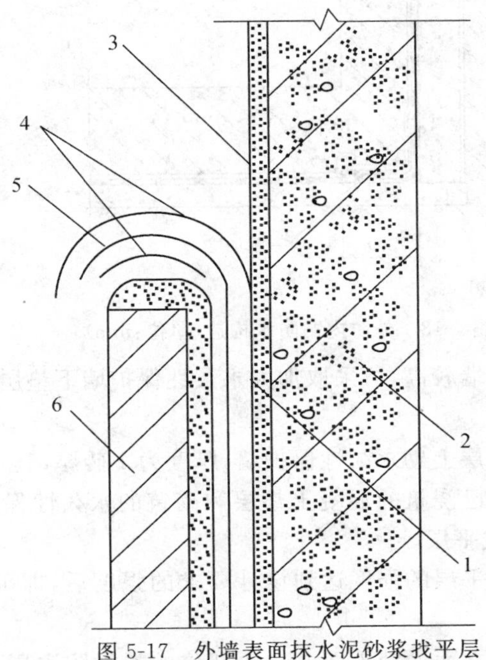

图 5-17　外墙表面抹水泥砂浆找平层

1—油毡保护层表面的找平层；2—结构墙体；3—外墙表面的找平层；

4—油毡保护层；5—防水卷材；6—永久性保护墙体

10)铺贴外墙立面卷材防水层。将甩槎防水卷材上部的保护隔离卷材撕掉,露出卷材防水层,沿结构外墙进行接槎铺贴。铺贴双层卷材时,上下两层和相邻两幅卷材的接缝应错开1/3~1/2 幅宽,且两层卷材不得相互垂直铺贴。遇有预埋管(盒)等部位,必须先用附加卷材(或加筋防水涂膜)增强处理后再铺贴卷材防水层。铺贴完毕后,凡用胶粘剂粘贴的卷材防水层,应用密封材料对搭接缝进行嵌缝处理,并用封口条盖缝,用密封材料封边。

11)外墙防水层保护施工。外墙防水层经检查验收合格,确认无渗漏隐患后,可在卷材防水层的外侧用胶粘剂点粘 5~6 mm 厚聚乙烯泡沫塑料片材或 40 mm 厚聚苯乙烯泡沫塑料保护层。外墙保护层施工完毕后,即可根据设计要求或施工验收规范的规定,在基坑内分步回填 3∶7 灰土,并分步夯实。

12)顶板防水层与保护层施工。顶板防水卷材铺贴同底板垫层上铺贴。铺贴完后应设置厚 70 mm 以上的 C20 细石混凝土保护层,同时在保护层与防水层之间应设虚铺卷材做隔离层,以防止细石混凝土保护层伸缩而破坏防水层。

13)回填土。回填土必须认真施工,要求分层夯实,土中不得含有石块、碎砖、灰渣等杂物。

(2)外防内贴法施工。

当地下围护结构墙体的防水施工采用外防外贴法受现场条件限制时,可采用外防内贴法施工(图 5-18)。外防内贴法平面部位的卷材铺贴方法与外防外贴法基本相同。

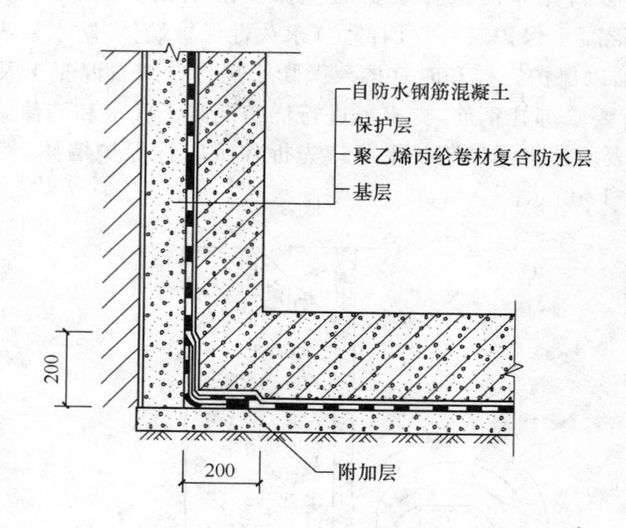

图 5-18 外防内贴防水构造(单位:mm)

1)做混凝土垫层。如保护墙较高,可采取加大永久性保护墙下垫层厚度做法,必要时可配置加强钢筋。

2)砌永久性保护墙。在垫层上砌永久性保护墙,厚度为 1 砖厚,其下干铺一层卷材。

3)抹水泥砂浆找平层。在已浇筑的混凝土垫层和砌筑的永久性保护墙体上抹 20 mm 厚 1∶3 掺微膨胀剂的水泥砂浆找平层。

4)涂布基层处理剂。待找平层的强度达到设计要求的强度后,即可在平面和立面部位涂布基层处理剂。

5)铺贴卷材。卷材宜先铺立面后铺平面。立面部位的卷材防水层,应从阴阳角部位逐渐向上铺贴,阴阳角部位的第一块卷材,平面与立面各半幅,然后在已铺卷材的搭接边上弹出基准线，不按线铺贴卷材。卷材的铺贴方法、卷材的搭接黏结、嵌缝和封口密封处理方法与外防外贴法相同。

6)铺设保护隔离层和保护层。通过施工质量检查验收确认无渗漏隐患后，先在平面防水层上点粘石油沥青纸胎卷材保护隔离层，立面墙体防水层上粘贴5～6 mm厚聚乙烯泡沫塑料片材保护层。施工方法与外防外贴法相同。然后，在平面卷材保护隔离层上浇筑厚50 mm以上的C20细石混凝土保护层。

7)浇筑钢筋混凝土结构层。按设计要求绑扎钢筋和浇筑混凝土主体结构，施工方法与外防外贴法相同。如利用永久性保护墙体代替模板，则应采取稳妥的加固措施。

8)回填土。同外防外贴法。

(3)冷粘法施工要点。冷黏结法是将冷胶粘剂(冷玛㿠脂、聚合物改性沥青胶粘剂等)均匀地涂布在基层表面和卷材搭接边上，使卷材与基层、卷材与卷材牢固地胶粘在一起的施工方法。

1)涂刷胶粘剂要均匀、不露底、不堆积。

2)涂刷胶粘剂后，铺贴防水卷材，其间隔时间根据胶粘剂的性能确定。

3)铺贴卷材的同时，要用压辊滚压驱赶卷材下面的空气，使卷材粘牢。

4)卷材的铺贴应平整顺直，不得有皱褶、翘边、扭曲等现象。卷材的搭接应牢固，接缝处溢出的冷胶粘剂随即刮平，或者用热熔法接缝。

5)卷材接缝口应用密封材料封严，密封材料宽度不小于10 mm。

(4)自粘法施工要点。自粘法是在生产防水卷材的时候，应在卷材底面涂了一层压敏胶(属于高性能胶粘剂)，压敏胶表面敷有一层隔离纸。施工时，撕掉隔离纸，直接铺贴卷材即可。很显然，压敏胶就是冷胶粘剂，自粘法靠压敏胶将基层与卷材，卷材与卷材紧密地黏结在一起。

1)先在基层表面均匀涂布基层处理剂，处理剂干燥后再及时铺贴卷材。

2)铺贴卷材时，要将隔离纸撕净。

3)铺贴卷材时，用压辊滚压以驱赶卷材下面的空气，并使卷材粘牢。

4)卷材的铺贴应平整顺直，不得有皱褶、翘边、扭曲等现象。卷材的搭接应牢固，接缝处宜采用热风焊枪加热，加热后随即粘牢卷材，溢出的压敏胶随即刮平。

5)卷材接缝口应用密封材料封严，密封材料宽度不小于10 mm。

(5)热熔法施工要点。热熔法是用火焰喷枪(或喷灯)喷出的火焰烘烤卷材表面和基层(已刷过基层处理剂)，待卷材表面熔融至光亮黑色，基层得到预热，立即滚铺卷材。边熔融卷材表面，边滚铺卷材，使卷材与基层、卷材与卷材之间紧密黏结。若防水层为双层卷材，第二层卷材的搭接缝与第一层的搭接缝应错开卷材幅宽1/3～1/2，以保证卷材的防水效果。

1)喷枪或喷灯等加热器喷出的火焰，距卷材面的距离应适中；幅宽内加热应均匀，不得过分加热或烧穿卷材，以卷材表面熔融至光亮黑色为宜。

2)卷材表面热熔后，应立即滚铺卷材，并用压辊滚压卷材，排除卷材下面空气，使卷材黏结牢固、平整，无皱褶、扭曲等现象。

3)卷材接缝处，用溢出的热熔改性沥青随即抹平封口。

(6)焊接法施工。卷材接缝采用焊接法施工应符合下列规定：

1)焊接前卷材应铺放平整，搭接尺寸准确，焊接缝的结合面应清扫干净；

2)焊接前应先焊长边搭接缝，后焊短边搭接缝；

3)控制热风加热温度和时间，焊接处不得漏焊、跳焊或焊接不牢；

4)焊接时不得损害非焊接部位的卷材。

(7)预铺反粘法。高分子自粘胶膜防水卷材宜采用预铺反粘法施工,并应符合下列规定:

1)卷材宜单层铺设;

2)在潮湿基面铺设时,基面应平整坚固、无明水;

3)卷材长边应采用自粘边搭接,短边应采用胶结带搭接,卷材端部搭接区应相互错开;

4)立面施工时,在自粘边位置距离卷材边缘10~20 mm内,每隔400~600 mm应进行机械固定,并应保证固定位置被卷材完全覆盖;

5)浇筑结构混凝土时不得损伤防水层。

(8)铺贴聚乙烯丙纶复合防水卷材应符合下列规定:

1)应采用配套的聚合物水泥防水粘结材料;

2)卷材与基层粘贴应采用满粘法,粘结面积不应小于90%,刮涂粘结料应均匀,不得露底、堆积、流淌;

3)固化后的粘结料厚度不应小于1.3 mm;

4)卷材接缝部位应挤出粘结料,接缝表面处应刮1.3 mm厚50 mm宽聚合物水泥粘结料封边;

5)聚合物水泥粘结料固化前,不得在其上行走或进行后续作业。

(9)卷材防水层经检查合格后,应及时做保护层,保护层应符合下列规定。

1)顶板卷材防水层上的细石混凝土保护层,应符合下列规定:

①采用机械碾压回填土时,保护层厚度不宜小于70 mm;

②采用人工回填土时,保护层厚度不宜小于50 mm;

③防水层与保护层之间宜设置隔离层。

2)底板卷材防水层上的细石混凝土保护层厚度不应小于50 mm。

3)侧墙卷材防水层宜采用软质保护材料或铺抹20 mm厚1∶2.5水泥砂浆层。

二、水泥砂浆防水层施工技术

1. 掺外加剂水泥砂浆防水层施工

(1)施工顺序。防水层施工一般顺序:由上至下,由里向外、先顶板再墙面、后地面分层铺抹和喷刷,每层宜连续施工。

(2)防水砂浆的配制。

1)防水砂浆的配制应通过试配确定配合比,试配时要依据以下因素。

①所造外加剂的品种、适用范围、性能指标、成分、掺量等,应通过试验确定。

②所选水泥的品种、强度等级、初终凝时间。

③根据工程实际情况和要求选择水泥、外加剂进行试配。

2)砂浆的拌制应采用机械搅拌,按照选定的配合比准确称量各种原材料,投料顺序要参照外加剂使用说明书,搅拌时间适当延长。

3)掺外加剂防水砂浆的主要性能要求,见表5-9。

(3)操作要求。

1)水泥砂浆防水层不得在雨天、五级及以上大风中施工。冬期施工时,气温不应低于5℃,夏季不宜在30℃以上或烈日照射下施工。

2)严格掌握好各工序间的衔接,须在上一层没有干燥或终凝时,及时抹下层,以免粘不牢影响防水质量。

表 5-9 掺外加剂防水砂浆的主要性能要求

粘结强度(MPa)	抗渗性(MPa)	抗折强度(MPa)	干缩率(%)	吸水率(%)	冻融循环(次)	耐碱性	耐水性(%)
>0.6	≥0.8	同普通砂浆	同普通砂浆	≤3	>50	10%NaOH溶液浸泡14 d无变化	—

注:耐水性指标是指砂浆浸水168 h后材料的粘结强度及抗渗性的保持率。

3)抹灰前把基层表面的油垢、灰尘和杂物清理干净,对光滑的基层表面进行凿毛处理,麻面率不小于75%,然后用水湿润基层。

4)在已凿毛和干净湿润的基面上,均匀刷一道水泥防水剂素浆作结合层,以提高防水砂浆与基层的黏结力。掺外加剂或掺合料的水泥防水砂浆厚度宜为18~20 mm。

5)在结合层未干之前,必须及时抹第一层防水砂浆作找平层,抹平压实后,用木抹搓出麻面。

6)在找平层初凝后,及时抹第二层防水砂浆,用铁抹子反复压实。

7)在第二层防水砂浆终凝以后,抹面层砂浆(或其他饰面)可分两次抹压,抹压前,先在底层砂浆上刷一道防水净浆,随涂刷随抹面层砂浆,最后压实压光。

8)水泥砂浆防水层终凝后,应及时进行养护,养护温度不宜低于5℃,养护时间不得小于14 d,养护期间应保持湿润。

2. 聚合物水泥砂浆防水层施工

(1)施工顺序。防水层施工一般顺序:由上至下、由里向外、先顶板、再墙面、后地面分层铺抹和喷刷,每层宜连续施工。

(2)防水砂浆的要求。

1)聚合物乳液的外观。聚合物乳液应为均匀液体,无杂质、无沉淀、不分层。聚合物乳液的质量应符合现行国家标准《建筑防水涂料用聚合物乳液》(JC/T 1017—2006)的相关规定。

2)聚合物水泥防水砂浆的主要性能要求,见表5-10。

表 5-10 聚合物水泥防水砂浆的主要性能要求

粘结强度(MPa)	抗渗性(MPa)	抗折强度(MPa)	干缩率(%)	吸水率(%)	冻融循环(次)	耐碱性	耐水性(%)
>1.2	≥1.5	≥8.0	≤0.15	≤4	>50	—	≥80

注:同表5-9的表注。

(3)施工要求。

1)聚合物水泥砂浆施工温度以5℃~35℃为宜,室外施工不得在雨天、雪天和五级风及其以上时施工。

2)施工前,应清除基层的疏松层、油污、灰尘等杂物,并用钢丝刷将基层划毛。

3)涂抹聚合物水泥砂浆前,应先将基层用水冲洗干净,充分湿润,不积水。按产品说明书的要求配制底涂材料打底,涂刷力求薄而均匀。

4)聚合物水泥砂浆应在底涂材料涂刷15 min后开始铺抹。

5)聚合物水泥砂浆铺抹应按下列要求进行。

①涂层厚度大于10 mm时,立面和顶面应分层施工,第二层应待第一层指触干后进行,各层紧密贴合。

②每层宜连续施工,如必须留槎时,应采用阶梯坡形槎,接槎部位离阴阳角不得小于200 mm,接槎应依层次顺序操作,层层搭接紧密。

③铺抹可采用抹压或喷涂施工。喷涂施工时,喷枪的喷嘴应垂直于基面,合理调整压力和喷嘴与基面距离的关系。

④铺抹时应压实、抹平;如遇气泡要挑破压紧,保证铺抹密实;最后一层表面应提浆压光。

6)聚合物水泥砂浆防水层应在终凝后进行保湿养护。在防水层未达到硬化状态时,不得浇水养护或直接受雨水冲刷,硬化后可采用干湿交替的养护方法。在潮湿环境中,可在自然条件下养护。

7)过水构筑物应待聚合物水泥砂浆防水层施工完成28 d后方可投入运行。

8)施工后,应及时将施工机具清洗干净。

第三节　厕浴间、外墙和瓦屋面防水施工技术

一、厕浴间防水施工技术

1. 厕浴间防水构造要求

(1)一般规定。

1)厕浴间一般采用取迎水面防水。地面防水层设在结构找坡、找平层上面并延伸至四周墙面边角,至少需高出地面150 mm以上。

2)地面及墙面找平层应采用(1∶2.5)～(1∶3)水泥砂浆,水泥砂浆中宜掺外加剂,或地面找坡、找平采用C20细石混凝土一次压平、抹平、抹光。

3)地面防水层宜采用涂膜防水材料,根据工程性质及使用标准选用高、中、低档防水材料,详见表5-11。

表5-11　涂膜防水基本遍数、用量及适用范围

防水涂料	三遍涂膜及厚度	一布四涂及厚度	二布六涂及厚度	适用范围
高档	1.5 mm厚(约1.2～1.5 kg/m²)	1.8 mm厚(约1.5～1.8 kg/m²)	2.0 mm厚(约1.8～2.0 kg/m²)	如聚氨酯防水涂料等;用于旅馆等公共建筑
中档	1.5 mm厚(约1.2～1.5 kg/m²)	2.0 mm厚(约1.5～2.0 kg/m²)	2.5 mm厚(约2.0～2.5 kg/m²)	如氯丁胶乳沥青防水涂料等;用于较高级住宅工程
低档	2.0 mm厚(约1.8～2.0 kg/m²)	2.2 mm厚(约2.0～2.2 kg/m²)	2.5 mm厚(约2.2～2.5 kg/m²)	如SBS橡胶改性沥青防水涂料K;用于一般住宅工程

卫生间采用涂膜防水时，一般应将防水层布置在结构层与地面面层之间，以便使防水层受到保护。卫生间涂膜防水层的一般构造见表5-12。

表5-12 卫生间涂膜防水层的一般构造

构造种类	构造简图	构造层次
卫生间水泥基防水涂料防水	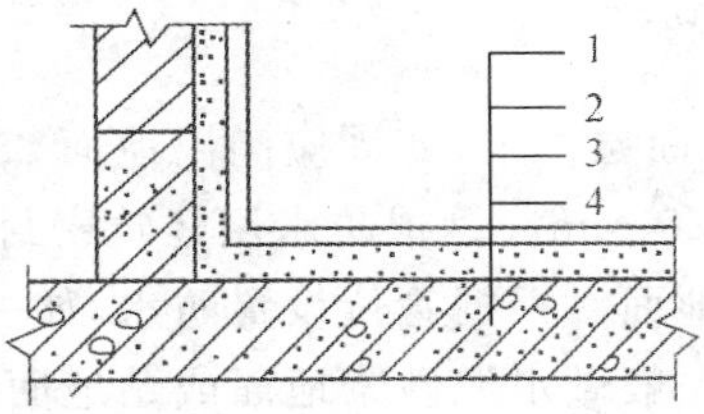 1 2 3 4	1—面层； 2—聚合物水泥砂浆； 3—找平层； 4—结构层
卫生间涂膜防水	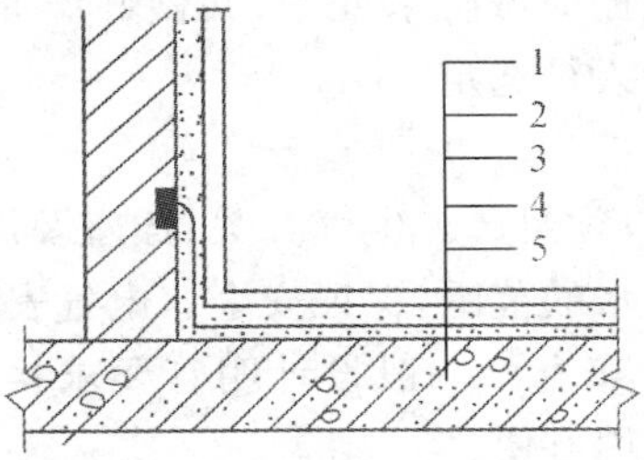 1 2 3 4 5	1—面层； 2—黏结层(含找平层)； 3—涂膜防水层； 4—找平层； 5—结构层

4)凡有防水要求的房间地面，如面积超过两个开间，在板支承端处的找平层和刚性防水层上，均应设置宽为10～20 mm的分格缝，并嵌填密封材料。地面宜采取刚性材料和柔性材料复合防水的做法。

5)厕浴间的墙裙可贴瓷砖，高度不低于1 500 mm；上部可做涂膜防水层，或满贴瓷砖。

6)厕浴间的地面标高，应低于门外地面标高不少于20 mm。

7)墙面的防水层应由顶板底做至地面，地面为刚性防水层时，应在地面与墙面交接处预留10 mm×10 mm凹槽，嵌填防水密封材料。地面柔性防水层应覆盖墙面防水层150 mm。

8)对洁具、器具等设备以及门框、预埋件等沿墙周边交界处，均应采用高性能的密封材料密封。

9)穿出地面的管道，其预留孔洞应采用细石混凝土填塞，管根四周应设凹槽，并用密封材料封严，且应与地面防水层相连。

(2)防水工程设计技术要求。

1)设计原则。

①以排为主，以防为辅。

②防水层须做在楼地面面层下面。

③厕浴间地面标高，应低于门外地面标高，地漏标高应再偏低。

2)防水材料的选择。设计人员根据工程性质选择不同档次的防水涂料。

①中档防水涂料。双组分聚氨酯防水涂料。

②中档防水涂料。氯丁胶乳沥青防水涂料、丁苯胶乳防水涂料。

③低档防水涂料。APP、SBS橡胶改性沥青基防水涂料。

3)排水坡度确定。

①厕浴间的地面应有1%～2%的坡度(高级工程可以为水坡度为1%)，坡向地漏。地漏

处排水坡度,以地漏边向外 50 mm 排水坡度为 3%～5%。厕浴间设有浴盆时,盆下地面坡度向地漏的排水坡度也为 3%～5%。

②地漏标高应根据门口至地漏的坡度确定,必要时设门槛。

③餐厅的厨房可设排水沟,其坡度不得少于 3%,排水沟的防水层应与地面防水层相连接。

4)防水层要求。

①地面防水层原则做在楼地面面层以下,四周应高出地面 250 mm。

②小管必须做套管,高出地面 20 mm。管根防水用建筑密封膏进行密封处理。

③下水管为直管,管根处高出地面。根据管位设置防水,如一般高出地面 10～20 mm。

④防水层做完后,再做地面。一般做水泥砂浆地面或贴地面砖等。

5)墙面与顶棚防水。墙面和顶棚应做防水处理,并做好墙面与地面交接处的防水。墙面与顶棚饰面防水材料及颜色由设计人员选定。

6)电气防水。

①电气管线须走管敷设线,接口须封严。电气开关、插座及灯具须采取防水措施。

②电气设施定位应避开直接用水的范围,保证安全。电气安装、维修由专业电工操作。

7)设备防水,设备管线明、暗管兼有。一般设计明管要求接口严密,节门开关灵活,无漏水。暗管设有管道间,便于维修,使用方便。

8)装修防水,要求装修材料耐水。面砖的胶粘剂除强度、黏结力好,还要具有耐水性。

9)涂膜防水层的厚度。

①低档防水涂膜厚度要求 3 mm。

②中档防水涂膜厚度要求 2 mm。

③高档防水涂膜厚度要求 1.2 mm。

2. 聚氨酯防水涂料施工

(1)清理基层。将基层清扫干净;基层应做到找坡正确,排水顺畅,表面平整、坚实,无起灰、起砂、起壳及开裂等现象。涂刷基层处理剂前基层表面应达到干燥状态。

(2)涂刷基层处理剂。将聚氨酯甲、乙两组分与二甲苯按 1∶1.5∶2 的比例配合搅拌均匀即可使用。先在阴阳角、管道根部用滚动刷或油漆刷均匀涂刷一遍,然后大面积涂刷,材料用量为 0.15～0.2 kg/m^2。涂刷后干燥 4 h 以上,才能进行下一工序施工。

(3)涂刷附加增强层防水涂料,在地漏、管道根、阴阳角和出入口等容易漏水的薄弱部位,应先用聚氨酯防水涂料按甲∶乙=1∶1.5 的比例配合;均匀涂刮一次做附加增强层处理,按设计要求,细部构造也可做带胎体增强材料的附加增强层处理。胎体增强材料宽度 300～500 mm,搭接缝 100 mm,施工时,边铺贴平整,边涂刮聚氨酯防水涂料。

(4)涂刮第一遍涂料,将聚氨酯防水涂料按甲料∶乙料=1∶1.5 的比例混合,开动电动搅拌器,搅拌 3～5 min,用胶皮刮板均匀涂刮一遍。操作时要厚薄一致,用料量为 0.8～1.0 kg/m^2,立面涂刮高度不应小于 100 mm。

(5)涂刮第二遍涂料,待第一遍涂料固化干燥后,要按上述方法涂刮第二遍涂料。涂刮方向应与第一遍相垂直,用料量与第一遍相同。

(6)涂刮第三遍涂料,待第二遍涂料涂膜固化后,再按上述方法涂刮第三遍涂料,用料量为 0.4～0.5 kg/m^2。三遍聚氨酯涂料涂刮后,用料量总计为 2.5 kg/m^2,防水层厚度不小于 1.5 mm。

(7)第一次蓄水试验。等涂膜防水层完全固化干燥后，即可进行蓄水试验。蓄水试验24 h后观察无渗漏为合格。

(8)饰面层施工。涂膜防水层蓄水试验不渗漏，质量检查合格后，即可进行粉抹水泥砂浆或粘贴陶瓷锦砖、防水地砖等饰面层。施工时应注意成品保护，不得破坏防水层。

(9)第二次蓄水试验。厕浴间装饰工程全部完成后，工程竣工前还要进行第二次蓄水试验，以检验防水层完工后是否被水电或其他装饰工程损坏。蓄水试验合格后，厕浴间的防水施工才算圆满完成。

3. 氯丁胶乳沥青防水涂料施工

(1)清理基层，将基层上的浮灰、杂物清理干净。

(2)刮氯丁胶乳沥青水泥腻子，在清理干净的基层上，满刮一遍氯丁胶乳沥青水泥腻子。管道根部和转角处要厚刮，并抹平整。腻子的配制方法，是将氯丁胶乳沥青防水涂料倒入水泥中，边倒边搅拌至稠浆状，即可刮涂于基层表面，腻子厚度约2～3 mm。

(3)涂刷第一遍涂料，等上述腻子干燥后，再在基层上满刷一遍氯丁胶乳沥青防水涂料(在大桶中搅拌均匀后再倒入小桶中使用)。操作时涂刷不得过厚，但也不能漏刷，以表面均匀、不流淌、不堆积为宜。立面需刷至设计高度。

(4)做附加增强层。在阴阳角、管道根、地漏、大便器等细部构造处分别做一布二涂附加增强层，即将玻璃纤维布(或无纺布)剪成相应部位的形状铺贴于上述部位，同时刷氯丁胶乳沥青防水涂料，要贴实、刷平，不得有折皱、翘边现象。

(5)铺贴玻璃纤维布同时涂刷第二遍涂料，待附加增强层干燥后，先将玻璃纤维布剪成相应尺寸铺贴于第一道涂膜上，然后在上面涂刷防水涂料，使涂料浸透布纹网眼并牢固地粘贴于第一道涂膜上。玻璃纤维布搭接宽度不宜小于100 mm，并顺流水接槎，从里面往门口铺贴，先做平面后做立面，立面应贴至设计高度，平面与立面的搭接缝留在平面上，距立面边宜大于200 mm，收口处要压实贴牢。

(6)涂刷第三遍涂料，待上遍涂料实干后(一般宜24 h以上)，再满刷第三遍防水涂料，涂刷要均匀。

(7)涂刷第四遍涂料，上遍涂料干燥后，可满刷第四遍防水涂料，一布四涂防水层施工即告完成。

(8)蓄水试验。防水层实干后，可进行第一次蓄水试验。蓄水24 h无渗漏为合格。

(9)饰面层施工，蓄水试验合格后，可按设计要求粉刷水泥砂浆或铺贴面砖等饰面层。

(10)第二次蓄水试验，方法与目的同聚氨酯防水涂料。

4. 刚性防水层施工

(1)基层处理。施工前，应对楼面板基层进行清理，除净浮灰杂物，对凹凸不平处用10%～12% UEA(灰砂比为1∶3)砂浆补平，并应在基层表面浇水，使基层保护湿润，但不能积水。

(2)铺抹垫层。按1∶3水泥砂浆垫层配合比，配制灰砂比为1∶3UEA垫层砂浆，将其铺抹在干净湿润的楼板基层上。铺抹前，按照坐便器的位置，准确地将地脚螺栓预埋在相应的位置上。垫层的厚度为20～30 mm，必须分2～3层铺抹，每层应揉浆、拍打密实，垫层厚度应根据标高而定。在抹压的同时，应完成找坡工作，地面各地漏口找坡2%，地漏口周围50 mm范围内向地漏中心找坡5%，穿楼板管道根部向地面找坡为5%，转角墙部位的穿楼板管道向地面找坡为5%。分层抹压结束后，在垫层表面用钢丝刷拉毛。

(3)铺抹防水层。待垫层强度能达到上人时，把地面和墙面清扫干净，并浇水充分湿润，然后铺抹四层防水层，第一、三层为10％UEA水泥素浆，第二、四层为10％～12％UEA(水泥：砂＝1：2)水泥砂浆层，铺抹方法如下。

第一层先将UEA和水泥按1：9的配合比准确称量后，充分干拌均匀，再按水灰比加水拌和成稠浆状，然后就可用滚刷或毛刷涂抹，厚度为2～3 mm。

第二层灰砂比为1：2，UEA掺量为水泥质量的10％～12％，一般可取10％。待第一层素灰初凝后，即可铺抹，厚度为5～6 mm，凝固20～24 h后，适当浇水湿润。

第三层掺10％UEA的水泥素浆层，其拌制要求、涂抹厚度与第一层相同，待其初凝后，即可铺抹第四层。

第四层UEA水泥砂浆的配合比、拌制方法、铺抹厚度均与第二层相同。铺抹时应分次用铁抹子压5～6遍，使防水层坚固密实，最后再用力抹压光滑，经硬化12～24 h，就可浇水养护3 d。

以上四层防水层的施工，应按照垫层的坡度要求找坡，铺抹的操作方法与地下工程防水砂浆施工方法相同。

(4)管道接缝防水处理，待防水层达到强度要求后，拆除捆绑在穿楼板部位的模板条，清理干净缝壁的浮渣碎物，并按节点防水做法的要求涂布素灰浆和填充UEA掺量为15％的水泥：砂＝1：2管件接缝防水砂浆，最后灌水养护7 d。蓄水期间，如不发生渗漏现象，可视为合格；如发生渗漏，找出渗漏部位，及时修复。

(5)铺抹UEA砂浆保护层，保护层UEA的掺量为10％～12％，灰砂比为1：(2～2.5)，水灰比为0.4。铺抹前，对要求用膨胀橡胶止水条做防水处理的管道、预埋螺栓的根部及需用密封材料嵌填的部位及时做防水处理。然后就可分层铺抹厚度为15～25 mm的UEA水泥砂浆保护层，并按坡度要求找坡，待硬化12～24 h后，浇水养护3 d。最后，根据设计要求铺设装饰面层。

二、外墙防水施工技术

1. 无外保温外墙防水工程施工

(1)外墙结构表面的油污、浮浆应清除，孔洞、缝隙应堵塞抹平；不同结构材料交接处的增强处理材料应固定牢固。

(2)外墙结构表面宜进行找平处理，找平层施工应符合下列规定：

1)外墙基层表面应清理干净后再进行界面处理；

2)界面处理材料的品种和配比应符合设计要求，拌和应均匀一致，无粉团、沉淀等缺陷，涂层应均匀、不露底，并应待表面收水后再进行找平层施工；

3)找平层砂浆的厚度超过10 mm时，应分层压实、抹平。

(3)外墙防水层施工前，宜先做好节点处理，再进行大面积施工。

(4)砂浆防水层施工。

1)基层表面应为平整的毛面，光滑表面应进行界面处理，并应按要求湿润。

2)防水砂浆的配制应满足下列要求。

①配合比应按照设计要求，通过试验确定。

②配制乳液类聚合物水泥防水砂浆前，乳液应先搅拌均匀，再按规定比例加入拌合料中搅拌均匀。

③干粉类聚合物水泥防水砂浆应按规定比例加水搅拌均匀。

④粉状防水剂配制普通防水砂浆时，应先将规定比例的水泥、砂和粉状防水剂干拌均匀，再加水搅拌均匀。

⑤液态防水剂配制普通防水砂浆时，应先将规定比例的水泥和砂干拌均匀，再加入用水稀释的液态防水剂搅拌均匀。

3)界面处理材料涂刷厚度应均匀、覆盖完全，收水后应及时进行砂浆防水层施工。

4)防水砂浆铺抹施工。

①厚度大于 10 mm 时，应分层施工，第二层应待前一层指触不粘时进行，各层应粘结牢固。

②每层宜连续施工，留槎时，应采用阶梯坡形槎，接槎部位离阴阳角不得小于 200 mm；上下层接槎应错开 300 mm 以上，接槎应依层次顺序操作、层层搭接紧密。

③喷涂施工对，喷枪的喷嘴应垂直于基面，合理调整压力、喷嘴与基面距离。

④涂抹时应压实、抹平；遇气泡时应挑破，保证铺抹密实。

⑤抹平、压实应在初凝前完成。

5)窗台、窗楣和凸出墙面的腰线等部位上表面的排水坡度应准确，外口下沿的滴水线应连续、顺直。

6)砂浆防水层分格缝的留设位置和尺寸应符合设计要求，嵌填密封材料前，应将分格缝清理干净，密封材料应嵌填密实。

7)砂浆防水层转角宜抹成圆弧形，圆弧半径不应小于 5 mm，转角抹压应顺直。

8)门框、窗框、伸出外墙管道、预埋件等与防水层交接处应留 8～10 mm 宽的凹槽，并应按上述 7)的规定进行密封处理。

9)砂浆防水层未达到硬化状态时，不得浇水养护或直接受雨水冲刷，聚合物水泥防水砂浆硬化后应采用干湿交替的养护方法；普通防水砂浆防水层应在终凝后进行保湿养护。养护期间不得受冻。

(5)涂膜防水层施工。

1)施工前应对节点部位进行密封或增强处理。

2)涂料的配制和搅拌。

①双组分涂料配制前，应将液体组分搅拌均匀，配料应按照规定要求进行，不得任意改变配合比。

②应采用机械搅拌，配制好的涂料应色泽均匀，无粉团、沉淀。

③基层的干燥程度应根据涂料的品种和性能确定；防水涂料涂布前，宜涂刷基层处理剂。

④涂膜宜多遍完成，后遍涂布应在前遍涂层干燥成膜后进行。挥发性涂料的每遍用量每平方米不宜大于 0.6kg。

⑤每遍涂布应交替改变涂层的涂布方向，同一涂层涂布时，先后接槎宽度宜为 30～50 mm。

⑥涂膜防水层的甩槎部位不得污损，接槎宽度不应小于 100 mm。

⑦胎体增强材料应铺贴平整，不得有褶皱和胎体外露，胎体层充分浸透防水涂料；胎体的搭接宽度不应小于 50 mm。胎体的底层和面层涂膜厚度均不应小于 0.5 mm。

⑧涂膜防水层完工并经检验合格后，应及时做好饰面层。

(6)防水层中设置的耐碱玻璃纤维网布或热镀锌电焊网片不得外露。热镀锌电焊网片应与基层墙体固定牢固；耐碱玻璃纤维网布应铺贴平整、无皱褶，两幅间的搭接宽度不应小于 50 mm。

2. 外保温外墙防水工程施工

(1)防水层的基层表面应平整、干净；防水层与保温层应相容。

(2)防水层施工。同上述“无外保温外墙防水工程”中(4)～(6)的要求。

(3)防水透气膜施工。

1)基层表面应干净、牢固,不得有尖锐凸起物。

2)铺设宜从外墙底部一侧开始,沿建筑立面自下而上横向铺设,并应顺流水方向搭接。

3)防水透气膜横向搭接宽度不得小于 100 mm,纵向搭接宽度不得小于 150 mm,相邻两幅膜的纵向搭接缝应相互错开,间距不应小于 500 mm,搭接缝应采用密封胶粘带覆盖密封。

4)防水透气膜应随铺随固定,固定部位应预先粘贴小块密封胶粘带,用带塑料垫片的塑料锚栓将防水透气膜固定在基层上,固定点每平方米不得少于 3 处。

5)铺设在窗洞或其他洞口处的防水透气膜,应以“I”字形裁开,并应用密封胶粘带固定在洞口内侧;与门、窗框连接处应使用配套密封胶粘带满粘密封,四角用密封材料封严。

6)穿透防水透气膜的连接件周围应用密封胶粘带封严。

三、瓦屋面防水施工技术

1. 平瓦屋面

(1)清理基层。木基层采用木椽条作基层。木椽条基层应符合设计要求,并进行防腐处理,防水层施工前应清理干净。

混凝土基层应设置找平层,找平层应符合设计要求。找平层应平整、光滑、干燥、无裂缝和起皮起砂现象。

(2)防水层施工。平瓦屋面应在基层上面先铺设一层卷材,其搭接宽度不宜小于100 mm。并用顺水将卷材压钉在基层上,顺水条的间距宜为 500 mm,在顺水条上铺挂瓦条。

在木基层上铺设卷材时,应自上而下平行屋脊铺贴,顺流水方向搭接。卷材铺设时应压实铺平,上部工序施工时不得损坏卷材。

(3)钉顺水条。先在两山墙边距檐口 50 mm 处弹平行山檐的直线,然后根据两山檐距离弹顺水条位置线,顺水条间距不得大于 500 mm。顺水条应分档均匀,铺钉牢固平整。

(4)钉挂瓦条。

1)挂瓦条的间距要根据平瓦的尺寸和一个坡面的长度经计算确定。挂平瓦应铺钉平整、牢固,上棱应成一直线。

2)檐口第一根挂瓦条,要保证瓦条头出檐(或出封檐板)外 50～70 mm;上下排平瓦的瓦头和瓦尾的搭扣长度 50～70 mm;屋脊处的两个坡面上两根挂瓦条,要保证挂瓦后,两个瓦尾搭盖脊瓦。脊瓦搭接瓦尾的宽度每边不小于 40 mm。

3)木挂瓦条断面一般为 30 mm×30 mm,并做好防腐处理。长度一般不小于 3 根椽条间距。挂瓦条必须平直(特别是保证挂瓦条上边口的平直),接头在椽木上,钉置牢固,不得漏钉,接头要错开,同一椽木条上不得连续超过 3 个接头;钉置接口条(或封椽板)时,要比挂瓦条高 20～30 mm,以保证椽口的第一块瓦的平直;钉挂瓦一般从椽口开始逐步向上至层脊。钉置时,要随时校核挂瓦条间距尺寸的一致。为保证尺寸准确,可在一个坡面两端准确量出瓦条间距,通长拉线钉挂瓦条。

4)挂瓦条做法。先在距屋脊 30 mm 处弹一平行屋脊的直线,确定最上一条挂瓦条的位置,再在距屋檐 50 mm 处弹一平行于屋脊的直线,确定最下一条挂瓦条的位置,然后再根据瓦片和搭接要求均分弹出中间部位的挂瓦条位置线。挂瓦条的间距要保证上一层瓦的挡雨檐要将下排瓦的孔盖住。

(5)铺瓦。

1)选瓦。根据平瓦质量等级要求挑选。凡有砂眼、裂纹、掉角、缺边、少爪等不符合质量要求规定的不准使用,半边瓦用于山檐边、斜沟、斜脊处,其使用部分的表面不得有缺损或裂缝。

2)上瓦。基层检验合格后,方可将挑选合格的瓦运上层面。上瓦至屋架承重的屋面上时,必须前后两坡同时进行,以免屋架受力不均匀而变形。

3)摆瓦。摆瓦一般有“条摆”和“堆摆”两种。“条摆”要求隔 3 根挂瓦条摆一条瓦,每米约 22 块,摆放稳妥。“堆摆”要求一堆 9 块瓦,间距为左右隔两块瓦宽,上下隔 2 根挂瓦条,均匀错开,摆放稳妥。

(6)铺挂屋面、檐口瓦。

挂瓦次序从檐口由下到上、自左向右同时进行。在基层上采用泥背铺设平瓦时,泥背应分两层铺抹,待第一层干燥再铺抹第二层,并随铺平瓦。在混凝土基层上铺设平瓦时,应在基层表面抹 1∶3 水泥砂浆找平层,钉设挂瓦条挂瓦。当设有卷材或涂膜防水层时,防水层应铺设在找平层上;当设有保温层时,保温层应铺设在防水层上。檐口瓦要挑出檐口 50～70 mm,如图 5-19 所示。

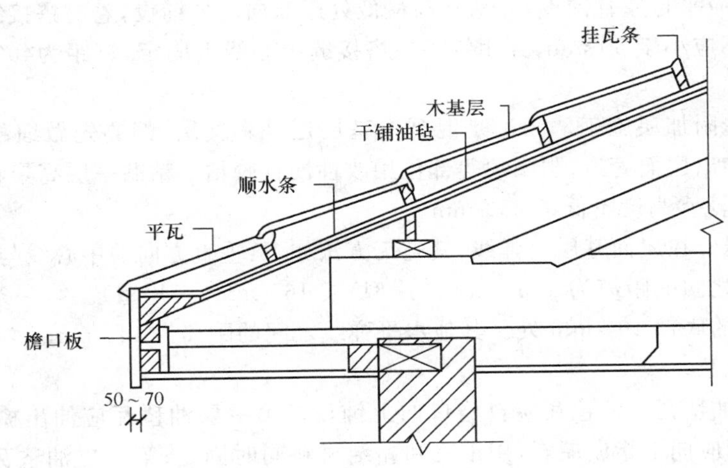

图 5-19　平瓦屋面檐口的做法(一)(单位:mm)

瓦后爪均应挂在挂瓦条上,与左边、下边两块瓦落槽密合,随时注意瓦面、瓦楞平直,不符合质量要求的瓦不能铺挂。为保证铺瓦的平整顺直,应从屋脊拉一斜线到檐口,即斜结对准层脊下第一张瓦的右下角,顺次与第二排的第二张瓦,第三排的第三张瓦,直到檐口瓦的右下角,都在一直线上。然后由下到上依次逐张铺挂,可以达到瓦沟顺直,整齐美观。

檐口瓦用镀锌钢丝拴牢在檐口挂瓦条上。当层面坡度大于 50%,或在大风、地震区,每片瓦均需用镀锌钢丝固定于挂瓦条上。檐口瓦应铺成一条直线,天沟处的瓦要根据宽度及斜度弹线锯料。整坡瓦应平整,行列横平竖直,无翘角和张口现象。沿山墙封檐一行瓦,宜用 1∶2.5水泥砂浆做出披水线将瓦封固,如图 5-20 所示。

2. 油毡瓦屋面

(1)清理基层。将已验收合格的基层彻底清扫干净。

(2)涂刷冷底子油(木基层铺设卷材垫毡)。

1)在混凝土基层上涂刷冷底子油两遍,第一遍横向涂刷,第二遍竖向涂刷,涂刷要求薄而均匀不露底。

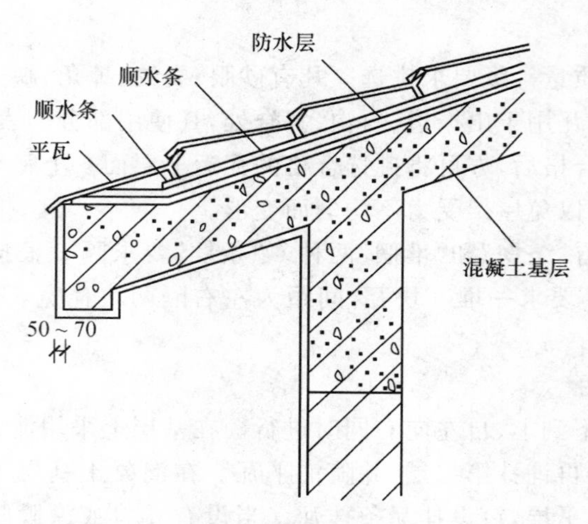

图 5-20　平瓦屋面檐口的做法(二)(单位:mm)

2)在木基层上干铺卷材垫毡。卷材垫毡可采用油毡,也可使用高聚物改性沥青防水卷材。铺设卷材垫毡时应平行屋脊铺设,并从标高最低处逐渐向高处铺设,卷材搭接缝应顺流水方向搭接,搭接宽度不应小于 50 mm,并用钉子在搭接缝中心线上固定,钉距为400 mm,钉帽应盖在垫毡下面。

(3)细部构造附加层施工。无论是混凝土基层还是木基层,都要先做细部附加层增强处理。如在烟囱、伸出层面管道、阴阳角等部位用改性沥青胶粘剂粘贴一层高聚物改性沥青防水卷材(3 mm 厚),泛水高度不低于 250 mm。

(4)弹基准线。在屋面基层上弹线,其施工方法如下:垂直方向的中心线与屋脊垂直,垂直方向的每一条线之间的距离为 125 mm(二片型)或 167 mm(三片型)。第一条水平线要弹在距初始层油毡瓦的底部 194 mm 处。其他水平弹线之间的距离为 142 mm。

(5)铺钉油毡瓦。

1)大面铺钉油毡瓦。油毡瓦应自檐口向上铺设。第一层油毡瓦应伸出檐口 10～20 mm 且平行铺设,切槽应向上指向屋脊,用钢钉和黏结材料同时固定;第二层油毡瓦应与第一层油毡瓦叠合,但切槽应向下指向檐口;第三层油毡应压在第二层上,垂直方向露出切槽 125 mm,水平方向露出切槽 142 mm。油毡瓦之间切槽上下两层不能重合。每片油毡瓦钉 4 个油毡钉;当屋面坡度大于 150%时,应增加油毡钉的数量和油毡瓦与基层的黏结点,如图 5-21 所示。

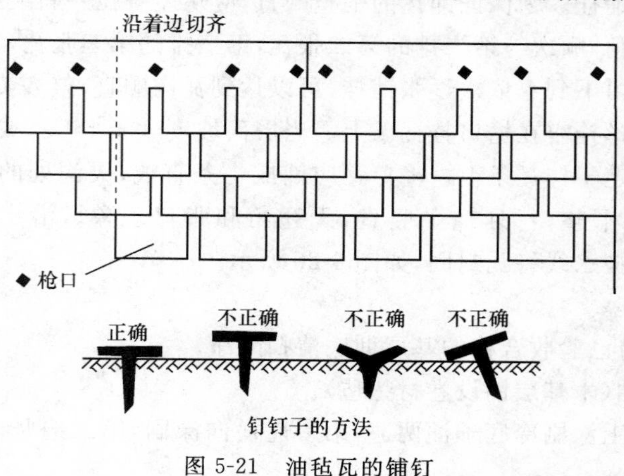

图 5-21　油毡瓦的铺钉

2)脊瓦的铺设方法。铺设脊瓦时,应将油毡瓦沿切槽剪开,分成四块作为脊瓦,并用两个油毡钉固定。

脊瓦应顺年最大频率风向搭接,并应搭盖住两坡面油毡瓦接缝的1/3。脊瓦与脊瓦的压盖面不应小于脊瓦面积的1/2,油毡瓦屋面的脊瓦在两坡面瓦上的搭接宽度,每边不应小于150 mm,如图5-22所示。

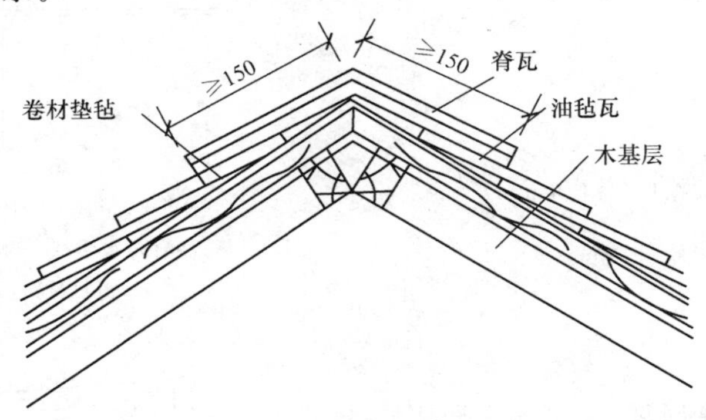

图5-22　油毡瓦屋脊的铺设方法(单位:mm)

(6)屋面与突出屋面结构的交接处,油毡瓦应铺贴在立面上,其高度不应小于250 mm。在屋面与突出屋面烟囱、管道等交接处,应先做二毡三油防水层,待铺瓦后再用高聚物改性沥青卷材做单层防水。

(7)当与卷材或涂膜防水层复合使用时,防水层应铺设在找平层上,防水层上再做细石混凝土找平层,然后铺设卷材油毡和油毡瓦。

(8)淋水试验。油毡瓦屋面完工后,经外观质量检查符合设计要求后,即可进行淋水试验。淋水时间2 h,无渗漏为合格。

第四节　防水细部施工技术

一、屋面防水细部施工技术

1. 檐口

檐口是受雨水冲刷最严重的部位,防水层在该处应牢固固定,施工时应在檐口上预留凹槽,将防水层的末端压入凹槽内,卷材还应用压条钉压,然后用密封材料封口,以免被大风掀起。同时要注意该处不能高出屋面,否则会挡水而使屋面积水。

檐口800 mm范围内的卷材应采取满粘法施工,以保证卷材与基层粘贴牢固。卷材收头应压入预先留置在基层上的凹槽内,用水泥钉钉牢,密封材料密封,水泥砂浆抹压,以防收头翘边,如图5-23所示。

2. 天沟、檐沟

天沟、檐沟是屋面雨水集汇之处,若处理不好,就有导致屋面积水、漏水。

(1)天沟、檐沟应增设附加层。当采用沥青防水卷材应增铺一层卷材;当采用高聚物改性沥青防水卷材或合成子防水卷材时,宜采用防水涂膜附加层。

(2)天沟、檐沟与屋面交接处的附加层宜空铺,空铺宽度不应小于200 mm,如图5-24、图5-25所示;天沟、檐沟卷材收头应固定密封,如图5-26所示。

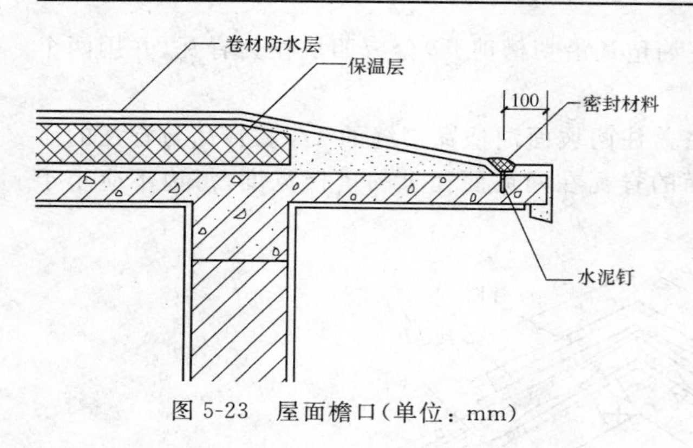

图 5-23　屋面檐口(单位：mm)

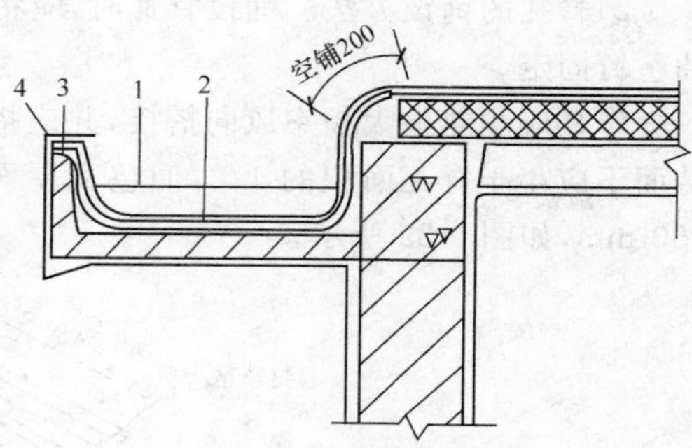

图 5-24　屋面檐沟(单位：mm)

1—卷材防水层；2—附加层；3—水泥钉；4—密封材料；5—保温层

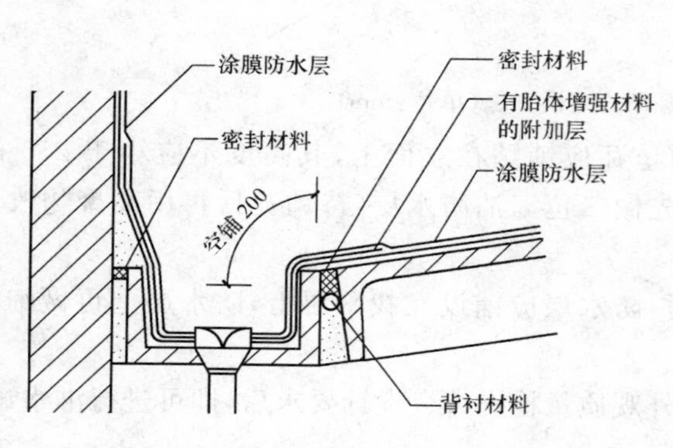

图 5-25　屋面天沟、檐沟(单位：mm)

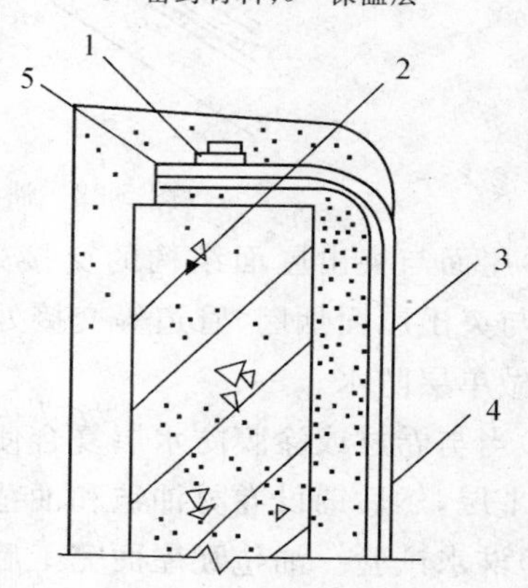

图 5-26　檐沟卷材收头

1—钢压条；2—水泥钉；3—防水层；4—附加层；5—密封材料

(3)高低跨内排水天沟与立墙交接处，应采取能适应变形的密封处理，如图 5-27 所示。

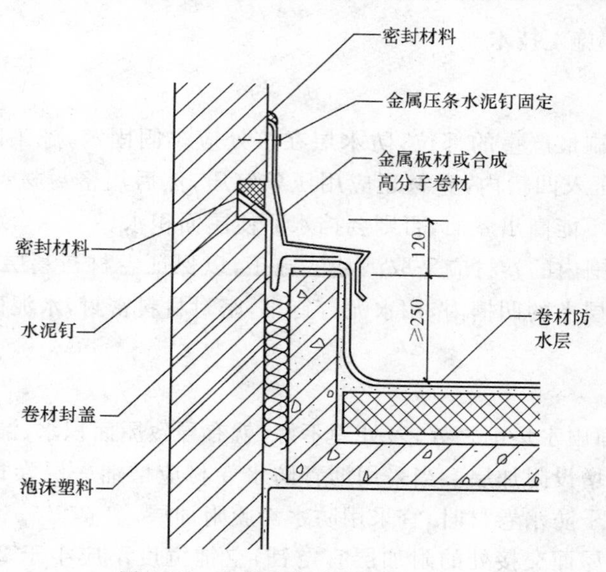

图 5-27　高低跨变形缝(单位：mm)

3. 泛水

当墙体为砖墙时，卷材收头可直接铺压在女儿墙的混凝土压顶下，混凝土压顶的上部亦应做好防水处理，如图 5-27 所示；也可在砖墙上留凹槽，卷材收头应压入凹槽内并用压条钉压固定后，嵌填密封材料封闭；凹槽距屋面找平层的最低高度不应小于 250 mm，凹槽上部的墙体及女儿墙顶部亦应进行防水处理，如图 5-28、图 5-29 所示。

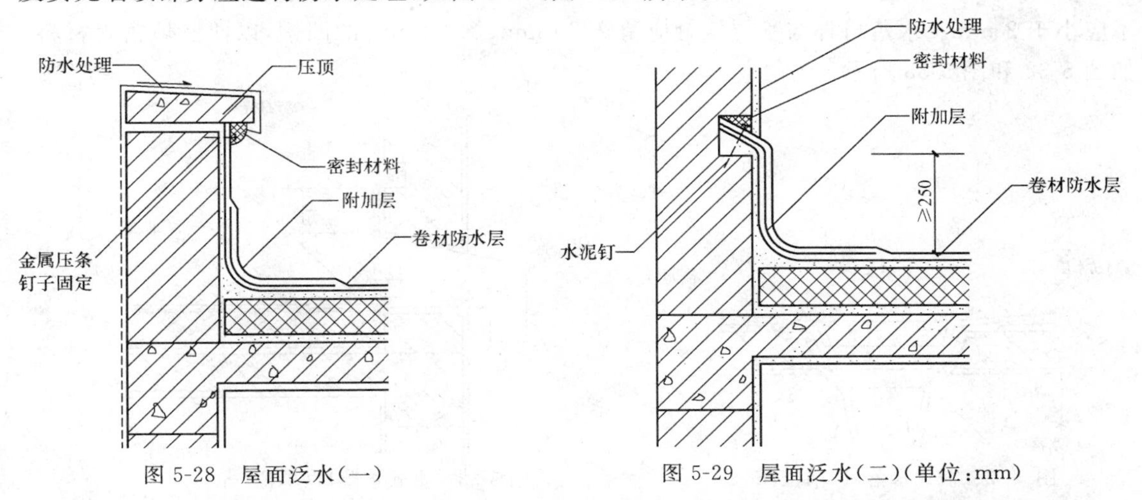

图 5-28　屋面泛水(一)　　图 5-29　屋面泛水(二)(单位：mm)

当墙体为混凝土时，卷材的收头可采用金属压条钉压固定，并用密封材料封闭严密，如图 5-30 所示。

泛水宜采取隔热防晒措施。可在泛水卷材面砌砖后抹水泥砂浆或细石混凝土保护；亦可涂刷浅色涂料或粘贴铝箔保护层。

泛水处的涂膜防水层，宜直接涂刷至女儿墙的压顶下，收头处理应用防水涂料多遍涂刷封严，压顶应做防水处理，如图 5-31 所示。

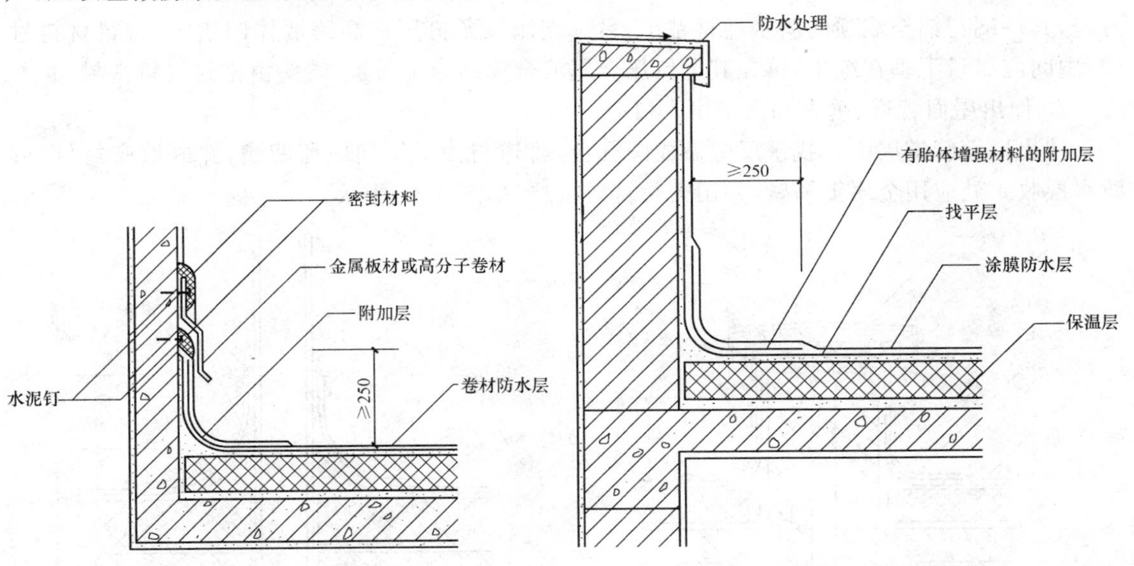

图 5-30　混凝土墙卷材泛水收头(单位：mm)　　图 5-31　屋面泛水(三)(单位：mm)

4. 女儿墙、山墙

女儿墙、山墙可采用现浇混凝土或预制混凝土压顶，也可采用金属制品或合成高分子卷材封顶。

5. 水落口

(1)水落口应采用金属或塑料制品。

(2)水落口应有正确的埋设标高,应考虑水落口设防时增加的附加层和柔性密封层的厚度,以及排水坡度加大的尺寸。

(3)水落口周围直径 500 mm 范围内坡度不应小于 5%,并应首先用防水涂料涂封,其厚度不应小于 2 mm。水落口杯与基层接触应留宽 20 mm、深 20 mm 的凹槽,以便嵌填密封材料,如图 5-32 和图 5-33 所示。

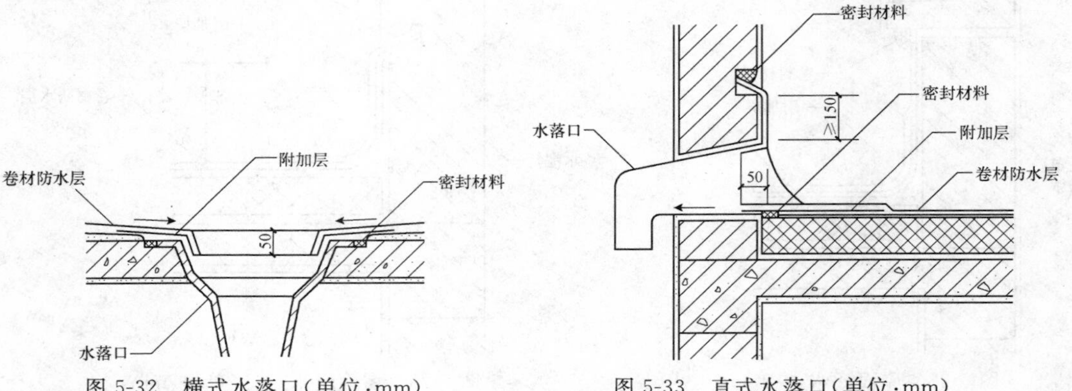

图 5-32 横式水落口(单位:mm) 图 5-33 直式水落口(单位:mm)

6. 变形缝

(1)等高变形缝的处理。缝内宜填充聚苯乙烯泡沫块或沥青麻丝。卷材防水层应满粘铺至墙顶,然后上部用卷材覆盖,覆盖的卷材与防水层粘牢,中间应尽量向缝中下垂,并在其上放置聚苯乙烯泡沫棒,再在其上覆盖一层卷材,两端下垂而与防水层粘牢,中间尽量松弛以适应变形,最后顶部应加扣混凝土盖板或金属盖板,如图 5-34 所示。

(2)高低跨变形缝的处理。低跨的防水卷材应先铺至低跨墙顶,然后在其上加铺一层卷材封盖,其一端与铺至墙顶的防水卷材粘牢,另一端用压条钉压在高跨墙体凹槽内,密封材料封固,中间应尽量下垂在缝中,再在其上钉压金属或合成高分子盖板,端头由密封材料密封。

7. 伸出屋面管道、垂直和水平出入口

伸出屋面管道周围的找平层应做成圆锥台,管道与找平层间应留凹槽,并嵌填密封材料;防水层收头处应用金属箍箍紧,并用密封材料填严,如图 5-35 所示。

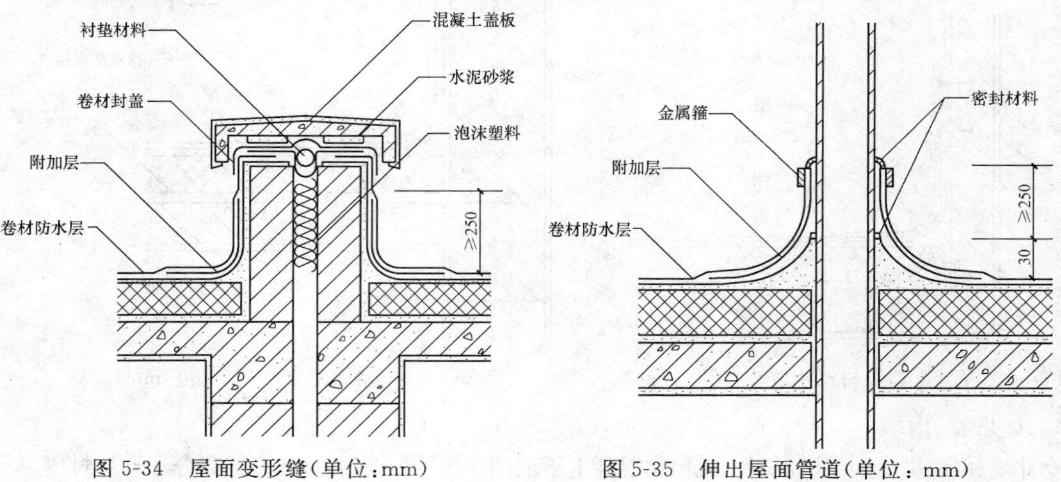

图 5-34 屋面变形缝(单位:mm) 图 5-35 伸出屋面管道(单位:mm)

屋面垂直出入口防水层收头，应压在混凝土压顶圈下，如图 5-36 所示。水平出入口防水层收头，应压在混凝土踏步下，防水层的泛水应设护墙，如图 5-37 所示。

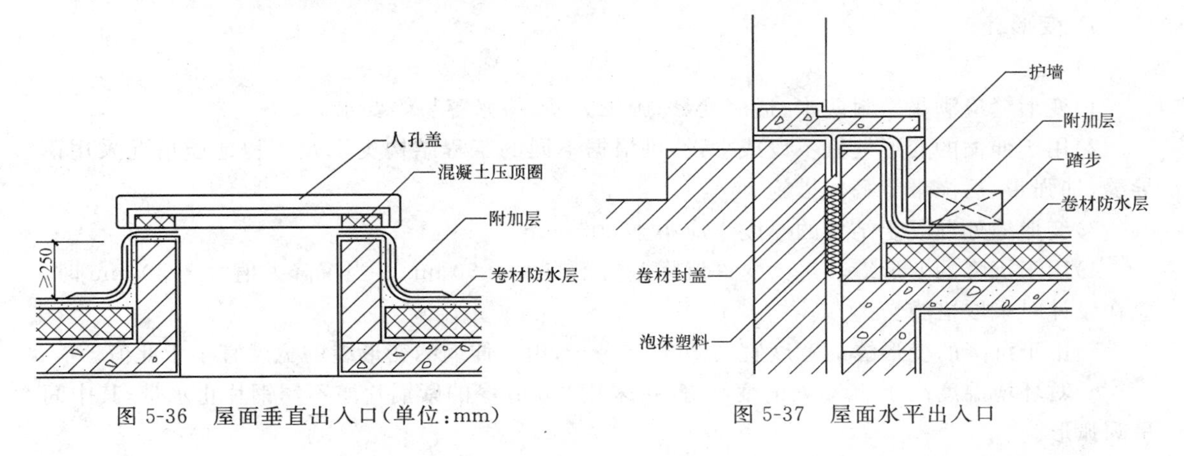

图 5-36　屋面垂直出入口（单位：mm）　　图 5-37　屋面水平出入口

8. 排汽结构

普通细石混凝土和补偿收缩混凝土防水层，分格缝的宽度宜为 5～30 mm，分格缝内应嵌填密封材料，上部应设置保护层，如图 5-38 所示。

屋面的排汽出口应埋设排汽管，排汽管宜设置在结构层上，穿过保温层及排汽道的管壁四周应打排汽孔，排汽管应做防水处理，如图 5-39 和图 5-40 所示。

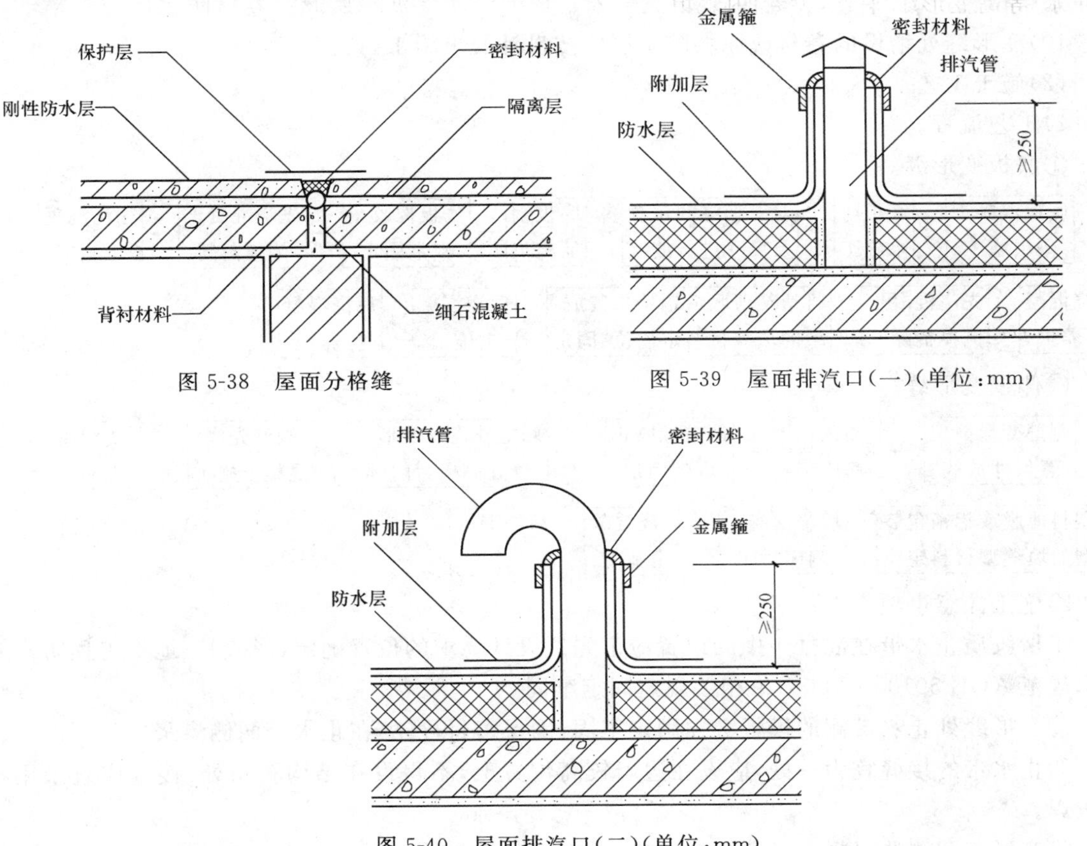

图 5-38　屋面分格缝　　图 5-39　屋面排汽口（一）（单位：mm）

图 5-40　屋面排汽口（二）（单位：mm）

二、地下防水细部施工技术

1. 变形缝

(1)施工要求。

1)变形缝应满足密封防水、适应变形、施工方便、检修容易等要求。

2)用于伸缩的变形缝宜不设或少设,可根据不同的工程结构类别及工程地质情况采用诱导缝、加强带、后浇带等替代措施。

3)变形缝处混凝土结构的厚度不应小于 300 mm。

4)用于沉降的变形缝其最大允许沉降差值不应大于 30 mm。当沉降差值大于 30 mm 时,应在设计时采取措施。

5)用于沉降的变形缝的宽度宜为 20～30 mm,用于伸缩的变形缝的宽度宜小于此值。

6)对环境温度高于 50℃处的变形缝,可采用 2 mm 厚的紫铜片厚不锈钢片止水带,其中间呈圆弧形。

7)止水带宽度和材质的物理性能均应符合设计要求,且无裂缝和气泡;接头应采用热接,不得叠接,接缝平整、牢固,不得有裂口和脱胶现象。

8)中埋式止水带中心线应和变形缝中心线重合,止水带不得穿孔或用铁钉固定。

9)变形缝设置中埋式止水带时,混凝土浇筑前应校正止水带位置,表面清理干净,止水带损坏处应修补;顶、底板止水带的下侧混凝土应振捣密实,边墙止水带内外侧混凝土应均匀,保持止水带位置正确、平直,无卷曲现象。

10)变形缝处增设的卷材或涂料防水层应按设计要求施工。

(2)施工工艺。

1)工艺流程。

①底板变形缝。

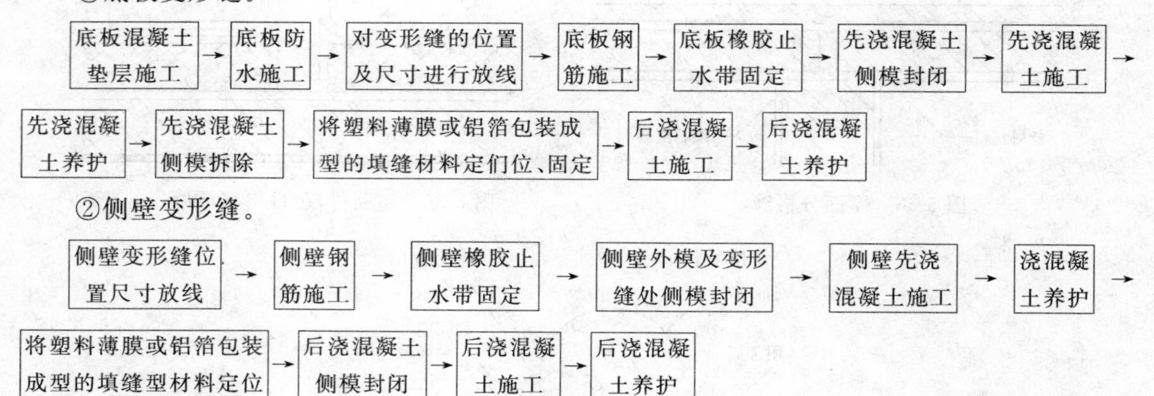

2)施工注意事项。

①橡胶质止水带在混凝土中的位置应事先按设计要求的位置确定,形式其《地下工程防水技术规范》(GB 50108—2008)中相关规定固定牢固。

②变形缝处止水带侧的模板必须固定牢固,确保密封,严禁在止水带两侧渗浆。

③止水带的接缝宜为一处,应设在边墙较高位置上,不得设在结构转角处,接缝应宜采用热压焊。

④变形缝两侧的混凝土必须成型准确,内实外光。

⑤橡胶质止水带在混凝土中的位置必须准确，混凝土施工时不得变形与移位。

2. 后浇带

(1)施工要求。

1)后浇带宜用于不允许留设变形缝的工程部位。

2)后浇带应在其两侧混凝土龄期达到 42 d 后再施工；高层建筑的后浇带施工应按规定时间进行。

3)后浇带应采用补偿收缩混凝土浇筑，其抗渗和抗压强度等级不应低于两侧混凝土。

4)后浇带应设在受力、和变形较小的部位，其间距和位置应按结构设计要求确定，宽度宜为 700～1 000 mm。

5)后浇带两侧可做成平直缝或阶梯缝，其防水构造形式应符合《地下防水技术规范》(GB 50108—2008)的要求。

6)后浇带需超前止水时，后浇带部位混凝土应局部加厚，并增设外贴式或中埋式止水带。

(2)施工工艺。

1)工艺流程。

①后浇带的留置。

a. 地下室底板防水后浇带留置。

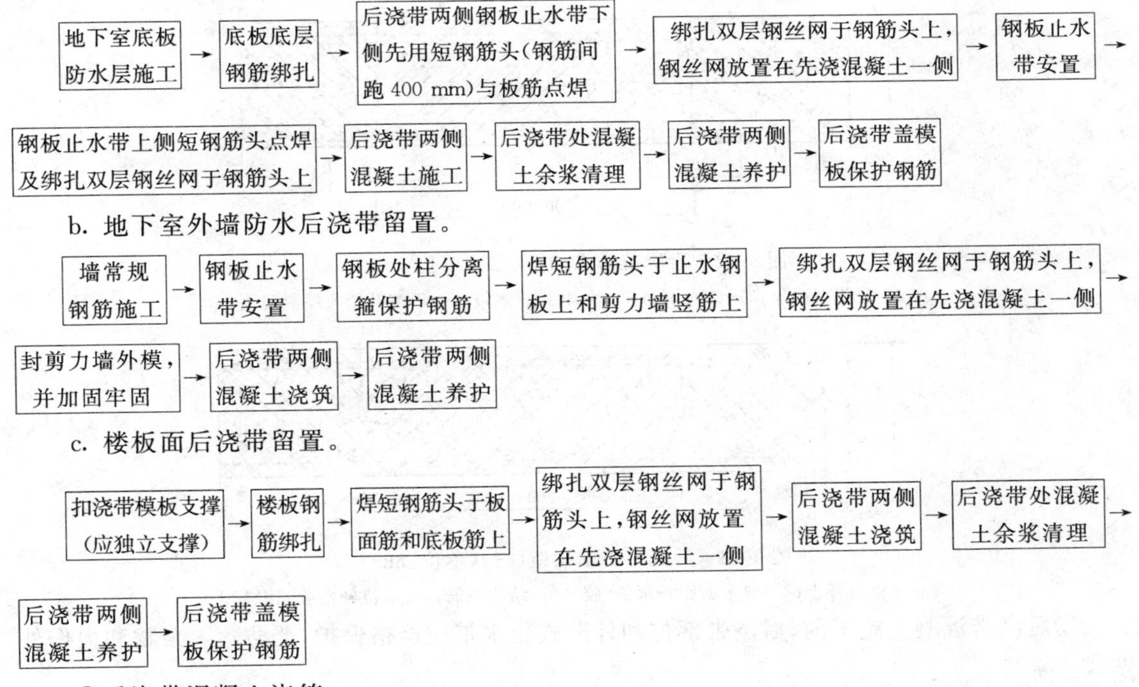

②后浇带混凝土浇筑。

a. 地下室底板后浇带混凝土浇筑。

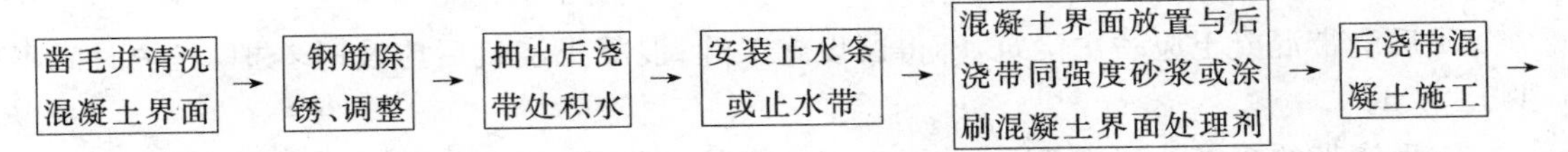

b. 地下室外墙防水后浇带混凝土浇筑。

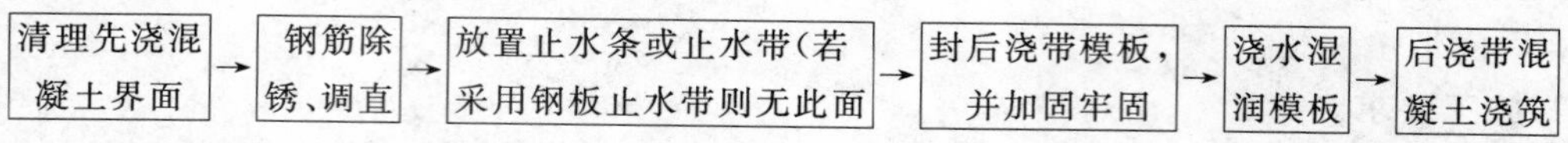

c. 楼板面后浇带混凝土浇筑。

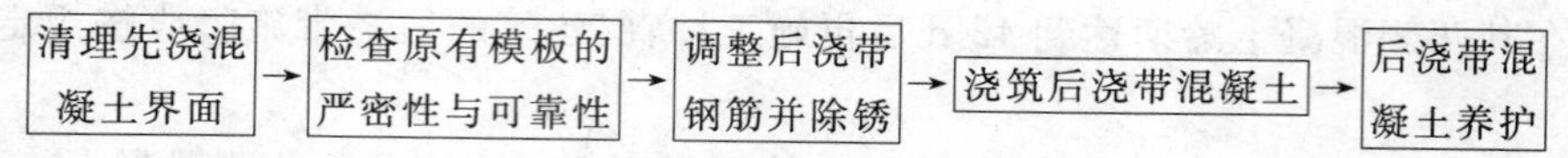

2)施工注意事项。

①地下室底板防水后浇带的施工构造，如图 5-41～图 5-43 所示。

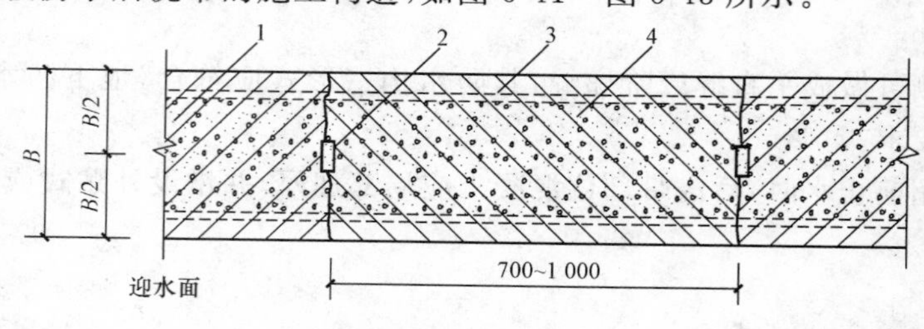

图 5-41　后浇带防水构造(一)(单位：mm)

1—先浇混凝土；2—遇水肿胀止水条(胶)；3—结构主筋；4—后浇补偿收缩混凝土

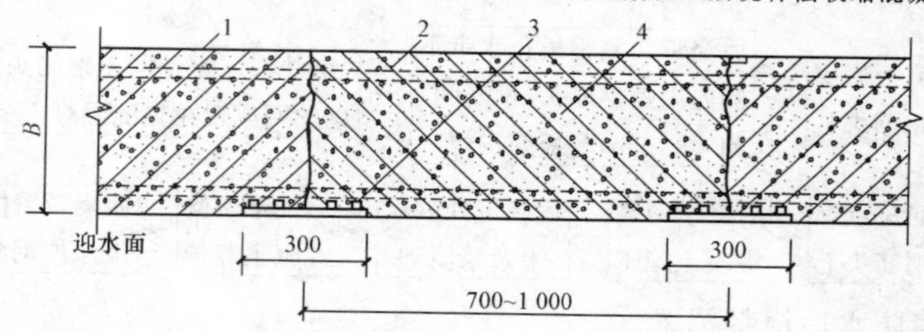

图 5-42　后浇带防水构造(二)(单位：mm)

1—先浇混凝土；2—结构主筋；3—外贴式止水带；4—后浇补偿收缩混凝土

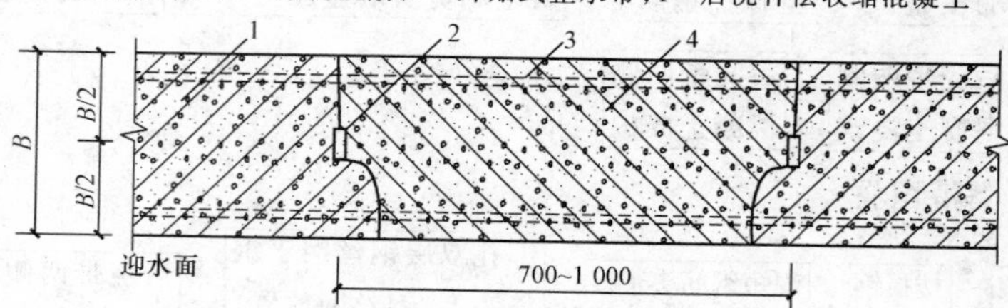

图 5-43　后浇带防水构造(三)(单位：mm)

1—先浇混凝土；2—遇水膨胀止水条(胶)；3—结构主筋；4—后浇补偿收缩混凝土

②后浇带混凝土施工前，后浇带部位和外贴式止水带应严格保护，严防落入杂物和损伤外贴式止水带。

③后浇带需超前止水时，后浇带部位的混凝土应局部加厚，并应增设外贴式或中埋式止水带，如图 5-44 所示。

④后浇带混凝土应一次浇筑，不得留设施工缝；混凝土浇筑后应及时养护，养护时间不得少于 28 d。

⑤后浇带的接缝处理应符合《地下工程防水技术规范》(GB 50108—2008)中的相关规定。水平缝浇灌混凝土前，应将其表面浮浆和杂物清除干净，先铺净浆，再铺 30～50 mm 厚的 1：1

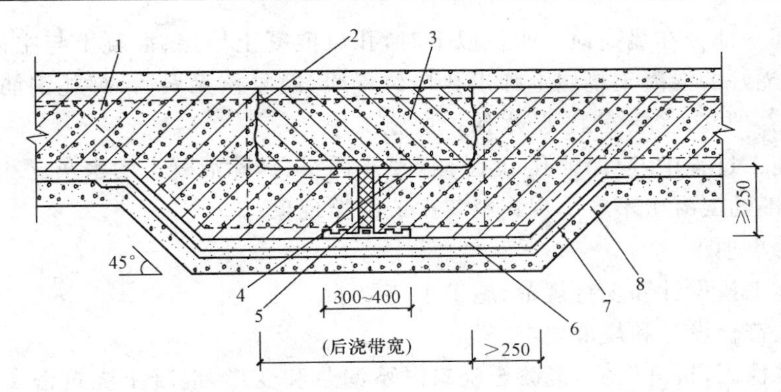

图 5-44　后浇带超前止水构造(单位:mm)

1—混凝土结构;2—钢丝网片;3—后浇带;4—填缝材料;
5—外贴式止水带;6—细石混凝土保护层;7—卷材防水层;8—垫层混凝土

水泥砂浆或涂刷混凝土界面处理剂,并及时浇灌混凝土。垂直缝浇灌混凝土前,应将表面清理干净,并涂刷水泥净浆或混凝土界面剂,并及时浇灌混凝土。

⑥后浇带模板应严密、稳固、混凝土施工时不得漏浆与变形。混凝土浇筑应密实,成型应精确,应特别注意新旧混凝土界面处的混凝土密实度。

⑦防水后浇带的施工应注意界面的清理及止水条、止水带的保护,并保证防水功能技术措施的落实。严禁后浇带处有渗漏现象。

3. 孔口

(1)施工要求。

1)地下工程通向地面的各种孔口应设置防水地面水倒灌措施。人员出入口应高出地面不小于 500 mm,汽车出入口处设明沟排水时,其高度宜为 150 mm,并应有防雨措施。

2)窗井内底板,应比窗下缘低 300 mm。窗井墙高出地面不得小于 500 mm。窗井外地面应做散水,散水与墙面间应采用密封材料嵌填。

3)孔口位置、施工使用材料、施工质量必须满足现行规范和设计要求,无渗漏、无倒灌。

4)孔口混凝土浇筑应留置混凝土试块及抗渗混凝土试块(设计有抗渗要求时)。

5)通风口应与窗井同样处理,竖井窗下平离室外地面高度不小于 500 mm。

6)无论地下水位高低,窗台下部的墙体和底板应做防水层。

7)窗井的底部在最高地下水位以上时,窗井的底板和墙应做防水处理并与主体结构断开。

8)窗井或窗井的一部分在地下水位以下时,窗井应与主体结构连成整体,其防水层也应连成整体,并在窗井内设集水井。

(2)施工工艺。

1)工艺流程。

①窗井底部在最高地下水位以上时,窗井底板、墙应做防水处理,并与主体结构断开。

②窗井或窗井的一部分在最高地下水位以下时,孔口底板、墙与主体施工时连成整体,其防水层也应连成整体,并在窗井内设置集水井。

2)操作工艺。

①窗井底部在最高地下水位以上时,清除主体与孔口接合部浮浆、松散混凝土,浇筑孔口混凝土垫层,根据设计要求在浇好的孔口混凝土垫层面上弹出孔口位置线,经复核无误后绑扎钢筋、立模、浇灌孔口混凝土、覆盖保湿养护。

②窗井底部一部分在最高地下水位以下时，孔口混凝土垫层、混凝土与主体一块浇筑，根据设计要求，在浇好的混凝土垫层上弹出孔口位置线，经复核无误后，绑扎钢筋、立模、浇灌孔口混凝土、保湿养护、防水层施工、防水保护层施工。

③混凝土施工过程中，应保证孔口主体混凝土的结合，除混凝土的水灰比和水泥用量要严格控制外，结合部的混凝土不应出现集料集中或漏振现象。

3)施工注意事项。

①防水层施工按设计和现行规范、施工工艺要求。

②钢筋绑孔符合设计和规范要求。

③模板支撑稳固、拼缝密实，混凝土浇筑时不漏浆和变形，混凝土浇筑密实，成型精确，满足设计、规范和使用要求。

④混凝土浇筑后进行正常的覆盖保湿养护。

⑤孔口施工完后无渗漏。

4. 穿墙管(盒)

(1)施工要求。

1)金属止水环应与主管或套管满焊密实，采用套管式穿墙防水构造时，翼环与套管应满焊密实，并应在施工前将套管内表面清理干净。

2)相邻穿墙管间的间距应大于 300 mm。

3)采用遇水膨胀止水圈的穿墙管，管径宜小于 50 mm，止水圈应采用胶粘剂满粘固定于管上，并应涂缓胀剂或采用缓胀型遇水膨胀止水圈。

4)当工程有防护要求时，穿墙管除应采取防水措施外，尚应采取满足防护要求的措施。

5)穿墙管伸出外墙的部位，应采取防止回填时将管体损坏的措施。

(2)施工工艺。

1)工艺流程。

套管制作 → 现场钢筋绑扎 → 套管安装固定 → 隐蔽验收 → 模板支设 → 浇混凝土 → 防水材料嵌填 → 封口钢板焊接试水

2)操作工艺。

①套管加焊止水环法。在管道穿过防水混凝土结构处，预设套管，防水套管的刚性或柔性做法由设计选定，套管上加焊止水环，套管与止水环必须一次浇固于混凝土结构内，且与套管相接的混凝土必须浇捣密实。止水环应与套管满焊严密，止水环数量按设计规定。套管部分加工完成后在其内壁刷防锈漆一道。

安装穿墙管道时，对于刚性防水套管，先将管道穿过套管，按图将位置尺寸找准，予以临时固定，然后一端以封口钢板将套管及穿墙管焊牢，再从另一端将套管与穿墙管之间的缝隙以防水材料(防水油膏、沥青玛琋脂等)填满后，用封口钢板封堵严密。亦可于套管与穿墙管之间加挡圈，两边嵌填油麻和石棉水泥。

对于管道穿过墙壁处受振动或有严密防水要求的构筑物，应采用柔性防水套管的做法，在套管与管道间加橡胶圈，并用法兰压紧。

②群管穿墙防水做法。在群管穿墙处留孔洞，洞口四周预埋角钢固定在混凝土中，封口钢板焊在角钢上，要四周满焊严密，然后将群管逐根穿过两端封口钢板上的预留孔，再将每根管与封口钢板沿管周焊接严密(焊接时宜用对称方法或间隔时间施焊，以防封口钢板变形)，从封

口钢板上的灌注孔向孔洞内灌注沥青玛瑞脂，灌满后将预留的沥青灌注孔焊接封严。

③单管固埋法。有现浇和预留洞后浇两种方法，构造简单、施工方便，但均不能适应变形，且不便更换。固埋法埋设管道时，应注意将管及止水环周围的混凝土浇捣密实，特别是管道底部要更好地仔细浇捣密实。

3)施工注意事项。

①穿墙管与内墙角、凹凸部位的距离应大于 250 mm。

②套管部分加工完成后，在其外壁均刷底漆一遍，外层防腐由设计定。

③焊缝的焊接必须由有施焊合格证的焊工按设计要求和钢结构焊接的专门规定施焊。

5. 埋设件

(1)施工要求。

1)结构上的埋设件宜预留或预留孔(槽)。

2)埋设件端部或预留孔(槽)底部的混凝土厚度不得小于 250 mm，当厚度小于 250 mm 时，应采取局部加厚或其他防水措施。

3)预留孔(槽)内的防水层，宜与孔、槽外的结构防水层保持连续。

(2)施工工艺。

1)预埋件处混凝土应力较集中，容易开裂，当厚度小于 250 mm 时，必须局部加厚采取抗渗止水的措施，如图 5-45 所示。

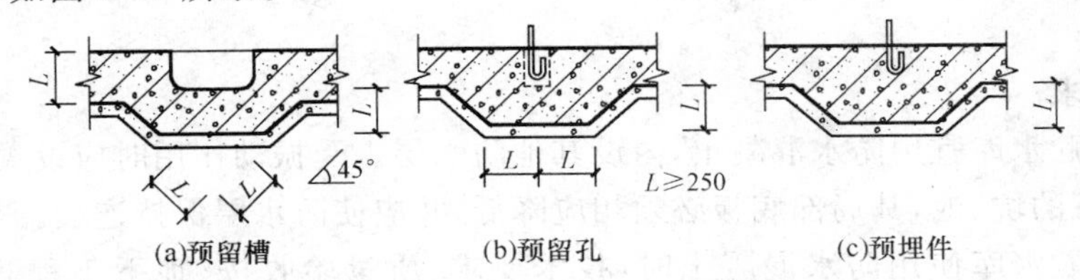

图 5-45 预埋件或预留孔(槽)处理(单位：mm)

2)防水混凝土外观平整，无露筋，无蜂窝、麻面、孔洞等缺陷，预埋件位置准确。

3)用加焊止水钢板的方法既简单又可获得一定防水效果，施工时应注意将铁件及止水钢板周围的混凝土捣密实，以保证防水质量。

6. 预留通道接头

(1)施工要求。

1)预留通道接缝处的最大沉降差值不得大于 30 mm。

2)预留通道接头应采取变形缝防水构造形式。

(2)施工工艺。中埋式止水带、遇水膨胀橡胶条、嵌缝材料、可卸式止水带的施工符合《地下工程防水技术规范》(GB 50108—2008)中的有关规定。

预留通道先施工部位的混凝土、中埋式止水带、与防水相关的预埋件等应及时保护，确保端部表面混凝土和中埋式止水带清洁，埋设件不得锈蚀。

当现浇混凝土中未预埋可卸式止水带的预埋螺栓时，可选用金属或尼龙的膨胀螺栓固定可卸式止水带。采用金属膨胀螺栓时，可用不锈钢材料或金属涂膜、环氧涂料等涂层进行防锈处理。

7. 桩头

(1)施工要求。

1)桩头部位的防水不应采用柔性防水卷材，也不宜采用一般涂膜类防水(如类似聚氨酯类涂膜防水)。

2)采用的防水材料应能承受在施工过程中钢筋处于变位时,防水层应紧密地与钢筋黏结牢固,同时应保持在动态变位过程中也不致断裂,而且能起到桩头与底板新旧混凝土之间界面连接的作用,同时要确保桩基与底板结构之间黏结强度和桩头本身的防水密封以及和底板垫层大面防水层连成一个连续整体,使其形成天衣无缝的防水层。其主要技术性能要求如下。

①材料黏结强度高,确保防水层与桩头钢筋牢固的黏结,同时与混凝土之间有着牢固的握裹力,使其形成一体,并在施工过程中钢筋往返弯曲时,防水材料性能不受较大影响。

②材料应具有弹性和柔韧性,以适应基面的扩展与收缩、自由改变形状而不断裂。

③应使用适应在潮湿环境下固结或固化的防水材料。防水层的耐水性好,无毒,施工方便。

(2)施工工艺。

1)应按设计要求将桩顶剔凿至混凝土密实处,并应清洗干净。

2)破桩后如发现渗漏水,应及时采取堵漏措施。

3)涂刷水泥基渗透结晶型防水涂料时,应连续、均匀,不得少涂或漏涂,并应及时进行养护。

4)采用其他防水材料时,基面应符合施工要求。

5)应对遇水膨胀止水条(胶)进行保护。

8. 坑、池

(1)施工要求。

1)坑、池及贮水库宜用防水混凝土,内设其他防水层。受振动作用时应设柔性防水层。

2)底板以下的坑、池,其局部底板必须相应降低,并应使防水层保持连续。

3)坑、池及贮水库使用防水混凝土时,技术要求、质量验收按《地下工程防水技术规范》(GB 50108—2008)、《地下防水工程质量验收规范》(GB 50208—2011)执行,混凝土的施工工艺按防水混凝土施工工艺执行。

(2)施工工艺。

1)浇筑混凝土垫层,复核坑、池的位置经检查无误后进行防水层施工。根据设计要求选定任一防水层做法后,按所选防水层工艺和检验评定标准进行施工;绑扎钢筋、模板支撑、浇灌混凝土,在已浇筑好的混凝土面覆盖保湿养护。

2)工程过程设计如有特殊要求时,按设计要求。

3)施工过程混凝土的水灰比、水泥、砂、石用量要严格控制。

(3)施工注意事项。

1)坑、池防水混凝土的原材料、配合比及坍落度必须符合设计要求。

2)坑、池底板的混凝土厚度不应少于 250 mm;当底板的厚度小于 250 mm 时,应采取局部加厚措施,并应使防水层保持连续。

3)坑、池施工完后,应及时遮盖和防止杂物堵塞。

4)坑、池、储水库宜采用防水混凝土整体浇筑,混凝土表面应坚实、平整,不得有露筋、蜂窝和裂缝等缺陷。

第六章　木工技术

第一节　榫制作技术

一、榫接合

榫接合是木构件接合的基本方式，同时，也是木工最基本的操作技能之一。榫头的构成，如图 6-1 所示。榫接合的类型，如图 6-2 所示。

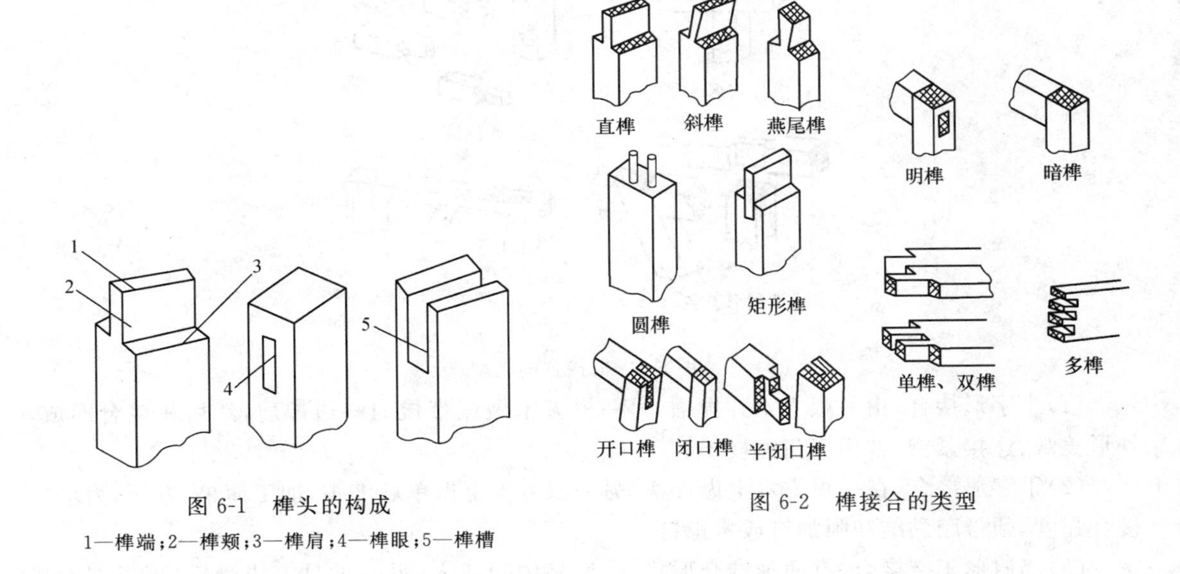

图 6-1　榫头的构成

1—榫端；2—榫颊；3—榫肩；4—榫眼；5—榫槽

图 6-2　榫接合的类型

(1)直榫应用广泛，斜榫很少采用；燕尾榫比较牢固，榫肩的倾斜度不得大于 10°，否则易发生剪切破坏。

(2)圆榫可以节省木料，且可省去开榫、割肩等工序，在两个连接工件上钻眼即可结合。

(3)矩形榫工艺简单，可提高工效。

(4)直角开口榫接触面积大，强度高，但榫头一个侧面外露，影响美观。

(5)闭口榫接合强度较差，一般用于受力较小的部位。

(6)半闭口榫应用较广泛。

(7)明榫榫眼穿开，榫头贯通，加楔后结实、牢固。应用较广泛。

(8)暗榫不露榫头，外表较美观，但连接强度较差。

(9)一般框架多用单榫、双榫，箱柜或抽屉则常用多榫，榫头多少要与断面大小成一定比例。

二、框接合

框接合的类型较多，有十字形，丁字形和双肩形丁字等接合方式，如图 6-3 所示。

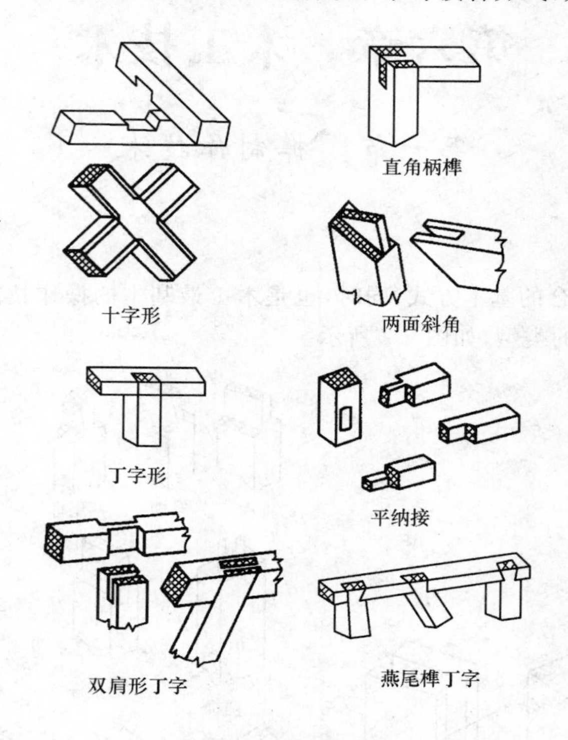

图 6-3 框接合的类型

(1)十字形接合，由一根方木开榫槽，另一根方木做成带梭的斜边榫肩，然后相接合而成，外形美观、连接紧密，常用于门窗棂子。

(2)丁字形接合，在一根方木上做榫槽，另一根方木上做单肩榫头，加工简单、方便，为增加接合强度，须带胶黏结和附加钉或木螺钉。

(3)双肩形丁字接合，有两种结合形式，一种是中间插入，另一种是一边暗插，可根据木料厚度及结构要求选用。

(4)直角柄榫接合，在非装饰的表面，常用钉或销作附加紧固，结合较牢靠，用于中级框的接合。

(5)两面斜角接合，双肩均做成 45°的斜肩，榫端露明。适用于一般斜角接合，应用广泛。

(6)平纳接，顶面不露榫，但榫头贯通。应用于表面要求不高的各种框架角接合。

(7)燕尾榫丁字接合，由一根方木一侧做成燕尾榫槽，另一根做单肩燕尾梅头，用于框里横、竖、斜撑的接合。

三、板的榫接合

板的榫接合类型，如图 6-4 所示。

(1)纳入接，在一块板上刻榫槽，将另一块板端直接镶入榫槽内，用于箱、柜隔板的丁形接合。

(2)燕尾纳入接，在一块板上刻单肩或双肩燕尾榫槽，在另一块板端做单肩或双肩燕尾榫

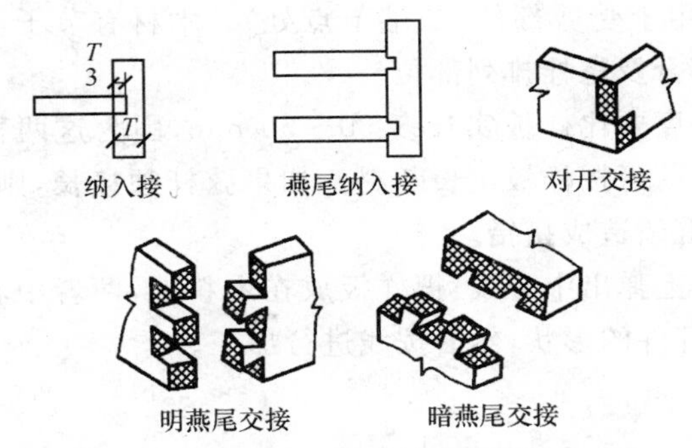

图 6-4　板的榫接合类型

头。用于要求整体性较高的搁板、隔板。

(3)对开交接,用于板材不宽时,每块板端切去对应的缺口,相互交接。用于一般简单的接合板。

(4)明燕尾交接,由一块板端刻燕尾榫,一块板端做燕尾槽,互相交接。接合坚固。用于高级箱类的接合。

(5)暗燕尾交接,一块板端做燕尾榫,另一块板端做不穿透的燕尾榫槽,接合后正面不露榫头。用于箱类、抽屉面板的接合。

第二节　木工配料

一、门窗配料

(1)考虑到门窗料在制作时刨削、拼装等损耗,各部件的毛料尺寸比其净尺寸要大些,其加工量可参考如下。

1)断面尺寸。宽度和厚度的加工余量,一面刨光者留 3 mm,两面刨光者留 5 mm。

2)长度。樘子冒头有走头者,考虑到走头伸入墙内需要的锚固长度,可加长 200 mm,无走头者,为防止在打眼和拼装加楔时,樘子冒头端部发生劈裂现象,可加长 40 mm。在底层的门樘子梃要加长 70 mm,以便下端埋入地坪内,使门樘下端固定;在楼层的门樘子梃加长 20～30 mm,以便下端固定在楼面粉刷房内,窗樘子梃加长 10 mm,门窗冒头及窗棂加长 10 mm,这是考虑到其两端为榫头,拼装时难免要打坏些,因此要多留长一些,以保证榫眼紧密接合。门窗梃加长 40 mm,这是为了避免拼装时其端部发生劈裂现象。门心板按图样冒头及窗梃内净距放长各 50 mm。

(2)应先配长料,后配短料;先配大料,后配小料。

(3)配料时还要考虑到木材的疵病,不要把节疤留在开榫、打眼或起线的地方,对腐朽、斜裂的木材应不予采用。

(4)根据毛料尺寸,在木材上划出截断线或锯开线时要考虑锯解的损耗量(即锯路大小),锯开时要注意到木料的平直。

二、屋架配料

(1)木材如有弯曲,用于下弦时,凸面应向上;用于上弦时,凸面应向下。弯曲的程度,原木应不大于全长的 1/200,方木应不大于全长的 1/500。

(2)木材裂纹处不要用于受剪部位(如端节点处)。木材有节子及斜纹不要用于接榫处。木材的髓心应避开槽齿部分及螺栓排列部位。

(3)上弦、斜杆断料长度要比样板实长多 30～50 mm,因为这两种杆件端头要做凸榫,应留出锯割及修整余量。下弦可按样板实长断料。如果弦杆须接长,则各榀屋架的各段长度尽可能取得一致,否则容易混淆造成接错。

(4)料截好后,在木料上弹出中心线,把样板放在木料上,两者中心线对准,沿样板边缘划线,这样就如实地划出各杆件的形状,然后按线进行加工。

三、细木制品配料

(1)细木制品所用木材要进行认真挑选,保证所用木材的树种、材质、规格符合设计要求。施工中应避免大材小用,长材短用和优材劣用的现象。

(2)由木材加工厂制作的细木制品,在出厂时,应配套供应并附有合格证明,进入现场后应验收,施工时要使用符合质量标准的成品或半成品。

(3)细木制品露明部位要选用优质材,做清漆油饰显露木纹时,应注意同一房间或同一部位选用颜色、木纹近似的相同树种。细木制品不得有腐朽、节疤、扭曲和劈裂等弊病。

(4)细木制品用材必须干燥,应提前进行干燥处理。重要工程,应根据设计要求做含水率的检测。

第三节　木屋架制作与安装

一、木屋架的构造与要求

1. 木屋架的基本组成

三角形屋架主要由上弦(又称人字木)、下弦(又称大柁)、斜杆、竖杆(又称拉杆)等杆件组成。斜杆和竖杆统称为腹杆。上弦、下弦、斜杆用木料制成,竖杆用木料或钢制成,如图 6-5 所示。

屋架各杆件的连接处称为节点,如图 6-6 所示。两节点之间的距离称为节间,屋架的两端节点称为端节点,两端节点的中心距离称为屋架的跨度,木屋架的适用跨度一般不超过 15 m。屋脊处的节点称为脊节点。脊节点中心到下弦轴线的距离称为屋架高度(又称矢高),木屋架的高度一般为其跨度的 1/5～1/4。屋架中央下弦与其他杆件连接处称为下弦中央节点,其余各杆件连接处称为中间节点。两榀屋架之间的中心距离称为屋架间距,木屋架间距一般为3～4 m。

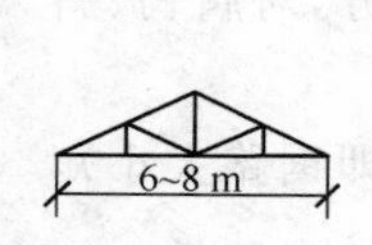

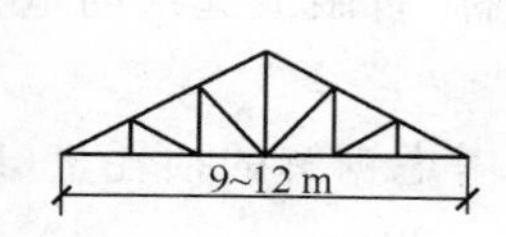

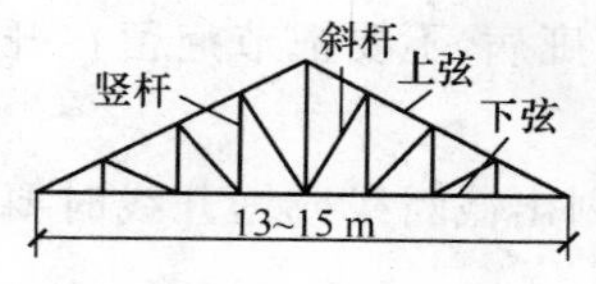

脊节点
中间节点
端节点
层架高度
下弦中央节点
层架跨度

图 6-5　三角形木屋架的组成

图 6-6　屋架的各节点

2. 木屋架各节点的构造

木屋架各节点的构造,见表 6-1。

表 6-1 木屋架各节点的构造

部位	名称	单齿连接
端节点	简图	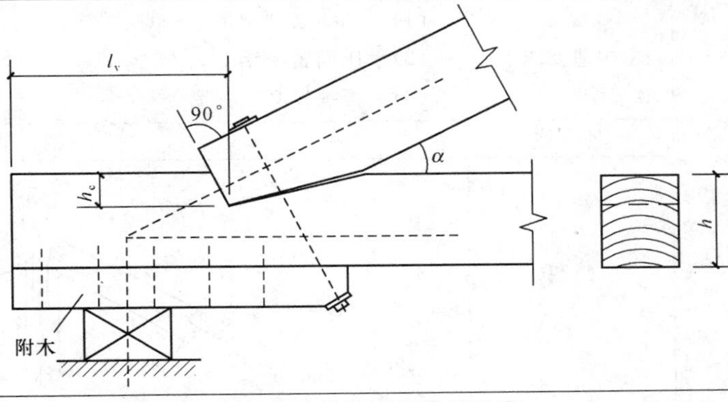 l_v 90° α h_c h 附木
	构造要求	(1)齿连接的承压面,应与所连接的压杆轴线垂直。 (2)木桁架支座节点的上弦轴线和支座反力的作用线,当采用方木或板材时,宜与下弦净截面的中心线交汇于一点;当采用原木时,可与下弦毛截面的中心线交汇于一点,此时,刻齿处的截面可按轴心受拉验算。 (3)齿连接的齿深,对于方木不应小于 20 mm;对于原木不应小于 30 mm。 (4)桁架支座节点齿深不应大于 $h/3$,中间节点的齿深不应大于 $h/4$(h 为沿齿深方向的构件截面高度)。 (5)当采用湿材制作时,木桁架支座节点齿连接的剪面长度应比计算值加长 50 mm。 (6)单齿第一齿的剪面长度不应小于 4.5 倍齿深。 (7)单齿连接应使压杆轴线通过承压面中心
	名称	双齿连接
	简图	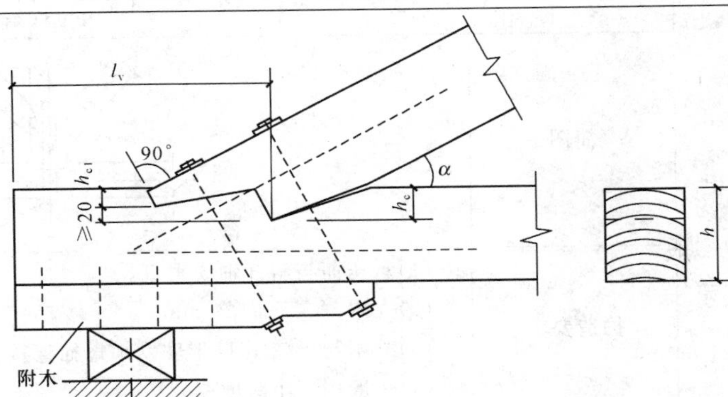 l_v 90° h_{c1} $\geqslant 20$ α h_c h 附木
	构造要求	(1)~(5)同上。 (6)双齿连接中,第二齿的齿深 h_c 应比第一齿的齿深 h_{c1} 至少大 20 mm。双齿第一齿的剪面长度不应小于 4.5 倍齿深
脊节点	名称	钢拉杆结合
	简图	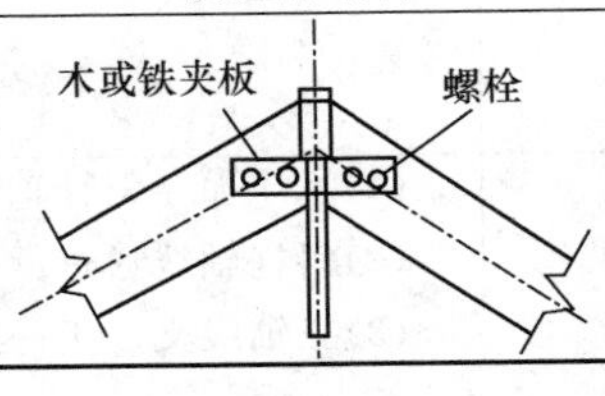 木或铁夹板 螺栓

续上表

部位	名称	钢拉杆结合
脊节点	构造要求	(1)三轴线必须交汇于一点。 (2)承压面紧密结合。 (3)夹板螺栓必须拧紧
	名称	木拉杆结合
	简图	$\leqslant \frac{h}{4}$ 螺栓 个形铁件 h
	构造要求	(1)上弦轴线与承压面垂直。 (2)两边加个型铁件锚固。 (3)一般用于小跨度屋架
下弦中央节点	名称	钢拉杆结合
	简图	垫木 90° $\leqslant \frac{h}{4}$ ≥20(方) ≥30(圆)
	构造要求	(1)五轴线必须交汇于一点。 (2)斜杆轴线与斜杆和垫木的结合面垂直。 (3)钢拉杆应用两个螺母
	名称	木拉杆结合
	简图	螺栓 20 兜铁
	构造要求	(1)承压面与斜杆轴线垂直。 (2)立木刻入下弦 20 mm。 (3)立木与下弦用 U 形兜铁加螺栓连接。 (4)一般用于小跨度屋架
	名称	单齿连接
	简图	90° $\leqslant \frac{h}{4}$
	构造要求	(1)承压面与斜杆轴线垂直。 (2)斜杆轴线通过承压面中心。 (3)三轴线交汇于一点

二、木屋架放大样的方法

1. 放大样

(1)木屋架放大样的方法及步骤。放大样时,先画出一条水平线,在水平线一端定出端节点中心,从此点开始在水平线上量取屋架跨度之半,定出一点,通过此点作垂直线,此线即为中竖杆的中线。

在中竖杆中线上,量取屋架下弦起拱高度(起拱高度一般取屋架跨度的 1/200)及屋架高度,定出脊点中心。连接脊点中心和端节点中心,即为上弦中线。再从端节点中心开始,在水平线上量取各节点长度,并作相应的垂直线,这些垂直线即为各竖杆的中线。

竖杆中线与上弦中线相交点即为上弦中间节点中心。连接端节点中心和起拱点,即为下弦轴线(用原木时,下弦轴线即为下弦中线;用方木时,下弦轴线是端节点处下弦净截面中线,不是下弦中线)。下弦轴线与各竖杆中线相交点即为下弦中间节点中心。连接对应的上、下弦中间节点中心,即为斜杆中线,如图 6-7 所示。

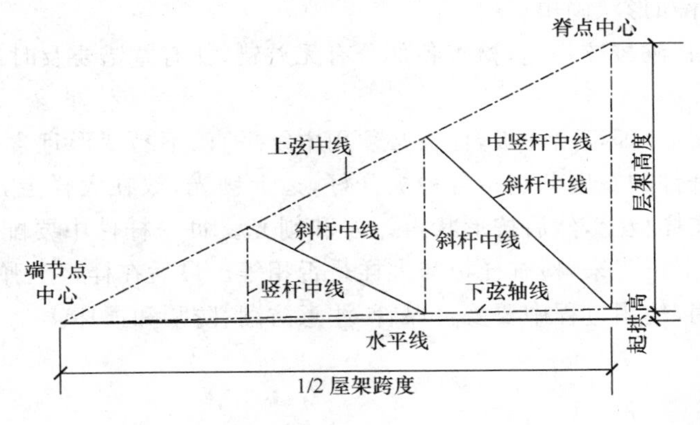

图 6-7　屋架各杆件中线

各杆件的中线和轴线放出后,再根据各杆件的截面高度(或宽度),从中线和轴线向两边画出杆件边线。各线相交处要互相出头一些。对于原木屋架,各杆件直径以小头表示。在画杆件边线时,要考虑其直径的增大,一般每延 1 m 直径增大 8～10 mm。接着,要逐个画出各节点的详细构造及细部尺寸。

(2)端节点齿连接的放样方法与步骤。

1)单齿连接,如图 6-8 所示。

①画出上、下弦的中线。

②根据上、下弦的中线,分别画出上弦边线 1、2 和下弦边线 3、4;线 3 与上弦中线交于 b 点;线 2 与 3 交于 f 点。

③根据齿深,在下弦上画一条与下弦中线平行的齿深线。齿深线与上弦中线交于 a 点。

④过 ab 线的中点 ec 作上弦中线的垂线。该垂线与线 3 交于 d 点,与齿深线交于 e 点。

⑤连接 ef,则 def 所构成的图形即为单齿的位置和形状。

2)双齿连接,如图 6-9 所示。

①按上述方法画出上、下弦中线,上弦边线 1、2 和下弦边线 3、4;线 3 与线 1 交于 a 点与上弦中线交于 b 点,与线 2 交于 c 点。

②根据齿深画出第一齿深线、第二齿深线。

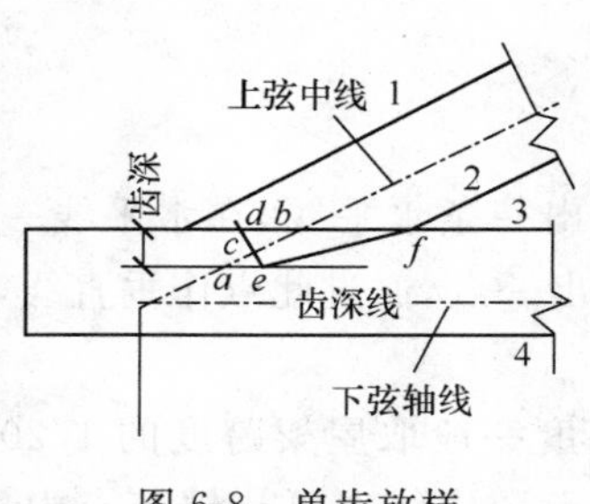

图 6-8 单齿放样

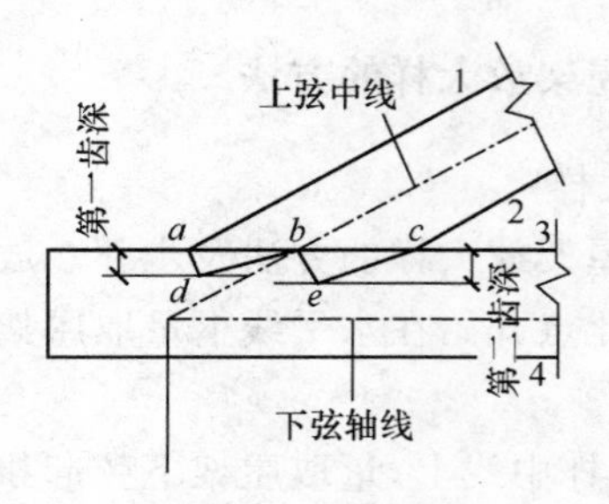

图 6-9 双齿放样

③过 a 点和 b 点作上弦中线的垂直，分别与齿深线交于 d 点和 e 点。

④连接 db、ec，则 $adbec$ 所构成的图形即是双齿的位置和形状。

中间各节点的齿连接，可参照上述步骤放样。

各节点详细构造画出后，即把上、下弦接头处的夹板尺寸及螺栓排列位置画出，最后将其他铁件等按实际尺寸和形状画出。

大样画好后，要仔细校核一遍，检查各部分有无差错，如有差错要及时纠正。

2. 出样板

大样经复核无误后，即可出样板，样板必须用木纹平直、不易变形且含水率不超过 18%的板材制作。先按各杆件的宽度分别将各种板开好，边上刨光，放在大样上，将各杆件的榫、槽、孔等形状和位置画在样板上，然后按形状再锯好和刨光。每一杆件中要配一块样板。全部样板配好后，放在大样上拼起来，检查样板与大样是否相等。最后在样板上弹出中心线。样板经检查合格后才准使用，使用过程中要妥善保管，注意防潮、防晒和损坏。

三、木屋架制作

1. 木屋架材料的选用

屋架各杆件的受力性质不同，根据木材的物理力学性能，要选用不同等级的木材。上弦是受压或压弯构件，可选用Ⅲ等材或Ⅱ等材；斜杆是受压构件，可选用Ⅲ等材；下弦是受拉或抗弯构件，竖杆是受拉构件，均应选用Ⅰ等材料。

2. 木屋架配料方法

配料时，要综合考虑木材的质量、长短、阔狭等情况，做到合理安排、避让缺陷。具体要求如下。

(1)木结构的用料必须符合设计要求的材种和材质标准。

(2)当上弦、下弦材料和断面相同时，应当把好的木材用于下弦。

(3)对下弦木料，应将材质好的一端放在端节点；对上弦木料，应将材质好的一端放在下端。

(4)对方木上弦将材质好的一面向下；对有微弯的原木上弦，应将弯背向下，用原木做下弦时，应将弯背向上。

(5)上弦和下弦杆件的接头位置应错开，下弦接头最好设在中部。如用原木时，大头应放在端节点一端。

(6)不得将有疵病的木料用于支座端节点的榫结合处。

3. 木屋架的制作

(1)所有齿槽都要用细锯锯割，不要用斧砍，用刨或凿进行修整，齿槽结合面必须平整、严密，结合面凹凸倾斜不大于 1 mm，弦杆接头处要锯齐锯平。

(2)钻螺栓孔的钻头要直,其直径应比螺栓直径大 1 mm。每钻入 50～60 mm 深后需要提起钻头加以清理,眼内不得留有木渣。

(3)在钻孔时,先将需要结合的杆件按正确位置叠合起来,并加以临时固定,然后用钻一次钻透,以提高结合的紧密性。

(4)对于托力螺栓,其螺栓孔的直径可比螺栓直径略大 1～3 mm,以便于安装。

4. 木屋架的装配

(1)在平整的地面上先放好垫木,把下弦在垫木上放稳垫平,然后按照起拱高度将中间垫起,两端固定,再在接头处用夹板和螺栓夹紧。

(2)下弦拼接好后,即安装中柱,两边用临时支撑固定,再安装上弦杆。

(3)最后安装斜腹杆,从屋架中心依次向两端进行,然后将各拉杆穿过弦杆,两头加垫板,拧上螺母。

(4)如无中柱而是用钢拉杆的,则先安装上弦杆,最后将拉杆逐个装上。

(5)各杆件安装完毕并检查合格后,再拧紧螺母,钉上扒钉等铁件,同时在上弦杆上标出檩条的安放位置,钉上三角木。

(6)在拼装过程中,如有不符合要求的地方,应随时调整或修理。

四、木屋架安装

1. 准备工作

(1)墙顶上如是木垫块,则应用焦油沥青涂刷其表面,以作防腐。

(2)清除保险螺栓上的脏物,检查其位置是否准确,如有弯曲要进行校直。

(3)将已拼好的屋架进行吊装就位。

2. 放线

在墙上测出标高,然后找平,并弹出中心线位置。

3. 加固

起吊前必须用木杆将上弦水平加固,保证其在垂直平面内的刚度,如图 6-10 所示。

4. 起吊

(1)吊装用的一切机具、绳、钩必须事先检查后方可使用,起吊时应由有经验的起重工指挥。

(2)当屋架吊离地面 300 mm 后,应停车进行检查,没有问题才可继续施工。

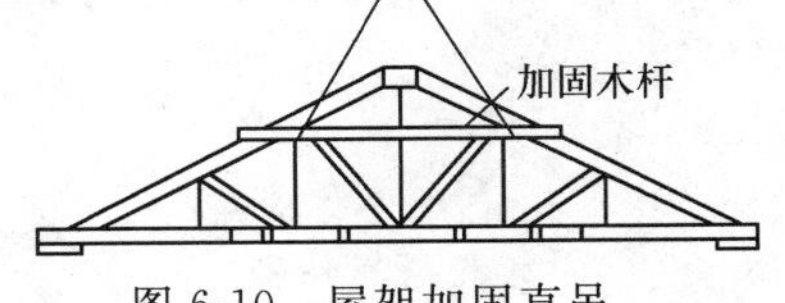

图 6-10 屋架加固直吊

(3)屋架两头绑上同绳,以控制起吊时屋架的晃动。

(4)起吊到安装位置上方,对准锚固螺栓,将屋架徐徐放下,使锚固螺栓穿入孔中,屋架放落到垫块上。

5. 安装

(1)第一榀屋架吊上后,立即用线锤找中、找直,用水平尺找平,并用临时拉杆(或支撑)将其固定;认为无误后,在锚固螺栓上套入垫板及螺母,初步上紧。

(2)从第二榀起,应在屋架安装的同时,在屋架之间钉上檩条。两屋架间至少钉三根檩,脊檩一定要钉上。

6. 设置支撑

为了防止屋架侧倾,保证受压弦杆的侧向稳定,按设计要求。在屋架之间设置垂直支撑、水平系杆和上弦横向支撑，如图 6-11 所示。

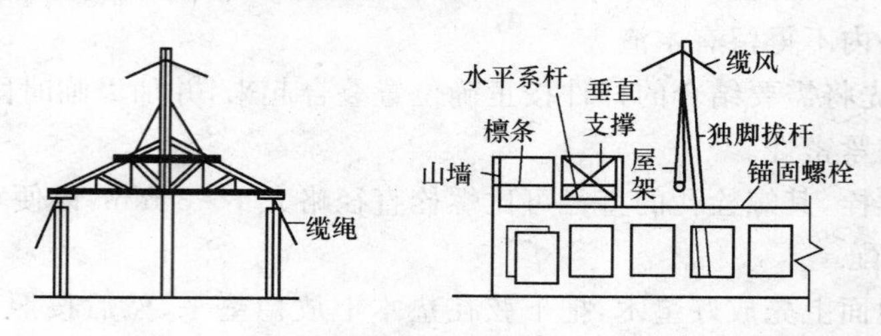

图 6-11　屋架的安装

7. 固定

屋架安装完毕后，应将屋架端头的锚固螺栓的螺母全部上紧。

五、木屋架施工注意事项

运输和吊装时应进行必要的加固，以防止节点错位、损坏或变形。支撑与屋架应用螺栓连接，不得用钉连接或抵承连接，屋架支座应用螺栓锚固，并检查螺栓是否拧紧，确保木屋架安装后形成整体的稳定体系。

接屋架与支座接触处设计要求做药物防腐处理，支座边应留出足够的空隙，使得空气流通，避免木材腐朽，以使木结构使用寿命延长。

第四节　屋面木基层制作与安装

一、屋面木基层的构造

1. 平瓦屋面木基层

基本构造是在屋架上铺设檩条，檩条上铺屋面板(或钉椽条)，屋面板上铺油毡、顺水条、挂瓦条等，如图 6-12 所示。

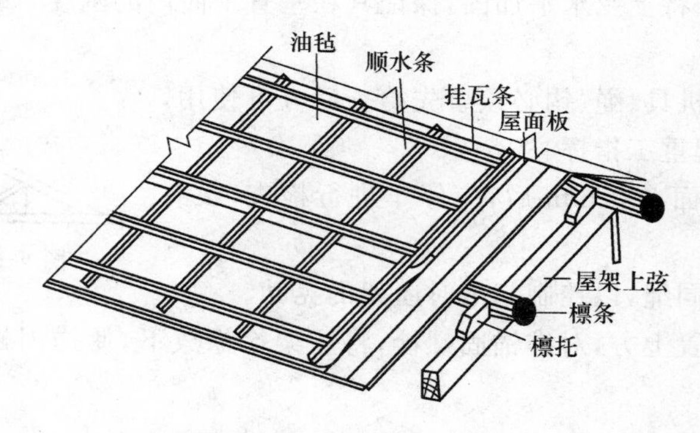

图 6-12　平瓦屋面木基层

檩条用原木或方木，其断面尺寸及间距依计算而定，一般常用简支檩条，其长度仅跨过一屋架间距。檩条长度方向应与屋架上弦相垂直，檩条要紧靠檩托。

方檩条有斜放和正放两种形式，正放者不用檩托，另用垫块垫平如图 6-13 所示。

檩条在屋架上弦的接头，如上弦较宽，可用对头接头如图 6-14(a)所示；如上弦较窄，可用交错搭接如图 6-14 (b)所示或上下斜搭接如图 6-14 (c)所示。

屋面板一般用厚度为 15～20 mm 的松木或杉木板，有密铺和疏铺两种。密铺屋面板是将

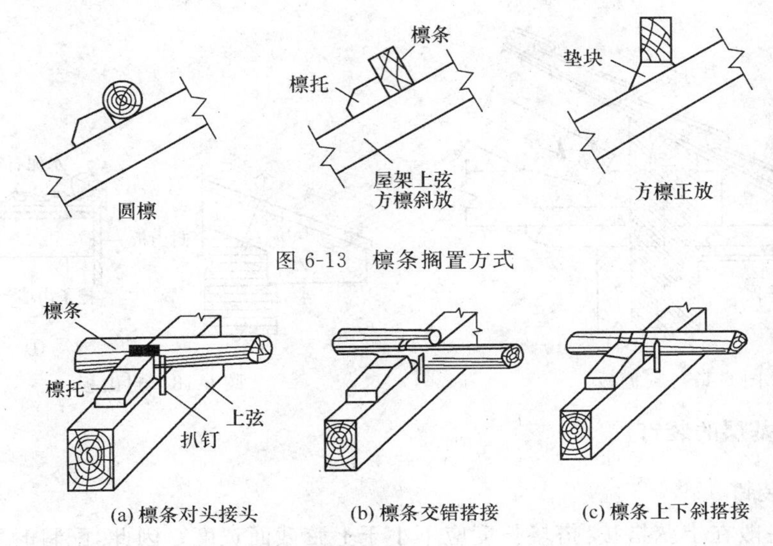

图 6-13　檩条搁置方式

图 6-14　檩条在屋架上弦的接头

各块木板相互排紧，其间不留空隙；疏铺屋面板则各块木板之间留适当空隙。屋面板长度方向应与檩条垂直。屋面板上干铺油毡一层，油毡上铺钉顺水条（又称压毡条），顺水条与屋脊相垂直，其间距约 400～500 mm，断面可用（8～10）mm×25 mm。在顺水条上铺钉挂瓦条，挂瓦条应与屋脊相平行，间距要依瓦长而定（一般在 280～320 mm 之间），断面可用 20 mm×25 mm。

若屋面木基层不用屋面板，则垂直于檩条设置椽条，常见的以方木居多；如采用原木时，原木的小头应朝向屋脊，顶面略砍削平整。

2. 青瓦屋面木基层

基本构造是在屋架上铺檩条，檩条上铺椽条，椽条上铺苇箔、荆笆或屋面板等，并将调稀的麦草泥铺上屋面，未干时即盖上瓦，靠麦草泥把瓦与屋面木基层连成一体，如图 6-15 所示。南方多见在椽条上直接铺放小青瓦的做法，如图 6-16 所示。

檩条可用原木或方木，一般仅放置在屋架上弦节点上。椽条一般用原木或方木制成，边长或直径为 40～70 mm，间距为 150～400 mm。椽条应与下檩条相垂直。

3. 封檐板与封山板

在平瓦屋面的檐口部分，往往是将附木挑出，各附木端头之间钉上檐口檩条，在檐口檩条外侧钉有通长的封檐板，封檐板可用宽 200～250 mm 厚 20 mm 的木板制作，如图 6-17 所示。

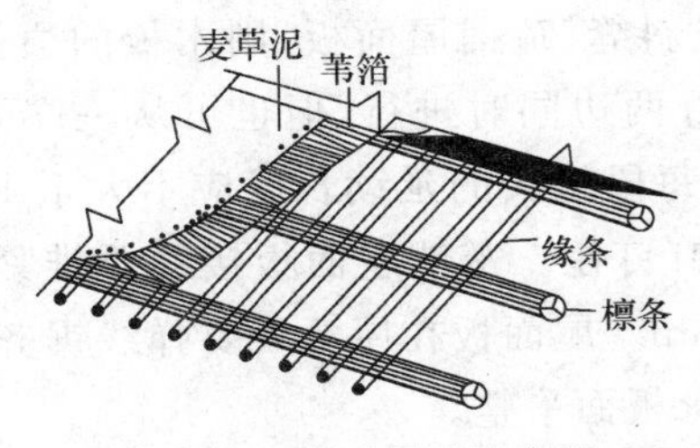

图 6-15　青瓦屋面木基层

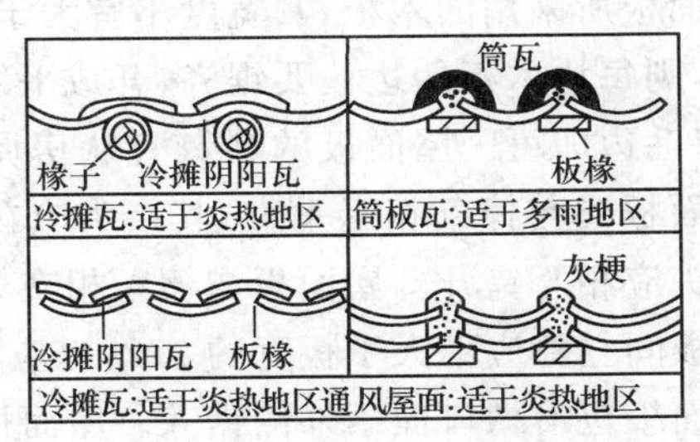

图 6-16　南方常见小青瓦铺法

青瓦屋面的檐口部分，一般是将檩条伸出，在檩条端头处也可钉通长的封檐板。在房屋端部，有些是将檩条端部挑出山墙，为了美观，可在檩条端头外钉通长的封山板，封山板的规格与封檐板相同，如图 6-18 所示。

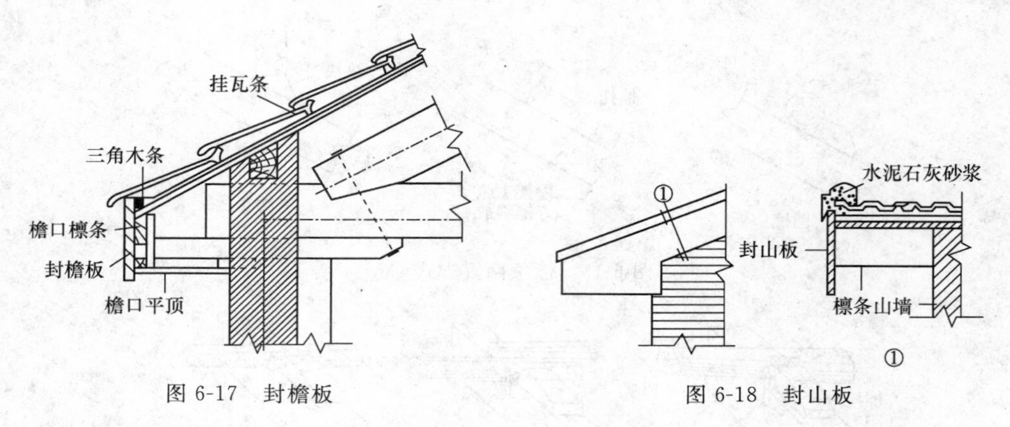

图 6-17 封檐板 图 6-18 封山板

二、屋面木基层的装钉

1. 檩条的装钉

简支檩条一般在上弦搭接，搭接长度应不小于上弦截面宽度。因此，配料时要考虑檩条搭接所需要的长度，即每根檩条配料长度等于屋架间距加一个上弦宽度。

装钉檩条应从檐口处开始，平行地向屋脊进行，各根檩条紧靠檩托，与上弦相交处都要用钉子钉住。檩条如有弯曲应使凸面朝向屋脊(或朝上)。原木檩条应使大小头相搭接。檩条挑出山墙部分应按出檐宽度弹线锯齐。檩条支承在砖墙上时，应在支承位置处放置木垫块或混凝土垫块，木垫块要做防腐处理，檩条搁置在垫块上。檐口檩条留到最后钉，以免钉坡面檩条时运料不便。檐口檩条的接头采用平接，一定要在附木上，不能使其挑空。檩条装钉后，要求坡面基本平整，同一行檩条要求通直。

2. 椽条的装钉

椽条的配料长度至少为檩条间距的 2 倍。装钉前，可做几个尺棍，尺棍的长度为椽条间的净距，这样控制椽条间距比较方便，也可以在檩条上画线，控制椽条间距。

椽条装钉应从房屋一端开始，每根椽条与檩条要保持垂直，与檩条相交处必须用钉钉住，椽条的接头应在檩条的上口位置，不能将接头悬空。椽条间距应均匀一致。椽条在屋脊处及檐口处应弹线锯齐。

椽条装钉后，要求坡面平整，间距符合要求。

3. 屋面板的铺钉

屋面板所采用的木板，其宽度不宜大于 150 mm，过宽容易使木板发生翘曲。如果是密铺屋面板，则每块木板的边棱要锯齐，开成平缝、高低缝或斜缝；疏铺屋面板，则木板的边棱不必锯齐，留毛边即可。屋面板的铺钉宜从房屋中央开始分两边同时进行，但也可从一端开始铺钉。屋面板要与檩条相互垂直，其接头应在檩条位置，每段接头的延续长度应不大于 1.5 m，各段接头应相互错开。屋面板与檩条相交处应用两只钉钉住。密铺屋面板接缝要排紧；疏铺屋面板板间空隙应不大于板宽的 1/2，也应不大于 75 mm。屋面板在屋脊处要弹线锯齐，檐口部分屋面板应沿檐口檩条外侧锯齐。屋面板的铺钉要求板面平整。

4. 顺水条与挂瓦条的铺钉

屋面板经清扫后，干铺油毡一层，油毡应自下而上平行于屋脊铺设，上、下、左、右搭接至少 70 mm 油毡。铺一段后，随即钉顺水条，顺水条要与屋脊相垂直，端头处必须着钉，中间约隔 400～500 mm 着钉一只。顺水条钉好后，按照瓦的长度决定挂瓦条的间距。钉挂瓦条时，先在檐口外缘钉一行三角木条(用 40 mm×60 mm 方木斜对开)或钉一行双层挂瓦条，这样可使第一行瓦的瓦头不致下垂，保持与其他瓦倾角一致。然后，用一尺棍比量间距，或在顺水条上弹线标记，自下而上逐行铺钉，挂瓦条与顺水条相交处必须着钉一只，挂瓦条的接头应在顺水条上，不能挑空或压下钉在屋面板上。挂瓦条要求钉得整齐，间距符合要求，同一行挂瓦条的上口要成直线。

5. 封檐板与封山板的装钉

封檐板与封山板要求选择平直的木板，为了防止其翘曲变形，可在背面铲两道凹槽，凹槽宽约 8～10 mm，深约 1/3 板厚，槽距约 100 mm，也可在其背面每隔 1 m 左右钉上拼条。封檐板与封山板的接头处应预先开成企口缝或燕尾缝。封檐板用明钉钉于檐口檩条外侧，板的上边与三角木条顶面相平，钉帽砸扁冲入板内。封山板钉于檩条端头，板的上边与挂瓦条顶面相平。如果檐口处有吊顶，应使封檐板或封山板的下边低于檐口吊顶 25 mm，以防雨水浸湿吊顶。封山板接头应在檩条端头中央。

封檐板要求钉得平整，板面通直。封山板的斜度要与屋面坡度相一致，板面通直。

第五节　桁架与木梁制作与安装

一、桁架和木梁构造要求

(1)受拉下弦接头应保证轴心传递拉力。下弦接头不宜多于两个。接头应锯平对接，并宜采用螺栓和木夹板连接。

当采用螺栓夹板(木夹板或钢夹板)连接时，接头每端的螺栓数由计算确定，但不宜小于 6 个，且不应排列成单行。当采用木夹板时，应选用优质的气干木材制作，其厚度不应小于下弦宽度的 1/2。若桁架跨度较大，木夹板的厚度不应小于 100 mm，采用钢夹板时厚度不应小于6 mm。

(2)桁架上弦的受压接头应设在节点附近，并不宜设在支座节间和脊节间内。受压接头应锯平对接，并应用木夹板连接；在接缝每侧至少应用两个螺栓系紧。木夹板的厚度宜取上弦宽度的 1/2，长度宜取上弦宽度的 5 倍。

(3)支座节点采用齿连接时，应使下弦的受剪面避开木材髓心，并在施工图上注明此要求。

二、桁架和木梁的制作安装

(1)桁架选型可根据具体条件确定，并宜采用静定的结构体系。当桁架跨度较大或使用湿材时，应采用钢木桁架；对跨度较大的三角形原木桁架，宜采用不等节间的桁架形式。采用木檩条时，桁架间距不宜大于 4 m；采用钢木檩条或胶合木檩条时，桁架间距不宜大于 6 m。

(2)桁架中央高度与跨度之比，不应小于表 6-2 规定的数值。

表 6-2　桁架最小高跨比

桁架类型	h/l	桁架类型	h/l
三角形木桁架	1/5	弧形、多边形和梯形钢木桁架	1/7
三角形钢木桁架；平行弦木桁架；弧形、多边形和梯形木桁架	1/6		

注：h 为桁架中央高度，l 为桁架跨度。

(3)桁架制作应按其跨度的 1/200 起拱。

(4)设计木桁架时,其构造应符合下列要求:

1)受拉下弦接头应保证轴心传递拉力;下弦接头不宜多于两个;接头应锯平对正,宜采用螺栓和木夹板连接;采用螺栓夹板(木夹板或钢夹板)连接时,接头每端的螺栓数由计算确定,但不宜少于 6 个,且不应排成单行;当采用木夹板时,应选用优质的气干木材制作,其厚度不应小于下弦宽度的 1/2;若桁架跨度较大,木夹板的厚度不宜小于 100 mm;当采用钢夹板时,其厚度不应小于 6 mm;

2)桁架上弦的受压接头应设在节点附近,并不宜设在支座节间和脊节间内;受压接头应锯平,可用木夹板连接,但接缝每侧至少应有两个螺栓系紧;木夹板的厚度宜取上弦宽度的 1/2,长度宜取上弦宽度的 5 倍;

3)支座节点采用齿连接时,应使下弦的受剪面避开髓心(图 6-19),并应在施工图中注明此要求。

(5)钢木桁架的下弦,可采用圆钢或型钢。当跨度较大或有振动影响时,宜采用型钢。圆钢下弦应设有调整松紧的装置。当下弦节点间距大于 250d(d 为圆钢直径)时,应对圆钢下弦拉杆设置吊杆。

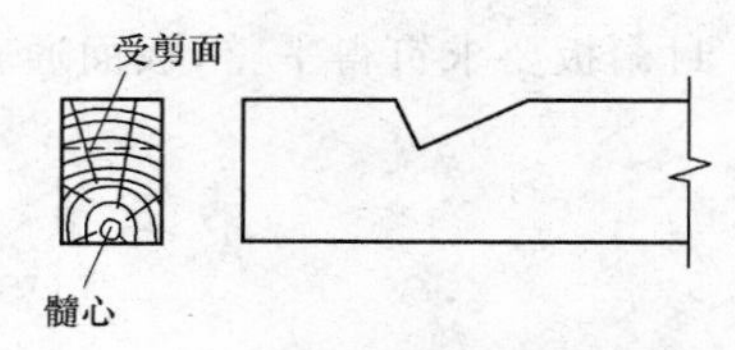

图 6-19　受剪面避开髓心示意图

杆端有螺纹的圆钢拉杆,当直径大于 22 mm 时,宜将杆端加粗(如焊接一段较粗的短圆钢),其螺纹应由车床加工。圆钢应经调直,需接长时宜采用对接焊或双帮条焊,不得采用搭接焊。焊接接头的质量应符合国家现行有关标准的规定。

(6)当桁架上设有悬挂起重机时,吊点应设在桁架节点处;腹杆与弦杆应采用螺栓或其他连接件扣紧;支撑杆件与桁架弦杆应采用螺栓连接;当为钢木桁架时,应采用型钢下弦。

(7)当有吊顶时,桁架下弦与吊顶构件间应保持不小于 100 mm 的净距。

(8)抗震设防烈度为 8 度和 9 度地区的屋架抗震设计,应符合下列规定。

1)钢木屋架宜采用型钢下弦,屋架的弦杆与腹杆宜用螺栓系紧,屋架中所有的圆钢拉杆和拉力螺栓,均应采用双螺帽。

2)屋架端部必须用不小于 ϕ20 的锚栓与墙、柱锚固。

(9)齿连接的要求。

1)齿连接除应符合设计文件的要求外,承压面应与压杆的轴线垂直。单齿连接压杆轴线应通过承压面中心;双齿连接的第一齿顶点应位于上、下弦杆边缘的交点处,第二齿顶点应位于上弦杆轴线与下弦杆上边缘的交点处,第二齿承压面应比第一承压面深不应小于 20 mm。

2)承压面应平整,局部缝隙不应超过 1 mm,非承压面应留外口约 5 mm 的楔形缝隙。

3)桁架支座处齿连接的保险螺栓应垂直于上弦杆轴线,木腹杆与上、下弦杆之间应有扒钉扣紧。

4)桁架端支座垫木的中心线,方木桁架应通过上、下弦杆净截面中心线的交点;原木桁架应通过上、下弦杆毛截面中心线的交点。

(10)螺栓连接(含受拉接头)的螺栓数目、排列方式、间距、边距和端距,除应符合设计要求外,还应符合下列要求。

1)螺栓孔径不应大于螺栓杆直径 1 mm,且不应小于或等于螺栓杆直径。

2)螺帽下应设钢垫板,其规格除应符合设计要求外,厚度不应小于螺杆直径的 30%,方形垫板的边长不应小于螺杆直径的 3.5 倍，圆形垫板的直径不应小于螺杆直径的 4 倍，螺帽拧紧后螺栓外露长度不应小于螺杆直径的 80%。螺纹段留在木构件内的长度不应大于螺杆直径的 1.0 倍。

3)连接件与被连接件间的接触面应平整，拧紧螺帽后局部可允许有缝隙，但缝宽不应超过 1 mm。

(11)钉连接的要求。

1)圆钉的排列位置应符合设计要求。

2)被连接件间的接触面应平整，拧紧后局部缝隙宽度不应超过 1 mm，钉帽应与被连接件外表面齐平。

3)钉孔周围不应有木材被膨胀等现象。

(12)木桁架、梁及柱的安装允许偏差不应超出表 6-3 的规定。

表 6-3　木桁架、梁及柱的安装允许偏差

项目	允许偏差(mm)	检验方法
结构中心线的间距	±20	钢尺量
垂直度	H/200 且不大于 15	吊线钢尺量
受压或压弯构件纵向弯曲	L/300	吊(拉)线钢尺量
支座轴线对支承面中心位移	10	钢尺量
支座标高	±5	用水准仪

注：H 为桁架或柱的高度；L 为构件长度。

第六节　木门窗制作与安装

一、木门窗的构造

1. 木门的构造

(1)门的构造。门的结合构造即门的拼接方法，分为门樘结合构造和门扇结合构造。

(2)门框的构造。门框上冒头与门框边梃结合时，在上冒头做眼，在边梃上做榫，或做成插榫，如先立框后砌墙，则要在门框上冒头的两端各留出 120 mm 的走头，如图 6-20 所示。

中贯档与樘子梃结合时，在梃上打眼，在中贯档的两头做榫，如图 6-21 所示。

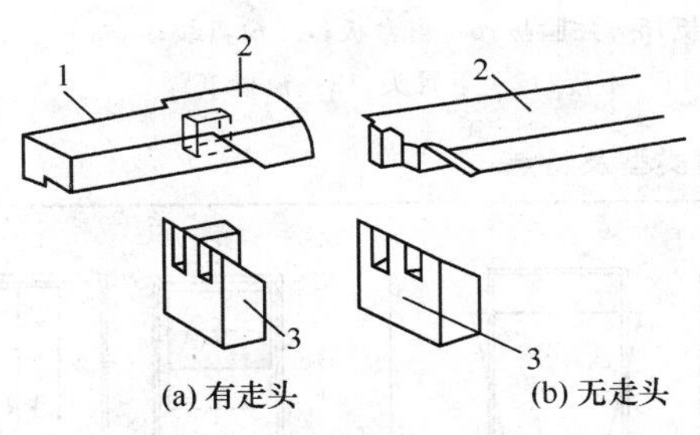

图 6-20　樘子梃与樘子冒头的结合

1—走头；2—樘子冒头；3—樘子梃

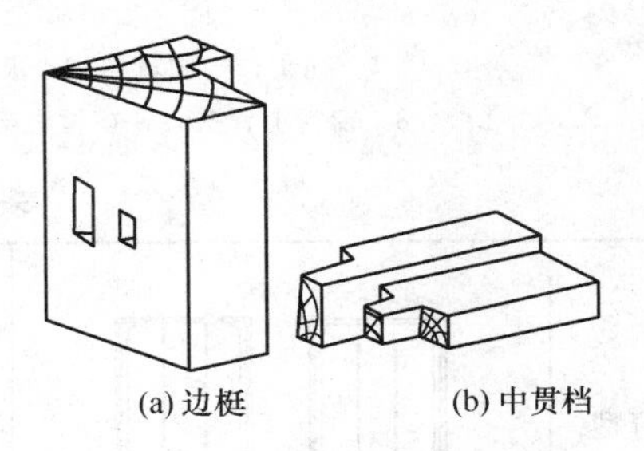

图 6-21　樘子梃与中贯档的结合

（3）门扇的构造。门梃与门窗上冒头结合时，同样在梃上打眼，在上冒头两端做榫，榫应在上冒头的下半部，如图 6-22 所示。

门梃与中骨头和下冒头结合时，均在门梃上打眼，在中冒头和下冒头的两端做榫，如图 6-23、图 6-24 所示。但由于下冒头一般较宽，故常做成双榫，榫靠下冒头的下部。

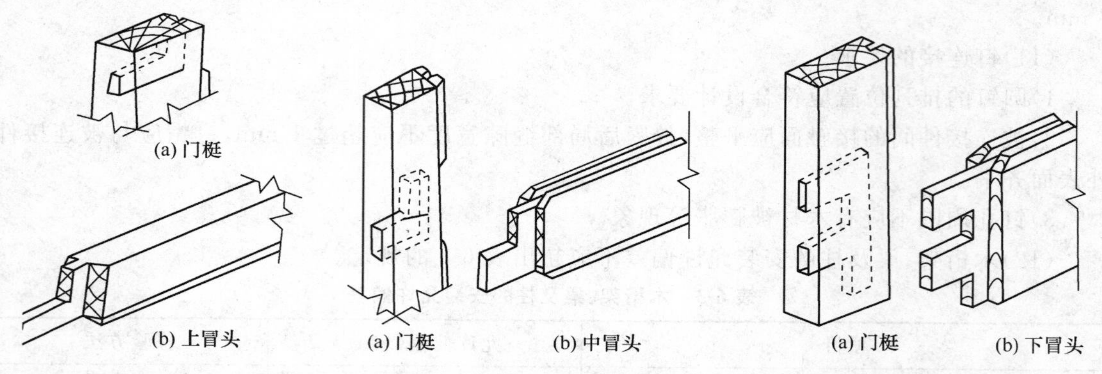

图 6-22　门梃与上冒头的结合　图 6-23　门梃与中冒头的结合　图 6-24　门梃与下冒头的结合

门芯板与门梃、冒头的结合，在门梃和冒头上开槽，槽宽等于门芯板的厚度，槽深约为 15 mm，将门芯嵌入凹槽中，并使门芯板与槽底留 2～3 mm 空隙，作门芯板的膨胀余地。

（4）木窗的构造。窗的构造如图 6-25 所示。木窗按使用要求可分为玻璃窗、百叶窗、纱窗等几种类型，按开关方式可分为固定窗、平开窗、悬窗、旋窗和推拉窗等，不同窗类型及特点见表 6-4。

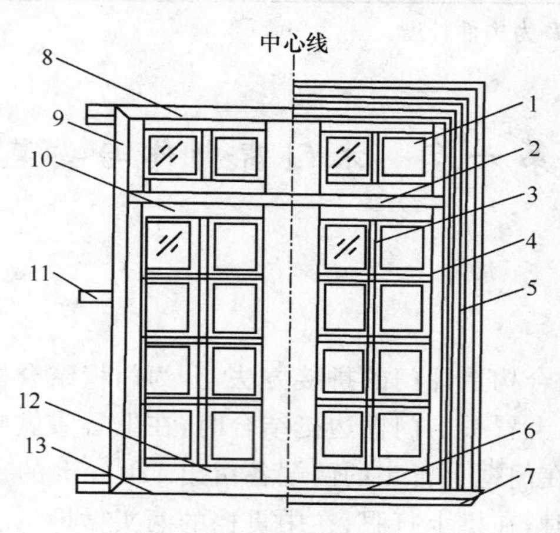

图 6-25　木窗的构造

1—亮子；2—中贯档；3—玻璃芯子；4—窗梃；5—贴脸板；6—窗台板；7—窗盘线；
8—窗樘上冒头；9—窗樘边梃；10—上冒头；11—木砖；12—下冒头；13—窗樘下冒头

表 6-4　不同窗类型及特点

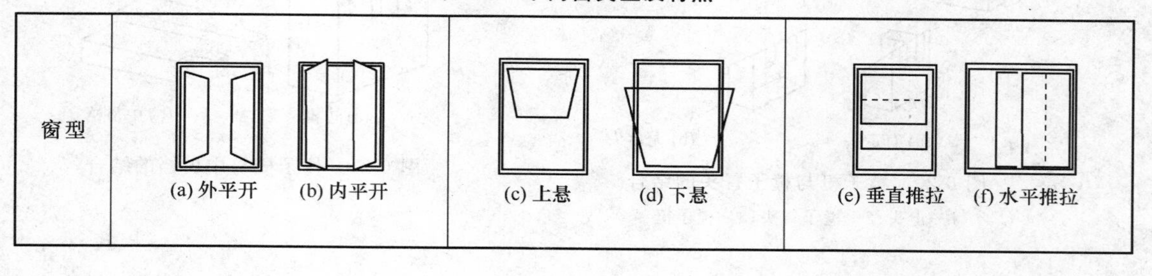

窗型	(a) 外平开　(b) 内平开	(c) 上悬　(d) 下悬	(e) 垂直推拉　(f) 水平推拉

续上表

特点	构造简单,应用最为普遍,使用普通五金,便于安装纱窗		外开防雨好,受开启角度限制,通风效果较差	占室内空间,多用于特殊要求房间或室内高窗	不占室内空间,窗扇受力状态好,适宜安装较大玻璃,通风面积受限制,五金及安装较复杂	
窗型	(g) 中悬	(h) 立转	(i) 固定	(j) 百页	(k) 滑轴	(l) 折叠
特点	构造简单,通风效果好,多用于高侧窗	引风效果好,防雨及密闭性差,多用于低侧窗	构造简单,只起采光作用,密闭性好	通风效果好,用于需要通风或遮阳地区	安装磨砂玻璃可起遮阳作用,加工较复杂	全开启时通风效果好,视野开阔,需要特殊五金

二、木门窗的制作

1. 放样

放样就是按照图样将门窗各部件的详细尺寸足尺画在样棒上。样棒采用经过干燥的松木制作,双面刨光,厚度约 25 cm,宽度等于门窗框子梃的断面宽度,长度比门窗高度长 200 mm 左右。

放样时,先画出门窗的总高及总宽,再定出中贯档到门窗顶的距离,然后根据各剖面详图依次画各部件的断面形状及相互关系。样棒放好后,要经过仔细校核才能使用。

2. 配料与截料

配料是根据样棒上或从计算得到所示门窗各部件的断面(厚度×高度)和长度,计算其所需毛料尺寸,提出配料加工单。考虑到制作门窗料时的刨削损耗,各部件的毛料尺寸要比净料尺寸加大些,具体加大量参考数据如下。

(1)断面尺寸。单面刨光加大 1～1.5 mm,双面刨光加大 2～3 mm,机械加工时单面刨光加大 3 mm,双面刨光加大 5 mm。

(2)长度加工余量。门窗构件长度加工余量,见表 6-5。

表 6-5 门窗构件长度加工余量

构件名称	加工余量
门樘立梃	按图纸规格放长 70 mm
门窗樘冒头	按图纸放长 100 mm,无走头时放长 40 mm
门窗樘中冒头、窗樘中竖梃	按图纸规格放长 10 mm
门窗扇梃	按图纸规格放长 40 mm

续上表

构件名称	加工余量
门窗扇冒头、玻璃棂子	按图纸规格放长 10 mm
门扇中冒头	在 5 根以上者，有一根可考虑做半榫
门芯板	按图纸冒头及扇梃内净距放长各 20 mm

3. 刨料

刨料时宜将纹理清晰的材面作为正面。刨完后，应将同类型、同规格的框扇堆放在一起，上下对齐，每两个正面相合，框垛下面平整垫实。

4. 画线

根据门窗的构造要求，在每根刨好的木料上画出榫头线、榫眼线等。

(1)榫眼。应注意榫眼与榫头大小配问题。

(2)画线操作宜在画线架上进行。所有榫眼都要注明是全榫还是半榫，是全眼还是半眼。

5. 打眼

为使榫眼结合紧密，打眼工序一定要与榫头相配合。先打全眼后打半眼，全眼要先打背面，凿到一半时翻转过来再打正面，直到凿透。眼的正面要留半条墨线，反面不留线，但比正面略宽。

打成的眼要方正，眼内要干净，眼的两端面中部略微隆起，这样榫头装进去就比较紧密。

6. 开榫与拉肩。开榫又称倒卯，就是按榫头纵线向下锯开。拉肩是锯掉榫头两边的肩头(横向)，通过开榫和拉肩操作就制成了榫头。锯成的榫头要方正、平直，榫眼应完整无损，不准有因拉肩而锯伤的榫头。榫头线要留半线，以备检查。半榫的长度应比半眼的深度少 2～3 mm。

7. 裁口与起线

裁口又称铲口，即在木料棱角刨出边槽，供装玻璃用。裁口要刨得平直、深浅宽窄一致。

8. 拼装

一般是先里后外。所有榫头应待整个门窗拼装好并归方后再敲实。

(1)拼装门窗框时，应先将中贯档与框子梃拼好，再装框子冒头，拼装门扇时应将一根门梃放平，把冒头逐个插上去，再将门芯板嵌装于冒头及门梃之间的凹槽内，但应注意使门芯板在冒头及门梃之间的凹槽底留出 1.5～2 mm 的间隙，最后将另一根门梃对眼装上去。

(2)门窗拼装完毕后，最后用木楔(或竹楔)将榫头在榫眼中挤紧。加木楔时，应先用凿子在榫头上凿出一条缝槽，然后将木(竹)楔沾上胶敲入缝槽中。如在加楔时发现门窗不方正，应在敲楔时加以纠正。

9. 编号

制作和经修整完毕的门窗框、扇要按不同型号写明编号，分别堆放，以便识别。需整齐叠放，堆垛下面要用垫木垫平实，应在室内堆放，防止受潮，需离地 30 cm。

三、木门窗框、扇的安装

1. 门窗框的安装

门窗框的安装有先立口和后立口两种方法。

(1)先立法。先立口是在砌墙前先把门窗框立好,后立口是在砌墙时留出洞口,以后把门窗框装进去。

1)当墙砌到地坪下,一般在－0.060 m处,为防潮层面,即在防潮层上开始立门框。当墙砌到窗台时,开始立窗框。在立框前首先要检查门窗型号、门窗的开启方向,窗框还有立中、立内平、立外平,还应验收门窗框的质量,如有变形、裂纹、节疤、腐朽应剔除。

2)立门窗框。首先应用准备好的托线板检查垂直度,防止门框不垂直而形成自开门、自关门;其次要检查立门窗框的高度,方法是用线拉在皮数杆上,应使门框上的锯口线水平一致;如在长墙上可以先立首尾两个门框,中间门框可以按拉线逐个立,使门框在出进及高度上均一致(过长的墙要注意线的挠度);然后用钢皮尺复核门窗位置较相符。

检验无误后,可用木条子钉在门或窗的两个边框上,一边与地面固结(称为塔头),塔头在地面用木机打入土内然后与木桩钉牢。在楼板上可以与空心楼板吊钩处固结。

3)先立口时,在门框两个边梃外侧应有燕尾榫,以便与带有燕尾的经防腐处理的木砖固定,一边不少于两个,较高的门(如2 400 mm)应有三个木砖,窗一般是一边两个。

4)立门窗框前,应在门窗框与砖、混凝土的接触面涂刷沥青或煤焦油进行防腐处理,在成批生产的细木车间应在运往工地前做好防腐处理。

5)为防止先立门窗框在施工时碰坏框,可在门梃两边三个面钉灰板条以作保护。

(2)后立法。采用后立口,在瓦工砌门窗洞时,将经防腐处理的木砖(木砖相当于半块砖120 mm×120 mm×60 mm)砌入墙内,位置与先立口放木砖处相同。

1)后立口时,门窗洞要按建筑平面图、正面图上的位置留出门窗洞口,清水墙每边比门窗框加宽10 mm。混水墙比门窗框各边加宽15 mm。

2)后立口时,一般均在结构完成后再安装窗框。同时要检查开启方向、里出外进、高低及门窗框的垂直、水平等。

3)然后立门窗框,立放正直后,将钉子钉帽砸扁,从两边门窗框内侧向木砖方向钉入固定。

2. 木门窗扇的安装

(1)安装木门窗扇时,要检查框扇的质量及尺寸,如发现框子偏歪或扇扭翘,应及时修正。

(2)安装时,要量好框口净尺寸,考虑风缝的大小,再在扇上确定所需高度和宽度,然后进行修刨。修刨时,先将门窗扇梃的余头锯掉。对扇的下冒头边略微修刨,再修刨上冒头。门窗扇梃两边要同时修刨,不要只刨一边的梃,双扇门窗要对口后,再决定修刨两边的边梃。

(3)如发现门窗扇高度上的短缺时,应将上冒头修刨后测量出补钉板条的厚度。把板条按需刨光,钉于框的下冒头下面,这时门窗扇梃下端余头要留下,与板条面一起修刨平齐。不要先锯余头,再补钉板条。

(4)如发现门窗扇宽度短缺时,则应将门窗框扇修刨后,在装铰链一边的梃上钉木条。

(5)为了开关方便,平开窗下冒头底边可刨成斜面,倾角约3°～5°,如为中悬窗扇,则上下冒头与框接触处均应刨成斜面,倾角以开启时能保持一定的风缝为准。

(6)为了使三扇窗的中间固定扇与两旁活动扇统一整齐,宜在其上下留头边棱处刨凹槽,凹槽宽度与风缝宽度相等。

(7)门窗风缝的留设。考虑到门扇使用日久会有下垂现象,初装时应使风缝宽窄不一致。对于扇的上冒头与框之间的风缝,从装铰链的一边向摇开边逐渐收小,对门窗梃与框之间的风缝则应从上向下逐渐放大。使用日久,风缝则可形成一致。

(8)木门窗安装的留缝限值,见表6-6。

表 6-6 木门窗安装的留缝限值、允许偏差和检验方法

项次	项目		留缝限值(mm)		允许偏差(mm)		检验方法
			普通	高级	普通	高级	
1	门窗槽口对角线长度差		—	—	3	2	用钢尺检查
2	门窗框的下、侧面垂直度		—	—	2	1	用 1 m 垂直检测尺检查
3	框与扇、扇与扇接缝高低差		—	—	2	1	用钢直尺和塞尺检查
4	门窗扇对口缝		1～2.5	1.5～2	—	—	用塞尺检查
5	工业厂房双扇大门对口缝		2～5	—	—	—	
6	门窗扇与上框间留缝		1～2	1～1.5	—	—	
7	门窗扇与侧框间留缝		1～2.5	1～1.5	—	—	
8	窗扇与下框间留缝		2～3	2～2.5	—	—	
9	门扇与下框间留缝		3～5	3～4	—	—	
10	双层门窗内外框间距		—	—	4	3	用钢尺检查
11	无下框时门扇与地面间留缝	外门	4～7	5～6	—	—	用塞尺检查
		内门	5～8	6～7	—	—	
		卫生间门	8～12	8～10	—	—	
		厂房大门	10～20	—	—	—	

(9)安装门窗时，应先将窗扇试装于框口中，用木楔垫在下冒头下面的缝并楔紧，看看四周风缝大小是否合适，双扇门窗还要看看两扇的冒头或窗棂是否对齐和呈水平状态，认为合适后在门窗及框上画出铰链位置线，取下门窗扇，装钉五金，进行安装。

四、木门窗五金的安装

普通木门窗所用五金种类很多，常用的有普通铰链，单面和双面弹簧铰链，风钩插销、弓形拉手、门锁等。

1. 装铰链

(1)一般木门窗铰链的位置距门窗扇上下边的距离约为 1/10，但应错开上下冒头。

(2)安装铰链时，在门窗扇梃上凿凹槽，其深度应略比合页板厚度大一点，使合页板装入后不致突出，根据风缝大小，凹槽深度应有所不同，如果风缝较小，则凹槽深度应偏大；如果风缝较大，则凹槽深度应偏小。凹槽凿好后，将铰链页板装入，并使转轴紧靠扇边棱，用木螺钉上紧。在上木螺钉时，不得用锤子依次打入，应先打入 1/3 再拧入。然后将门窗扇试装入框口内，上下铰链处先各拧入一只木螺钉后，检查门窗扇的四周风缝的大小，如果不合适，要退出木螺钉修凿凹槽，经检查无误后再将其余木螺钉逐个拧入上紧。

(3)门窗扇安装妥后，要试开。不能产生自开或自关现象，应以开到哪里就停到哪里为佳。

2. 装拉手

(1)门窗拉手应在上框之前装设。拉手的位置应在门窗扇中线以下。门拉手一般距地面 0.8～1.2 m。窗拉手一般距地面 1.5～1.6 m。拉手距扇边应不少于 40 mm。当门上有弹簧锁时，拉手宜在锁位之上。

(2)同规格门窗上的拉手应装得位置一致,高低一致。如门窗扇内外两面都有拉手,则应使内外拉手错开,以免两面木螺钉相碰。

(3)装拉手时,应先在扇上画出拉手位置线,将拉手平放于扇上,然后上对角线的两只木螺钉,再逐个拧入其他木螺钉。

3. 装插销

插销有竖装和横装两种。

(1)竖装时,先将插销底板靠近门窗梃的顶或底用木螺钉固定,使插棍未伸出时不冒出来,然后关上门窗扇,将插销鼻放入插棍伸出的位置上,位置对好后,随即凿出孔槽,放入插销鼻,并用木螺钉固定。

(2)横装插销装法与上述方法相同。只是先把插棍伸出,将插销鼻扣住插棍后,再用木螺钉固定。

4. 装门锁

门锁种类非常繁杂,以内开门装弹子锁为例。

(1)门锁都有安装图,装锁前应看好说明,将包装内的图折线对准门扇的阳角安锁的位置贴好,先在门扇安装锁的部位用钻头钻孔(锁身、锁舌孔)。

(2)安装时,应先装锁身。把锁头套上锁芯穿入孔洞内,将三眼板套入锁芯,端正锁位(把商标摆正),用长脚螺钉将三眼板(即锁身)和锁头互相拴紧定位,再将锁身紧贴于门梃上,与锁芯插入锁身的孔眼中,用钥匙试开,看其锁舌伸出或缩进是否灵活,然后用木螺钉将锁身固定在门上。

(3)按锁舌伸出位置在框上画出舌壳位置线,依线凿出凹槽,崩木螺钉把锁舌壳固定在框上。锁壳安装时应比锁身稍低些,以锁舌能自由伸入或退出即可。这样,门扇日久下垂后,锁身与锁壳就能平齐。

(4)安装时,锁身和锁壳应缩进门 0.5～1 mm。这样可使门开关灵活。而且在门关不上时,也可刨削门扇边梃。

(5)外开门装弹子锁时,应先将锁身拆开,把锁舌翻身,重新装好,按内开门装锁方法进行安装。安外开门锁时,原有舌壳不能用,应另配一个锁舌折角,把折角往门框上安装时,折角表面应与门框面齐平或略微凹进一点。

五、木门窗安装质量要求

(1)通过观察、检查材料进场验收记录和复验报告等方法,检验木门窗的木材品种、材质等级、规格、尺寸、框扇的线型及人造夹板的甲醛含量符合设计要求。

(2)木门窗应采用烘干的木材,含水率应符合《建筑木门、木窗》(JG/T 122—2000)的规定。

(3)木门窗的防火、防腐、防虫处理应符合设计要求。

(4)木门窗的结合处和安装配件处不得有木节或已填补的木节。木门窗如有允许限值以内的死节及直径较大的虫眼时,应用同一材质的木塞加胶填补。对于清漆制品,木塞的木纹和色泽应与制品一致。

(5)门窗框和厚度大于 50 mm 的门窗应用双榫连接。榫槽应采用胶料严密嵌合,并应用胶楔加紧。

(6)胶合板门、纤维板门和模压门不得脱胶。胶合板不得刨透表层单板,不得有戗槎。制作胶合板门、纤维板门时，边框和横楞应在同一平面上，面层、边框及横楞应加压胶粘。横楞和上冒头、下冒头应各钻两个以上的透气孔，透气孔应通畅。

(7)木门窗的品种、类型、规格、开启方向、安装位置及连接方式应符合设计要求。

(8)木门窗表面应洁净，不得有刨痕、锤印。

(9)木门窗的割角、拼缝应严密平整。门窗框、扇裁口应顺直，刨面应平整。

(10)木门窗上槽、孔应边缘整齐，无毛刺。

(11)木门窗与墙体缝隙的填嵌材料应符合设计要求，填嵌应饱满。寒冷地区外门窗(或门窗框)与砌体间的空隙应填充保温材料。

(12)木门窗制作的允许偏差和检验方法应符合表 6-7 规定。

表 6-7 木门窗制作的允许偏差和检验方法

项次	项 目	构件名称	允许偏差(mm)		检验方法
			普通	高级	
1	翘曲	框	3	2	将框、扇平放在检查平台上，用塞尺检查
		扇	2	2	
2	对角线长度差	框、扇	3	2	用钢尺检查，框量裁口里角，扇量外角
3	表面平整度	扇	2	2	用 1 m 靠和塞尺检查
4	高度、宽度	框	0;－2	0;－1	用钢尺检查，框量裁口里角，扇量外角
		扇	＋2;0	＋1;0	
5	裁口、线条结合处高低差	框、扇	1	0.5	用钢直尺和塞尺检查
6	相邻棂子两端间距	扇	2	1	用钢直尺检查

六、复杂门窗的制作

1. 夹板门扇的制作

(1)木骨架的制作。木骨架由两根立梃、上冒头、下冒头和数根中冒头及锁木等组成。

1)立梃的制作程序。截配毛料→基准面刨光→另两面刨光→划线→打眼→半成品堆放。

2)中冒头的制作程序。截配毛料→基准面刨光→另两面刨光→划线→开榫→半成品堆放。

3)上下冒头的加工程序。截配毛料→基准面刨光→另两面刨光→划线→开榫→半成品堆放。

4)上下冒头及中冒头开榫时开出飞肩，框架组装后飞肩可起通气孔的作用。如不做飞肩，各冒头上必须钻通气孔。

5)上面是榫眼结合时各部件的加工程序，如用 U 形钉组框，则可省去打眼开榫以后的工序，只需截齐就可以了。

(2)木骨架的组装。榫眼结合的木骨架组装方法：将梃子平放在平地上，眼内施胶；冒头榫上沾胶一个个敲入梃眼内；将各冒头另一端施胶，另一根梃子眼内施胶；拿着梃子从一端开始，把冒榫一个个插入梃眼内；拿一木块垫在梃子上，将榫眼逐个敲紧，校方校平后堆放一边待用。

U形钉结合木骨架组装时，必须做一胎具，将部件放在胎具上挤严后，用气钉枪骑缝钉钉，每一接缝处最少钉两个U形钉。钉完一面，翻转180°将另一面钉牢。锁木放在骨架的指定位置，用胶或钉子牵牢于两立梃上。

(3)刨边、包边。胶合好的夹板门扇在刨边机上或人工刨边后，用木条涂胶从四边包严。因考虑搬运碰撞，木骨架已留有5 mm左右的刨光余量，刨削时两边要刨平行，相邻边要互相垂直。

包条一般比门扇厚度大1～2 mm。钉钉时，要将钉帽砸扁，顺木纹钉钉，并用钉冲将钉帽冲入木条里1～2 mm。钉子不要钉成一条直线，应交错钉钉。包条在门扇上角应45°割角交接，下端对接即可，接缝应保持严密。包条钉好后，将门扇放在工作台上，将包条与覆面板刨平。为防止人造板吸湿变形，门扇做好后应立即刷上一层清油保护。

(4)覆面板胶合。骨架做好后，按比骨架宽(或上)5 mm配好两面的覆面板材。在骨架或板面上涂胶后，将骨架与覆面板组合在一起，四角以钉牵住。夹板门扇的胶合有冷压和热压两种方式。热压是将门扇板坯放入热压板内，以0.5～1 MPa的压力和110℃的温度，热压10 min左右，卸下平放24 h后即可进入下道工序加工。冷压是把门扇板坯放入冷压机内或自制冷压设备内，24 h后卸下即已基本胶合牢固。

胶合用的白乳胶(聚醋酸乙烯酯乳胶)如冬季变稠，可适当加点温水搅拌均匀后使用。在严寒地区，也可将胶加热变稀后使用。

胶合用脲醛树脂胶，使用前须加固化剂。固化剂为氯化铵。先将固体氯化铵配成20%浓度的溶液，然后按表6-8配方在脲醛树脂里加入适量的氯化铵溶液，搅拌均匀后使用。因为固化剂的脲醛树脂胶的活性时间只有2～4 h，所以要按照需要现配现用，以免造成浪费。

表6-8　不同室温下氯化铵溶液用量

脲醛树脂(kg)	操作室温度(℃)	氯化铵溶液用量(ml)	备　注
1	10～15	14～16	氯化铵溶液浓度为20%
1	15～20	10～14	
1	20～30	7～10	
1	30以上	3～7	

2. 镶板门扇制作与组装

(1)镶板门扇部件制作。图6-26所示为镶板门扇梃和冒头的榫眼结合情况。其加工程序如下。

1)门扇梃的加工程序。截配毛料→基准面刨光→另两面刨光→划线→打眼→开槽起线→半成品堆放。

2)门扇上冒头、下冒头的加工程序。截配毛料→基准面刨光→另两面刨光→划线→开榫→榫头锯截→开槽起线→半成堆放。

3)门扇中冒头的加工程序。截配毛料→基准面刨光→另两面刨光→划线→开榫→开槽起线→半成品堆放。

4)门芯板配置。如用实木做镶板，应先配毛板，毛板两小面刨直、刨光；胶拼，两面刨光，锯成规格板，并将四周刨成一定锥度；最后刨光(净光)或砂光待用。如用人造板做镶板，可先将人造板胶合成一定厚度，再锯成规格板，将四周刨成一定的锥度。

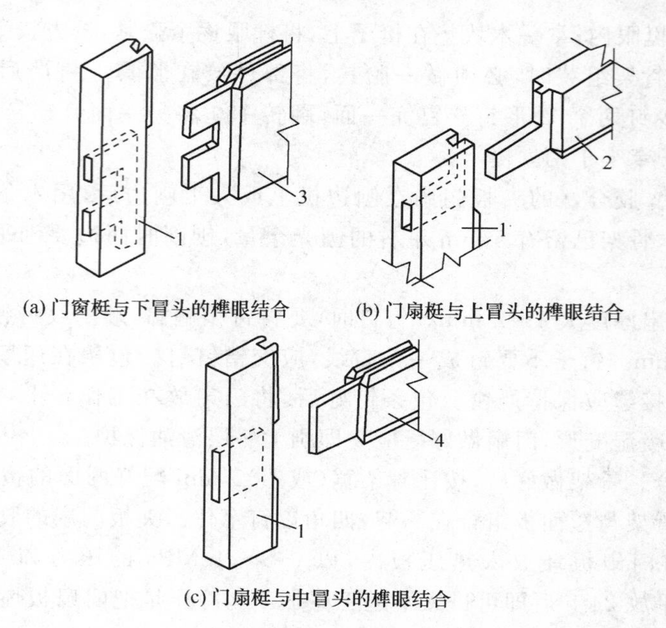

(a)门窗梃与下冒头的榫眼结合　(b)门扇梃与上冒头的榫眼结合

(c)门扇梃与中冒头的榫眼结合

图 6-26　镶板门扇榫眼结合情况

1—门扇梃;2—门扇上冒头;3—门扇下冒头;4—门扇中冒头

(2)镶板门扇的组装。镶板门扇各部件备齐后即可组装。组装的程序:将门扇梃平放在地上,眼内施胶→将门肩的冒头(上、中、下)一端榫头施胶插入梃眼里→将门芯板从冒头槽里逐块插入并敲进门梃槽内→在门冒榫头和梃眼内施胶,并逐一使榫插入眼内→用一木块垫在门梃上逐一将榫眼敲紧→校方校平加木楔定型→放置一边待胶基本固化后,将门扇两面结合处刨平并净光一遍→检验入库。

3. 塑料压花门的制作

(1)模压板的制作。塑料压花板一般花纹外凸,只有四周和中部有 100～150 mm 的平面板带,因此,用一般的平板压板不仅把花纹压坏,而且胶粘也不牢固。

为了既能将塑料压花板尽可能同木骨架贴紧胶牢,又不压坏花纹图案,就要设计制作一种特殊的模压板垫在压板与门扇之间。图 6-27 所示为一种塑料压花门的模压板,它由底层胶合板、挖孔胶合板和泡沫塑料(海绵)胶合而成。

底层胶合板为五合板或七合板,它是模压板的基础,幅面略大于压花门扇尺寸。

挖孔板的孔型应符合压花板图形,和图案对应部位挖空,挖孔板用多层胶合板胶合而成,它的厚度应等于花纹板花纹凸出量。

泡沫塑料按挖孔板挖孔尺寸裁剪,其自由厚度(无压力情况下)应等于挖孔板的总厚度。

模压板的制作程序:锯配底板和挖孔板→底板划线→涂胶→粘贴挖孔板→裁剪和粘贴泡沫塑料→停放 24 h 待胶固化后即可使用。粘贴用胶一般为聚醋酸乙烯酯乳胶。

(2)压花门扇胶合。塑料压花门的胶合一般采用冷压胶合法。先将木骨架同覆面花纹板组合在一起,再放到冷压设备中压合。

1)组坯。塑料压花门两面粘贴压花板,可在骨架上或压花板的内表面涂胶后组坯。如在骨架上涂胶,将骨架放在平台上,涂胶后扣上一块压花板,摆正后四角以钉牵住。翻转 180°,在骨架另一面涂胶,扣上另一块压花板,摆正后四角以钉牵牢。

如采用板面施胶方法，将骨架放在平台上，在花纹板里面刷胶后翻扣在骨架上，摆正后四角以钉牵牢。翻转 180°放好，再将另一块刷好胶的花纹板翻扣到骨架上，摆正后四角以钉牵牢。

2)胶合。塑料压花门冷压胶合时，门板与模压板的放置顺序如图 6-28 所示，其放置顺序：压机底板→模板(泡沫朝上)→门扇坯→模板(泡沫朝下)→模板(泡沫朝上)→门扇坯→模板(泡沫朝下)→模板(泡沫朝上)……门扇坯→模板(泡沫朝下)→压机上压板。

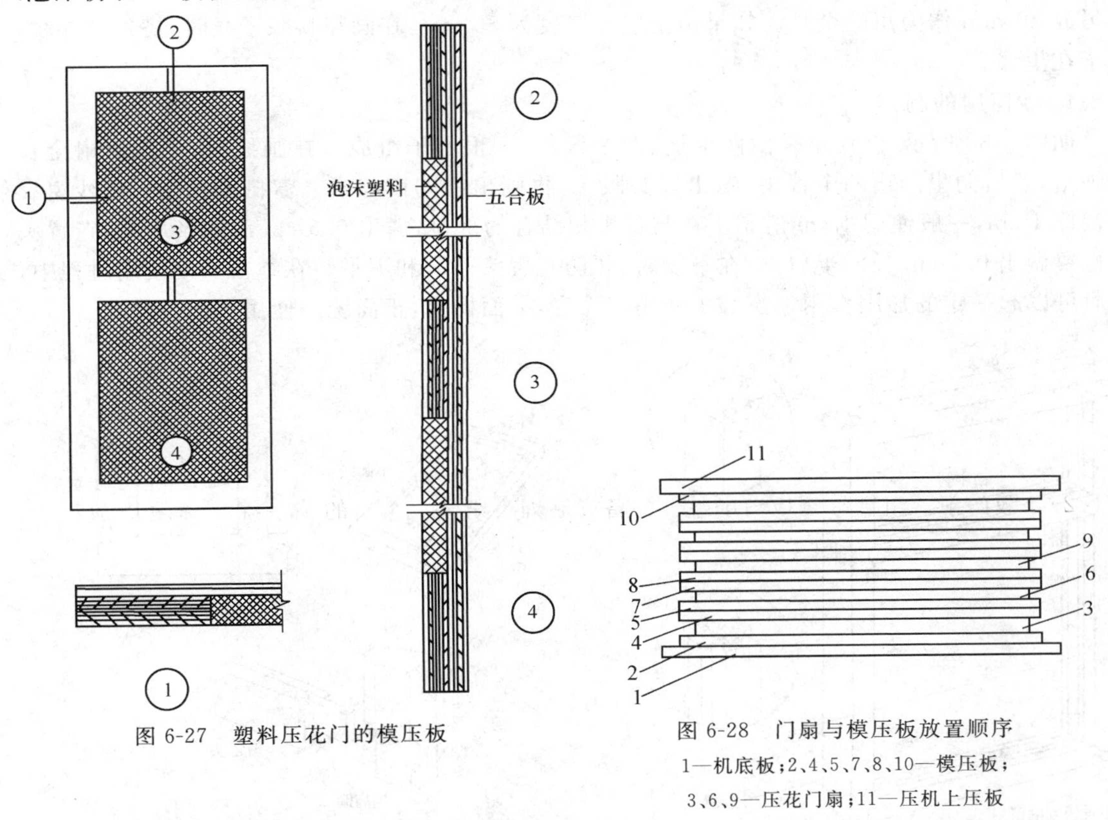

图 6-27　塑料压花门的模压板

图 6-28　门扇与模压板放置顺序
1—机底板；2、4、5、7、8、10—模压板；
3、6、9—压花门扇；11—压机上压板

按上述顺序放好后，将上下压板闭合加压，保持 0.5～1 MPa 的压力，24 h 后卸压取板，模板与门扇分开堆放。

3)修边粘贴塑料板条。塑料压花门一般为框扇组装后一起出厂，因此门扇和合页五金安装均在厂里完成。修边时，根据门框内口尺寸及安装缝隙要求，在门扇四周划线，按线刨光，边刨边试。

塑料封边条根据门扇厚度剪裁，长度最好等于门宽或门高，中间不要接头。胶合时用即时贴或其他万能胶。在门扇四边及塑料条上涂胶，待胶不粘手时，两人配合从一头慢慢将封边塑料条与门边贴合，塑料封边条贴好后用装饰刀将其修齐。

(3)框扇组合。按照要求装好合页五金。安装时注意保护门扇塑料花纹，不要破坏板面及封边条。成品门要加保护装置，以防搬运时碰伤门扇表面。

(4)双层窗框制作。双层窗框在制作时要知道双层窗框料的宽度，先要知道玻璃窗扇的厚度尺寸、中腰档尺寸，还有纱窗扇厚度尺寸，框料宽度为 95 mm 左右，厚度不少于 50 mm，具体尺寸应根据材料的大小来确定，如图 6-29 所示。

1)画线时应先画出一根样板料。在样板料上先画出扫脚线、中腰档和窗扇高度尺寸，还有横中档、腰头窗扇和榫位尺寸。

2)如果大批量画线,可以用两根方料斜搭在墙上,在方料的下段各钉 1 只螳螂子,然后在上下各放 1 根样板,中间放 10 多根白料,经搭放后,用丁字尺照样画下来,经画线后再凿眼、锯榫、割角和裁口。

3)纱窗框一般使用双夹榫,使用 14 mm 凿子,裁口深度为 10 mm。

4)横中料在画割角线时,如果窗框净宽度为 800 mm,应该在 780 mm 的位置上搭角。向外另放 20 mm 作为角的全长。如果横中料的厚度为 55 mm,在画竖料眼子线时,搭角在外线,眼子在里线。

4. 纱窗扇的制作

如图 6-30 所示,纱窗扇是由两根梃、两个冒头、一根心子组成。在画线时,先把窗扇全长线画出,然后向里画出两个冒头,定出冒头眼子,再画出中间窗心子。窗梃割角 1 cm,纱窗反面裁掉 1 cm,一般使用 1 cm 凿子。在与冒头相结合的部位,凿出 0.5 cm 深的半肩眼,在冒头上也要做出 0.5 cm 长的半肩榫,在下楔时,要防止冒头开裂和不平。在纱窗长期使用过程中,半肩可以起一定的加固作用。窗心子使用一面肩,一面榫头,正面统一使用 1 cm 圆线。

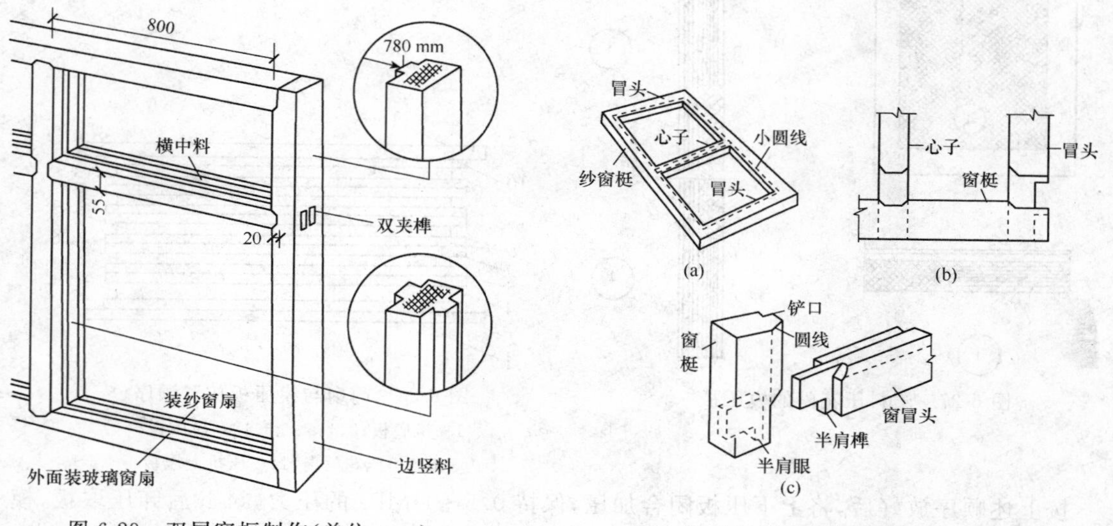

图 6-29　双层窗框制作(单位:mm)　　图 6-30　纱窗扇制作

窗扇做成后,刨 12 mm×10 mm 见方的木条子,把条子刨成小圆角。在钉条子之前,应该把条子锯成需要的长度,两端锯成割角后就可以钉窗纱了。钉窗纱时,把窗纱放在窗扇上铺平,先把条子放在窗扇的一边,每隔 10 cm 距离用一根钉子钉牢。然后再在另一边把窗纱拉紧,用木条把窗纱钉牢。四面钉上木条以后,用斜凿把多余的窗纱割去。如果用圆线条固定窗纱,窗扇看上去就像有两个正面一样。

5. 百叶窗的制作

(1)百叶梃子的画线。以前,百叶梃子的眼子墨线一般都需画 4 根线,围成一个长方形,如图 6-31(a)所示,由于百叶眼和梃子的纵横向一般为 45°,所以画线上墨就显得麻烦。而现在变成定孔心的位置,先画出百叶眼宽度方向的中线,这是一条与梃子纵向成 45°的线,百叶眼的中线画好后,再画一条与梃子边平行的长线,这根线与每根眼子中心线的交点就是孔心。这根线的定法是以孔的半径加上孔周到梃子边应有的宽度,如图 6-31(b)所示。一般一个百叶眼只钻两个孔就可以了。

(2)钻孔。把画好墨线的百叶梃子用铳子在每个孔心位置、铳个小弹坑。铳了弹坑之后，钻孔一般不会偏心。当百叶厚度为 10 mm 时，采用 $\phi10$ 或 $\phi12$ 的钻头，孔深一般在 15～20 mm之间。

(3)百叶板制作。由于百叶眼已被两个孔代替，所以百叶板的做法也必须符合孔的要求，就是在百叶两端分别做出与孔对应的两个榫，以便装牢百叶板。制作时，先画出一块百叶板的样子，定出板的宽窄、长短和榫的大小位置(一般榫宽与板厚一致，榫头是个正方形)。把刨压好的百叶板按要求的长短、宽窄截好后，用钉子把数块百叶板拼齐整后钉好，按样板锯榫、拉肩、凿夹，就成了可供安装的百叶板了，如图 6-31(c)所示。要注意榫长应略小于孔深，中间凿去部分应略比肩低，如图 6-31(d)所示，才能避免不严实的情况。另外，榫是方的，孔是圆的，一般不要把榫棱打去，可以直接把方榫打到孔里去，这样嵌进去的百叶板就不会松动了。

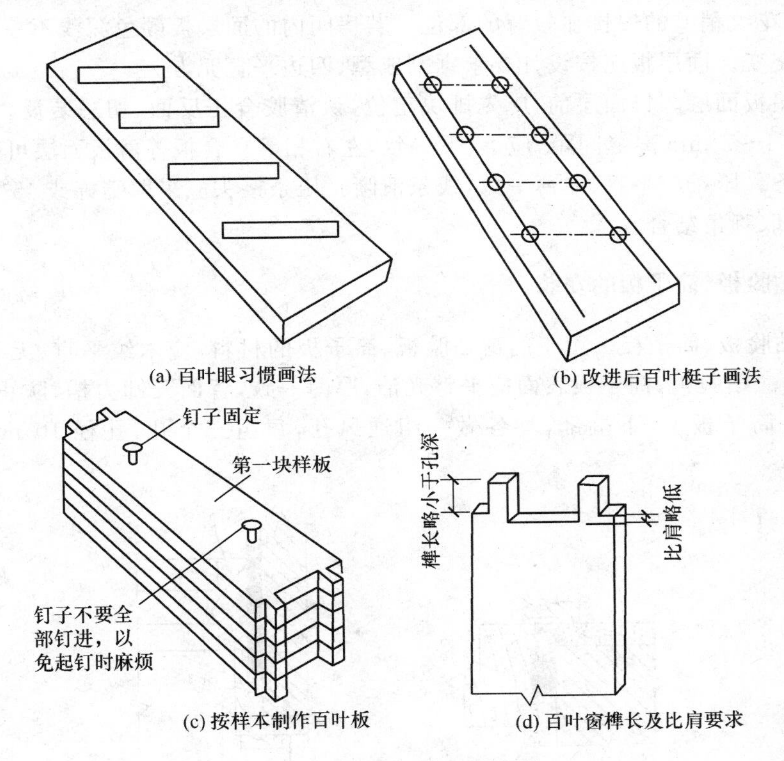

图 6-31　百叶窗的钻孔做榫

这种方法制作简便、省工，成品美观。制作时，采用手电钻、手摇钻或是台钻，甚至手扳麻花钻都可以。

第七节　其他木结构的制作与安装

一、护墙板的安装

(1)弹标高水平线和纵横分档线。按图定出护墙板的顶面、底面标高位置，并弹出水平墨作为施工控制线。定护墙板顶面标高位置时，不得从地坪面向上直接量取，而应从结构施工时所弹的标高抄平线或其他高程控制点引出。纵横分档线的间距，应根据面层材料的规格、厚度而定，以整版无拼缝为宜。

(2)按分档线打眼下木楔。下木楔前,应用托线板校核墙面垂直度,拉麻线校核墙面平整度。钉护墙筋时,在墙的两边各拉一道垂直线(或先定两边的两条墙筋,用托线板吊垂直作为标志筋),再依两边的垂直线(或标志筋)为据,拉横向线校核墙筋的垂直度和平整度。钉筋时采用背向木楔找平,加楔部位的楔子一定着钉钉牢。

(3)墙面做防潮层,并钉护墙筋。防潮层材料,常用的有油毡油纸及冷热沥青。油毡、油纸应完整无误。随铺防潮层随钉。沥青可在护墙筋前涂刷亦可后刷。护墙筋将油毡或油纸压牢并校正护墙筋的垂直度和水平度。护墙板表面可采用拼缝式或离缝式。若采取离缝形式钉护墙筋时,钉子不得钉在离缝的距离内,应钉在面层能遮盖的部位。

(4)选择面板材料,并锯割成型。选择面板材料时,应将树种、颜色、花纹一致的材料用于一个房间内,要尽量将花纹本心对上。一般花纹大的在下,花纹小的朝上;颜色、花纹好的安排在迎面,颜色、花纹稍差的安排在较背的部位。若房间内的面层板颜色深浅不一致时应逐渐由浅变深,不要突变。面层板应按设计要求锯割成型、四边平直兜方。

(5)钉护墙板面层。钉面层前,应先排块定位,认清胶合正反面,切忌装反。钉帽应砸扁,顺纹冲入板内 1～2 mm 离缝间距,应上、下一致,左右相等。合板等薄板面层可采用射钉。

(6)钉压条。压条应平直、厚薄一致,线条清晰。压条接头应采取暗榫或45°斜搭接,阴角、阳角接头应采取割角结合。

二、门窗贴脸板、筒子板的安装

(1)制作贴脸板、筒子板。用于门窗贴脸板、筒子板的材料,应木纹平直、无死节且含水率不得大于12%。贴脸板、筒子板表面应平整光洁,厚薄一致,背面开卸力槽,防止翘曲变形,如图 6-32 所示。筒子板上、下端部,均各做一组通风孔,每组三个孔,孔径 10 mm,孔距 40～50 mm。

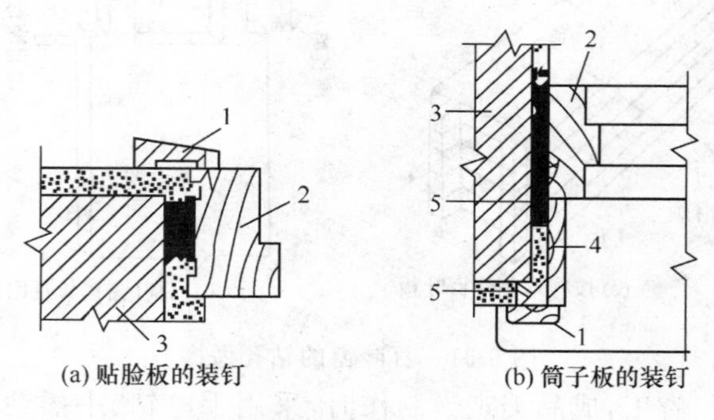

(a) 贴脸板的装钉　　(b) 筒子板的装钉

图 6-32　贴脸板、筒子板的装钉

1—贴脸板;2—门窗框;3—墙体;4—筒子板;5—预埋防腐木砖

(2)铺设防潮层。装钉筒子板的墙面,应干铺一层油毡作防潮处理。压油毡的木条,应刷氟化钠或焦油沥青作防腐处理。木条应钉在墙内预埋防腐木砖上。木条两面应刨光,厚度要满足筒子板尺寸的要求,装钉后的木条整体表面要求平整、垂直。

(3)装钉筒子板。首先应检查门窗洞的阴角是否兜方。若有偏差,在装钉筒子板时要作相应调整。装钉筒子板时,先装横向筒子板,后钉竖向筒子板。筒子板阴角应做45°割角,筒子板与墙内预埋木砖要填平实。先进行试钉(钉子小要钉死),经检查,待筒子板表面平整,侧面与墙面平齐,大面与墙面兜方,割角严密后,再将钉子钉死并冲入筒子板内。锯割割角应用割角箱,以保证割角准确。

(4)装钉贴脸板。门窗贴脸板由横向和竖向贴脸板组成。贴脸板装钉顺序是先横向后竖向。装钉横向贴脸板时,先要量出横向贴脸板的长度,其长度要同时保证横向、竖向贴脸板,搭盖墙面的尺寸不小于 10 mm。横向和竖向贴脸板的割角线应与门窗框的割角线重合,然后将横向贴脸板两端头锯成 45°斜角。安装横向贴脸板时,其两端头离门窗框梃的距离要一致,用钉帽砸扁的钉子将其钉牢。

竖向贴脸板的长度根据横向贴脸板的位置决定。窗的竖向贴脸板长度按上、下横向贴脸板之间的尺寸,进行画线、锯割。门的竖向贴脸板长度,由横向贴脸板向下量至踢脚板上方 10 mm处,其上端头与横向贴脸板做 45°割角,下端头与门墩子板平头相接。竖向贴脸板之间的接头应采取 45°斜搭接,接头要顺直。竖向贴脸板装钉好后,再装钉门墩子板。如设计无墩子板时,一般贴脸的厚度应大于踢脚板,且使贴脸落于地面。门墩子板断面略大于门贴脸板,门墩子板断面长度要准确,以保证两端头接缝严密。门墩子板固定不要少于两只钉子。装钉贴脸板、筒子板的钉子,其长度为板厚的 2 倍,钉帽砸扁顺纹冲入板内 1～3 mm。贴脸板固定后,应用细刨将接头刨削平整、光洁。

三、楼梯扶手的安装

1. 找位与划线

(1)安装扶手的固定件。位置、标高、坡度找位校正后,弹出扶手纵向中心线。

(2)按设计扶手构造,根据折弯位置、角度,划出折弯或割角线。

(3)楼梯栏板和栏杆顶面,划出扶手直线段与弯头、折弯段的起点和终点的位置。

2. 弯头配制

(1)按栏板或栏杆顶面的斜度,配好起步弯头。一般木扶手,可用扶手料割配弯头,采用割角对缝粘接,在断块割配区段内最少要考虑三个螺钉与支承固定件连接固定。大于 70 mm 断面的扶手接头配制时,除黏结外,还应在下面做暗榫或用铁件铆固。

(2)整体弯头制作。先做足尺大样的样板,并与现场划线核对后,在弯头料上按样板划线,制成雏形毛料(毛料尺寸一般大于设计尺寸约 10 mm)。按划线位置预装,与纵向直线扶手端头黏结,制作的弯头下面刻槽,与栏杆扁钢或固定件紧贴结合。

3. 连接预装

预制木扶手须经预装,预装木扶手由下往上进行,先预装起步弯头及连接第一跑扶手的折弯弯头,再配上下折弯之间的直线扶手料,进行分段预装黏结,黏结时操作环境温度不得低于 5℃。

4. 固定

分段预装检查无误,进行扶手与栏杆(栏板)上固定件,用木螺钉拧紧固定,固定间距控制在 400 mm 以内,操作时应在固定点处先将扶手料钻孔,再将木螺钉拧入,不得用锤子直接打入,螺母达到平正。

5. 整修

扶手折弯处如有不平顺,应用细木锉锉平,找顺磨光,使其折角线清晰、坡角合适、弯曲自然、断面一致,最后用木砂纸打光。

四、旋转楼梯模板的安装

1. 螺旋楼梯支模

(1)在垫层上按平面图弹出地盘线,分出台阶阶数,并标出每个台阶的累积标高。

(2)固定端圈梁底用砖按坡度砌成,砌体找坡可用 ϕ6 钢筋焊制的坡度架控制。面临柱心孔一侧用镀锌薄钢板围成一个圆桶芯,它既可当圈梁侧模,又可随着升高定位。为定位方便,可在旋转踏步起始处左侧,留一个宽 12 cm、高 24 cm 的观察孔,孔内安一盏工具灯,随时可校正垂球和柱孔地盘圆心柱的误差。为固定圆桶芯,可在四周挂 4ϕ6 钢筋,和桶芯长度相等,避免向一侧沉。桶底座在临时插入内孔壁水平灰缝的钢筋头上。扎芯顶部定位孔可随时用轮杆控制砌体和楼梯外径尺寸,圈梁临踏步一侧用纤维板围成,分上、下两部分。做法同栏板内模一样。圈梁下四皮砖每隔一步砌入砖内一根 ϕ6U 形铺环,以各加固栏板下端模板用。

(3)楼梯踏步断面为齿形,可直接按图做出木模,按地盘线位置和标高由下到上,每四阶为一组依次安放,外支撑柱根部应当适应向外倾斜,使楼板更加稳固。

(4)楼梯楼板镀锌薄钢板外模加三道圆弧带。纤维板内模分上、下两部分。上、下内模各用两道圆弧带。内、外模以四阶为一组,也随踏步木模依次由下至上逐组安装。

2.大半径螺旋楼梯支模

梯段楼板由牵杠撑、牵杠、搁栅、底板、帮板和踏步侧板等部分组成,制作前,先进行计算画线或用尺放样,将所需各种基本数据计算列表,并确定支模轴线部位,具体操作步骤如下。

(1)放线。在梯间垫层上抹水泥砂浆找平层,把梯段各轴线和等距向心线,即牵杠位置水平投影轴线,画到找平层上,并编号标记。

(2)牵杠组合架组装。为使搁栅安装方便、标准,应将牵杠和牵杠撑组合成门式骨架,用水平撑和斜撑连接。立架时下面垫木板用楔子找距,为便于找距,其斜撑的下节点应在内牵杠和组合架就位吊正位移后,再钉牢。组装前应确定牵杠撑的高度。

(3)搁栅。搁栅应配合牵杠组合架安装,只要把牵杠按各自位置安装妥当,搁栅安装是比较容易的。在保证底板抗弯能力的情况下,不论采取什么形式排列,搁栅的上表面基本处于同一曲面。应注意的是,内搁栅不要与内弧轴线成弦线,即不要超出内圆,这样不致影响吊线和复线工作。

(4)底板。由于模板底面曲率不同,因此采用 20～30 mm 厚的模板容易使底板模板成扭曲。提高支模质量,在制作方法上有集中加楔、切向布置和扇形拼装等形式,施工中最好采用板缝全部是向心线的扇形方案。这种方案有统一尺寸和分别计算两种方法。按各块模板料宽度定矩下料的方法可节约木料,但在计算、制作和安装中,容易出差错。因此,采用各块模板的形状和尺寸统一的方法,可使计算和制作过程更加简便。

(5)帮模板。由于旋转梯一般梯板较厚,设计时多将楼板宽度略小于梯度,两侧挑出适当长度的薄板梯阶,使外形更加轻盈美观。帮模板由梯板帮和踏步挑檐组成。

(6)踏步挡板。用 30 mm 厚的模板加工成宽为踏步高、长大于梯宽再加 100 mm 的挡板。由于挑梁侧板比踏步面高出 20 mm,因此,在中间为梯宽的两端锯高度为 20 mm 的缺口,把制好的挡板固定在侧板及挡木侧面,用拉杆顶棍加固。

最后,用斜撑拉杆等把整个梯模,特别是外侧模加固稳定,然后就可检查验收。

第七章　抹灰技术

第一节　墙面抹灰

一、砖砌体内墙抹灰

1. 浇水湿润、做灰饼、挂线

(1)浇水湿润墙基层的作用是使抹灰层能与基层较好地连接避免空鼓的重要措施,浇水可在做灰饼前进行,亦可在做完灰饼后第二天进行。浇水一定要适量,浇水多者容易使抹灰层产生流坠、变形,凝结后造成空鼓;浇水不足者,在施工中砂浆干得过快,黏结不牢固,不易修理,进度下降,且消耗操作者体能。

(2)做灰饼、挂线的方法是依据用托线板检查墙面的垂直度和平整度来决定灰饼的厚度。如果是高级抹灰,不仅要依据墙面的垂直度和平整度,还要依据找平来决定灰饼的厚度。

1)做灰饼时要在墙两边距阴角 10～20 cm 处,2 m 左右的高度各做一个大小为 5 cm 见方的灰饼。

2)再用托线板挂垂直,依上边两灰饼的出墙厚度,在与上边两灰饼的同一垂线上,距踢脚线上口 3～5 cm 处,各做一个下边的灰饼。要求灰饼表面平整不能倾斜、扭翘,上下两灰饼要在一条垂线上。

3)然后在所做好的四个灰饼的外侧,与灰饼中线相平齐的高度各钉一个小钉。在钉上系小线,要求线要离开灰饼面 1 mm,并要拉紧。再依小线做中间若干灰饼。

4)中间灰饼的厚度应距小线 1 mm 为宜。各灰饼的间距可以自定。一般以 1～1.5 m 左右为宜。上下相对应的灰饼要在同一垂线上。

5)灰饼的操作如图 7-1 所示。

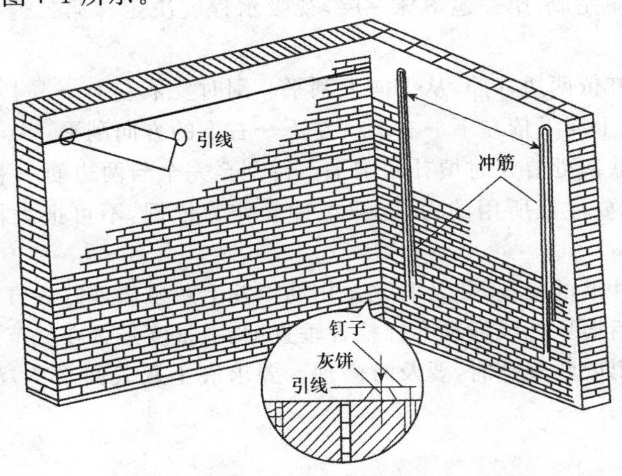

图 7-1　灰饼挂线、冲筋示意

(3)如果墙面较高(3 m 以上)时,要在距顶部 10～20 cm,距两边阴角 10～20 cm 的位置各做一个上边的灰饼，而后上、下两人配合用缺口木挂垂直做下边的灰饼，由于墙身较高，上下两饼间距比较大，可以通过挂竖线的方法在中间适当增加灰饼，如图 7-2 所示，方法同横向挂线。

2. 冲筋、装档

手工抹灰一般冲竖筋，机械抹灰一般冲横筋。以手工抹灰为例，冲筋时可用冲筋抹子，如图 7-3 所示，也可以用普通铁抹子。

图 7-2 用缺口木板做灰饼示意

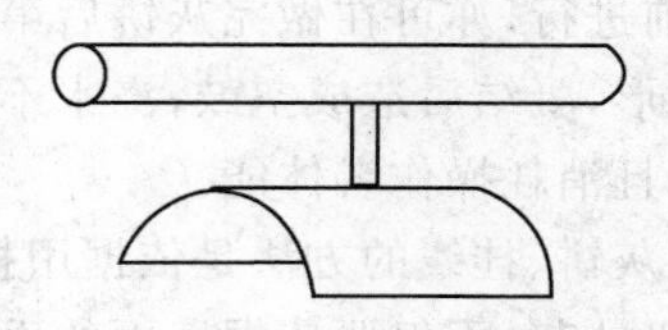

图 7-3 冲筋抹子

(1)冲筋所用砂浆与底子灰相同，以 1∶3 石灰砂浆为例，具体方法是在上、下两个相对应的灰饼间抹上一条宽 10 cm，略高于灰饼的灰梗，用抹子稍压实，而后用大杠紧贴在灰梗上，上右下左或上左下右的错动直到刮至与上下灰饼一平。把灰梗两边用大杠切齐，然后用木抹子竖向搓平。如果刚抹完的灰梗吸水较慢时，要多抹出几条灰梗，待前边抹好的灰梗已吸水后，从前开始向后逐条刮平、搓平。

(2)装档可在冲筋后适时进行。若过早进行，冲筋太软，在刮平时易变形，若过晚进行，冲筋已经收缩，依此收缩后的筋抹出的底子灰收缩后易出现墙面低洼，冲筋处突出的现象。所以要在冲筋稍有强度，不易被大杠轻刮而产生变形时进行。一般约为 30 min 左右，但要具体依现场情况(气候和墙面吸水程度)确定。

(3)装档要分两遍完成，第一遍薄抹一层，视吸水程度决定抹第二遍的时间。第二遍要抹至与两边冲筋一平。

(4)抹完后用大杠依两边冲筋，从下向上刮平。刮时要依左上→右上→左上→右上的方向抖动大杠。也可以从上向下依左下→右下→左下→右下的方向刮平。

(5)如有低洼的缺灰处要及时填补后刮平。待刮至完全与两边筋一平时，稍待用木抹子搓平。在刮大杠时一定要注意所用的力度，只把冲筋作为依据，不可把大杠过分用力地向墙里捺，以免刮伤冲筋。

(6)如果有刮伤冲筋的情况，要及时先把伤筋填补上灰浆修理好后方可进行装档。

(7)待全部完成后要用托线板和大杠检查垂直度、平整度是否在规范允许范围内。

(8)如果数据超出验收规范时，要及时修理。要求底子灰表面平整，没有大坑、大包、大砂眼，有细密感、平直感。

3. 护角

(1)抹墙面时，门窗口的阳角处为防止碰撞而损坏，要用水泥砂浆做出护角。其方法主要包括。

1)先在门窗口的侧面抹 1∶3 水泥砂浆后，在上面用砂浆反粘八字尺或直接在口侧面反卡八字尺。使外边通过拉线或用大杠靠平的方法与所做的灰饼一平，上下吊垂直。

2)然后在靠尺周边抹出一条 5 cm 宽，厚度依靠尺为据的一条灰梗。

3)用大杠搭在门窗口两边的靠尺上把灰梗刮平，用木抹子搓平。拆除靠尺刮干净，正贴在抹好的灰梗上，用方尺依框的子口定出稳尺的位置，上下吊垂直后，轻敲靠尺使之粘住或用卡子固定。随之在侧面抹好砂浆。

4)在抹好砂浆的侧面用方尺找出方正，划捺出方正痕迹，再用小刮尺依方正痕迹刮平、刮直，用木抹子搓平，拆除靠尺，把灰梗的外边割切整齐。

5)待护角底子六七成干时，用护角抹子在做好的护角底子的夹角处捋一道素水泥浆或素水泥略掺小砂子(过窗纱筛)的水泥护角。也可根据需要直接用 1∶3 水泥砂浆打底，1∶2.5 水泥砂浆罩面的压光口角。单抹正面小灰梗时要略高出灰饼 2 mm，以备墙面的罩面灰与正面小灰梗一平，如图 7-4 所示。

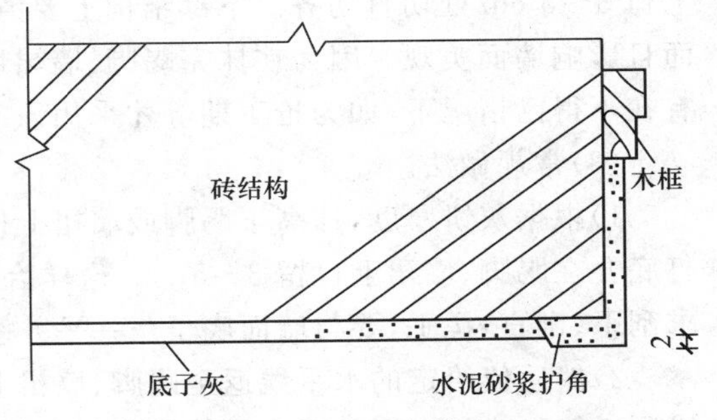

图 7-4　门窗口角做法

(2)抹水泥砂浆压光口角(护角)。

1)可以在底层水泥砂浆抹完后第二天抹面层 1∶2.5 水泥砂浆，也可在打底完稍收水后即抹第二遍罩面砂浆。

2)在抹罩面灰时，阳角要找方，侧面(膀)与框交接部的阴角要垂直，要与阳角平行。抹完后用刮尺刮平，用木抹子搓平，用钢抹子溜光。

3)如果吸水比较快，要在搓木抹子时适当洒水，边洒水边搓，要搓出灰浆来，稍收水后用钢板抹子压光，用阳角抹子把阳角捋光。

4)随手用干刷子把框边残留的砂浆清扫干净。

4. 窗台

室内窗台的操作往往是结合抹窗口阳角一同施工，也可以随做护角时只打底，而后单独进行面板和出檐的罩面抹灰，但方法相同，具体做法如下。

(1)先在台面上铺一层砂浆，然后用抹子基本摊平后，就在这层砂浆上边反粘八字靠尺，使尺外棱与墙上灰饼一平，然后依靠尺在窗台下的正面墙上抹出一条略宽于出檐宽度的灰条。并把灰条用大杠依两边墙上的灰饼刮平，用木抹子搓平，随即取下靠尺贴在刚抹完的灰条上，用方尺依窗框的子口定出靠尺棱的高低，靠尺要水平。

(2)确认无误后要粘牢或用卡子卡牢靠尺，随后依靠尺在窗台面上摊铺砂浆，用小刮尺刮平，用木抹子搓平，要求台面横向(室内)要用钢板抹子溜光，待稍吸水后取下靠尺，把靠尺刮干净再次放正在抹好的台面上。要求尺的外棱边突出灰饼，突出的厚度等于出檐要求的厚度。

(3)另外取一方靠尺，要求尺的厚度也要等于窗台沿要求的厚度。把方靠尺卡在抹好的正面灰条上，高低位置要比台面低出相当于出沿宽度的尺寸，一般为 5～6 cm。如果房间净空高度比较低，也可以把出沿缩减到 4 cm 宽。台面上的靠尺要用砖压牢，正面的靠尺要用卡子卡稳。这时可在上下尺的缝隙处填抹砂浆。

(4)如果砂浆吸水较慢，可以先薄抹一层后，用干水泥粉吸一下水。刮去吸水后的水泥粉，再抹一层后用木抹子搓平，用钢抹子溜光。

(5)待吸水后，用小靠尺头比齐，把窗台两边的耳朵上口与窗台面一平切齐，用阴角抹子捋光。取下小靠尺头再换一个方向把耳朵两边出头切齐。一般出头尺寸与沿宽相等，即两边耳朵要呈正方形。

(6)最后用阳角抹子把阳角捋光，用小鸭嘴把阳角抹子捋过的印迹压平。表面压光，沿的底边要压光。

(7)室内窗台一般用 1∶2 水泥砂浆。

5. 踢脚、墙裙

(1)踢脚、墙裙一般多在墙面底子灰施工后，罩面纸筋灰施工前进行施工。

(2)也可以在抹完墙面纸筋灰后进行施工。但这时抹墙面的石灰砂浆要抹到离踢脚、墙裙上口 3～5 cm 处切直切齐。下部结构上要清理干净，不能留有纸筋灰浆。这样施工比较麻烦，而且影响墙面美观。因为在抹完踢脚、墙裙后要接补留下的踢脚、墙裙上口的纸筋灰接槎，只有在不得已情况下，如为抢工期等才采用该施工方法。

(3)常规做法。

1)根据灰饼厚度，抹高于踢脚或墙裙上口 3～5 cm 的 1∶3 水泥砂浆(一般墙面石灰砂浆打底要在踢脚、墙裙上口留 3～5 cm，这样恰好与墙面底子灰留槎相接)，作底子灰。底子灰要求刮平、刮直、搓平，要与墙面底子灰一平并垂直。

2)然后依给定的水平线返至踢脚、墙裙上口位置，用墨斗弹上一周封闭的上口线。再依弹线用纸筋灰略掺水泥的混合纸筋灰浆把专用的 5 mm 厚塑料板粘在弹线上口，高低以弹线为准，平整用大杠靠平，拉小线检查调整。

3)无误后，在塑料板下口与底子灰的阴角处用素水泥浆抹上小八字。这样做的目的是既能稳固塑料板，又能使抹完的踢脚、墙裙在拆掉塑料板后上口好修理，修理后上棱角挺直、光滑、美观。在小八字抹完吸水后，随即抹 1∶2.5 水泥砂浆，厚度与塑料板平齐，竖向要垂直。

4)抹完后用大杠刮平，如有缺灰的低洼处要随时补齐后，再用大杠刮平，而后用木抹子搓平，用钢板抹子溜光，如果吸水较快，可在搓平时边洒水边搓平，如果不吸水则要在抹面时分成两遍抹，抹完第一遍后用干水泥吸过水刮掉，然后再抹第二遍。在吸水后，面层用手指捺，手印不大时，再次压光。

5)然后拆掉塑料板，将上口小阳角用靠尺靠住(尺棱边与阳角一平)。用阴角抹子把上口捋光。取掉靠尺后用专用的踢脚、墙裙阳角抹子，把上口边捋光捋直，用抹子把捋角时留下的印迹压光。把相邻两面墙的踢脚、墙裙阴角用阴角抹子捋光。最后通压一遍。踢脚和墙裙要求立面垂直，表面光滑平整，线角清晰、丰满、平直，出墙厚度均匀一致。

6. 纸筋灰罩面

(1)纸筋灰罩面应在底子灰完成第二天开始进行施工。

(2)罩面施工前要把使用的工具，如抹子、压子、灰槽、灰勺、灰车、木阴角、塑料阴角等刷洗干净。

(3)要视底子灰颜色而决定是否浇水润湿和浇水量的大小。如果需要浇水，可用喷浆泵从上至下通喷一遍，喷浇时注意踢脚、墙裙上门的水泥砂浆底子灰上不要喷水，这个部位一般不吸水。

(4)踢脚、窗台等最好用浸过水的牛皮纸粘盖严密，以保持清洁。

(5)罩面时应把踢脚、墙裙上口和门、窗口等用水泥砂浆打底的部位，用水灰比小一些的纸筋灰先抹一遍。因为这些部位往往吸水较慢。

(6)罩面应分两遍完成。

1)第一遍竖抹,要从左上角开始,从左到右依次抹去,直到抹至右边阴角完成。再转入下一步架,依然是从左向右抹,第一遍要薄薄抹一层。用铁抹子、木抹子、塑料抹子均可以。一般要把抹子放陡一些刮抹,厚度不超过 0.5 mm,每相邻两抹子的接槎要刮严。第一遍刮抹完稍吸水后可以抹第二遍。

2)在抹第二遍前,最好把相邻两墙的阴角处竖向抹出一抹子纸筋灰。这样做的目的是既可以防止相邻墙面底子灰的砂粒进入抹好的纸筋灰面层中,又可以在抹完第一面墙后就能在压光的同时及时把阴角修好。在抹第二遍时要把两边阴角处竖向先抹出一抹子宽后,溜一下光,然后用托线板检查一下,如有问题及时修正好,再从上到下,从左向右横抹中间的面层灰。

(7)两层总厚度不超过 2 mm,要求抹得平整,抹纹平直,不要划弧,抹纹要宽,印迹应轻。

(8)抹完后用托线板检查垂直度、平整度,如果有突出的小包可以轻轻向一个方向刮平,不要往返刮。有低洼处要及时补上灰,接槎要压平。一般情况下要按“少刮多填”的原则,能不刮的就不刮,尽量采用填补找平,全部修理好后要溜一遍光,再用长木阴角抹子把两边阴角捋直,用塑料阴角抹子溜光。

(9)随后,用塑料压子或钢皮压子把捋阴角的印迹压平,把大面通压一遍。这遍要横走抹子,要走出抹子花(即抹纹)来,抹子花要平直,不能波动或划弧,最好是通长走(从一边阴角到另一边阴角一抹子走过去),抹子花要尽量宽,所谓“几寸抹子,几寸印”。

(10)最后把踢脚、墙裙等上口保护纸揭掉,把踢脚、墙裙及窗台、口角边用水泥砂浆打底的不易吸水部位修理好。要求大面平整,颜色一致,抹纹平直,线角清晰,最后把阳角及门、窗框上污染的灰浆擦干净交活。

7. 刮灰浆罩面

刮灰浆罩面比较薄,可以节约石灰膏。但一般只适用于要求不高的工程上。它是在底层灰浆尚未干,只稍收水时,用素石灰膏刮抹入底层中无厚度或不超过 0.3 mm 厚度的一种刮浆操作。刮灰浆罩面的底子灰一定要用木抹子搓平。刮面层素浆时一定要适时,太早易造成底子灰变形,太晚则素浆勒不进底子灰中也不利于修理和压光。一般以底子灰在抹子抹压下不变形而又能压出灰浆时为宜。面层灰刮抹完后,随即溜一遍光,稍收水后,用钢板抹子压光即可。

8. 石膏灰浆罩面

石膏的凝结速度比较快,所以在抹石膏浆墙时,一般要在石膏浆内掺入一定量的石灰膏或角胶等,以使其缓凝,利于操作。

(1)石膏浆的拌制要有专人负责,随用随拌,一次不可拌和过多,以免造成浪费。

(2)拌制石膏浆时,要先把缓凝物和水拌成溶液。再用窗纱筛把石膏粉放入筛中筛在溶液内,边筛边搅动以免产生小颗粒。

(3)石膏浆抹灰的底层与纸筋灰罩面的底层相同,采用 1∶3 石灰砂浆打底。

(4)面层的操作一般为三人合作,一人在前抹浆,一人在中间修理,一人在后压光。面层分两遍完成,第一遍薄薄刮一层,随后抹第二遍,两遍要垂直抹,也可以平行抹。一般第二遍为竖向抹,因为这样利于三人流水作业。

(5)面层的修理、压光等方法可参照纸筋灰罩面。

9. 水砂罩面

(1)水砂罩面是高级抹灰的一种,其面层有清凉、爽滑感。水砂含盐,所以在拌制灰浆时要用生石灰现场淋浆,热浆拌制,以便使水砂中的盐分挥发掉。灰浆要一次拌制,充分熟化一周以上方可使用。

(2)操作方法基本同石膏罩面,需要两人配合,一人在前涂抹,一人在后修理、压光。

(3)涂抹时用木抹子为好,特别是使用多次后的旧木抹子。

(4)压光则用钢板抹子。最后用钢压子压光,要边洒水边竖向压光,阴角部位要用阴角抹子捋光。

(5)要求线角清晰美观,面层光滑平整、洁净,抹纹顺直。

10. 石灰砂浆罩面

石灰砂浆罩面是在底层砂浆收水后立即进行或在底层砂浆干燥后,浇水润湿再进行均可。

(1)石灰砂浆罩面的底层用 1∶3 石灰砂浆打底,方法同前。

(2)面层用 1∶2.5 石灰砂浆抹面。

1)抹面前要视底子灰干燥程度酌情浇水润湿,然后先在贴近顶棚的墙面最上部抹出一抹子宽的面层灰。

2)再用大杠横向刮直,缺灰处及时补平,再刮平,待完全符合时用木抹子搓平,用钢抹子溜光,然后在墙两边阴角同样抹出一抹子宽的面层灰,用托线板找垂直,用大杠刮平,木抹子搓平,钢抹子溜光。

3)如果一面墙只有一人抹,墙面较宽,一次揽不过来时,可只先做左边阴角的一抹子宽灰条,等抹到右边时再先做右边灰条。

(3)抹中间大面时要以抹好的灰条作为标筋,一般是横向抹,也可竖向抹。抹时一抹子接一抹子,接槎平整,薄厚一致,抹纹顺直。

(4)抹完一面墙后,用大杠依标筋刮平,缺灰的要及时补上,用托线板挂垂直。

(5)无误后,用木抹子搓平,用钢板抹子压光,如果墙面吸水较快,应在搓平时,边洒水边搓,要搓出灰浆。压光后待表面稍吸水时再次压光。当抹子上去印迹不明显时做最后一次压光。

(6)相邻两面墙都抹完后,要把阴角用刷子甩水,将木阴角抹子端稳,放在阴角部上下通搓,搓直、搓出灰浆,而后用铁阴角抹子捋光,用抹子把通阴角留下的印迹压平。

(7)石灰砂浆罩面的房间一般门窗护角要做成用水泥砂浆直接压光的,可以随抹墙一同进行也可以提前进行。

1)如果是提前进行,可参照护角的做法,但抹正面小灰梗条时要考虑抹面砂浆的厚度。

2)如果是随抹墙一同做时,要在护角的侧面用 1∶2.5 水泥砂浆反粘八字尺,使尺外棱与墙面面层厚度一致,然后吊垂直。抹墙时把尺周边 5 cm 处改用 1∶2.5 水泥砂浆,修理压光后取下八字尺刷干净,反贴在正面抹好的水泥砂浆灰条上,依框的子口用方尺决定靠尺棱的位置,挂吊垂直后卡牢,再抹侧小面(方法同前)。

二、砖砌体外墙抹灰

1. 浇水湿润

抹灰前基层表面的尘土、污垢、油渍等都应先清除干净,再洒水进行润湿。一般是在抹灰前一天,用软管或胶皮管或喷壶顺墙自上而下浇水湿润。通常是每天浇两次。

砖墙抹水泥砂浆较之抹石灰砂浆对基层进行浇水湿润的问题更为关键。因为水泥砂浆比石灰砂浆吸水的速度快得多。有经验的技术工人可以依季节、气候、气温及结构的干湿程度等,比较准确的估计出浇水量。如果没有把握时,可以把基层浇至基本饱和程度后,夏季施工时第二天可开始打底；春季、秋季施工时要过两天后进行打底。也可以根据浇水后砖墙的颜色来判断浇水的程度是否合适。

2. 做灰饼、挂线

(1)由于水泥砂浆抹灰往往在室外施工与室内抹灰比较，有跨度大、墙身高的特点。所以在做灰饼时要多采用缺口木板，做上、下两个，两边共四个灰饼。操作时要先抹上灰饼，再抹下灰饼。两边的灰饼做完后，要挂竖线依上下灰饼做中间若干灰饼。

(2)然后再横向挂线做横向的灰饼。每个灰饼均要离线 1 mm，竖向每步架不少于一个，横向以 1～1.5 m 的距离为宜，灰饼大小为 5 cm 见方，要与墙面平行，不可倾斜、扭翘。做灰饼的砂浆材料与底子灰相同，采用 1∶3 水泥砂浆。

3. 冲筋、装档操作

(1)冲筋、装档可参照石灰砂浆的方法。

(2)由于外墙面极大，参与的施工人员多，可以用专人在前冲筋，后跟人装档。

(3)冲筋要有计划，在速度上，要与装档保持相应的距离；在量上，要以每次下班前能完成装档为准，不要做隔夜标筋。控制好冲筋与装档的距离时间，一般以标筋尚未收缩，但装档时大杠上去不变形为度。这样形成一个小流水，比较有节奏，有次序，工作起来有轻松感。

(4)在装档打底过程中遇有门窗口时，可以随抹墙一同打底，也可以把离口角一周 5 cm 及侧面留出来先不抹，派专人再后抹，这样施工比较快。门窗口角的做法可参考前边门窗护角做法。

(5)如遇有阳角大角要在另一面反贴八字尺，尺棱边出墙与灰饼一平，靠尺粘贴完要挂垂直，然后依尺抹平、刮平、搓平。做完一面后，翻尺正贴在抹好的一面，做另一面，方法相同。

4. 镶米厘条

室外抹水泥砂浆一般为了防止因面积过大而不便施工操作和砂浆收缩产生裂缝，为了达到所需要的装饰效果等原因，常采用分格的做法。

(1)分格多采用镶米厘条的方法。

(2)米厘条的截面尺寸一般由设计而定。

(3)粘贴米厘条时要在打底层上依设计分格，弹分格线。分格线要弹在米厘条的一侧，不能居中，一般水平条多弹在米厘条的下口(不粘靠尺的弹在上口)，竖直条多弹在米厘条的右边。而且也要和打底子一样，竖向在大墙两边大角拉垂直通线，线与墙底子灰的距离和米厘条的厚度加粘米厘条的灰浆厚度一致。横向在每根米厘条的位置也要依两边大角竖线为准拉横线。

(4)粘贴米厘条时应该在竖条的线外侧、横条的线下依线先用打点法粘一根靠尺作为依托标准，而后再于其一上(侧)粘米厘条，粘米厘条时先在米厘条的背面刮抹一道素水泥浆，而后依线或靠尺把米厘条粘在墙上，然后在米厘条的一侧抹出小八字灰条，等小八字灰吸水后起掉靠尺把另一面也抹上小八字灰。

(5)镶好的米厘条表面要与线一平。米厘条在使用前要捆在一起浸泡在米厘条桶内，也可以用大水桶浸泡，浸泡时要用重物把米厘条压在水中泡透。泡米厘条的目的是，米厘条干燥后会因水分蒸发而产生收缩，这样易取出；另外，米厘条刨直后容易产生变形影响使用，而浸泡透的米厘条比较柔软，没有弹性，可以很容易调直，并且米厘条浸湿后，在抹面时，米厘条边的砂浆能修压出较尖直的棱角，取出米厘条后，分格缝的棱角比较清晰美观。

(6)粘贴米厘条可以分隔夜和不隔夜两种。不隔夜条抹小八字灰时，八字的坡度可以放缓一些，一般为45°。隔夜条的小八字灰抹时要放得稍陡一些，一般为60°，如图7-5所示。

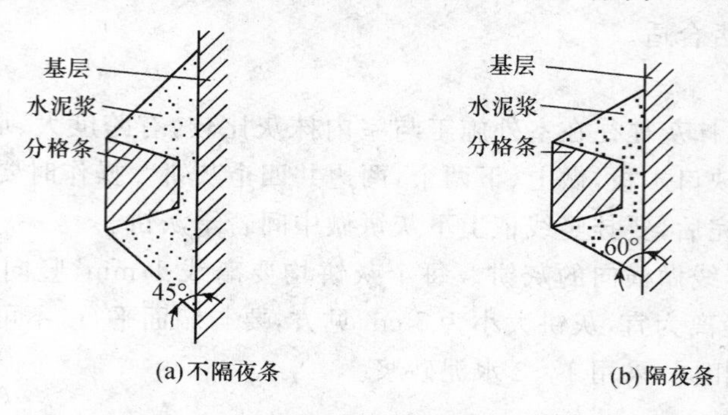

图7-5 镶米厘条打灰的角度示意

5. 罩面

大面的米厘条粘贴完成后，可以抹面层灰，面层灰要从最上一步架的左边大角开始。

(1)大角处可在另一面抹1∶2.5水泥砂浆，反粘八字尺，使靠尺的外边棱与粘好的米厘条一平。

(2)在抹面层灰时，有时为了与底层黏结牢固，可以在抹面前，在底子灰上刮一道素水泥黏结层，紧跟抹面层1∶2.5水泥砂浆罩面，抹面层时要依分格块逐块进行，抹完一块后，用大杠依米厘条或靠尺刮平，用木抹子搓平，用钢板抹子压光。

(3)待收水后再次压光，压光时要把米厘条上的砂浆刮干净，使之能清楚地看到米厘条的棱角。

(4)压光后可以及时取出米厘条。方法是用鸭嘴尖扎入米厘条中间，向两边轻轻晃动，在米厘条和砂浆产生缝隙时轻轻提出，把分格缝内用溜子溜平、溜光，把棱角处轻轻压一下。

(5)米厘条也可以隔日取出，特别是隔夜条不可马上取出，要隔日再取。这样比较保险而且也比较好取。因为米厘条干燥收缩后，与砂浆产生缝隙，这时只要用刨锛或抹子根轻轻敲振后即可自行跳出。

(6)室外墙面有时为了颜色一致，在最后一次压光后，可以用刷子蘸水或用干净的干刷子，按一个方向在墙面上直扫一遍。要一刷子挨一刷子，不要漏刷，使颜色一致，微有石感。

(7)室外的门窗口上脸底要做出滴水。滴水的形式有鹰嘴、滴水线和滴水槽，如图7-6所示。

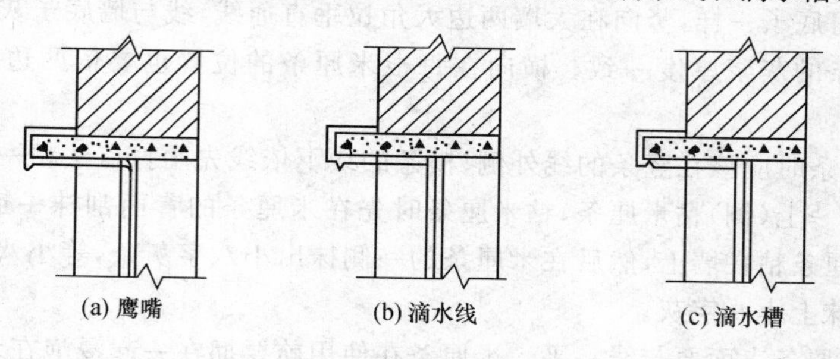

图7-6 滴水的形式

1)鹰嘴是在抹好的上脸底部趁砂浆未终凝时，在上脸阳角的正面正贴八字尺，使尺外边棱比阳角低8 mm，卡牢靠尺后，用小圆角阴角抹子，把1∶2水泥砂浆(砂过3 mm筛)填抹在靠尺和上脸底的交角处，捋抹时要填抹密实，捋光。取下尺后修理正面，使之形成弯弧的鹰嘴形滴水。

2)滴水线是在抹好的上脸底部距阳角 3～4 cm 处划一道与墙面的平行线。接线卡上一根短靠尺在线里侧,然后用护角抹子把 1∶2 水泥细砂子灰按着靠尺捋抹出一道突出底面的半圆形灰柱的滴水线。

3)滴水槽是在抹上脸底前,在底部底子灰距阳角 3～4 cm 处粘一根米厘条,而后再抹灰。等取出米厘条后形成一道凹槽称为滴水槽。

(8)在抹室内(如工业厂房之类)较大的墙面时,由于没有米厘条的控制,平整度、垂直度不易掌握时,可以在打好底的底子灰的阴角处竖向挂出垂直线,线离底子灰的距离要比面层砂浆多 1 mm。这时可依线在每步架上都用碎瓷砖片抹灰浆做一个饼,做完两边竖直方向后,改横线,做中间横向的饼。

(9)抹面层灰时,可以依这些小饼直接抹也可以先冲筋再抹。在抹完刮平后可挖出小瓷砖饼,填上砂浆一同压光。

(10)由于墙面比较大,有时一天完不成,需要留槎,槎不要留在与脚手板一平处,因为这个部位不便操作容易出问题,要留在脚手板偏上或偏下的位置,而且槎口处横向要刮平、切直,这样比较好接。接槎时应在留槎上刷一道素水泥浆,随后先抹出一抹子宽砂浆,用木抹子把接口处搓平,接槎要严密、平整。然后,用钢板抹子压光后再抹下边的砂浆。

三、混凝土墙抹灰

1. 基层处理

混凝土墙面一般外表比较光滑,且带模板隔离剂,容易造成基层与抹灰层脱鼓,产生空裂现象,所以要做基层处理。

(1)在抹灰前要对基层上所残留的隔离剂、油毡、纸片等进行清除。油毡、纸片等要用铲刀铲除掉,对隔离剂要用 10%的火碱水清刷后,用清水冲洗干净。

(2)对墙面突出的部位要用錾子剔平。

(3)过于低洼处要在涂刷界面剂后,用 1∶3 水泥砂浆填齐补平。

(4)对比较光滑的表面,应用刨锛、剁斧等进行凿毛,凿完毛的基层要用钢丝刷子把粉尘刷干净。

2. 浇水湿润

抹灰前,要浇水湿润,一般要提前一天进行浇水湿润时最好使用喷浆泵。

3. 抹结合层

抹结合层第二天进行。

(1)结合层可采用 15%～20%水质量的 108 胶水泥浆,稠度为 7°～9°。也可以用 10%～15%水质量的乳液,拌和成水泥乳液聚合物灰浆,稠度为 7°～9°。

(2)用小笤帚头蘸灰浆,垂直于墙面方向甩粘在墙上,厚度控制在 3 mm,也可以在灰浆中略掺细砂。

(3)甩浆要有力、均匀,不能漏甩,如有漏甩处要及时补上。

(4)结合层的另一种做法是不用甩浆法,而是前边有人用抹子薄薄刮抹一道灰浆,后边紧跟用 1∶3 水泥砂浆刮抹一层 3～4 mm 厚的钢板糙。

(5)结合层做完后,第二天浇水养护。养护要充分,室内采用封闭门窗喷水法,室外要有专人养护,特别是夏季,结合层不得出现发白现象,养护不少于 48 h。

(6)待结合层有一定强度后方可进行找平。

4. 其他工序

其他工序参照砌体墙抹灰的做法。做灰饼、冲筋、装档、刮平、搓平，而后在上边划痕以利黏结。抹面层前也要养护，并在抹面层砂浆前先刮一道素水泥。黏结层后紧跟再抹面层砂浆。

四、加气混凝土墙面抹灰

(1)加气板、砖抹灰前要把基层的粉尘清扫干净。

(2)由于加气板、砖吸水速度比红砖慢，所以可采用两次浇水的方法。即第一次浇水后，隔半天至一天后，浇第二遍。一般要达到吃水 10 mm 左右。

(3)把缺棱掉角比较大的部位和板缝用 1∶0.5∶4 的水泥石灰混合砂浆补平、勾平。

(4)待修补砂浆六七成干时，用掺加 20%水质量的 108 胶水涂刷一遍，也可在胶水中掺加一部分水泥。紧跟刮糙，刮糙厚度一般为 5 mm，抹刮时抹子要放陡一些。刮糙的配比要视面层用料而定。如果是水泥砂浆面层，刮糙用 1∶3 水泥砂浆，内略加石灰膏，或用石灰水搅拌水泥砂浆。如果是混合灰面层，刮糙用 1∶1∶6 混合砂浆，而石灰砂浆或纸筋灰面层时，刮糙可用 1∶3 石灰砂浆略掺水泥。

(5)在刮糙六七成干时可进行中层找平，中层找平的做灰饼、冲筋、装档、刮平等程序和方法可参照相关规定。采用的配合比应分别为水泥砂浆面层的中层用 1∶3 水泥砂浆；混合砂浆面层的中层用 1∶1∶6 或 1∶3∶9 混合砂浆；石灰砂浆面层和纸筋灰面层的中层找平为 1∶3 石灰砂浆。

(6)待中层灰六七成干时可进行面层抹灰。水泥砂浆面层采用 1∶2.5 水泥砂浆；混合砂浆面层采用 1∶3∶9 或 1∶0.5∶4 混合砂浆；石灰砂浆面层采用 1∶2.5 石灰砂浆。

第二节 顶棚抹灰

一、现浇混凝土楼板顶棚抹灰

1. 基层检查

检查其基体有无裂缝或其他缺陷，表面有无油污、不洁或附着杂物(塞模板缝的纸、油毡及钢丝、钉头等)，如为预制混凝土板，则检查其灌缝砂浆是否密实。检套暗埋电线之接线盒或其他一些设施安装件是否已安装和保护完善。如均无问题，即应在基体表面满刷水灰比为 0.37～0.40 的纯水泥浆一道。如基体表面光滑(模板采用胶合板或钢模板并涂刷脱模剂者，混凝土表面均比较光滑)，应涂刷界面处理剂或凿毛或甩聚合物水泥砂浆(参考质量配合比为白乳胶∶水泥∶水＝1∶5∶1)形成一个一个小疙瘩等进行处理，以增加抹灰层与基体的黏结强度，防止抹灰层剥落、空鼓现象发生。

需要强调的是石灰膏应提前熟化透，并经细筛网过滤，未经熟化透的石灰膏不得使用；纸筋应提前除去尘土、泡透、捣烂，按比例掺入石灰膏中使用，罩面灰浆用的纸筋宜机碾磨细后使用；麻刀(丝)要求坚韧、干燥、不含杂质，剪成 20～30 mm 长并敲打松散，按比例掺入石灰膏中使用。

2. 作业条件

(1)在墙面和梁侧面弹上标高基准墨线，连续梁底应设通长墨线。

(2)根据室内高度和抹灰现场的具体情况，提前搭好操作用的脚手架，脚手架桥板面距顶板底高度适中(约为 1.8 m 左右)。

(3)将混凝土顶板底表面凸出部分凿平,对蜂窝、麻面、露筋、漏振等处应凿到实处,用1∶2水泥砂浆分层抹平,把外露钢筋头和钢丝头等清除掉。

(4)抹灰前一天浇水湿润基体。

3. 施工工艺

(1)基层处理。对采用钢模板施工的板底凿毛,并用钢丝刷满刷一遍,再浇水湿润。

(2)弹线。视设计要求抹灰档次及抹灰面积大小等情况,在墙柱面顶弹出抹灰层控制线。小面积普通抹灰顶棚一般用目测控制其抹灰面平整度及阴阳角顺直即可。大面积高级抹灰顶棚则应找规矩、找水平、做灰饼及冲筋等。

根据墙柱上弹出的标高基准墨线,用粉线在顶板下 100 mm 的四周墙面上弹出一条水平线,作为顶板抹灰的水平控制线。对于面积较大的楼盖顶或质量要求较高的顶棚,宜通线设置灰饼。

(3)抹底灰。抹灰前应对混凝土基体提前洒(喷)水润湿,抹时应一次用力抹灰到位,并初平,不宜翻来覆去扰动,否则会引起掉灰,待稍干后再用搓板刮尺等刮平,最后一遍需压光,阴阳角应用角模拉顺直。

在顶板混凝土湿润的情况下,先刷素水泥浆一道,随刷随打底,打底采用 1∶1∶6 水泥混合砂浆。对顶板凹度较大的部位,先大致找平并压实,待其干后,再抹大面底层灰,其厚度每遍不宜超过 8 mm。操作时需用力抹压。然后用压尺刮抹顺平,再用木磨板磨平,要求平整稍毛,不必光滑,但不得过于粗糙,不许有凹陷深痕。

抹面层灰时可在中层灰六七成干时进行,预制板抹灰时必须朝板缝方向垂直进行,抹水泥类灰浆后需注意洒(喷)水养护(石灰类灰浆自然养护)。

(4)抹罩面灰。待底灰约六七成干时,即可抹面层纸筋灰。如停歇时间长,底层过分干燥则应用水润湿。涂抹时先分两遍抹平,压实,其厚度不应大于 2 mm。

待面层稍干,“收身”时(即经过铁抹子压抹灰浆表层不会变为糊状时)要及时压光,不得有匙痕、气泡、接缝不平等现象。顶棚与墙边或梁边相关的阴角应成一条水平直线,梁端与墙面、梁边相交处应垂直线。

二、灰板条吊顶抹灰

1. 施工准备

(1)在正式抹灰之前,首先检查钢木骨架,要求必须符合设计要求。

(2)然后再检查板条顶棚,如有以下缺陷者,必须进行修理。

1)吊杆螺母松动或吊杆伸出板条底面后。

2)缝隙过大或过小的。

3)灰板条厚度不够,过薄或过软的。

4)少钉导致不牢,有松动现象的。

5)板条没有按规定错开接缝的。

以上缺陷经修理后检查合格者,方可开始抹灰。

2. 施工工艺

(1)清理基层。将基层表面的浮灰等杂物清理干净。

(2)弹水平线。在顶棚靠墙的四周墙面上,弹出水平线,作为抹灰厚度的标志。

(3)抹底层灰。抹底灰时,应顺着板条方向,从顶棚墙角由前向后抹,用铁抹子刮上麻刀石灰浆或纸筋行灰浆,用力来回压抹,将底灰挤入板条缝隙中,使转角结合牢固,厚度约3～6 mm。

(4)抹中层灰。

1)待底灰约七成干,用铁抹子轻敲有整体声时,即可抹中层灰。

2)用铁抹子横着灰板条方向涂抹,然后用软刮尺横着板条方向找平。

(5)抹面层灰。

1)待中层灰七成干后,用钢抹子顺着板条方向罩面,再用软刮尺找平,最后用钢板抹子压光。

2)为了防止抹灰裂缝和起壳,所用石灰砂浆不宜掺水泥,抹灰层不宜过厚,总厚度应控制在15 mm以内。

3)抹灰层在凝固前,要注意成品保护。若为屋架下吊顶的,不得有人进顶棚内走动;若为钢筋混凝土楼板下吊顶的,上层楼面禁止锤击或振动,不得渗水,以保证抹灰质量。

三、混凝土顶棚抹灰

(1)基层处理、弹线找规矩。

(2)抹底层灰。宜采用1∶0.5∶1水泥石灰膏砂浆或1∶2∶4水泥纸筋灰砂浆。其他操作方法同混凝土顶棚抹水泥砂浆。

(3)抹中层灰。底层灰抹完后,紧跟着抹1∶3∶9水泥混合砂浆,如底灰吸水较快应及时洒水。先抹顶棚四周,圈边找平,再抹大面,灰层厚度为7～9 mm。抹完后,用刮尺刮平,木抹子搓平。

(4)现浇混凝土顶板抹白灰砂浆。面层用纸筋灰罩面,其做法:待中层灰六至七成干,即用手按,不软但有指印时,就可抹罩面灰,如中层灰过干时,应洒水润湿后再抹。罩面灰的厚度应控制在2 mm左右,分两遍抹成。第一遍越薄越好,接着抹第二遍,抹子要稍平,第二遍与第一遍压的方向互相垂直。待罩面灰稍干再用塑料抹子或压子顺抹纹压实压光。

四、钢板网顶棚抹灰

1. 材料

(1)水泥。采用42.5级及以上普通硅酸盐水泥或矿渣硅酸盐水泥。

(2)中砂。

(3)石灰膏。

(4)纸筋。

(5)麻刀。均匀、坚韧、干燥,不含杂质。使用时将麻丝剪成2～3 cm长,随用随敲打松散。

(6)麻根束。长度约为350～450 mm。

2. 作业条件

(1)必须先检查水、电、管、灯饰等安装工作是否竣工。

(2)结构基体是否有足够刚度;当有动荷载时结构基体有否颤动(民用建筑最简单检验方法是多人同时在结构上集中跳动),如有颤动,易使抹灰层开裂或剥落,宜进行结构加固或采用其他顶棚装饰形式。

(3)钢丝网,整体平整,适当起拱,并拉平、拉紧、钉牢,钢板网接缝设在顶棚搁栅上并相互搭接 3～5 cm，并经检查合格。

(4)四周墙面已弹好标高基准墨线。

(5)抹灰用的脚手架已经搭好。

3. 操作工艺

(1)挂吊麻根束(一般小型或普通装修的工程不需此工序)。对于大面积厅堂或高级装修的工程，由于其抹灰厚度增加，需在抹灰前在钢板网上挂吊麻根束，做法是先将小束麻根按纵横间距 30～40 cm 绑在网眼下，两端纤维垂直向下，以便在打底的三遍砂浆抹灰过程中，梳理呈放射状，分两遍均匀抹埋进底层砂浆内。

(2)抹底层灰。首先将基体表面清扫干净并湿润，然后用 1：1：6 水泥麻根灰砂抹压第一遍灰，厚度约 3 mm，应将砂浆压入网眼内，形成转角达到结合牢固。随即抹第二遍灰，厚度约为 5 mm(均匀抹埋第一次长麻根)，待第二遍灰约六七成干时，再抹第三遍找平层灰(完成均匀抹埋第二次长麻根)，厚度约 3～5 mm，要求刮平压实。

(3)抹底层灰。

1)底层灰用麻刀灰砂浆，体积比：麻刀灰：砂＝1：2。

2)用铁抹子将麻刀灰砂浆压入金属网眼内，形成转角。

3)底层灰第一遍厚度 4～6 mm，将每个麻束的 1/3 分成燕尾形，均匀粘嵌入砂浆内。

4)在第一遍底层灰凝结而尚未完全收水时，拉线贴灰饼，灰饼的间距 800 mm。

5)用同样方法刮抹第二遍，厚度同第一遍，再将麻丝的 1/3 粘在砂浆上。

6)用同样方法抹第三遍底层灰，将剩余的麻丝均匀地粘在砂浆上。

7)底层抹灰分三遍成活，总厚度控制在 15 mm 左右。

(4)抹中层灰。

1)抹中层灰用 1：2 麻刀灰浆。

2)在底层灰已经凝结而尚未完全收水时，拉线贴灰饼，按灰饼用木抹子抹平，其厚度 4～6 mm。

(5)抹面层灰。待找平层有六七成干时，用纸筋灰抹罩面层，厚度约 2 mm，用灰匙抹平压光。

1)在中层灰干燥后，用沥浆灰或者细纸筋灰罩面，厚度 2～3 mm，用钢板抹子溜光，平整洁净；也可用石膏罩面，在石膏浆中掺入石灰浆后，一般控制在 15～20 min 内凝固。

2)涂抹时，分两遍连续操作，最后用钢板抹子溜光，各层总厚度控制在 2.0～2.5 cm。

3)金属网吊顶顶棚抹灰，为了防止裂缝、起壳等缺陷，在砂浆中不宜掺水泥。如果想掺水泥时，掺量应经试验后慎重确定。

第三节 地面抹灰

一、水泥砂浆地面抹灰

(1)基层清理、浇水。水泥砂浆地面依垫层不同可以分为混凝土垫层和焦渣垫层的水泥砂浆抹灰。在混凝土垫层上抹水泥砂浆地面时，抹灰前要把基层上残留的污物用铲刀等剔除掉。必要时要用钢丝刷子刷一遍，用笤帚扫干净，提前一两天浇水湿润基层。如果有误差较大的低洼部位，要在润湿后用 1：3 水泥砂浆填补平齐。用木抹子搓平。

(2)弹线。抹灰开始前要在四周墙上依给定的标高线，返至地坪标高位置，在踢脚线上弹一圈水平控制线，来作为地面找平的依据。

(3)洒水扫浆。抹地面应采用1∶2水泥砂浆，砂子应以粗砂为好，含泥量不大于3%。水泥最好使用强度等级为42.5级的普通硅酸盐水泥，也可用矿渣硅酸盐水泥。砂浆的稠度应控制在4°以内。在大面抹灰前应先在基层上洒水扫浆。方法是先在基层上洒干水泥粉后，再洒上水，用笤帚扫均匀。干水泥用量以1 kg/m^{2}为宜，洒水量以全部润湿地面，但不积水，扫过的灰浆有黏稠感为准。扫浆的面积要有计划，以每次下班(包括中午)前能抹完为准。

(4)做灰饼。

1)抹灰时如果房间不太大，用大杠可以横向搭通者，要依四周墙上的弹线为据，在房间的四周先抹出一圈灰条作标筋。抹好后用大杠刮平，用木抹子稍加拍实后搓平，用钢板抹子溜一下光。而后从里向外依标筋的高度，摊铺砂浆，摊铺的高度要比四周的筋稍高3～5 mm，再用木抹子拍实，用大杠刮平，用木抹子搓平，用钢抹子溜光。

依此方法从里向外依次退抹，每次后退留下的脚印要及时用抹子翻起，搅和几下，随后再依前法刮平、搓平、溜光。

2)如果房间较大时，要依四周墙上弹线，拉上小线，依线做灰饼。做灰饼的小线要拉紧，不能有垂度，如果线太长时中间要设挑线。做灰饼时要先作纵向(或横向)房间两边的，两行灰饼间距以大杠能搭及为准。然后以两边的灰饼再做横向的(或纵向)灰饼。

灰饼的上面要与地平面平行，不能倾斜、扭曲。做饼也可以借助于水准仪或透明水管。做好的灰饼均应在线下1 mm，各饼应在同一水平面上，厚度应控制在2 cm。

(5)冲筋。灰饼做完后可以冲筋。冲筋长度方向与抹地面后退方向平行。相邻两筋距离以1.2～1.5 mm为宜(在做灰饼时控制好)。做好的筋面应平整，不能倾斜、扭曲，要完全符合灰饼。各条筋面应在同一水平线。

(6)装档刮平。然后在两条筋中间从前向后摊铺灰浆。灰浆经摊平、拍实、刮平、搓平后，用钢板抹子溜一遍。这样从里向外直到退出门口，待全部抹完后，表面的水已经下去时，再铺木板上去从里到外用木杠边检查，(有必要时再刮平一遍)边用木抹子搓平，钢板抹子压光。这一遍要把灰浆充分揉出，使表面无砂眼，抹纹要平直，不要划弧，抹纹要轻。

(7)分层压光。待到抹灰层完全收水，(终凝前)抹子上去纹路不明显时，进行第三遍压光。各遍压光要及时、适时，压光过早起不到每遍压光应起到的作用。压光过晚时，抹压比较费力，而且破坏其凝结硬化过程的规律，对强度有影响。压光后的地面的四周踢脚上要清洁，地面无砂眼，颜色均匀，抹纹轻而平直，表面洁净光滑。

(8)养护。24 h后浇水养护，养护最好要铺锯末或草袋等覆盖物。养护期内不可缺水，要保持潮湿，最好封闭门窗，保持一定的空气湿度。养护期不少于5昼夜，7 d后方可上人，亦要穿软底鞋，并不可搬运重物和堆放铁管等硬物。

二、豆石混凝土地面抹灰

(1)抹灰前，要对基层进行清理，把残留的灰浆、污物剔除掉，用钢丝刷子刷一遍，清扫去尘土，浇水湿润，湿润最好提前一两天进行。如果相邻两块楼板误差较大时，要提前用1∶3水泥砂浆垫平、搓毛，并要在四周踢脚线上以地面设计标高弹上一周封闭的水平线，作为地面找平的依据。

(2)抹灰开始时要对基层进行洒水扫浆，方法同水泥砂浆地面，亦不能有积水现象，并且扫浆量要有计划。

1)如果房间不大,用大杠能搭通时,抹铺要先从四周边开始。先在四周边各抹出30 cm左右宽度的一条灰梗,用大杠刮平,用木抹子搓平,用钢板抹子溜一下光。

2)如果房间较大时,用大杠不能搭通时要适当增加灰饼然后依灰饼冲筋。在有地漏的房间要找好泛水,做灰饼和冲筋的方法和要求与地面抹水泥砂浆中的做灰饼和冲筋的方法相同。

3)如果房间的边筋和大房间的做灰饼冲筋完成后,要从里向外摊铺豆石混凝土。摊铺时要边铺边拍实、刮平、搓平和溜光。

4)待抹完一个房间或抹完一定面积后,用1∶1水泥砂子干粉在抹好的豆石混凝土表面均匀地撒上一层。待干粉吸水后,表面水分稍收时,用大刮杠把表面刮平。刮平时,要抖动手腕把灰浆全部振出。然后用木抹子搓平,用钢抹子溜一遍。等表面的水分再次全部沉下去,人上去脚印不大时,脚下垫木板压第二遍。这遍要压平、压实,把表面的砂眼全部压实,抹纹要直、要浅。边压边把洒干粉时残留在墙边、踢脚上的灰粉刮掉,压在地面中。待全部收水后,(终凝前)抹子走上去没有明显的抹纹时进行第三遍压光。

三、环氧树脂自流平地面抹灰

(1)清理地面。将地面上的尘土、赃物等清理干净,并用吸尘器进一步吸干净。

(2)滚(刮)涂底漆。用纯棉辊子,从里边阴角依次均匀滚涂直至门口,也可以用刮板依次刮涂。

(3)刮环氧腻子。当底漆涂刷后20 h以上时可以进行下一道环氧腻子的刮涂。刮涂环氧腻子是将环氧底漆与石英粉搅拌成糊状,用刮板刮在底漆上,刮时每道要刮平,刮板纹越浅越好,视底层平整度及工程的要求一般要刮2～3道,每道间隔时间视干燥程度而定,一般干至上人能不留脚印即可。

(4)打磨。环氧腻子刮完后要用砂纸进行打磨,打磨可分道打磨。若每道腻子刮得都比较平整,可以只在最后一道时打磨。分道打磨时要在每道磨完后用潮布把粉尘清洁干净。

(5)涂面漆。当完成底层腻子的打磨、清理晾干后即可以进行面漆的涂饰。面漆是将环氧底漆与环氧色漆按1∶1的比例搅拌均匀后滚涂两遍以上,每遍间要有充分的干燥时间。完成最后一道后,要间隔28 h以上再进行下一道的打磨。

(6)面漆的打磨。用200目的细砂纸对面漆进行打磨。打磨一定要到位,借助光线检查,要无缕光,星光越少越好。然后用潮布擦抹干净(为提高清理速度,并防止潮布中过多的水分的进入面漆,擦抹前可先用吸尘器吸一下打磨的粉末),并晾干。

(7)涂刷环氧罩光漆。面漆晾干后可进行地面罩光漆的施工。方法是用甲组分物料涂刷两遍。第二天即干燥,但要等到自然养护7 d以上才能达到强度。

(8)要求成品表面洁净、色泽一致、光亮美观。表面平整度:用2 m靠尺、楔形塞尺检查,尺与墙面空隙不超过2 mm。

四、楼梯踏步抹灰

(1)楼梯踏步抹灰前,应对基层进行清理。对残留的灰浆进行剔除,面层过于光滑的应进行凿毛,并用钢丝刷子清刷一遍,洒水湿润。并且要用小线依梯段踏步最上和最下两步的阳角为准拉直,检查一下每步踏步是否在同一条斜线上,如果有过低的要事先用1∶3水泥砂浆或豆石混凝土,在涂刷黏结层后补齐,如果有个别高的要剔平。

(2)在踏步两边的梯帮上弹出一道与梯段平行,高于各步阳角1.2 cm的打底控制斜线,再依打底控制斜线为据,向上平移1.2 cm弹出踏步罩面厚度控制线,两道斜线要平行。

(3)打底子。

1)打底时,在湿润过的基层上先刮一道素水泥或掺加15%水质量的108胶水泥浆,紧跟用1∶3水泥砂浆打底。方法是先把踏面抹上一层6 mm厚的砂浆,或只先把近阳角处7～8 cm处的踏面至阳角边抹上6 mm厚的一条砂浆。然后用八字尺反贴在踏面的阳角处粘牢,或用砖块压牢,用1∶3水泥砂浆依靠尺打出踢面底子灰。

2)如果踢面的结构是垂直的,打底也要垂直。如果原结构是倾斜的,每段踏步上若干踢面要按一个相同的倾斜度涂抹。抹好后,用短靠尺刮平、刮直,用木抹子搓平。然后取掉靠尺,刮干净后,正贴在抹好的踢面阳角处,高低与梯帮上所弹的控制线一平并粘牢,而后依尺把踏面抹平,用小靠尺刮平,用木抹子搓平。

3)要求踏面要水平,阳角两端要与梯帮上的控制线一平。如上方法依次下退抹第二步、第三步,直至全部完成。为了与面层较好的黏结,有时可以在搓平后的底子灰上划纹。

(4)罩面。打完底子后,可在第二天开始罩面,如果工期允许,可以在底子灰抹完后用喷浆泵喷水养护两三天后罩面更佳。

1)罩面采用1∶2水泥砂浆。抹面的方法基本同打底相同。只是在用木抹子搓平后要用钢板抹子溜光。

2)抹完三步后,要进行修理,方法是从第一步开始,先用抹子把表面揉压一遍,要求揉出灰浆,把砂眼全部填平,如果压光的过程中有过干的现象时可以边洒水边压光;如果表面或局部有过湿易变形的部位时,可用于水泥或1∶1干水泥砂子拌合物吸一下水,刮去吸过水的灰浆后再压光。

3)压过光后,用阳角抹子把阳角捋直、捋光。再用阴角抹子把踏面与踢面的相交阴角和踏面、踢面与梯帮相交的阴角捋直、捋光。而后用抹子把捋过阴角和阳角所留下的印迹压平,再把表面通压一遍交活。

4)依此法再进行下边三步的抹压、修理,直至全部完成。

(5)如果设计要求踏步出檐时,应在踏面抹完后,把踢面上粘贴的八字尺取掉,刮干净后,正贴在踏面的阳角处,使靠尺棱突出抹好的踢面5 mm,另外取一根5 mm厚的塑料板(踢脚线专用板),在踢面离上口阳角的距离等于设计出檐宽度的位置粘牢。然后在塑料板上口和阳角粘贴的靠尺中间凹槽处,用罩面灰抹平压光。拆掉上部靠尺和下部塑料板后将阴、阳角用阴、阳角抹子捋直、捋光,立面通压一遍交活。

(6)设防滑条。

1)如果设计要求踏步带防滑条时,打底后在踏面离阳角2～4 cm处粘一道米厘条,米厘条长度应每边距踏步帮3 cm左右,米厘条的厚度应与罩面层厚度一致(并包括粘条灰浆厚度),在抹罩面灰时,与米厘条一平。待罩面灰完成后隔一天或在表面压光时起掉米厘条。

2)另一种方法是在抹完踏面砂浆后,在防滑条的位置铺上刻槽靠尺,如图7-7所示,用划缝镏子如图7-8所示,把凹槽中的砂浆挖出。

3)待踏步养护期过后,用1∶3水泥金刚砂浆把凹槽填平,并用护角抹子把水泥金刚砂浆捋出一道凸出踏面的半圆形小灰条的防滑条来,捋防滑条时要在凹槽边顺凹槽铺一根短靠尺来作为防滑条找直的依据。

4)抹防滑条的水泥金刚砂浆稠度值要控制在4°以内,以免防滑条产生变形,在施工中,如感到灰浆不吸水时，可用干水泥吸水后刮掉，再捋直、捋光。待防滑条吸水后，在表面用刷子把防滑条扫至露出砂粒即可。

(7)养护。楼梯踏步的养护应在最后一道压光后的第二天进行。要在上边覆盖草袋、草帘等以保持草帘潮湿为度，养护期不少于 7 d。10 d 以内上人要穿软底鞋，14 d 内不得搬运重物在梯段中停滞、休息。为了保证工程质量，楼梯踏步一般应在各项工程完成后进行。

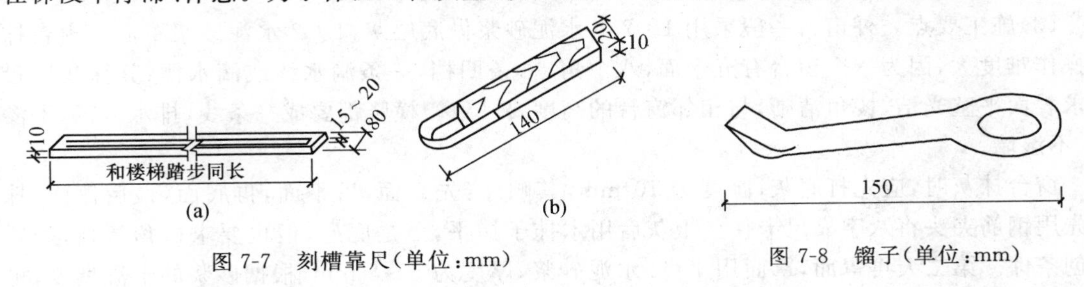

图 7-7　刻槽靠尺(单位：mm)　　图 7-8　镏子(单位：mm)

第四节　细部结构抹灰

一、外墙勒脚抹灰

一般采用 1∶3 水泥砂浆抹底层、中层，用 1∶2 或 1∶2.5 水泥砂浆抹面层。无设计规定时，勒脚一般在底层窗台以下，厚度一般比大墙面厚 50～60 mm。

首先根据墙面水平基线用墨线或粉线包弹出高度尺寸水平线，定出勒脚的高度，并根据墙面抹灰的大致厚度决定勒脚的厚度。凡阳角处，需用方尺规方，最好将阳角处弹上直角线。

规矩找好后，将墙面刮刷干净，充分浇水湿润，按已弹好的水平线将八字靠尺粘嵌在上口，靠尺板表面正好是勒脚的抹灰面。抹完底层、中层灰后，先用木抹子搓平、扫毛、浇水养护。

待底层、中层水泥砂浆凝结后，再进行面层抹灰，采用 1∶2 水泥砂浆抹面，先薄薄刮一层，再抹第二遍时与八字靠尺抹平。拿掉八字靠尺板，用小阳角抹蘸上水泥浆捋光上口，随后用抹子整个压光交活。

二、外窗台抹灰

(1)抹灰形式。为了有利于排水，外窗台应做出坡度。抹灰的混水窗台往往用丁砖平砌一皮的砌法，平砌砖低于窗下槛一皮砖。一种窗台突出外墙 60 mm，两端伸入窗台间墙 60 mm，然后抹灰，如图 7-9(a)、(b)所示；另一种是不出砖檐，而是抹出坡檐，如图 7-9(c)所示。

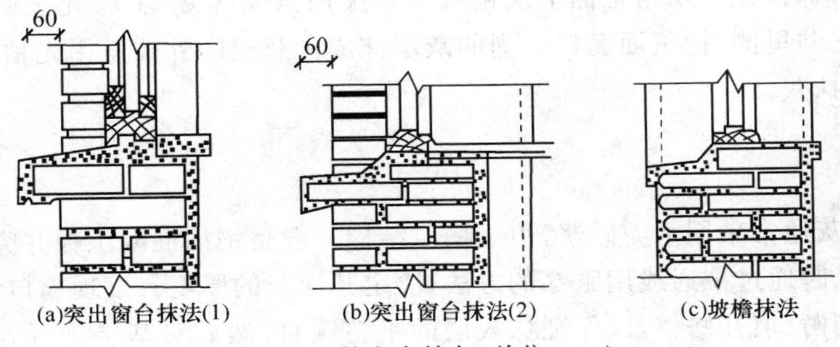

图 7-9　外窗台抹灰(单位：mm)

(2)找规矩。抹灰前,要先检查窗台的平整度,以及与左右上下相邻窗台的关系,即高度与进出是否一致;窗台与窗框下槛的距离是否满足要求(一般为 40~50 mm),发现问题要及时调整或在抹灰时进行修正。再将基体表面清理干净,洒水湿润,并用水泥砂浆将台下槛的间隙填满嵌实。抹灰时,应将砂浆嵌入窗下槛的凹槽内,特别是窗框的两个下角处,处理不好容易造成窗台渗水。

(3)施工要点。外窗台一般采用 1∶2.5 水泥砂浆做底层灰,1∶2 水泥砂浆罩面。窗台抹灰操作难度大,因为一个窗台有五个面,八个角,一条凹档,一条滴水线或滴水槽,其抹灰质量要求表面平整光洁,棱角清晰,与相邻窗台的高度要一致。横竖都要成一条线,排水流畅,不渗水,不湿墙。

窗台抹灰时,应先打底灰,厚度为 10 mm,其顺序:先立面,后平面,再底面,最后侧面,抹时先用钢筋夹头将八字靠尺卡住。上灰后用木抹子搓平,虽是底层,但也要求棱角清晰,为罩面创条件。第二天再罩面,罩面用 1∶2 水泥砂浆,厚度为 5~8 mm,根据砂浆的干湿稠度,可连续抹几个窗台,再搓平压光。后用阳角抹子捋光,在窗下槛处用圆阴角捋光,以免下雨时向室内渗水。

三、滴水槽(线)

外窗台抹灰在底面一般都做滴水槽或滴水线,以阻止雨水沿窗台往墙面上淌。滴水线一般适用于镶贴饰面和不抹灰或不满抹灰的预制混凝土构件等;滴水槽适用于有抹灰的部位,如窗楣、窗台、阳台、雨篷等下面。

滴水槽(线)做法是在底面距边口 20 mm 处粘分格条,分格条的深度和宽度即为滴水槽的深度和宽度,均不小于 10 mm,并要求整齐一致,抹完灰取掉即成;也可以用分格器将这部分砂浆挖掉,用抹子修正,窗台的平面应向外呈流水坡度。

四、门窗套口

门窗套口在建筑物的立面上起装饰作用,有两种形式:一种是在门窗口的一周用砖挑砌 6 cm的线型;另一种不挑砖檐,抹灰时用水泥砂浆分层在窗口两侧及窗楣处往大墙面抹出 40~60 mm 左右宽的灰层,突出墙面 5~10 mm,形成套口。

门窗套口抹灰施工前,要拉通线,把同层的套口做到挑出墙面一致,在一个水平线上,套口上脸和窗台的底部做好滴水,出檐上脸顶与窗台上小面抹泛水坡。出檐的门窗套口一般先抹两侧的立膀,再抹上脸,最后抹下窗台。涂抹时正面打灰反粘八字靠尺,先完成侧面或底面,而后平移靠尺把另一侧或上面抹好,然后在已抹完的两个面上正卡八字尺,将套口正立面抹光。

不出檐的套口,首先在阳角正面上反粘八字靠尺把侧面抹好,上脸先把底面抹上,窗台把台面抹好,翻尺正贴里侧,把正面套口一周的灰层抹成。灰层的外棱角用先粘靠尺或先抹后切割法来完成套口抹灰。

五、檐口抹灰

檐口一般抹灰通常采用水泥砂浆,由于檐口结构一般是钢筋混凝土板并突出墙面,又多是通长布置的,施工时通过拉通线用眼穿的方法,决定其抹灰的厚度。发现檐口结构本身里进外出,应首先进行剔凿、填补修整,以保证抹灰层的平整顺直,然后对基层进行处理。清扫、冲洗板底粘有的砂、土、污垢、油渍后,则采用钢丝刷子认真清刷,使之露出洁净的基体,加强检查后，视基层的干湿程度浇水湿润。

檐口边沿抹灰与外窗台相似，上面设流水坡，外高里低，将水排入檐沟，檐下（小顶棚的外口处）粘贴米厘条作滴水槽，槽宽、槽深不小于 10 mm。抹外口时，施工工序先粘尺作檐口的立面，再去做平面，最后做檐底小顶棚。这个做法的优点是不显接槎。檐底小顶棚操作方法同室内抹顶棚、檐口处贴尺粘米厘条，如图 7-10 所示，檐口上部平面粘尺示意，如图 7-11 所示。

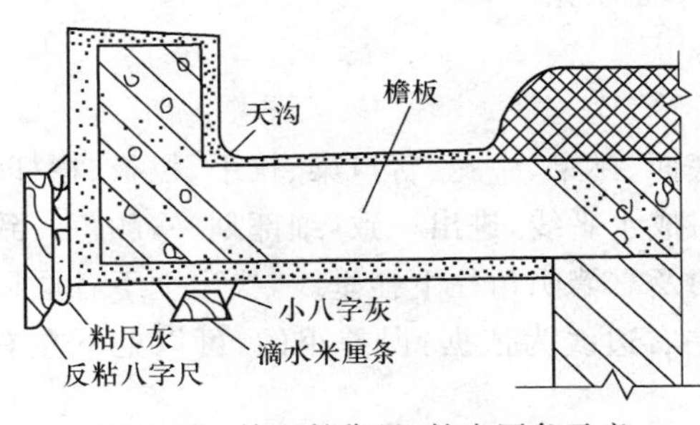

图 7-10　檐口粘靠尺、粘米厘条示意

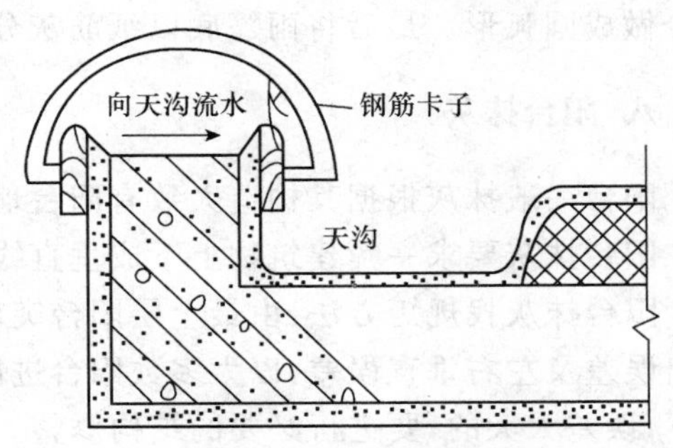

图 7-11　檐口上部平面粘尺示意

六、腰线抹灰

腰线是沿房屋外墙的水平方向，经砌筑突出墙面的线型，用以增加建筑物的美观。构造上有单层、双层、多层檐，腰线与窗楣、窗台连通为一线，成为上脸腰线或窗台腰线。

腰线抹灰方法基本同檐口。抹灰前基层进行清扫，洒水湿润，基底不平者用 1∶2 水泥砂浆分层修补，凹凸处进行剔平。腰线抹灰先用 1∶3 水泥砂浆打底，1∶2.5 水泥砂浆罩面。施工时应拉通线，成活要求表面平整，棱角清晰、挺括。涂抹时先在正立面打灰反粘八字尺把下底抹成，而后上推靠尺把上顶面抹好，将上、下两个面正贴八字尺，用钢筋卡卡牢，拉线再进行调整。

调直后将正立面抹完，经修理压光，拆掉靠尺，修理棱角，通压一遍交活。腰线上小面做成里高外低泛水坡。下小面在底子灰上粘米厘条做成滴水槽，多道砖檐的腰线要从上向下逐道进行，一般抹每道檐时，都在正立面打灰粘尺，把小面做好后，小面上面贴八字尺把腰线正立面抹完，整修棱角、面层压光均同单层腰线抹灰的方法。

七、雨篷抹灰

雨篷也是突出墙面的预制或现浇的钢筋混凝土板。在一幢建筑物上，往往相邻有若干个雨篷，抹灰以前要拉通线作灰饼，使每个雨篷都在一条直线上，对每个雨篷本身也应找方、找规矩。

在抹灰前首先将基层清理干净，凹凸处用錾子剔平或用水泥砂浆抹平，有油渍之处要用掺有 10％的火碱水清洗后，用清水刷净。

在雨篷的正立面和底面，用掺 15％乳胶的水泥乳胶浆刮 1 mm 厚的结合层，随后用 1∶2.5 细砂浆刮抹 2 mm 钢板糙；隔天用 1∶3 水泥砂浆打底。底面（雨篷小顶棚）打底前，要首先把顶面的小地面抹好，即洒水刮素浆，设标志点主要因为要有泛水坡，一般为 2％，距排水口 50 cm，周围坡度为 5％。大雨篷要设标筋，依标筋铺灰、刮平、搓实、压光。要在雨篷上面的墙根处抹 20～50 cm 的勒脚，防水侵蚀墙体。正式打底灰时在正立面下部近阳角处打灰反粘八字尺，在侧立面下部近阳角处亦同样打灰粘尺，这三个面粘尺的下尺棱边在一个平面上，不能扭翘。然后把底面用 1∶3 水泥砂浆抹上，抹时从立面的尺边和靠墙一面门口阴角开始，抹出四角的条筋来，再去抹中间的大面灰。抹完用软尺刮平，木抹子搓平，取下靠尺，从立面的上部和里边的小立面上用卡子反卡八字尺，用抹檐口的方法把上顶小面抹完（外高里低，形成泛水坡）。第二天养护，隔天罩面抹灰。罩面前弹线粘米厘条，而后粘尺把底檐和上顶小面抹好。再在上、下面卡八字尺把立面抹好，罩面灰修理、压光后，将米厘条起出并立即进行勾缝，阴角部分做成圆弧形。最后将雨篷底以纸筋灰分两遍罩面压光。

八、阳台抹灰

阳台一般抹灰根据其构造大致有阳台地面、底面、挑梁、牛腿、台口梁、扶手、栏板、栏杆等。

阳台抹灰要求一幢建筑物上下成垂直线，左右成水平线，进出一致，细部划一，颜色一致。

阳台抹灰找规矩方法：由最上层阳台突出阳角及靠墙阴角往下挂垂线，找出上下各层阳台进出误差及左右垂直误差，以大多数阳台进出及左右边线为依据，误差小的，可以上下左右顺一下，误差太大的，要进行必要的结构修整。

对于各相邻阳台要拉水平通线，进出较大也要进行修整。根据找好的规矩，大致确定各部位抹灰厚度，再逐层逐个找好规矩，做抹灰标志块。最上一层两头最外边的两个抹好后，以下都以这两个挂线为准做标志块。

阳台一般抹灰同室内外基本相同。阳台地面的具体做法与普通水泥地面一样，但要注意排水坡度方向应顺向阳台两侧的排水孔，不能“倒流水”。另外阳台地面与砖墙交接处的阴角用阴角抹子压实，再抹成圆弧形，以利排水，防止使下层住户室内墙壁潮湿。

阳台底面抹灰做法与雨篷底面抹灰大致相同。阳台的扶手抹法基本与压顶一样，但一定要压光，达到光滑平整。栏板内外抹灰基本与外墙抹灰相同。阳台挑梁和阳台梁，也要按规矩抹灰，要求高低进出整齐一致，棱角清晰。

九、台阶及坡道抹灰

(1)台阶抹灰。台阶抹灰与楼梯踏步抹灰基本相同，但放线找规矩时，要使踏步面（踏步板）向外坡 1%；台阶平台也要向外坡 1%～1.5%，以利排水。常用的砖砌台阶，一般踏步顶层砖侧砌，为了增加抹面砂浆与砖砌体的黏结，砖顶层侧砌时，上面和侧面的砂浆灰缝应留出 10 mm孔隙，以使抹面砂浆嵌结牢固，如图 7-12 所示。

(2)坡道抹灰。为连接室内外高差所设斜坡形的坡道，坡道形式一般有以下三种。

1)光面坡道。由两种材料水泥砂浆、混凝土组成，构造一般为素土夯实（150 mm 的 3∶7 灰土）混凝土垫层。如果设计有行车要求，要有 100～120 mm 厚的混凝土垫层，水泥砂浆面层要求在浇混凝土时要麻面交活，后洒水扫浆，面层砂浆为 1∶2 水泥砂浆抹面压光，交活前用刷子横向扫一遍。如采用混凝土坡道，可用 C15 混凝土随打随抹面的施工方法。

2)防滑条（槽）坡道。在水泥砂浆光面的基础上，为防坡道过滑，抹面层时纵向间隔 150～200 mm 镶一根短于横向尺寸每边 100～150 mm 的米厘条。面层抹完适时取出，槽内抹 1∶3 水泥金刚砂浆，用护角抹子捋出高于面层 10 mm 的凸灰条，初凝以前用刷子蘸水刷出金刚砂条，即防滑坡道。防滑槽坡道的施工同防滑条坡道，起出米厘条养护即可，不填补水泥金刚砂浆。

3)礓礤坡道。一般要求坡度小于 1∶4。操作时，在斜面上按坡度做标筋，然后用厚7 mm，宽 40～70 mm 四面刨光的靠尺板放在斜面最高处，按每步宽度铺抹 1∶2 水泥砂浆面层，其高端和靠尺板上口相平，低端与冲筋面相平，形成斜面，如图 7-13 所示。

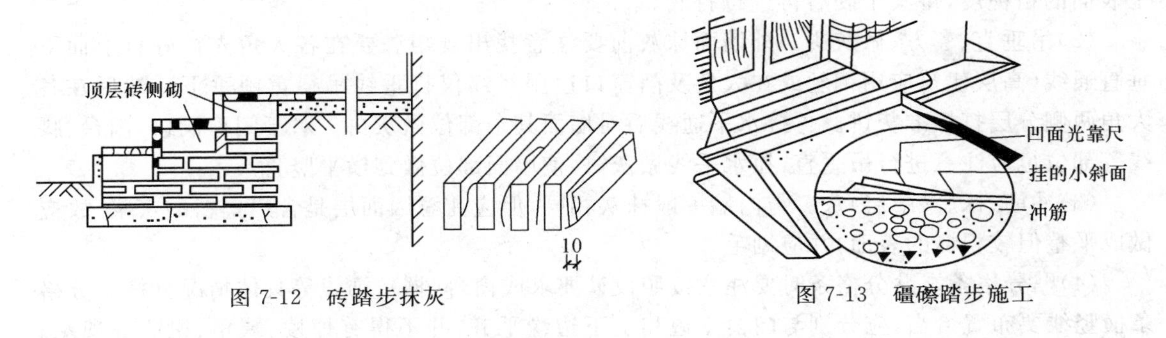

图 7-12　砖踏步抹灰　　　图 7-13　礓礤踏步施工

每步铺抹水泥砂浆后，先用木抹搓平，然后撒 1∶1 干水泥砂，待吸水后刮掉，再用钢皮抹子压光，并起下靠尺板，逐步由上往下施工。

第五节　建筑石材装饰抹灰

一、水刷石施工抹灰

1. 材料要求

(1)水泥。采用 32.5 级及以上的矿渣硅酸盐水泥或普通硅酸盐水泥，以及白水泥和彩色水泥，所用水泥应是同一厂家，同一批号，一次进足用量。

(2)中砂。

(3)石米。颗粒坚实、洁净，1 号石(大八厘)粒径为 8 mm，2 号石(中八厘)为 6 mm，3 号石(小八厘)为 4 mm，同品种石米要颜色一致，不含草屑、泥砂，最好是同一批出厂产品。

(4)福粉(石粉)。干净、干燥。

(5)颜料。耐碱性和耐光性好的矿物质颜料。

2. 作业条件

(1)结构工程经过验收，符合规范要求。

(2)外脚手架牢固，平桥板铺好。

(3)墙上预留洞及管道等已处理完毕。门窗框已安装固定好，并用水泥混合砂浆将缝隙堵塞严密。

(4)墙面杂物清理干净，混凝土凸起较大处要酌情打凿修平，疏松部分要剔除并用水泥砂浆补平。

(5)木分格条在使用前用水浸透。

(6)水刷石应先做样板，确定配合比和施工工艺，统一按配合比配料并派专人把关。

3. 混凝土外墙基层水刷石施工

(1)基层处理。将混凝土表面凿毛，板面酥皮剔净，用钢丝刷将粉尘刷掉，清水冲洗干净，浇水湿润；用 10%火碱水将混凝土表面的油污及污垢刷净，并用清水冲洗晾干，喷或甩 1∶1 掺用水量 20%的 108 胶水泥细砂浆一道。终凝后浇水养护，直至砂浆及混凝土板粘牢(用手掰砂浆不脱落)，方可进行打底；或采用 YJ 302 混凝土界面处理剂对基层进行处理，其操作方法有两种：第一种，在清洗干净的混凝土基体上，涂刷处理剂一道，随即紧跟着抹水泥砂浆，要求抹灰时处理剂不能干。第二种,刷完处理剂后撒一层粒径为2～3 mm的砂子。以增加混凝土表面的粗糙度,待其干硬后再进行打底。

(2)吊垂直、套方、做灰饼。外墙面抹灰前要注意找出规矩。要在各大角先挂好自上而下垂直通线(高层建筑应用钢丝或在大角及门窗口边用经纬仪打垂线吊得重锤垂下),然后在各大角两侧分层打标准灰饼。再接水平通线后对墙面其余部位做灰饼。对于门窗洞口、阳台、腰线等部位也应注意进行吊垂直,拉水平线做灰饼,使墙面部位做到横平竖直。

(3)冲筋、抹底(中层)灰。与内墙一般抹灰相同,但应注意因面层是含粗集料的灰浆,故应做成平整但较粗糙的表面,并应划毛。

(4)贴分格条。贴分格条时要注意按照设计要求或窗台(楣)、饰线等具体情况分格。分格条横竖线要布置恰当,应分别与门窗立边和上下边缘平齐,并不得有掉棱、缺角、扭曲等现象。镶贴时要先在中层砂浆上弹出分格墨线,然后用素水泥浆按照墨线粘贴分格条。分格条粘贴后要求达到横平竖直、交接通顺。

(5)抹面层石子浆。抹面层前,先将底层洒水湿润,然后扫纯泥浆一遍,接着抹上1∶0.3∶(1～1.5)水泥白石子浆,厚度约为10 mm。每一块分格内从上而下抹实与分格条持平,抹完一块检查其平整度,不平处及时修补后压实抹平,并把露出的石米尖棱轻轻拍打进去。同一方格的面层要求一次抹完,不宜留施工缝。需要留施工缝时,应留在分隔缝的位置上。

(6)修整、洗刷。待水分稍干,墙面无水时,先用铁抹子对已抹好的石米灰浆表面抹平揉压,使石料分布均匀,并使小孔洞压密,挤实。然后用横扫蘸水将压出的水泥浆刷去,再用铁抹子压实抹平一遍,如此反复进行几次,使石米大面朝外,达到石粒均匀、密实。等面层开始初凝(约六到七成干,用手指压上去没有指痕,用刷子刷不掉石粒时),用水杯装水由上往下轻轻浇水冲洗,将表面及石料之间的水泥浆冲掉,使石米露出表面1/3～1/2,达到清晰可见。冲刷时做好排水工作,可分段抹上阻水的水泥浆挡水,并在水泥浆上粘贴油毡让水外排,使水不直接顺着下部墙体底层砂浆面往下淌。待墙面干燥后,从各分格条的端头开始,小心起出分格条,并及时用素水泥浆勾缝。

(7)施工程序。门窗碹脸、窗台、阳台、雨罩等部位刷石应先做小面,后做大面,以保证大面的清洁美观。刷石阳角部位,喷头应从外往里喷洗,最后用小水壶浇水冲净。檐口、窗台碹脸、阳台、雨罩等底面应做滴水槽,上宽7 mm,下宽10 mm,深10 mm,距外皮不少于30 mm。大面积墙面刷石如果一天完不成,第二天继续施工冲刷新活前,应将头天做的刷石用水淋透,以备喷刷时沾上水泥浆后便于清洗,防止污染墙面。岔子应留在分隔缝上。

4. 基层为砖墙水刷石施工

(1)基层处理。抹灰前将基层上的尘土、污垢清扫干净,堵脚手眼,浇水湿润。

(2)吊垂直、套方找规矩。从顶层开始用特制线坠,绷钢丝吊直,然后分层抹灰饼,在阴阳角、窗口两侧、柱、垛等处均应吊线找直,绷钢丝,抹好灰饼并冲筋。

(3)抹底层砂浆。常温时采用1∶0.5∶4混合砂浆或1∶0.3∶0.2∶4粉煤灰混合砂浆打底,抹灰时以冲筋为准控制抹灰的厚度,应分层分遍装挡,直至与筋抹平。要求抹头遍灰时用力抹,将砂浆挤入灰缝中使其黏结牢固,表面找平搓毛,终凝后浇水养护。

(4)弹线、分格、粘分格条、滴水条。按图样尺寸弹线分格,粘分格条,分格条要横平竖直交圈,滴水条应按规范和图样要求部位粘贴,并应顺直。

(5)抹水泥石渣浆。先刮一道掺用水量10%的108胶水泥素浆,随即抹1∶0.5∶3水泥石渣浆,抹时应由下至上一次抹到分格条的厚度,并用靠尺随抹随找平,凸凹处及时处理,找平后压实、压平、拍平至石渣大面朝上为止。

(6)修整、喷刷。将已抹好的石渣面层拍平压实，将其内水泥浆挤出，用水刷蘸水将水泥浆刷去，重新压实溜光，反复进行3～4遍，待面层开始初凝，指捺无痕，用刷子刷不掉石渣为度，一人用刷子蘸水刷去水泥浆，一人紧跟着用水压泵喷头由上往下顺序喷水刷洗，喷头一般距墙10～20 cm，把表面水泥浆冲洗干净露出石渣，最后用小水壶浇水将石渣冲净，待墙面水分控干后，起出分格条，并及时用水泥膏勾缝。

(7)操作程序。门窗碹脸、窗台、阳台、雨罩等部位刷石先做小面，后做大面，以保证墙面清洁美观。刷石阳角部位喷头应由外往里冲洗，最后用小水壶浇水冲净。檐口、窗台、碹脸、阳台、雨罩底面应做滴水槽，上宽7 mm，下宽10 mm，深10 mm，距外皮不少于30 mm。大面积墙面刷石一天完不成，如需继续施工时，冲刷新活前应将头天做的刷石用水淋湿，以备喷刷时沾上水泥浆后便于清洗，防止污染墙面。

5. 施工注意事项

(1)装饰抹灰面层的厚度、颜色、图案应符合设计要求。

(2)装饰抹灰面层应做在已硬化、粗糙平整的中层砂浆面上，涂抹前应洒水湿润。

(3)装饰面层有分格要求时，分格条应宽窄厚薄一致，黏结在中层砂浆面上。分格条应横平竖直、交接严密，完工后适时全部取出并勾缝。

(4)装饰抹灰面层的施工缝，应留在分隔缝、墙面阴角，水落管背后或独立装饰组成部分的边缘处。

(5)水刷石、水磨石的石子粒径、颜色等由设计规定，施工前应先做样板，其配料分量、材料规格应由专人负责管理和调配，不得混乱和错用，以使产品的形状和色泽均匀一致。

6. 冬、雨期施工

(1)冬期施工为防止灰层受冻，砂浆内不宜掺石灰膏，为保证砂浆的和易性，可采用同体积的粉煤灰代替。比如打底灰配合比可采用1∶0.5∶4(水泥∶粉煤灰∶砂)或1∶3水泥砂浆；水泥石渣浆配合比可采用1∶0.5∶3(水泥∶粉煤灰∶石渣)或改为1∶2水泥石渣浆使用。

(2)抹灰砂浆应使用热水拌和，并采取保温措施，涂抹时砂浆温度不宜低于+5℃。

(3)抹灰层硬化初期不得受冻。

(4)进入冬期施工，砂浆中应掺入能降低冰点的外加剂，加氯化钙或氯化钠，其掺量应按早七点半大气温度高低来调整其砂浆内外加剂的掺量。

(5)用冻结法砌筑的墙，室外抹灰应待其完全解冻后再抹，不得用热水冲刷冻结的墙面或用热水消除墙面的冰霜。

(6)严冬阶段不得施工。

(7)雨期施工时注意采取防雨措施，刚完成的刷石墙面如遇暴雨冲刷时，应注意遮挡，防止损坏。

二、水磨石施工抹灰

水磨石面层所用的石粒应采用质地密实磨面光亮但硬度不太高的大理石、白云石、方解石加工而成，硬度过高的石英岩、长石、刚玉等不宜采用，石粒粒径规格习惯上用大八厘、中八厘、小八厘、米粒石来表示。

颜料对水磨石面层的装饰效果有很大影响，应采用耐光、耐碱和着色力强的矿物颜料，颜料的掺入量对面层的强度影响也很大，面层中颜料的掺入量宜为水泥质量的3%～6%。同时不得使用酸性颜料，因其与水泥中的水化产物 $Ca(OH)_2$ 起作用，使面层易产生变色、褪色现象。常的矿物颜料有氧化铁红（红色）、氧化铁黄（黄色）、氧化铁绿（绿色）、氧化铁棕（棕色）、群青（蓝色）等。

现浇水磨石施工时，在 1∶3 水泥砂浆底层上洒水湿润，刮水泥浆一层（厚 1～1.5 mm）作为黏结层，找平后按设计要求布置并固定分格嵌条（铜条、铝条、玻璃条），随后将不同色彩的水泥石子浆[水泥∶石子＝1∶(1～1.25)]填入分格中，厚为 8 mm（比嵌条高出 1～2 mm），抹平压实。待罩面灰有一定强度（1～2 d）后，用磨石机浇水开磨至光滑发亮为止。

每次磨光后，用同色水泥浆填补砂眼，视环境温度不同每隔一定时间再磨第二遍、第三遍，要求磨光遍数不少于三遍，补浆两次，此即所谓"二浆三磨"法。

最后，有的工程还要求用草酸擦洗和进行打蜡。

三、斩假石施工抹灰

1. 专用工具

(1)斩假石采用的斩斧。

(2)拉假石采用自制抓耙，抓耙齿片用废锯条制作。

2. 所用材料

(1)石米。70％粒径 2 mm 的白色石米和 30％石米的粒径 0.15～1.5 mm 的白云石屑。

(2)面层砂浆配比。水泥石子浆∶水泥∶石米＝1∶(1.25～1.50)。

3. 施工要求

(1)基层处理。首先将凸出墙面的混凝土或砖剔平，对大钢模施工的混凝土墙面应凿毛，并用钢丝刷满刷一遍，再浇水湿润。如果基层混凝土表面很光滑，亦可采取如下的"毛化处理"办法，即先将表面尘土、污垢清扫干净，用 10％的火碱水将板面的油污刷掉，随即用净水将碱液冲净、晾干。然后用 1∶1 水泥细砂浆内掺用水量 20％的 108 胶，喷或用笤帚半砂浆甩到墙上，其甩点要均匀，终凝后浇水养护，直至水泥砂浆疙瘩全部粘到混凝土光面上，并有较高的强度（用手掰不动）为止。

(2)吊垂直、套方、找规矩、贴灰饼。根据设计图样的要求，把设计需要做斩假石的墙面、柱面中心线和四周大角及门窗口角，用线坠吊垂直线，贴灰饼找直。横线则以楼层为水平基线或＋50 cm 标高线交圈控制。每层打底时则以此灰饼作为基准点进行冲筋、套方、找规矩、贴灰饼，以便控制底层灰，做到横平竖直。同时要注意找好突出檐口、腰线、窗台、雨篷及台阶等饰面的流水坡度。

(3)抹底层砂浆。结构面提前浇水湿润，先刷一道掺用水量 10％的 108 胶的水泥素浆，紧跟着按事先冲好的筋分层分遍抹 1∶3 水泥砂浆，第一遍厚度宜为 5 mm，抹后用笤帚扫毛；待第一遍六七成干时，即可抹第二遍，厚度约 6～8 mm，并与筋抹平，用抹子压实，刮杠找平、搓毛，墙面阴阳角要垂直方正。终凝后浇水养护。台阶底层要根据踏步的宽和高垫好靠尺抹水泥砂浆，抹平压实，每步的宽和高要符合图样的要求。台阶面向外坡 1％。

(4)抹面层石渣。根据设计图样的要求在底子灰上弹好分格线，当设计无要求时，也要适当分格。首先将墙、柱、台阶等底子灰浇水湿润，然后用素水泥膏把分格米厘条贴好。待分格条有一定强度后，便可抹面层石渣，先抹一层素水泥浆随即抹面层，面层用 1∶1.25（体积比）水泥石渣浆，厚度为 10 mm 左右。然后用铁抹子横竖反复压几遍直至赶平压实，边角无空隙。随即用软毛刷蘸水把表面水泥浆刷掉，使露出的石均匀一致。面层抹完后约隔 24 h 浇水养护。

(5)剁石。抹好后，常温（15℃～30℃）约隔 2～3 d 可开始试剁，在气温较低时（5℃～15℃）抹好后约隔 4～5 d 可开始试剁，如经试剁石子不脱落便可正式剁。为了保证棱角完整无缺，使斩假石有真石感，在墙角、柱子等边棱处，宜横剁出边条或留出 15～20 mm 的边条不剁。

为保证剁纹垂直和平行，可在分格内划垂直控制线，或在台阶上划平行垂直线，控制剁纹，保持与边线平行。剁石时用力要一致，垂直于大面，顺着一个方向剁，以保持剁纹均匀。一般剁石的深度以石渣剁掉 1/3 比较适宜，使剁成的假石成品美观大方。

4. 应注意的质量问题

(1)空鼓裂缝。

1)因冬期施工气温低，砂浆受冻，到来年春天化冻后，容易产生面层与基层黏结不好而空鼓，严重时有粉化现象。因此在进行室外斩假石时应保持正温，不宜冬期施工。

2)一层地面与台阶基层回填土应分步分层夯打密实，否则容易造成混凝土垫层与基层空鼓和沉陷裂缝。台阶混凝土垫层厚度不应小于 8 cm。

3)基层材料下同时应加钢板网。不同做法的基础地面与台阶应留置沉降缝或分格条；预防产生不均匀的沉降与裂缝。

4)基层表面偏差较大，基层处理或施工不当，如每层抹灰跟得太紧，又没有洒水养护，各层之间的黏结强度很差，面层和基层就容易产生空鼓裂缝。

5)基层清理不净又没做认真的处理，往往是造成面层与基层空鼓裂缝的主要原因。因此，必须严格按工艺标准操作，重视基层处理和养护工作。

(2)剁纹不匀。主要是没掌握好开剁时间，剁纹不规矩，操作时用力不一致和斧刃不快等造成。应加强技术培训、辅导和抓样板，以样板指导操作和施工。

(3)剁石面有坑。大面积剁前未试剁，面层强度低所致。

四、干粘石施工抹灰

1. 材料及主要机具

(1)水泥。32.5 级及其以上的矿渣硅酸盐水泥或普通硅酸盐水泥，颜色一致，宜采用同一批产品、同炉号的水泥。有产品出厂合格证。

(2)砂。中砂，使用前应过 5 mm 孔径的筛子，或根据需要过纱绷筛，筛好备用。

(3)石渣。颗粒坚硬，不含黏土、软片、碱质及其他有机物等有害物质。其规格的选配应符合设计要求，中八厘粒径为 6 mm，小八厘粒径为 4 mm，使用前应过筛，使其粒径大小均匀，符合上述要求。筛后用清水洗净晾干，按颜色分类堆放，上面用帆布盖好。

(4)石灰膏。使用前一个月将生石灰焖透，过 3 mm 孔径的筛子，冲淋成石灰膏，用时灰膏内不得含有未熟化的颗粒和杂质。

(5)磨细生石灰粉。使用前一周用水将其焖透，不应含有未熟化颗粒。

(6)粉煤灰，108 胶或经过鉴定的胶粘剂等，并有产品出厂合格证及使用说明。

(7)主要机具。砂浆搅拌机、铁抹子、木抹子、塑料抹子、大杠、小杠、米厘条、小木拍子、小筛子（30 cm×50 cm）数个、小塑料滚子、小压子、靠尺板、接石渣筛（30 cm×80 cm）等。

2. 作业条件

(1)外脚手架提前支搭好，最好选用双排外脚手架或桥式脚手架，若采用双排外脚手架，最少应保证操作面处有两步架的脚手板，其横竖杆及拉杆、支杆等应离开门窗口角 200～

250 mm，架子的步高应满足施工需要。

(2)预留设备孔洞应按图样上的尺寸留好，预埋件等应提前安装并固定好，门窗口框安装好并与墙体固定，将缝隙填嵌密实，铝合金门窗框边提前做好防腐及表面粘好保护膜。

(3)墙面基层清理干净，脚手眼堵好，混凝土过梁、圈梁、组合柱等将其表面清理干净，突出墙面的混凝土剔平，凹进去部分应浇水洇透后，用掺水量10%108胶的1：3水泥砂浆分层补平，每层补抹厚度不应大于7 mm，且每遍抹后不应跟得太紧。加气混凝土板凹槽处修补应用掺水量10%108胶1：1：6的混合砂浆分层补平，板缝亦应同时勾平、勾严。预制混凝土外墙板防水接缝已处理完毕，经淋水试验，无渗漏现象。

(4)确定施工工艺，向操作者进行技术交底。

(5)大面积施工前先做样板墙，经有关人员验收后，方可按样板要求组织施工。

3. 基层为混凝土外墙板的施工

(1)基层处理。对用钢模施工的混凝土光板应进行剔毛处理，板面上有酥皮的应将酥皮剔去，或用浓度为10%的火碱水将板面的油污刷掉，随之用净水将其碱液冲洗干净，晾干后用1：1水泥细砂浆(其内的砂子应过纱绷筛)用掺水量20%的108胶水搅拌均匀，用空压机及喷斗将砂浆喷到墙上，或用笤帚将砂浆甩到墙上，要求喷、甩均匀，终凝后浇水养护，常温3～5 d，直至水泥砂浆疙瘩全部固化到混凝土光板上，用手掰不动为止。

(2)吊垂直、套方、找规矩。若建筑物为高层时，则在大角及门窗口两边，用经纬仪打直线找垂直。若为多层建筑，可从顶层开始用大线坠吊垂直，绷钢丝找规矩，然后分层抹灰饼。横线则以楼层标高为水平基准交圈控制，每层打底时则以此灰饼做基准冲筋，使其打底灰做到横平竖直。

(3)抹底层砂浆。抹前刷一道掺用水量10%的108胶水泥素浆，紧跟着分层分遍抹底层砂浆，常温时可采用1：0.5：4(水泥：白灰膏：砂)，冬期施工时应用1：3水泥砂浆打底，抹至与冲的筋相平时，用大杠刮平，木抹子搓毛，终凝后浇水养护。

(4)弹线、分格、粘分格条、滴水线。按图样要求的尺寸弹线、分格，并按要求宽度设置分格条，分格条表面应做到横平竖直、平整一致，并按部位要求粘设滴水槽，其宽、深应符合设计要求。

(5)抹粘石砂浆、粘石。粘石砂浆主要有两种，一种是素水泥浆内掺水泥重20%的108胶配制而成的聚合物水泥浆；另一种是聚合物水泥砂浆，其配合比为水泥：石灰膏：砂：108胶＝1：1.2：2.5：0.2。其抹灰层厚度，根据石渣的粒径选择，一般抹粘石砂浆应低于分格条1～2 mm。粘石砂浆表面应抹平，然后粘石。采用甩石子粘石，其方法是一手拿底钉窗纱的小筛子，筛内装石渣，另一手拿小木拍，铲上石渣后在小木拍上晃一下，使石渣均匀地撒布在小木拍上，再往粘石砂浆上甩，要求一拍接一拍地甩，要将石渣甩严、甩匀，甩时应用小筛子接着掉下来的石渣，粘石后及时用干净的抹子轻轻地将石渣压入灰层之中，要求将石渣粒径的2/3压入灰中，外露1/3，并以不露浆且黏结牢固为原则。待其水分稍蒸发后，用抹子垂直方向从下往上溜一遍，以消除拍石时的抹痕。对大面积粘石墙面，可采用机械喷石法施工，喷石后应及时用橡胶滚子滚压，将石渣压入灰层2/3，使其黏结牢固。

(6)施工程序。门窗碹脸、阳台、雨罩等按要求应设置滴水槽，其宽度、深度应符合设计要求。粘石时应先粘小面后粘大面，大面、小面交角处抹粘石灰时应采用八字靠尺，起尺后及时用筛底小米粒石修补黑边，使其石粒黏结密实。

(7)修整、处理黑边。粘完石后应及时检查有无没粘上或石粒粘的不密实的地方，发现后用水刷蘸水甩在其上，并及时补粘石粒，使其石渣黏结密实、均匀，发现灰层有坠裂现象，也应在灰层终凝以前甩水将裂缝压实。如阳角出现黑边，应待起尺后及时补粘米粒石并拍实。

(8)起条、勾缝。粘完石后应及时用抹子将石渣压入灰层 2/3，并用铁抹子轻轻地往上溜一遍以减少抹痕。随后即可起出分格条、滴水槽，起条后应用抹子将起条后的灰层轻轻地按一下，防止在起条时将粘石灰的底灰拉开，干后形成空鼓。起条后可以用素水泥膏将缝内勾平、勾严。也可待灰层全部干燥后再勾缝。

(9)浇水养护。常温施工粘石后 24 h，即可用喷壶浇水养护。

4. 基层为砖墙的施工

(1)基层处理。将墙面清扫干净，突出墙面的混凝土剔去，浇水湿润墙面。

(2)吊垂直、套方、找规矩。墙面及四角弹线找规矩，必须从顶层用特制的大线坠吊全高垂直线，并在墙面的阴阳角及窗台两侧、柱、垛等部位根据垂直线做灰饼，在窗口的上下弹水平线，横竖灰饼要求垂直交圈。

(3)抹底层砂浆。常温施工配合比为 1∶0.5∶4 的混合砂浆或 1∶0.2∶0.3∶4 的粉煤灰混合砂浆，冬期施工采用配合比为 1∶3 的水泥砂浆，并掺入一定比例的抗冻剂。打底时必须用力将砂浆挤入灰缝中，并分两遍与筋抹平，用大杠横竖刮平，木抹子搓毛，第二天浇水养护。

(4)粘分格条。根据图样要求的宽度及深度粘分格条，条的两侧用素水泥膏勾成八字将条固定，弹线，分格应设专人负责，使其分格尺寸符合图样要求。此项工作应在粘分格条以前进行。

(5)抹粘石砂浆、粘石。为保证粘石质量，粘石砂浆配合比略有不同，目前一般采用抹 6 mm厚 1∶3 水泥砂浆，紧跟着抹 2 mm 厚聚合水泥膏(水泥∶108 胶＝1∶0.3)一道。随即粘石并将粘石拍入灰层 2/3，达到拍实、拍平。抹粘石砂浆时，应先抹中间部分后抹分格条两侧，以防止木制分格条吸水快，条两侧灰层早干，影响粘石效果。粘石时应先粘分格条两侧后粘中间部分，粘的时候应一板接一板地连续操作要求石粒粘得均匀密实，拍牢，待无明水后，用抹子轻轻地溜一遍。

(6)施工程序。自上而下施工，门窗碹脸、阳台、雨罩等要留置滴水槽，其宽、深应符合设计要求。粘石时应先粘小面，后粘大面。

(7)修整、处理黑边。粘石灰未终凝以前，应对已粘石面层进行检查，发现问题及时修理；对阴角及阳角应检查平整及垂直，检查角的部位有无黑边，发现后及时处理。

(8)起条、勾缝。待修理后即可起条，分格条、滴水槽同时起出，起条后用抹子轻轻地按一下，防止起条时将粘石层拉起，干后形成空鼓。第二天，浇水湿润后用水泥膏勾缝。

(9)浇水养护。常温 24 h 后，用喷壶浇水养护粘石面层。

5. 基层为加气混凝土板的施工

(1)基层处理。将加气混凝土板拼缝处的砂浆抹平，用笤帚将表面粉尘、加气细末扫净，浇水洇透，勾板缝，用 10%(水重)的 108 胶水泥浆刷一遍，紧跟着用 1∶1∶6 混合砂浆分层勾缝，并对缺棱掉角的板分层补平，每层厚度 7～9 mm。

(2)抹底层砂浆。可采用下列两种方法之一。

1)在润湿的加气混凝土板上刷一道掺有水重 20%的 108 胶水泥浆，紧跟着薄薄地刮一道 1∶1∶6 混合砂浆，用笤帚扫出垂直纹路，终凝后浇水养护，待所抹砂浆与加气混凝土黏结在一起，手掰不动为度，方可吊垂直，套方找规矩，冲筋，抹底层砂浆。

2)在润湿的加气混凝土板上，喷或甩一道掺有水重 20%的 108 胶水拌和成的 1∶1∶6 混合砂浆，要求疙瘩要喷、甩均匀，终凝后浇水养护。待所喷、甩的砂浆与加气混凝土黏结牢固后，方可吊垂直，套方，找规矩，抹底层砂浆。

抹底层砂浆配合比为1∶1∶6混合砂浆，分层施抹，每层厚度宜控制在7～9 mm，打底灰与所冲筋抹平，用大杠横竖刮平，木抹子搓毛，终凝后浇水养护。

(3)粘分格条、滴水槽。按图样上的要求弹线分格、粘条，要求分格条表面横平竖直。

(4)抹粘石砂浆，甩石渣粘石。

(5)操作程序。自上而下施工，门窗碹脸、阳台、雨罩等应先粘小面后粘大面，先粘分格条两侧再粘中心部位。大、小面交角处粘石应采用八字靠尺。滴水槽留置的宽度、深度应符合设计要求。

(6)修整、处理黑边。粘石灰未终凝前应检查所粘的墙有无缺陷，发现问题应及时修整，如出现黑边，应掸水补粘米粒石处理。

(7)起条、勾缝。粘石修好后，及时将分格条、滴水槽起出，并用抹子轻轻地按一下，第二天用素水泥膏勾缝。

(8)浇水养护。常温24 h后，用喷壶浇水养护。

6. 冬期施工

(1)抹灰砂浆应采取保温措施，砂浆上墙温度不应低于＋5℃。

(2)抹灰砂浆层硬化初期不得受冻。气温低于＋5℃时，室外抹灰应掺入能降低冻结温度的外加剂，其掺量通过试验确定。

(3)用冻结法砌筑的墙，室外抹灰应待其完全解冻后施工，不得用热水冲刷冻结的墙面或消除墙面上的冰霜。

(4)抹灰内不能掺白灰膏，为保证操作可以用同体积粉煤灰代替，以增加和易性。

7. 应注意的质量问题

(1)粘石面层不平，颜色不均。粘石灰抹的不平，粘石时用力不均；拍按粘石时抹灰厚的地方按后易出浆，抹灰薄的灰层处出现坑，粘石后按不到。石渣浮在表面颜色较重，而出浆处反白，造成粘石面层有花感，颜色不一致。

(2)阳角及分格条两侧出现黑边。分格条两侧灰干得快，粘不上石渣；抹阳角时没采用八字靠尺，起尺后又不及时修补。分格条处应先粘而后再粘大面，阳角粘石应采用八字靠尺，起尺后及时用米粒石修补和处理黑边。

(3)石渣浮动，平触即掉。灰层干得太快，粘石后已拍不动或拍的劲不够；粘石前底灰上应浇水湿润，粘石后要轻拍，将石渣拍入灰层2/3。

(4)坠裂。底灰浇水饱和。粘石灰太稀，灰层抹得过厚，粘石时由于石渣的甩打将灰层砸裂下滑产生坠裂。故浇水要适度，且要保证粘石灰的稠度。

(5)空鼓开裂。有两种，一种是底灰与基层之间的空裂；另一种是面层粘石层与底灰之间的空裂。底灰与基体的空裂原因是基体清理不净；浇水不透；灰层过厚，抹灰时没分层施抹。底灰与粘石层空裂主要是由于坠裂引起为多。为防止空鼓开裂的发生，一是注意清理，二是注意浇水适度，三要注意灰层厚度及砂浆的稠度。加强施工过程的检查把关。

(6)分格条、滴水槽内不光滑、不清晰。主要是起条后不勾缝，应按施工要求认真勾缝。

第六节　聚合物水泥砂浆喷涂施工

一、滚涂墙面施工

滚涂墙面的构造如图 7-14 所示。

1. 分层做法

(1)用 10～13 mm 厚水泥砂浆打底,木抹搓平。

(2)粘贴分格条(施工前在分格处先刮一层聚合物水泥浆,滚涂前将涂有聚合物胶水溶液的电工胶布贴上,等饰面砂浆收水后揭下胶布)。

(3)3 mm 厚色浆罩面,随抹随用辊子滚出各种花纹。

(4)待面层干燥后,喷涂有机硅水溶液。

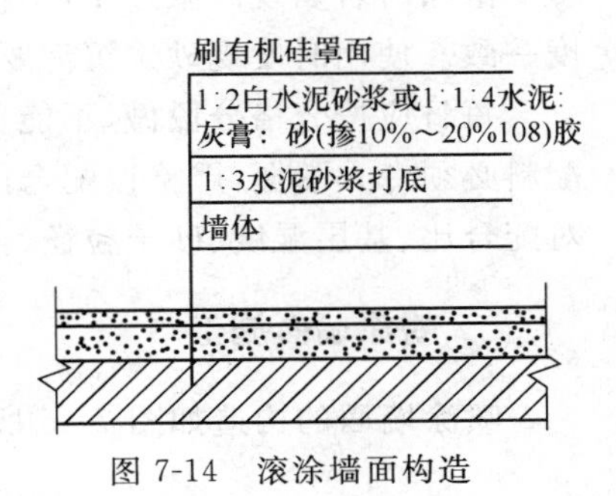

图 7-14　滚涂墙面构造

2. 材料及配合比

(1)材料。普通硅酸盐水泥和白水泥等级不低于 32.5 级,要求颜色一致。甲基硅醇钠(简称有机硅)含固量 30%,pH 值为 13,相对密度为 1.23,必须用玻璃或塑料容器贮运;砂子(粒径 2 mm 左右),胶粘剂,颜料等。

(2)配合比。砂浆配合比因各地区条件、气候不同,配合比也不同。一般用白水泥∶砂＝1∶2 或普通硅酸盐水泥∶石灰膏∶砂＝1∶1∶4,再掺入水泥量的 10%～20%108 胶和适量的各种矿物颜料。砂浆稠度一般要求在 11～12 cm。

3. 工具

准备不同花纹的辊子若干,辊子用油印机的胶辊子或打成梅花眼的胶辊,也可用聚氨酯做胶辊,规格不等,一般是 15～25 cm 长。泡沫辊子用 15 或 30 的硬塑料做骨架,裹上 10 mm 厚的泡沫塑料,也可用聚氨酯弹性嵌缝胶浇注而成。

4. 操作要点

有垂直滚涂(用于立墙墙面)和水平滚涂(用于顶棚楼板)两种操作方法。滚涂前,应按设计的配合比配料,滚出样板,然后再进行滚涂。

(1)打底。用 1∶3 的水泥砂浆,操作方法与一般墙面的打底一样,表面搓平搓细即可。对预制阳台栏板,一般不打底,如果偏差太大,则须用 1∶3 水泥砂浆找平。

(2)贴分格线。先在贴分格条的位置,用水泥砂浆压光,再弹好线,用胶布条或纸条涂抹 108 胶,沿弹好的线贴分格条。

(3)材料的拌和。按配合比将水泥、砂子干拌均匀,再按量加入 108 胶水溶液,边加边拌和均匀,拌成糊状,稠度为 10～12 cm,拌好后的聚合物砂浆,拉出毛以不流不坠为宜,且应再过筛一次后使用。

(4)滚涂。滚涂时要掌握底层的干湿度,吸水较快时,要适当浇水湿润,浇水量以涂抹时不流为宜。操作时需两人合作。一人在前面涂抹砂浆,抹子紧压刮一遍,再用抹子顺平;另一人拿辊子滚拉,要紧跟涂抹人,否则吸水快时会拉不出毛来。操作时,辊子运行不要过快,手势用力一致,上下左右滚匀,要随时对照样板调整花纹,使花纹一致。并要求最后成活时,滚动的方向一定要由上往下拉,使滚出的花纹,有一自然向下的流水坡度,以免日后积尘污染墙面。滚完后起下分格条,如果要求做阳角,一般在大面成活时再进行捋角。

为了提高滚涂层的耐久性和减缓污染变色，一般在滚完面层 24 h 后喷有机硅水溶液（憎水剂），喷量看其表面均匀湿润为原则，但不要雨天喷，如果喷完 24 h 内遇有小雨，会将喷在表面的有机硅冲掉，达不到应有的效果，须重喷一遍。

5. 施工注意事项

面层厚为 2～3 mm，因此要求底面顺直平正，以保证面层取得应有的效果。

滚涂时若发现砂浆过干，不得在滚面上洒水，应在灰桶内加水将灰浆拌和，并考虑灰浆稠度一致。使用时发现砂浆沉淀要拌匀再用，否则会产生"花脸"现象。

每日应按分格分段做，不能留活槎，不得事后修补，否则会产生花纹和颜色不一致现象。配料必须专人掌握，严格按配合比配料，控制用水量，使用时砂浆应拌匀。尤其是带色砂浆，应对配合比、基层湿度、砂子粒径、含水率、砂浆稠度、滚拉次数等方面严格掌握。

二、喷涂墙面施工

喷涂墙面的构造如图 7-15 所示。

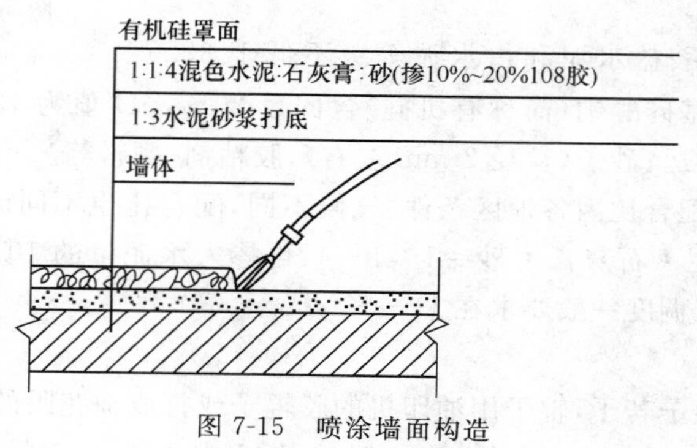

图 7-15 喷涂墙面构造

1. 使用材料与工具

(1)材料。除备用与滚涂一样的材料外，还需备石灰膏（最好用淋灰池尾部挖取的优质灰膏）。

(2)工具。除常备的抹灰工具外，还有 0.3～0.6 m^3/min 空气压缩机一台；加压罐一台或柱塞小砂浆泵一台；3 mm 振动筛一个；喷枪、喷斗、25 mm 胶管 30 m 长两条；乙炔气用的小胶管 30 m 长两条；一条 10 m 长的气焊用小胶管；小台秤一台，砂浆稠度仪一台以及拌料、配料用具。

2. 砂浆拌和

拌料要由专人负责，搅拌时先将石灰膏加少量水化开，再加混色水泥、108 胶，拌到颜色均匀后再加砂子，逐渐加水到需要的稠度，一般 13 cm 为宜。

花点砂浆（成活后为蛤蟆皮式的花点）用量少，每次搅拌量看面积而定，面积较少时少拌；面积大时，每次可多拌一些。

3. 操作方法

(1)打底。砖墙用 1∶3 水泥砂浆打底；混凝土墙板，一般只做局部处理，做好窗口腰线，将现浇时流淌鼓出的水泥砂浆凿去，凹凸不平的表面用 1∶3 水泥砂浆找平，将棱角找顺直，不甩活槎。喷涂时要掌握墙面的于湿度，因为喷涂的砂浆较稀，如果墙面太湿，会产生砂浆流淌，不吸水，不易成活；太干燥，也会造成黏结力差，影响质量。

(2)喷涂。单色底层喷涂的方法，是先将清水装入加压罐，加压后清洗输送系统。然后将搅拌好的砂浆通过 3 mm 孔的振动筛，装满加压罐或加入柱塞泵料斗，加压输运充满喷枪腔；砂浆压力达到要求后，打开空气阀门及喷枪气管扳机，这时压缩空气带动砂浆由喷嘴喷出。喷涂时，喷嘴应垂直墙面，根据气压大小和墙面的干湿度，决定喷嘴与墙面的距离，一般为 15～30 cm。要直视直喷，喷涂遍数要以喷到与样板颜色相同，并均匀一致为止。

在各遍喷涂时，如有局部流淌，要用木抹子抹平，或刮去重喷。只能一次喷成，不能补喷。喷涂成活厚度一般在 3 mm 左右。喷完后要将输运系统全部用水压冲洗干净。如果中途停工时间超过了水泥的凝结时间，要将输送系统中的砂浆全部放净。

喷花点时，直接将砂浆倒入喷斗就可开气喷涂。根据花点粗细疏密要求的不同，砂浆稠度和空气压力也应有所区别。喷粗疏大点时，砂浆要稠，气压要小；喷细密小点时，砂浆要稀，气压要大。如空气压缩机的气压保持不变，可用喷气阀和开关大小来调节。同时要注意直视直喷，随时与样板对照，喷到均匀一致为止。

涂层的接槎分块，要事先计划安排好，根据作业时间和饰面分块情况，事先计算好作业面积和砂浆用量，做一块完一块，不要甩活槎，也不要多剩砂浆造成浪费。

饰面的分隔缝可采用刮缝做法。待花点砂浆收水后，在分隔缝的一侧用手压紧靠尺，另一手拿薄钢板做刮子，刮掉已喷上去的砂浆，露出基层，将灰缝两侧砂浆略加修饰就成分隔缝，宽度以 2 cm 为宜。成活 24 h 后，可喷一层有机硅，要求同滚涂。

4. 操作注意事项

(1)灰浆管道产生堵塞而又不能马上排除故障时，要迅速改用喷斗上料继续喷涂，不留接槎，直到喷完一块为止，以免影响质量。

(2)要掌握好石灰膏的稠度和细度。应将所用的石灰膏一次上齐，并在不漏水的池子里和匀，做样板和做大面均用含水率一样的石膏，否则会产生颜色不一的现象，使得装饰效果不够理想。

(3)基层干湿程度不一致，表面不平整。因此造成喷涂干的部分吸收色浆多，湿的部分吸收色浆少；凸出部分附着色浆少，凹陷的部分附着色浆多，故墙面颜色不一。

(4)喷涂时要注意把门窗遮挡好，以免被污染。

(5)注意打开加压罐时，应先放气，以免灰浆喷出造成伤人事故。

(6)拌料的数量不要一次拌得太多，若用不完变稠后又加水重拌，这样不仅使喷料强度降低，且影响涂层颜色的深浅。

(7)操作时，要注意风向、气候、喷射条件等。在大风天或下雨天施工，易喷涂不匀。喷射条件、操作工艺掌握不好，如粒状喷涂，喷斗内最后剩的砂浆喷出时，速度太快，会形成局部出浆，颜色即变浅，出现波面、花点。

三、弹涂饰面施工

1. 使用材料

(1)甲基硅树脂。是生产硅的下脚料，通过水解与醇解制成。

(2)水泥。普通硅酸盐水泥或白水泥，108 胶作胶黏剂。

(3)颜料。采用无机颜料，掺入水泥内调制成各种色浆，掺入量不超过水泥质量的 5%。

2. 机具

除常用抹灰工具外，还需有弹力器。弹力器分手动与电动两种，手动弹力器较为灵活方便，适宜于在墙面需要连续弹撒少量深色色点时使用，构造如图 7-16 所示。电动弹力器适用于大面积墙弹底色色点和中间色点时使用，弹时速度快，效率高，弹点均匀。电动弹力器构造主要由传动装置和弹力筒两部分组成。

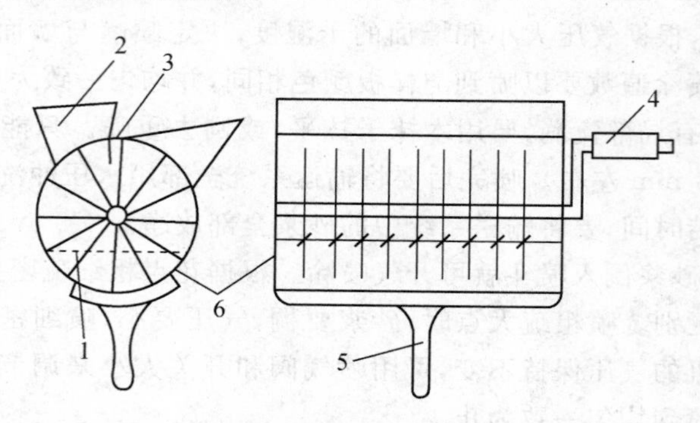

图 7-16 手动弹力器

1—弹棒；2—进料口；3—挡棍；4—摇把；5—手柄；6—容器

3. 操作方法

(1)打底。用 1∶3 水泥砂浆打底，操作方法与一般墙面一样，表面用木抹子搓平。预制外墙板、加气板等墙面、表面较平整，将边角找直，局部偏差较大处用 1∶2.5 水泥砂浆局部找平，然后粘贴分格条。

(2)涂底色浆。将色浆配好后，用长木把毛刷在底层刷涂一遍，大面积墙面施工时，可采用喷浆器喷涂。

(3)弹色点面层。把色浆放在筒形弹力器内(不宜太多)，弹点时，按色浆分色每人操作一种色浆，流水作业，即一人弹第一种色浆后，另一人紧跟弹另一种色浆。弹点时几种色点要弹得均匀，相互衬托一致，弹出的色浆应为近似圆粒状。弹点时，若出现色浆下流、拉丝现象，应停止操作，调整胶浆水灰比。一般出现拉丝现象，是由于胶液过多，应加水调制；出现下流时，应加适量水泥，以增加色浆的稠度。若已出现上述结果，可在弹第二道色点时遮盖分解。随着自然气候温度的变化，须随时将色浆的水灰比进行相应调整。可事先找一块墙面进行试弹，调至弹出圆状粒点为止。

(4)罩面。色点面层干燥后，随即喷一道甲基硅树脂溶液罩面。配制甲基硅树脂溶液．是先将甲基硅树脂中加入 1/1 000(质量比)的乙醇胺搅拌均匀。再置入密闭容器中贮存，操作时要加入一倍酒精，搅拌均匀后即可喷涂。

4. 施工注意事项

(1)水泥中不能加颜料太多，因颜料是很细的颗粒，过多会缺乏足够厚的水泥浆薄膜包裹颜料颗粒，影响水泥色浆的强度，易出现起粉、掉色等缺陷。

(2)基层太干燥，色浆弹上后，水分被基层吸收，基层在吸水时，色浆与基层之间的水缓缓移动，色浆和基层黏结不牢；色浆中的水被基层吸收快，水泥水化时缺乏足够的水，会影响强度的发展。

(3)弹涂时的色点未干，就用聚乙烯醇缩丁醛或甲基硅树脂罩面，会将湿气封闭在内，诱发水泥水化时析出白色的氢氧化钙，即为析白。而析白是不规则的，所以，弹涂的局部会变色发白。

四、石灰浆喷刷施工

1. 材料要求

(1)生石灰块或生石灰粉。用于普通刷(喷)浆工程。

(2)大白粉。建材商店有成品供应,有方块和圆块之分,可根据需要购买。

(3)可赛银。建材商店有成品供应。

(4)建筑石膏粉。建材商店有供应,是一种气硬性的胶结材料。

(5)滑石粉。要求细度,过 140～325 目,白度为 90%。

(6)胶粘剂。聚乙酸乙烯乳液、羧甲基纤维素、面粉等。

(7)颜料。氧化铁黄、氧化铁红、群青、锌白、铬黄、铬绿等,用遮盖力强、耐光、耐碱、耐气候影响的各种矿物颜料。

(8)其他。用于一般刷石灰浆的食盐,用于普通大白浆的火碱,白水泥或普通水泥等。

2. 主要机具

一般应备有手压泵或电动喷浆机、大浆桶、小浆桶、刷子、排笔、开刀、胶皮刮板、塑料刮板、0 号及 1 号木砂纸、50～80 目铜丝箩、浆罐、大小水桶、胶皮管、钳子、钢丝、腻子槽、腻子托板、笤帚、擦布、棉丝等。

3. 作业条件

(1)室内抹灰工的作业已全部完成,墙面应基本干燥,基层含水率不得大于 10%。

(2)室内水暖管道、电气预埋预设均已完成,且完成管洞处抹灰活的修理等。

(3)油工的头遍油已刷完。

(4)大面积施工前应事先做好样板间,经有关质量部门检查鉴定合格后,方可组织班组进行大面积施工。

(5)冬期施工室内刷(喷)浆工程,应在采暖条件下进行,室温保持均衡,一般室内温度不宜低于＋10℃,相对湿度为 60%,不得突然变化。同时应设专人负责测试和开关门窗,以利通风排除湿气。

4. 施工工艺

(1)基层处理。混凝土墙表面的浮砂、灰尘、疙瘩等要清除干净,表面的隔离剂、油污等应用碱水(火碱∶水＝1∶10)清刷干净,然后用清水冲洗掉墙面上的碱液等。

(2)喷、刷胶水刮腻子之前在混凝土墙面上先喷、刷一道胶水(质量比为水∶乳液＝5∶1),要注意喷、刷要均匀,不得有遗漏。

(3)填补缝隙、局部刮腻子,用水石膏将墙面缝隙及坑洼不平处分遍找平,并将野腻子收净,待腻子干燥后用 1 号砂纸磨平,并把浮尘等扫净。

(4)石膏板墙面拼缝处理。接缝处应用嵌缝腻子填塞满,上糊一层玻璃网格布或绸布条,用乳液将布条粘在拼缝上,粘条时应把布拉直、糊平,并刮石膏腻子一道。

(5)满刮腻子。根据墙体基层的不同和浆活等级要求的不同,刮腻子的遍数和材料也不同。一般情况为三遍,腻子的配合比为质量比有两种,一是适用于室内的腻子,其配合比为聚乙酸乙烯乳液(即白乳胶)∶滑石粉或大白粉∶2%羧甲基纤维素溶液＝1∶5∶3.5;二是适用于外墙、厨房、厕所、浴室的腻子,其配合比为聚乙酸乙烯乳液∶水泥∶水＝1∶5∶1。刮腻子时应横竖刮,并注意接槎和收头时腻子要刮净,每遍腻子干后应磨砂纸,将腻子磨平磨完后将浮尘清理干净。如面层要涂刷带颜色的浆料时,则腻子亦要掺入适量与面层带颜色相协调的颜料。

(6)刷、喷第一遍浆。刷、喷浆前应先将门窗口圈用排笔刷好,如墙面和顶棚为两种颜色时应在分色线处用排笔齐线并刷 20 cm 宽以利接槎,然后再大面积制喷浆。刷、喷顺序应先顶棚后墙面,先上后下顺序进行。如喷浆时喷头距墙面宜为 20～30 cm,移动速度要平稳,使涂层厚度均匀。如顶板为槽型板时，应先喷凹面四周的内角再喷中间平面，浆活配合比与调制方法如下。

1)调制石灰浆。

①将生石灰块放入容器内加入适量清水，等块灰熟化后再按比例加入应加的清水。其配合比为生石灰∶水=1∶6(质量比)。

②将食盐化成盐水，掺盐量为石灰浆质量的0.3%～0.5%，将盐水倒入石灰浆内搅拌均匀后，再用50～60目的铜丝箩过滤，所得的浆液即可施喷、刷。

③采用生石灰粉时，将所需生石灰粉放入容器中直接加清水搅拌，掺盐量同上，拌匀后，过箩使用。

2)调制大白浆。

①将大白粉破碎后放入容器中，加清水拌和成浆，再用50～60目的铜丝箩过滤。

②将羧甲基纤维素放入缸内，加水搅拌使之溶解。其拌和的配合比为羧甲基纤维素∶水=1∶40(质量比)。

③聚乙酸乙烯乳液加水稀释与大白粉拌和，其掺量比例为大白粉∶乳液=10∶1。

④将以上三种浆液按大白粉∶乳液∶纤维素=100∶13∶16混合搅拌后，过80目铜丝箩，拌匀后即成大白浆。

⑤如配色浆，则先将颜料用水化开，过箩后放入大白浆中。

3)配可赛银浆。将可赛银粉末放入容器内，加清水溶解搅匀后即为可赛银浆。

(7)复找腻子。第一遍浆干后，对墙面上的麻点、坑洼、刮痕等用腻子重新复找刮平，干后用细砂纸轻磨，并把粉尘扫净，达到表面光滑平整。

(8)刷、喷第二遍浆。

(9)刷、喷交活浆。待第二遍浆干后，用细砂纸将粉尘、溅沫、喷点等轻轻磨去，并打扫干净，即可刷、喷交活浆。交活浆应比第二遍浆的胶量适当增大一点，防止刷、喷浆的涂层掉粉，这是必须做到和满足的保证项目。

(10)刷、喷内墙涂料和耐擦洗涂料等。其基层处理与喷刷浆相同，面层涂料使用建筑产品时，要注意外观检查，并参照产品使用说明书去处理和涂刷即可。

(11)室外刷、喷浆。

1)砌体结构的外窗台、碹脸、窗套、腰线等部位涂刷白水泥浆的施工方法：

①需要涂刷的窗台、碹脸、窗套、腰线等部位在抹罩面灰时，应乘湿刮一层白水泥膏，使之与面层压实并结合在一起，将滴水线(槽)按规矩预先埋设好，并乘灰层未干，紧跟着涂刷第一遍白水泥浆(配合比为白水泥加水重20%的108胶的水溶液拌匀成浆液)，涂刷时可用油刷或排笔，自上而下涂刷，要注意应少蘸勤刷，严防污染。

②第一天要涂刷第二遍，达到涂层表面无花感且盖底为止。

2)预制混凝土阳台底板、阳台分户板、阳台栏板涂刷

①一般习惯做法。清理基层，刮水泥腻子1～2遍找平，磨砂纸，再复找水泥腻子，刷外墙涂料，以涂刷均匀且盖底为交活。

②根据室外气候变化影响大的特点，应选用防潮及防水涂料施涂。清理基层，刮聚合物水泥腻子1～2遍(配合比为用水重20%的108胶水溶液拌和水泥，成为膏状物)，干后磨平，对塌陷之处重新补平，干后磨砂纸。涂刷聚合物水泥浆(配合比：用水重20%的108胶水溶液拌水泥，辅以颜料后成为浆液)或用防潮、防水涂料进行涂刷。应先刷边角，再刷大面，均匀地涂

刷一遍，待于后再涂刷第二遍，直至交活为止。

5. 施工注意事项

(1)刷(喷)浆工程整体或基层的含水率。混凝土和抹灰表面施涂水性和乳液浆时，含水率不得大于10%，以防止脱皮。

(2)刷(喷)装工程使用的腻子，应坚实牢固，不得粉化、起皮和裂纹。外墙、厨房、浴室及厕所等需要使用涂料的部位和木地(楼)板表面需使用涂料时，应使用具有耐水性能的腻子。

(3)刷(喷)浆表面粗糙。主要原因是基层处理不彻底，如打磨不平、刮腻子时没将腻子收净，干燥后打磨不平、清理不净，大白粉细度不够，喷头孔径大等，造成表面浆颗粒粗糙。

(4)利用冻结法抹灰的墙面不宜进行涂刷。

(5)涂刷聚合物水泥浆应根据室外温度掺入外加剂，外加剂的材质应与涂料材质配套，外加剂的掺量应由试验决定。

(6)冬期施工所使用的外涂料，应根据材质使用说明和要求去组织施工及使用，严防受冻。

(7)浆皮开裂。主要原因是基层粉尘没清理干净，墙面凸凹不平，腻子超厚或前道腻子未干透紧接着刮二道腻子，这使腻子干后收缩形成裂缝结果把浆皮拉裂。

(8)透底。主要原因是基层表面太光滑或表面有油污没清洗干净，浆刷(喷)上去固化不住，或由于配浆时稠度掌握不好，浆过稀，喷几遍也不盖底。要求喷浆前将混凝土表面油污清刷干净，浆料稠度要合适，刷(喷)浆时设专人负责，喷头距墙20～30 cm，移动速度均匀，不漏喷等。

(9)脱皮。刷(喷)浆层过厚，面层浆内胶量过大，基层胶量少、强度低，干后面层浆形成硬壳使之开裂脱皮。因此，应掌握浆内胶的用量，为增加浆与基层的黏结强度，可在刷(喷)浆前先刷(喷)一道胶水。

(10)泛碱、咬色。主要原因是墙面潮湿，或墙面干湿不一致；因赶工期浆活每遍跟得太紧，前道浆没干就喷刷下道浆；或因冬施室内生火炉后墙面泛黄；还有的由于室内跑水、漏水后形成的水痕。解决办法是，冬施取暖采用暖气或电炉，将墙面烘干，浆活遍数不能跟得太紧，应遵循合理的施工顺序。

(11)流坠。主要原因是路面潮湿，浆内胶多不易干燥，喷刷浆过厚等。应待墙面干后再刷(喷)浆，刷(喷)浆时最好设专人负责，喷头要均匀移动。配浆要设专人掌握，保证配合比正确。

(12)石膏板墙缝处开裂。主要原因是安装石膏板不按要求留置缝隙；对接缝处理马虎从事，不按规矩粘贴玻璃网格布，不认真用嵌缝腻子进行嵌缝。造成腻子干后收缩拉裂。

(13)室外刷(喷)浆与油漆或涂料接槎处分色线不清晰的主要原因是技术素质差，施工时不认真。

(14)掉粉。主要原因是面层浆液中胶的用量少，为解决掉粉的问题，可在原配好的浆液内多加一些乳液使其胶量增大，用新配之浆液在掉粉的面层上重新刷(喷)一道(又称“来一道扫胶”)即可。

参考文献

[1] 建筑施工手册编写组．建筑施工手册[M].第4版.北京:中国建筑工业出版社,2003.
[2] 曹丽娟.安装工人常用机具使用维修手册[M].北京:中国机械工业出版社,2008.
[3] 卫明.建筑工程施工强制性条文实施指南[M].北京:中国建筑工业出版社,2002.
[4] 张建斌,牛丽萍.抹灰工操作技巧[M].北京:中国建筑工业出版社,2007.
[5] 朱维益.抹灰工手册[M].中国建筑工业出版社,2002.
[6] 饶勃.装饰手册[M].中国建筑工业出版社,2006.
[7] 中华人民共和国住房和城乡建设部.GB 50208—2011 地下防水工程质量验收规范[S].北京:中国建筑工业出版社,2012.
[8] 中华人民共和国住房和城乡建设部.GB 50207—2012 屋面工程质量验收规范[S].北京:中国建筑工业出版社,2012.
[9] 中华人民共和国住房和城乡建设部.GB 50108—2008 地下工程防水技术规范[S].北京:中国计划出版社,2009.
[10] 中华人民共和国住房和城乡建设部.GB 50203—2011 砌体结构工程施工质量验收规范[S].北京:中国建筑工业出版社,2012.
[11] 中华人民共和国住房和城乡建设部.JGJ/T 14—2011 混凝土小型空心砌块建筑技术规程[S].北京:中国建筑工业出版社,2012.
[12] 中华人民共和国住房和城乡建设部.GB 50003—2011 砌体结构设计规范[S].北京:中国计划出版社,2012.